建筑防雷与电气安全技术

芮静康　主编

中国建筑工业出版社

图书在版编目(CIP)数据

建筑防雷与电气安全技术／芮静康主编．—北京：中国建筑工业出版社，2003

ISBN 978-7-112-05962-1

Ⅰ．建…　Ⅱ．芮…　Ⅲ．房屋建筑设备：电气设备—安全技术　Ⅳ．TU85

中国版本图书馆CIP数据核字(2003)第067896号

建筑防雷与电气安全技术

芮静康　主编

*

中国建筑工业出版社出版、发行(北京西郊百万庄)

新　华　书　店　经　销

北京市兴顺印刷厂印刷

*

开本：850×1168毫米　1/32　印张：14½　插页：1　字数：386千字

2003年10月第一版　2007年6月第三次印刷

印数：5001—6200册　定价：**28.00**元

ISBN 978-7-112-05962-1

(11601)

本社网址：http：//www.cabp.com.cn

网上书店：http：//www.china-building.com.cn

电气安全，特别是建筑电气安全是非常重要的问题，应该引起建筑电工、电工技术人员的高度重视。

本书分为建筑防雷与过电压保护、接地与接零、安全用电及特殊环境内的电气安全三章。书中对雷电机理、雷电危害和电气安全等作了详细叙述。为适应现代技术的发展，对电子设备接地、计算机接地和防静电等作了专门阐述，还对浴室、游泳池、旅游车及医院等特殊环境的用电保护作了介绍。

本书主要供建筑电工、电工技术人员阅读，并可供广大维修电工、内外线电工、电机修理工、有线电工、无线电工、农村电工及相关技术人员阅读，还可作为有关大、中专院校师生教学参考。

芮静康同志，1961年清华大学电机系毕业。电机、电气高级工程师，兼职教授，中国电工学会会员，中国科协自然科学专门学会会员，中国职工技协会员，北京市电加工学会会员，现担任共青团北京市委聘任北京市青少年志愿科普顾问团成员，北京联合大学特聘教授、专业指导委员会委员。

曾任北京福尼特大厦技术负责人。历任北京市设备维修学会学术委员、科普委员，北京市机械行业技师评委会电工组长，《设备维修》杂志特邀审校，北京市机械局高级技术工人实际操作考评组成员，中国水利水电出版社特邀顾问，以及江苏省溧阳市科学技术顾问等职。

先后有相当多的技术作品问世，其中有编、编著和担任主编、主审、编审委员会主任、副主任、委员，以及作序等。已出版30余种书。

芮静康同志是电工界的著名专家学者，不但具有相当高的电气理论水平，并且在生产一线从事技术工作30多年，积累了丰富的实践经验。特别是1993年以后，先后主持了电梯系统、通信系统、空调制冷系统、广播电视系统、消防系统、供配电系统、楼宇自控系统工程等多方面的设计和工程施工。倡导开创了“智能电工”工种，首次提出“智能电工学”学科。并从事“柔性控制的供配电系统”等新技术产品的研究开发工作，在电火花加工方面亦达到了较高的造诣。

编审委员会

主　编：芮静康
副主编：余发山　田慧君　韩　军
编作者：芮静康　柳春生　王福忠　黄　丽　郑　征　田慧君
韩　军　王　梅　胡渝珏　潘永华　上官璇峰　钟　彬
陈晓峰　陈　洁　屠姝姝　高　鸽
主　审：李发海　清华大学著名教授

前　　言

随着国民经济的发展，电气行业的飞速技术进步，其应用的广泛性、技术性是其他行业不能相比。这样，防雷、接地以及电气安全问题，就显得是一个非常重要的大问题，广大电气工作者必须予以高度重视。有的工矿企业的人身伤亡事故，大多是由于电气安全出问题所致，真是沉痛的教训。

本书对建筑防雷及接地、接零，以及许多电气安全问题作了详细的叙述。尤其是防雷部分，对雷电机理、雷电的危害，以及建筑防雷，均作了许多描述，充分反映了防雷规范的精神和内容。为了适应现代技术的发展，对电子设备接地、计算机接地，以及防静电等作了专门的叙述，又由于宾馆、饭店、公寓、大厦的大量兴起，本书又对高层建筑的安全问题作了介绍。随着用电设备已经应用到每个行业和领域，甚至人们的日常生活中，又由于人们生活提高和现代化的需求，本书又对特殊环境，如浴室、游泳池、旅游车及医院等的用电保护作了介绍。特别提出了电气防火问题，对电气消防系统作了详细的介绍。所以本书所介绍的内容不仅适用于电气工作者，甚至每一个人都应该有所了解，以确保设备、装置、财产，特别是人身的安全。但是，本书有些内容技术性比较强，有其专业特点，所以，主要是供电气工作者，特别是建筑电工和技术人员在日常工作中应用，他们也应该是电气安全工作中的骨干力量。

本书由电工界著名专家、学者芮静康担任主编，由焦作工学院电气系主任余发山教授担任副主编。由陈汤铭先生等担任编审委员会顾问，由水利部产品质量标准研究所原所长曾慎聪教授级高工等为委员，由清华大学李发海教授任主审。其他编审委和作者详见编审委员会名单。

本书编写工作得到武钦韬教授的支持,还得到编审委员会以及出版社的许多领导、专家的大力支持和帮助,一并表示衷心的感谢。

由于作者的水平有限,书中的缺点和错误在所难免,恳请广大读者和专业同仁批评指正。

作者　于北京,2003.5

目　录

第一章　建筑防雷与过电压保护

第二章 接地与接零

第三章　安全用电及特殊环境内的电气安全

第一章　建筑防雷与过电压保护

一切对电气设备绝缘有危害的电压升高，统称为过电压。在供电系统中，过电压按其产生的原因不同，通常分为两类：内部过电压与雷电过电压。

内部过电压指供电系统内能量的转化或传递所产生的电网电压升高。内部过电压的能量来源于电网本身，其大小与系统容量、结构、参数、中性点接地方式、断路器性能、操作方式等因素有关。

雷电过电压指供电系统内的电气设备和建、构筑物受直接雷击或雷电感应而产生的过电压。由于引起这种过电压的能量来源于外界，故又称为外部过电压。雷电过电压在供电系统中所形成的雷电冲击电流，其幅值可高达几十万安，而产生的雷电冲击电压幅值经常为几十万伏，甚至最高可达百万伏，故破坏性极大。

本章主要讨论过电压及其危害，过电压的一般规律，并介绍如何因地制宜地采取有效的防护措施，并对建筑防雷，进行详细叙述。

第一节　雷电和防雷保护

一、雷电现象、种类和性质

(一) 雷电现象及雷电的种类

1. 雷电现象

雷电是雷云之间或雷云对地面放电的一种自然现象。在雷雨季节里，地面上的水分受热变成水蒸气，并随热空气上升，在空气中与冷空气相遇，使上升气流中的水蒸气凝成水滴或冰晶，形成积云。云中的水滴受强烈气流的摩擦产生电荷，而且微小的水滴带负电，小水滴容易被气流带走形成带负电的云；较大的水滴留下来形成带正电的云。由于静电感应，带电的云层在大地表面会感应出与云块异性的电荷，当电场强度达到一定值时，即发生雷云与大地之间的放电；在两块异性电荷的雷云之间，当电场强度达到一定值时，便发生云层之间放电。放电时伴随着强烈的电光和声音，这就是雷电现象。

雷云放电时，也是由于雷云中的电荷逐渐聚集增加使其电场强度达到一定程度时，周围空气的绝缘性能就被破坏，于是正雷云对负雷云之间或者雷云对地之间，发生强烈的放电现象。其中尤以雷云对地放电（直接雷击）对地表的供电网络和建筑物的破坏性最大。

雷云是产生雷电的基本因素，而雷云的形成必须具有下列三个条件：

① 空气中有足够的水蒸气；

② 有使潮湿的空气能够有上升并凝结为水珠的气象或地形条件；

③ 具有气流强烈持久地上升的条件。

雷电过电压是由雷云放电产生的，它是一种壮观的自然现象，包括闪电和雷鸣两种现象，两者相伴出现，因而常称之为雷电。最常见的雷云有热雷云和锋面雷云两种。垂直上升的湿热气流升至2～5km高空时，湿热气流中的水分逐渐凝结成浮悬的小水滴，小水滴越聚越多形成大面积的乌黑色积云。若此类积云由于某种原因而带电荷则称为热雷云。此外，水平移动的气流因温度不同，当冷、热气团相遇时，冷气团的容度较大，推举热气团上升。在它们的广泛的交界面上，热气团中的水分突然受冷凝结成小水滴及冰晶而形成翻腾的积云，此类积云如带电荷称为锋面雷云。一般情况，锋面雷云波及的范围比热雷云大得多，可能有几公里甚至十几公里宽的大范围地区，流动的速度可高达每小时100～200km。因此，它所形成的雷电危害性也较大。

雷云对地之间的电位是很高的，它对大地有静电感应。此时雷云下面的大地感应出异性的电荷，两者之间构成了一个巨大的空间电容器。雷云中或是在雷云对地之间，电场强度各处不一样。当雷云中任一电荷聚集中心处的电场强度达到 25～30kV/cm 时，空气开始游离，成为导电性的通道，叫做雷电先导。雷电先导进展到离地面大约在 100～300m 高度时，地面受感应而聚集的异号电荷更加集中，特别是易于聚集在较突起或较高的地面突出物上，于是形成了迎雷先导，向空中的雷电先导快速接近。当两者接触时，这时地面的异号电荷经过迎雷先导通道与雷电先导通道中的电荷发生强烈的中和，出现极大的电流并发出光和声，这就是雷电的主放电阶段。主放电阶段存在的时间极短，一般约 50～100μs，电流可达数十万安。主放电阶段结束后，雷云中的残余电荷继续经放电通道入地，称为余辉阶段。余辉电流为 100～1000A，持续时间一般为 0.03～0.15s。雷云放电波形，见图 1-1。

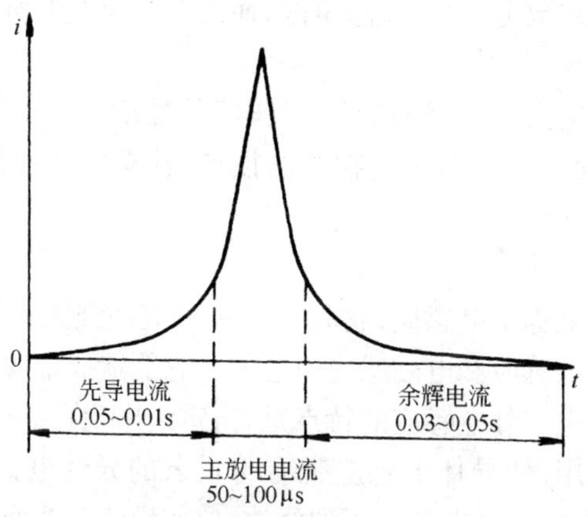

图 1-1　雷云放电波形图

由于雷云中可能同时存在着几个电荷聚集中心，所以第一个电荷聚集中心完成对地的放电后，紧接着第二个、第三个电荷聚集中心也可能沿第一次放电通道再次中和放电。因此雷云放电经常出现多重性，常见的为 2～3 次，每次的放电间隔时间从几百微秒到几百毫秒不等，放电电流都比第一次小得多，且逐次减小。

雷电对电力系统而言，是一种极大的威胁。根据英国、美国、前苏联电力部门的统计数字，在所有电力系统中，破坏正常运行的事故，有50%～60%是由于大气过电压引起的。

2. 雷电的种类

雷电的种类可分为直击雷、感应雷、雷电波侵入及球雷四种。

(1) 直击雷

有时雷云较低，周围又没有带异性电荷的云层，而在地面上突出的树木或建筑物等，感应出异性电荷，雷云就会通过这些物体与大地之间直接放电，这种直接击在建筑物或其他物体的雷击，称为直击雷。

由于受直接雷击，被击物体产生很高的电位，而引起过电压，流过的雷电流可达几十千安甚至几百千安，对设备、架空线及建筑物产生极大的破坏作用，如架空线上产生几千千伏的高压后，会引起线路的闪络放电，发生短路事故，而且会波及变电所、发电厂，引起严重的后果。

雷击放电大多数具有“重复放电”的性质。产生极大的雷电流，引起地面建筑物和其他物体的损坏，甚至发生爆炸和引起火灾。

(2) 感应雷

感应雷又称雷电感应，它是由于雷电流的强大电场和磁场变化产生的静电感应和电磁感应引起的。它能造成金属部件之间产生电火花放电。静电感应的特点是，当雷云出现在导体的上空时，由于感应作用，使导体上感应带有与雷云的异性电荷，雷云放电时，在导体上的感应电荷得不到释放，致使导体与地面之间形成很高的电位差。电磁感应的特点是，由于雷电流的幅值和陡度迅速变化，在它周围的空间里，会产生强大的变化的电磁场，在其中的导体感应产生极大的电动热，若有回路，则产大很大的感应电流，而产生危害。

(3) 雷电波侵入

由于雷电对架空线路或金属导体的作用，所产生的雷电波就可能沿着这些导体侵入建筑物内，危及人身安全或损坏设备。

雷电波侵入的事故时有发生,在雷害事故中占相当大的比例。

(4) 球雷

通常认为球雷是一个炽热的等离子体,温度极高,并发生紫色或红色的发光球体,直径在 10～20cm 以上。

球雷常沿地面滚动或在空气中飘动,能通过烟囱、门、窗或其他缝隙进入建筑物内部,或无声消失,或伤害人身和破坏物体,甚至发生剧烈的爆炸,引起严重的后果。

(二) 雷电参数

为了对大气过电压采取保护措施,必须知道雷电参数。但雷电活动是由大自然气象变化所形成,各次雷云与放电条件千差万别,故其参数只能是多次观测所得的统计数据,现将常用的几种雷电参数介绍如下:

1. 雷电通道的波阻抗

主放电时的雷电通道,是充满离子的导体,可看成和普通导线一样,对雷电流呈现一定的阻抗,此时雷电压波与电流波幅值之比(U_m/I_m)称为雷电流通道的波阻抗 Z_0。在防雷设计时,通常取 Z_0 等于 300Ω。

2. 雷电流幅值

雷电流具有冲击特性。雷电流幅值即雷电冲击电流的最大值,亦即放电时雷电流的最大值。

雷电流幅值可高达数十千安至数百千安。根据我国各地测得的统计数据,绘制出的雷电概率曲线见图 1-2。

图中所示的概率曲线也可用下式表达:

$$\lg P = -\frac{I}{108}$$

式中 P——雷电流幅值概率(%);

I——雷电流幅值(kA)。

对于 100kA 的雷电流幅值,可用计算或图中查得,其概率为 11.9%,即每 100 次雷击中,大约有 12 次雷击的雷电流达到 100kA。

我国西北地区、内蒙古、西藏、东北边境地区的雷电活动较弱,

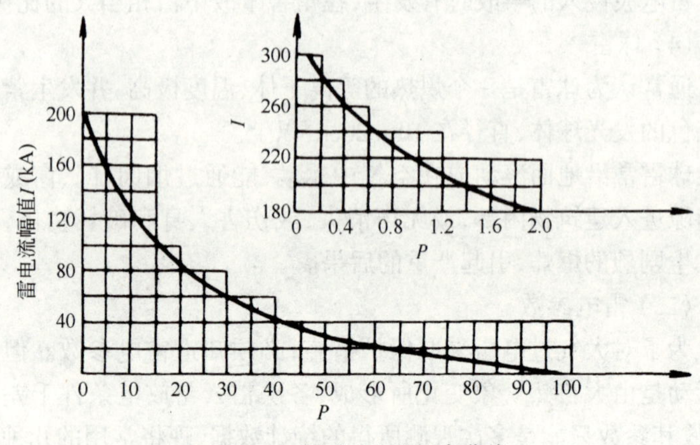

图 1-2　我国雷电流概率曲线

电流幅值的概率可用下式表达：

$$\lg P = -\frac{I}{54}$$

3．雷电流的波形与陡度

雷电流 I 随时间 t 上升的速率，称为雷电流陡度。

雷电流是一种冲击波，其幅值和陡度随各次放电条件而异，一般幅值大的陡度也大。幅值和最大陡度都出现在波头部分，故防雷设计只考虑波头部分。实测得到的雷电波头近似半余弦曲线，如图 1-3 所示。

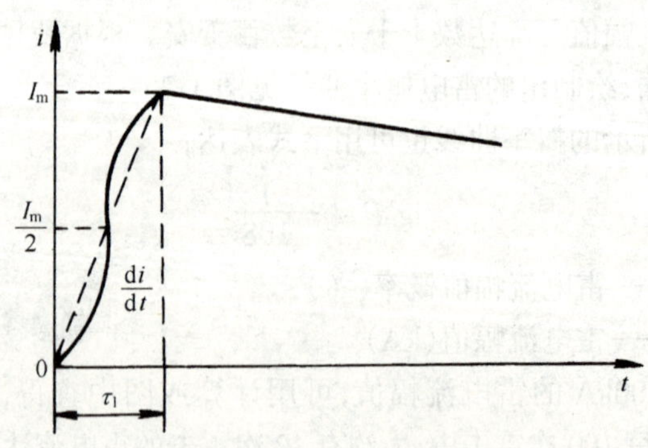

图 1-3　雷电流波形图

雷电流的计算式,为

$$i=\frac{I_m}{2}(1-\cos\omega t)$$

式中　I_m——电流幅值(kA)。

式中的角速度 ω 由波头时间 τ_1 决定。

雷电波的特征用电流(电压)幅值(kA 或 kV)、波头长度 τ_1 (μs)、波长 τ_2(μs)表示。τ_1 是指雷电流由零开始升到最大幅值的时间,一般为 1～4μs。τ_2 是雷电流由开始到波尾部分降至最大幅值的一半时所经过的时间,一般为 40～50μs,并用 ± 号表示其极性。

雷电流波头部分上升速度称雷电流陡度,分为最大陡度 α_{max} 与平均陡度 α_{ar},分别为

$$\alpha_{max}=\left.\frac{di}{dt}\right|_{max}=\frac{d\left[\frac{I_m}{2}(1-\cos\omega t)\right]}{dt}$$

$$=\frac{I_m}{2}\omega\sin\omega t$$

最大陡度发生在波头中间,此时 $\omega t=\frac{\pi}{2}$,故

$$\alpha_{max}=\frac{I_m}{2}\omega$$

$$\alpha_{av}=\left.\frac{di}{dt}\right|_{av}=\frac{I_m}{\tau_1}=\frac{I_m}{\pi/\omega}=\frac{I_m}{\pi}\omega$$

式中,$\tau_1=\pi/\omega$,是因为 $i=I_m$ 时,$\omega t=\pi$,则 $t=\tau_1=\pi/\omega$。故雷电流最大陡度为平均陡度的 $\pi/2$ 倍。

在我国的防雷设计中,取 $\tau_1=2.6\mu$s,故雷电流的平均陡度为

$$\alpha_{av}=\left.\frac{di}{dt}\right|_{av}=\frac{I_m}{2.6},\qquad \text{kA}/\mu\text{s}$$

4. 雷暴日(或小时)

雷暴日(小时)是指一年中有雷电活动的天(小时)数,用它表示雷电活动的强度。

我国地域辽阔,各地气候特征及雷雨期的长短不同,所以雷电活动频繁度在不同的地区是不一样的。雷暴日(小时)的多少和纬度有关。北回归线(北纬 23.5°)以南一般在 80～133 个;北纬 23.5°到长江流域一带约为 40～80 个;长江以北大部分地区和东北地区多在 20～40 个的之间;西北地区最弱,大多为 10 个左右甚至更少。我国规定平均雷暴日不超过 15 个的地区叫少雷区,超过 40 个的地区叫多雷区。在防雷设计上,要根据雷暴日数的多少而因地制宜。

5. 雷电冲击过电压

雷电时的冲击过电压很高,直击雷的冲击过电压可用下式表达:

$$\mu_z = iR_c + L\frac{di}{dt}$$

式中 μ_z——直击雷冲击过电压(kV);

i——雷电流(kA);

R_c——防雷装置的冲击接地电阻(Ω);

$\frac{di}{dt}$——雷电流陡度(kA/μs);

L——雷电流通路的电感(μH)。

由此可见,直击雷冲击过电压由两部分组成,前一部分决定于雷电流的大小,后一部分决定于雷电流陡度。应当注意,直击雷冲击过电压除决定于雷电流的特征外,还决定于雷电流通道的波阻抗。

6. 雷击电磁脉冲

雷击电磁脉冲是一种干扰源,是指闪电直接击在建筑物防雷装置和建筑物附近所引起的效应。绝大多数是通过连接导体的干扰,如雷电流或部分雷电流、被雷击中的装置的电位升高以及电磁辐射干扰。

7. 年预计雷击次数

年预计雷击次数是表征建筑物可能遭受雷击的一个频率参

数。它和年平均雷暴日有关，但呈非线性关系。经验公式为：

$$N_d = 0.024KT_d^{1.3} \cdot Ae$$

式中 N_d——建筑物的年预计雷击次数（次/年）（d/年）；

T_d——年平均雷暴日数，按当地气象台、站资料确定；

A_e——与建筑物截收雷击次数相同的等效面积（单位为 km^2）；

K——校正系数，在一般情况下取 1；在下列情况下取相应的数值：①位于旷野孤立的建筑物取 2；②金属屋面的砖木结构建筑物取 1.7；③位于河边、湖边、山坡下或山地中土壤电阻率较小处、地下水露头处、土山顶部、山谷风口等处的建筑物以及特别潮湿的建筑物取 1.5。

国家标准《建筑物防雷设计规范》推荐的计算式为：

$$N_g = 0.024T_d^{1.3}$$

式中 N_g——建筑物所处地区雷击大地的年平均密度（次/$km^2 \cdot a$）

$$N = kN_gA_e$$

建筑物等效面积 A_e 应为其实际平面积向外扩大后的面积，其计算方法，如下：

$$D = \sqrt{H(200 - H)}$$

$$A_e = [LW + 2(L + W) \cdot \sqrt{H(200 - H)} + \pi H(200 - H)] \cdot 10^{-6}$$

式中 D——建筑物每边的扩大宽度（m）；

L、W、H——分别为建筑物的长、宽、高（m）。

当建筑物的高 $H \geqslant 100m$ 时，其每边的扩大宽度应按等于建筑物的高 H 计算；建筑物的等效面积的计算式为：

$$A_e = [LW + 2H(L + W) + \pi H^2] \cdot 10^{-6}$$

当建筑物各部位的高不同时，应沿建筑物周边逐点算出最大扩大宽度，其等效面积 A_e 应按每点最大扩大宽度外端的连接线所包围的面积计算。

（三）雷电的危害

雷电有时带来严重的危害，就其破坏因素来说，雷电有以下三方面的破坏作用。

1．电效应

数十万至数百万伏的冲击电压可击毁电气设备的绝缘，烧断电线或劈裂电杆，造成大规模的停电；绝缘损坏还可能引起短路，导致火灾或爆炸事故，巨大的雷电流流经防雷装置时会造成防雷装置的电位升高，这样的高电位同样可以作用在电气线路、电气设备或其他金属管道上，它们之间产生放电。这种接地导体由于电位升高，而向带电导体或与地绝缘的其他金属物放电的现象。叫做反击。反击能引起电气设备绝缘破坏，造成高压窜入低压系统，可能直接导致接触电压和跨步电压造成事故。可使金属管道烧穿，甚至造成易燃易爆物品着火和爆炸。

雷电流的电磁效应，在它的周围空间里就会产生强大而变化的磁场，处于这电磁场中间的导体就会感应出很高的电动势。这种强大的感应电动势可以使闭合回路的金属导体产生很大的感应电流，引起发热及其他破坏。

当雷电流入地时，在地面上就会因雷电流引起跨步电压，造成人身触电事故。

2．热效应

巨大的雷电流（几十至几百千安）通过导体，在极短的时间内转换成大量的热能。雷击点的发热量约为500～2000J，造成易爆物品燃烧或造成金属熔化、飞溅而引起火灾或爆炸事故。

3．机械效应

被击物遭到严重破坏，这是由于巨大的雷电流通过被击物时，使被击物缝隙中的气体剧烈膨胀，缝隙中的水分也急剧蒸发为大量气体，因而在被击物体内部出现强大的机械压力，致使被击物体遭受严重破坏或发生爆炸。

二、直击雷的保护范围和保护措施

（一）应装设直击雷保护的范围

1. 应装设直击雷保护装置的设施

变电所的直击雷过电压保护,可采用避雷针、避雷线、避雷带和钢筋焊接成网等。下列设施应装设直击雷保护装置。

(1) 屋外配电装置,包括组合导线和母线廊道。

(2) 烟囱、冷却塔等高建筑物。

(3) 油处理室、露天油罐及其架空管道、装卸油台、大型变压器修理间、易燃材料仓库等建筑物。

(4) 多雷区的列车电站。

(5) 微波塔机房和大型计算机房。

(6) 雷电活动特殊强烈地区的主厂房、主控制室和高压屋内配电装置室。

(7) 无钢筋的砖木结构的主厂房。

2. 可不装设直击雷保护装置的设施

(1) 有钢筋结构的主控制室和配电装置室,为保护其他设备而装设的避雷针,不宜装在独立的主控制室和 35kV 及以下的高压屋内配电装置室的顶上。

(2) 已在相邻高建筑物保护范围内的建筑物或设备。

(二) 直击雷保护的措施

1. 对主厂房需装设的直击雷保护,或为保护其主设备而在主厂房上装设的避雷针,应采取如下措施:

(1) 加强分流:用扁钢将所有避雷针水平连接起来,并与主厂房柱内钢筋焊接成一体,在适当地方接引下线,一般应每隔 10～20m 引一根,引下线数目尽可能多些。

(2) 防止反击:设备的接地点尽量远离避雷针接地引下线的入地点,避雷针接地引下线尽量远离电气设备。

(3) 装设集中接地装置:上述接地应与总接地网连接,并在连接处加装集中接地装置,其工频接地电阻应不大于 10Ω。

2. 主控制楼(室)或网络控制楼及屋内配电装置直击雷的保护措施:

(1) 若有金属屋顶或屋顶上有金属结构时,将金属部分接地。

(2) 若屋顶为钢筋混凝土结构,应将其钢筋焊接成网接地。

(3) 若结构为非导电的屋顶时,采用避雷带保护。该避雷带的网格为 8～10m,每隔 10～20m 设引下线接地。

上述的接地可与总接地网连接,并在连接处加装集中接地装置,其接地电阻应不大于 10Ω。

3．峡谷地区的变电所宜用避雷线保护。

4．建筑物屋顶上的设备金属外壳、电缆外皮和建筑物金属构件,均应接地。

5．上述需装设直击雷保护装置的设施,其接地可利用变电所的主接地网,但应在直击雷保护装置附近装设集中接地装置。

6．对于六氟化硫全封闭变电所,不需要专门设立避雷针、避雷线,而是利用六氟化硫全封闭组合电器的金属筒作为接闪器,并将其接地即可。对其引出线敞露部分或混合变电所中的露天母线等,则应设避雷针、避雷线予以保护。

对变电所必须进行防雷保护的对象和措施,详见表 1-1。

厂区变电所必须进行防雷保护的对象和措施　　表 1-1

序号	建筑物及构筑物名称	建筑物的结构特点	防雷措施
1	35kV 屋外配电装置	钢筋混凝土结构	装设独立避雷针
2	110kV 配电装置	金属结构	在架构上装设避雷针或装设独立避雷针
		钢筋混凝土结构	在架构上装设避雷针或装设独立避雷针,当在架构上装出避雷针时,可将架构支柱主钢筋作引下线接地,作引下线的钢筋不少于 2 根
3	屋外安装的变压器		装设独立避雷针
4	屋外组合导线及母线桥		装设独立避雷针:在不能装设独立避雷针时,可以考虑在附近主厂房屋顶装设避雷针

续表

<table>
<tr><th>序号</th><th>建筑物及构筑物名称</th><th>建筑物的结构特点</th><th colspan="2">防 雷 措 施</th></tr>
<tr><td rowspan="2">5</td><td rowspan="2">主控制室</td><td>金属结构</td><td>金属架构接地</td><td rowspan="3">在雷电活动特殊强烈地区应设独立避雷针</td></tr>
<tr><td>钢筋混凝土结构</td><td>钢筋焊接成网接地</td></tr>
<tr><td>6</td><td>屋内配电装置</td><td>钢筋混凝土结构</td><td>钢筋焊接成网接地</td></tr>
<tr><td>7</td><td>制氢站、露天氢气贮罐、氧气罐贮存室，易燃油泵房、露天易燃油贮罐。厂区内的架空易燃油管道、装卸油台和天然气管道、露天天然气贮罐</td><td></td><td colspan="2">装设独立避雷针保护并采取防止感应雷的措施</td></tr>
<tr><td>8</td><td>变压器检修间</td><td>钢筋混凝土结构</td><td colspan="2">钢筋焊接成网接地</td></tr>
<tr><td>9</td><td>主厂房</td><td>钢筋混凝土结构</td><td colspan="2">钢筋焊接成网接地，在雷电活动特殊强烈地区应设独立避雷针</td></tr>
</table>

（三）有易燃物、可燃物设施的建、构筑物的保护

1. 独立避雷针保护的对象

有爆炸危险且爆炸后可能波及变电所内主设备或严重影响供电的建构筑物（如露天易燃油贮罐、厂区内的架空易燃油管道、天然气管道以及露天天然气贮罐等），应用独立避雷针保护，并应采取防止感应雷的措施。

2. 避雷针与设备间尺寸

避雷针与易燃油贮罐和氢气、天然气等罐体及其呼吸阀等之间的空气中距离，避雷针及其接地装置与罐体、罐体的接地装置和地下管道的地中距离应符合要求。避雷针与呼吸阀的水平距离不应小于 3m，避雷针尖高出呼吸阀不应小于 3m。避雷针的保护范围边缘高出呼吸阀顶部不应小于 2m。避雷针的工频接地电阻不宜超过 10Ω。在高土壤电阻率地区，如接地电阻难于降到 10Ω，允许采用较高的电阻值，但空气中距离和地中距离必须符合要求。

避雷针与 5000m^3 以上贮罐呼吸阀的水平距离，不应小于 5m，避雷针尖高出呼吸阀不应小于 5m。

3. 接地要求

露天贮罐周围应设闭合环形接地体，接地电阻不应超过 30Ω，接地点不应少于两处，接地点间距不应大于 30m，架空管道每隔 20～25m 应接地一次，接地电阻不应超过 30Ω。如金属罐体和管道的壁厚不小于 4mm，并已接地，则可不在避雷针的保护范围内，但易燃油和天燃气贮罐及其管道应在避雷针的保护范围内。易燃油贮罐的呼吸阀、易燃油和天然气贮罐的热工测量装置应进行重复接地，即与贮罐的接地体用金属线相连。

4. 对供电电源的要求

对这类设施的供电，一律采用电缆，不允许将架空线引入建筑物。电缆的金属铠装在供电端须接地，而直接进入建筑物的电缆铠装则应接在防感应雷接地网上。不允许任何用途的架空导线靠近建筑物，其距离不小于 10m。

（四）避雷针、避雷线的装设原则及其接地装置的要求

1. 独立避雷针(线)宜设独立的接地装置。在非高土壤电阻率地区，其工频接地电阻不宜超过 10Ω。当有困难时，该接地装置可与主接地网连接，使两者的接地电阻都得到降低。但为了防止经过接地网反击 35kV 及以下设备，要求避雷针与主接地网的地下连接点至 35kV 及以下设备与主接地网的地下连接点，沿接地体的长度不得小于 15m。经 15m 长度，一般能将接地体传播的雷电过电压衰减到对 35kV 及以下设备不危险的程度。

独立避雷针不应设在人经常通行的地方，避雷针及其接地装置与道路或出入口等的距离不宜小于 3m，否则应采取均压措施，或铺设砾石或沥青地面。

2. 电压 110kV 及以上的配电装置，一般将避雷针装在配电装置的架构或房顶上，但在土壤电阻率大于 1000Ω·m 的地区，宜装设独立避雷针。否则，应通过验算，采取降低接地电阻或加强绝缘等措施，防止造成反击事故。

63kV 的配电装置，允许将避雷针装在配山装置的架构或房顶上，但在土壤电阻率大于 500Ω·m 的地区，宜装设独立避雷针。

35kV 及以下高压配电装置架构或房顶不宜装避雷针，因其绝缘水平很低，雷击时易引起反击。

安装在架构上的避雷针应与接地网连接，并应在其附近装设集中接地装置。装有避雷针的架构上，接地部分与带电部分间的空气中距离不得小于绝缘子串的长度；但在空气污秽地区，如有困难，空气中距离可按非污秽区标准绝缘子串的长度确定。

避雷针与主接地网的地下连接点至变压器接地线与主接地网的地下连接点，沿接地体的长度不得小于 15m。

在变压器的门型架构上，不应装设避雷针、避雷线。这是因为门型架构距变压器较近，装设避雷针后，架构的集中接地装置距变压器金属外壳接地点在地中距离很难达到不小于 15m 的要求。

3. 110kV 及以上配电装置，可将线路的避雷线引到出线门型架构上，土壤电阻率大于 1000Ω·m 的地区，应装设集中接地装置。

35～63kV 配电装置，在土壤电阻率不大于 500Ω·m 的地区，允许将线路的避雷线引接到出线门型架构上，但应装设集中接地装置。在土壤电阻率大于 500Ω·m 的地区，避雷线应架设到线路终端杆塔为止。从线路终端杆塔到配电装置的一档线路的保护，可采用独立避雷针，也可在线路终端杆塔上装设避雷针。

4. 装有避雷针和避雷线的架构上的照明灯电源线，均必须采用直接埋入地下的带金属外皮的电缆或穿入金属管的导线。电缆外皮或金属管埋地长度在 10m 以上，才允许与 35kV 及以下配电装置的接地网及低压配电装置相连接，以防止当装设在架构上的避雷针、线落雷时，威胁人身和设备安全。

严禁在装有避雷针、避雷线的构筑物上架设通信线、广播线和低压线（符合防雷要求的照明线、微波电缆除外）。

5. 独立避雷针、避雷线与配电装置带电部分间的空气中距离，以及独立避雷针、避雷线的接地装置与接地网间的地中距离，应符合下列要求：

(1) 独立避雷针与配电装置带电部分和变电所电力设备接地部分、架构接地部分之间的空气中距离，应符合下式要求：

$$S_{a} \geqslant 0.3R_{sh} + 0.1h$$

式中 S_{a}——空气中距离(m)；

R_{sh}——独立避雷针的冲击接地电阻(Ω)；

h——避雷针校验点的高度(m)。

(2) 独立避雷针的接地装置与变电所接地网间的地中距离，应符合下式要求：

$$S_{g} \geqslant 0.3R_{sh}$$

式中 S_{g}——地中距离(m)。

(3) 避雷线与配电装置带电部分、变电所电力设备接地部分以及架构接地部分间的空气中距离，应符合下式要求：

对一端绝缘另一端接地的避雷线：

$$S_{a} \geqslant 0.3R_{sh} + 0.16(h + \Delta l)$$

式中 S_{a}——空气中距离(m)；

R_{sh}——独立避雷针的冲击接地电阻(Ω)；

h——避雷线支柱的高度(m)；

Δl——避雷线上校验的雷击点与接地支柱的距离(m)。

对两端接地的避雷线：

$$S_{a} \geqslant \beta'[0.3R_{sh} + 0.16(h + \Delta l)]$$

式中 β'——避雷线分流系数；

R_{sh}——独立避雷针的冲击接地电阻(Ω)；

h——避雷线支柱的高度(m)；

Δl——避雷线上校验的雷击点与接地支柱的距离(m)。

避雷线分流系数可按下式计算：

$$\beta' = \frac{\dfrac{\tau_i R_{sh}}{12.4(l_2 + h)}}{1 + \dfrac{\Delta l + h}{l_2 + h} + \dfrac{\tau_i R_{sh}}{6.2(l + h)}}$$

式中 l_2——避雷线上校验的雷击点与另一端支柱间的距离，l_2

$= l - \Delta l$(m)；

l——避雷线两支柱的距离(m)；

τ_i——雷电流波头长度，一般取 2.6μs；

Δl——避雷线上校验的雷击点与接地支柱的距离(m)。

(4) 避雷线的接地装置与变电所接地网间的地中距离，应符合下式要求：

对一端绝缘另一端接地的避雷线，应按式 $S_g \geqslant 0.3R_{sh}$校验。

对两端接地的避雷线：

$$S_g \geqslant 0.3\beta' R_{sh}$$

式中 S_g——地中距离(m)；

β'——避雷线分流系数；

R_{sh}——独立避雷针的冲击接地电阻(Ω)。

(5) 除上述要求外，对避雷针和避雷线，S_a 也不宜小于 5m，S_g 不宜小于 3m。

对 63kV 及以下配电装置，包括组合导线、母线廊道等，应尽量降低感应过电压，当条件许可时，S_a 应该尽量增大。

(五) 用避雷线保护的技术要求

(1) 避雷线应具有足够的截面和机械强度。一般采用镀锌钢绞线，截面不小于 35mm²，在腐蚀性较大的场所，还应适当加大截面或采取其他防腐措施，在 200m 以上档距，宜采用不小于 50mm² 截面。

(2) 避雷线的布置，应尽量避免万一断落时造成全所停电或大面积停电事故。例如尽量避免避雷线与母线互相交叉的布置方式。

(3) 当避雷线附近(侧面或下方)有电气设备、导线或 63kV 及以下架构时，应验算避雷线对上述设施的间隙距离。

(4) 为降低雷击过电压，应尽量降低避雷线接地端的接地电阻，一般不宜超过 10Ω(工频)。

(5) 应尽量缩短一端绝缘的避雷线的档距，以便减小雷击点到接地装置的距离，降低雷击避雷线时的过电压。

(6) 对一端绝缘的避雷线，应通过计算选定适当数量的绝缘子个数。

(7) 当有两根及以上一端绝缘的避雷线并行敷设时，为降低雷击时的过电压，可考虑将各条避雷线的绝缘末端用与避雷线相同的钢绞线连接起来，构成雷电通路，以减小阻抗，降低过电压。

三、防直击雷的保护装置

避雷针、避雷线、避雷网和避雷带，都是经常采用的防止直接雷击的防雷装置。

避雷针主要用来保护露天发电、变配电装置和建筑物；避雷线对电力线路等较长的保护物最为适用；避雷网和避雷带主要用来保护建筑物；避雷器是一种专用的防雷设备，主要用来保护电力设备。

完整的一套防雷装置都是由接闪器、引下线和接地装置三部分组成的。

(一) 接闪器

接闪器是专门直接接受雷击的金属导体。避雷针、避雷线、架空避雷网和避雷带实际上都只是接闪器。

接闪器利用其高出被保护的突出地位，把雷电引向自身，然后，通过引下线和接地装置，把雷电流泄入大地，以保护被保护物免受雷击。有关保护装置的规定，如下：

1. 避雷针宜采用圆钢或焊接钢管制成，其直径不应小于下列数值：

针长 1m 以下：圆钢为 12mm；
钢管为 20mm。

针长 1～2m：圆钢为 16mm；
钢管为 25mm。

烟囱顶上的针：圆钢为 20mm；
钢管为 40mm。

2. 架空避雷线和避雷网宜采用截面不小于 $35mm^2$ 的镀锌钢

绞线。

3. 除第一类防雷建筑外，金属屋面的建筑物宜利用其屋面作为接闪器，并应符合下列要求：

① 金属板之间采用搭接时，其搭接长度不应小于 100mm；

② 金属板下面无易燃物品时，其厚度不应小于 0.5mm；

③ 金属板下面有易燃物品时，其厚度，铁板不应小于 4mm，铜板不应小于 5mm，铝板不应小于 7mm；

④ 金属板无绝缘被覆层，但薄的油漆保护层或 0.5mm 厚的沥青层或 1mm 厚的聚氯乙烯层均不属于绝缘被覆层。

4. 除第一类防雷建筑物和排放爆炸危险气体、蒸气或粉尘的突出屋面的放散管、呼吸阀、排风管等外，屋顶上永久性金属物宜作为接闪器，但其各部件之间均应连成电气通路，并应符合下列规定：

① 旗杆、栏杆、装饰物等，其尺寸应符合规定。

② 钢管、钢罐的壁厚不小于 2.5mm，但钢管、钢罐一旦被雷击穿，其介质对周围环境造成危险时，其壁厚不得小于 4mm。

5. 避雷网和避雷带宜采用圆钢或扁钢，优先采用圆钢。圆钢直径不应小于 8mm。扁钢截面不应小于 $48mm^2$，其厚度不应小于 4mm。

当烟囱上采用避雷环时，其圆钢直径不应小于 12mm。扁钢截面不应小于 $100mm^2$，其厚度不应小于 4mm。

6. 除利用混凝土构件内钢筋作接闪器外，接闪器应热镀锌或涂漆。在腐蚀性较强的场所，尚应采取加大其截面或其他防腐措施。

7. 不得利用安装在接收无线电视广播的共用天线的杆顶上的接闪器保护建筑物。

（二）引下线

引下线是连接接闪器与接地装置的金属导体。应满足机械强度、耐腐蚀和热稳定性的要求。

有关引下线的规定如下：

1. 引下线宜采用圆钢或扁钢，宜优先采用圆钢。圆钢直径不应小于 8mm。扁钢截面不应小于 48mm^2，其厚度不应小于 4mm。

当烟囱上的引下线采用圆钢时，其直径不应小于 12mm；采用扁钢时，其截面不应小于 100mm^2，厚度不应小于 4mm。

防腐措施和接闪器相同。利用建筑构件内钢筋作引下线，应符合第二、三类防雷建筑物的防雷措施要求。

2. 引下线应沿建筑物外墙明敷，并经最短路径接地；建筑艺术要求较高的可暗敷，但其圆钢直径不应小于 10mm，扁钢截面不应小于 80mm^2。

3. 建筑物的消防梯、钢柱等金属构件宜作为引下线，但其各部件之间均应连成电气通路。

4. 采用多根引下线时，宜在各引下线上于距地面 0.3～1.8m 之间装设断接卡。

当利用混凝土内钢筋、钢柱作为自然引下线并同时采用基础接地体时，可不设断接卡，但利用钢筋作引下线时应在室内外的适当地点设若干连接板，该连接板可供测量、接人工接地体和作等电位连接用。当仅利用钢筋作引下线并采用埋于土壤中的人工接地体时，应在每根引下线上于距地面不低于 0.3m 处设接地体连接板。采用埋于土壤中的人工接地体时应设断接卡，其上端应与连接板或钢柱焊接。连接板处宜有明显标志。

5. 在易受机械损坏和防人身接触的地方，地面上 1.7m 至地面下 0.3m 的一段接地线应采取暗敷或镀锌角钢、改性塑料管或橡胶管等保护设施。

（三）接地装置

接地装置包括接地线和接地体，是防雷装置的重要组成部分。接地装置向大地均匀泄放雷电流，使防雷装置对地电压不至于过高。

人工接地体一般分两种埋设方式，一种是垂直埋设，称为人工垂直接地体；另一种是水平埋设，称为人工水平接地体。

有关接地装置的规定，如下：

1. 埋于土壤中的人工垂直接地体宜采用角钢、钢管或圆钢；埋于土壤中的人工水平接地体宜采用扁钢或圆钢。圆钢直径不应小于 10mm；扁钢截面不应小于 $100mm^2$，其厚度不应小于 4mm；角钢厚度不应小于 4mm；钢管壁厚不应小于 3.5mm。

在腐蚀性较强的土壤中，应采取热镀锌等防腐措施或加大截面。

接地线应与水平接地体的截面相同。

2. 人工接地体在土壤中的埋设深度不应小于 0.5m。接地体应远离由于砖窑、烟道等高湿影响使土壤电阻率升高的地方。

3. 人工垂直接地体的长度宜为 2.5m。人工垂直接地体间的距离及人工水平接地体间的距离宜为 5m，当受地方限制时可适当减小。

4. 在高土壤电阻率地区，降低防直击雷接地装置接地电阻宜采用下列方法：

① 采用多支线外引接地装置，外引长度不应大于有效长度，有效长度应符合国家标准 GB 50057—94(2000)《建筑物防雷设计规范》中附录三：接地装置冲击接地电阻与工频接地电阻的换算的有关规定。

② 接地体埋于较深的低电阻率土壤中。

③ 采用降阻剂。

④ 换土。

5. 防直击雷的人工接地体距建筑物出入口或人行道不应小于 3m。当小于 3m 时应采取下列措施之一：

① 水平接地体局部深埋不应小于 1m。

② 水平接地体局部应包绝缘物，可采用 50～80mm 厚的沥青层。

③ 采用沥青碎石地面或在接地体上面敷设 50～80mm 厚的沥青层，其宽度应超过接地体 2m。

6. 埋在土壤中的接地装置，其连接应采用焊接，并在焊接处作防腐处理。

7. 接地装置工频接地电阻的计算应符合现行国家标准《电力装置的接地设计规范》的规定，其与冲击接地电阻的换算应符合国家标准 GB 50057—94(2000)《建筑物防雷设计规范》中附录三：接地装置冲击接地电阻与工频接地电阻的换算的有关规定。

防雷装置的接闪器、引下线、接地装置，所用的金属材料应有足够的截面，有时要求加土截面，因为它一要承受雷电流通过，二要有足够的机械强度和耐腐蚀性，还要有足够的热稳定性，以承受雷电流的破坏作用。

安装防直击雷接地装置，对其和建筑物有距离的要求，是因为使跨步电压减小。

(四) 接地电阻

各种雷电保护装置的接地是否良好，对保护装置作用的发挥有着直接的影响，其接地电阻的大小，对被保护物的安全有着密切的关系。对防雷接地来说，其允许的接地电阻值为 5～30Ω，视具体情况而定。

防雷工程中常用冲击接地电阻。冲击接地电阻是接地装置通过冲击电流时的电阻值；当接地装置流过工频电流时的电阻值叫工频接地电阻。冲击接地电阻一般小于工频接地电阻。冲击接地电阻与工频接地电阻的换算，见本书本章第四节建筑防雷中的叙述。

四、配电装置的侵入雷电波保护

(一) 保护措施

配电装置对侵入雷电波的过电压保护是采用阀型避雷器及与阀型避雷器相配合的进线保护段等保护措施。

110kV 及以下的配电装置电气设备绝缘与阀型避雷器通过雷电流为 5kA 幅值的残压进行配合。

进线保护段的作用，在于利用其阻抗来限制雷电流幅值和利用其电晕衰耗来降低雷电波陡度，并通过进线段上管型避雷器的作用，使之不超过绝缘配合所要求的数值。

(二) 架空进线保护

为防止或减少近区雷击闪络，对未沿全线架设避雷线的35～110kV架空送电线路，应在变电所1～2km的进线段架设避雷线，避雷线的保护角不宜超过20°，最大不能超过30°。

其变电所的进线段，应采用图1-4所示的保护接线。

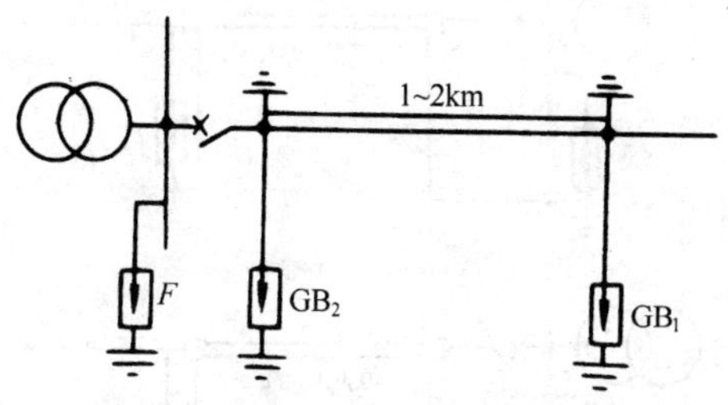

图1-4　35～110kV变电所进线保护接线

在木杆或木横担钢筋混凝土杆线路进线段的首端，应装设一组管型避雷器GB_1，其工频接地电阻不宜超过10Ω。铁塔或铁横担、瓷横担的钢筋混凝土杆线路，以及全线有避雷线的线路，其进线段首端，一般不装设管型避雷器GB_1。

在雷季，如果变电所35～110kV进线的隔离开关或断路器可能经常断路运行，同时线路侧又带电，则必须在靠近隔离开关或断路器处装设一组管形避雷器GB_2。GB_2外间隙值的整定，应使其在断路运行时，能可靠地保护隔离开关或断路器，而在闭路运行时，不应动作，并应处于母线阀型避雷器的保护范围内。如GB_2整定有困难，或无适当参数的管型避雷器，可用阀型避雷器或保护间隙代替。

（三）电缆进线保护

变电所的35kV及以上电缆进线段，在电缆与架空线的连接地应装设阀型避雷器，其接地端应与电缆的金属外皮连接。对三芯电缆，末端的金属外皮应直接接地，见图1-5(*a*)。对单芯电缆，为防止在电缆外皮中产生环流，只允许将电缆一端的外皮直接接地，而另一端应经接地器FJ或保护间隙JX接地，见图1-5(*b*)，也可用氧化锌避雷器进行保护。

如电缆长度不超过 50m 或虽超过 50m，但经校验，装一组避雷器即能符合保护要求，在图 1-5 中可只装 F_1 或 F_2。

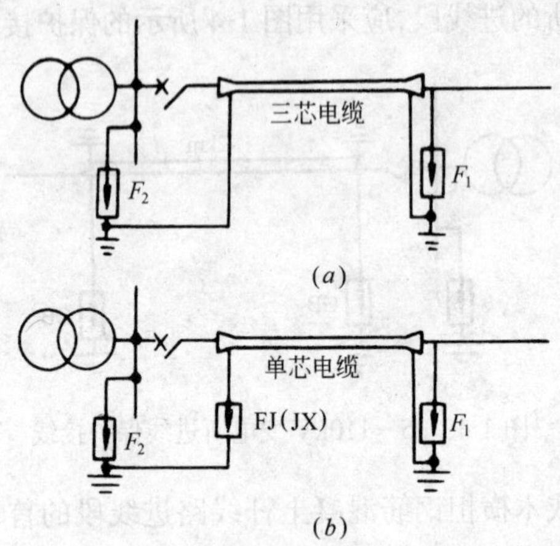

图 1-5 具有 35kV 及以上电缆段的变电所进线保护接线

如电缆长度超过 50m，且断路器在雷季可能经常断路运行，应在电缆末端装设管型避雷器或保护间隙。

连接电缆段的 1km 架空线路，应架设避雷线。

如果全部进线全长均为地下电缆，则变电所可不安装防护雷电过电压的避雷器。

(四) 阀型避雷器与被保护设备间的最大电气距离的确定

1. 确定阀型避雷器与被保护设备间的最大电气距离时，侵入波的幅值应取进线段的绝缘冲击强度。侵入波计算陡度应取表 1-2所列数值。

2. 装有标准绝缘水平的设备和标准特性避雷器的变电所，阀型避雷器与主变压器、并联电抗器、电压互感器间的最大电气距离，对一路进线和两路进线可分别按图1-6和图1-7确定，与其他电器的最大电气距离可相应增大 35%。在图1-6和图1-7中，35～110kV 级系按普通阀型避雷器计算。

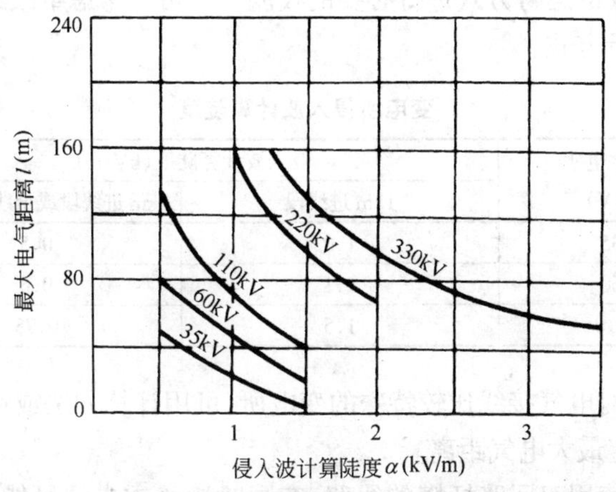

图 1-6　一路进线的变电所中，避雷器与变压器的最大电气距离与侵入波计算陡度的关系曲线

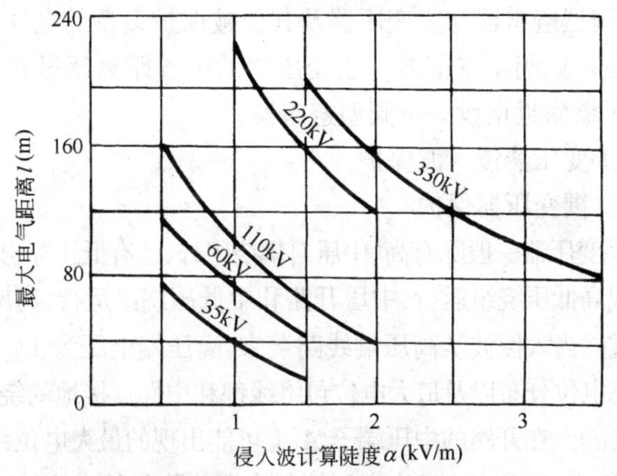

图 1-7　两路进线的变电所中，避雷器与变压器的最大电气距离与侵入波计算陡度的关系曲线

3. 变电所雷季经常运行的进线超过两路时，阀型避雷器与被保护设备间的最大电气距离可较图 1-17 的数值增大（3 路进线可增加 20%，4 路及以上进线可增大 35%）。此外，还应根据变电所

可能改变的运行方式进行必要的校验。但可不考虑事故或检修的短时运行方式。

变电所侵入波计算陡度 **表 1-2**

额定电压 (kV)	侵入波计算陡度(kV/m)	
	1km 进线段	2km 进线段或全线有避雷线
35	1.0	0.5
60	1.1	0.6
110	1.5	0.75

4．对电气接线比较特殊的变电所，可用计算方法或通过模拟试验确定最大电气距离。

5．使用双回路杆塔的线路，有同时遭受雷击的可能，确定避雷器与变压器的最大电气距离时，应按一回路考虑，且在雷季中，应尽量避免将其中一回路断开。

6．阀型避雷器与主变压器及其他被保护设备的电气距离，应尽量缩短。如阀型避雷器与主变压器的电气距离超过允许值，应在主变压器附近增设一组阀型避雷器。

（五）变压器侵入波保护

1．自耦变压器保护

自耦变压器一般除有高、中压自耦绕组外，还有低压非自耦绕组，可能出现高低压绕组运行、中压开路和中低压绕组运行、高压开路的运行方式。当入侵波从高压端线路袭来，高压端电压为 U_0 时，其初始和稳态电位分布以及最大电位包络线都和中性点接地的绕组相同，见图 1-8(a)。在开路的中压端子 A' 上可能出现的最大电位约为高压侧电压 U_0 的 $2/K$ 倍（K 为高压侧与中压侧绕组的变比），这样可能使处于开路的中压端套管闪络，因此在中压侧与断路器之间应装设一组避雷器，以便当中压侧断路器开路时保护中压侧绝缘。当高压侧开路，中压侧有雷电波入侵，中压侧电压为 U'_0 时，初始和稳态电位分布如图 1-8(b)，由中压端 A' 到开路的高压端 A 的稳态分布是由中压端 A' 到中性点 0 的稳态分布的电磁感应而形成的。在振荡过程中 A 点

电位可达高压端 A 点的稳态电压的两倍。

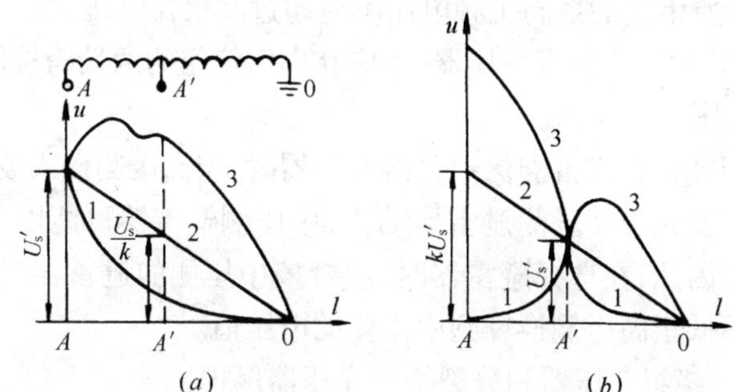

图 1-8　自耦变压器中有雷电波入侵时的最大电位包络线

(a)高压端 A 进波;(b)中压端 A'进波

1—初始电压分布;2—稳态电压分布;3—最大电位包络线

这将危及开路的高压侧,因此在高压侧与断路器之间也应装设一组避雷器。

此外,当中压侧有出线(相当于 A' 点经线路波阻抗接地)而高压侧有雷电波入侵时,A'相当于接地,雷电波电压大部分将加在自耦变压器绕组的 AA'绕组上,可能使其损坏。同理,当高压侧连有出线而中压侧进波时也有类似情况。这种情况显然在 AA'绕组愈短(即变比越小)时愈危险,因此当变比小于 1.25 时,在 AA'之间还应装加一组避雷器,如图 1-9(a)中虚线 F_3,此避雷器的灭弧电压应大于高压或中压侧接地短路条件下 AA'所出现的最高工频电压,也可采用图 1-9(b)所示的“自耦”避雷器保护方式。

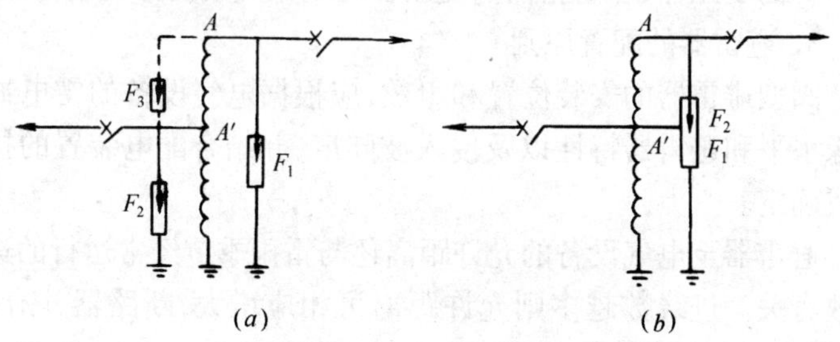

图 1-9　保护自耦变压器的避雷器配置

(a)一般避雷器配置;(b)自耦避雷器配置

如采用图 1-9(*b*)的保护接线,在自耦绕组任一侧接地短路条件下,F_2 所承受的最高工频电压不应超过其灭弧电压。

35kV 及以下自耦变压器,还应在串联绕组的两端跨接阀型避雷器 F_2(图 1-9*a*)。

使用氧化锌避雷器保护自耦变压器时,当高压侧侵入波,若中压侧避雷器先于高压侧避雷器动作,中压侧避雷器可能因能量小而损坏。因此,在选择避雷器时,应校核中压侧的避雷器,使其额定电压不低于高压侧换算到中压侧的电压值。

2. 三绕组变压器和分裂绕组变压器保护

(1) 与架空线路连接的三绕组变压器(包括一台变压器与两台电机相连的分裂绕组变压器)的 3～10kV 绕组,如有开路运行的可能,应采取防止静电感应电压危及该绕组绝缘的措施——在其一相出线上装设一只阀型避雷器,但如该绕组连有 25m 及以上金属外皮电缆段,则可不装设避雷器。

(2) 当三绕组变压器高、中压之间的变比较大(如 220/35kV),而中压侧又有长时间开路运行可能时,则应考虑在中压侧的一相出口上加装一只阀型避雷器。

(3) 分裂绕组变压器同样有可能在其中一个分支绕组断开时,另一绕组仍继续运行,故应在每个分支绕组的一相出口处装一只阀型避雷器。

对于电力变压器和所有电压的自耦变压器,以及弱绝缘的 110kV 的变压器,在避雷器与变压器之间不应装设开关设备。

3. 避雷器的配置原则

阀型避雷器的安装位置和组数,应根据电气设备的雷电冲击绝缘水平和避雷器特性以及侵入波陡度,并结合配电装置的接线方式确定。

避雷器至电气设备的允许距离还与雷雨季节经常运行的进线路数有关。进线数越多则允许距离可相应增大,断路器、隔离开关、耦合电容器等电器的绝缘水平比变压器为高。因此,避雷器至这些设备的最大允许距离可增大。

上述允许距离应在各种长期可能的运行方式下都符合要求，但一般不考虑事故或检修的短时运行方式。

(六) 3～10kV 配电装置的保护

变电所的电力变压器及 3～10kV 的配电装置，应在每组母线和每路架空进线上装设阀型避雷器和保护接线。

避雷器与 3～10kV 主变压器的最大电气距离，规定如下：

① 进线数为 1 时，最大电气距离为 15m；

② 进线数为 2 时，最大电气距离为 23m；

③ 进线数为 3 时，最大电气距离为 27m；

④ 进线数大于 4 时，则最大电气距离为 30m。

⑤ 如各架空进线，均有电缆段时，避雷器与主变压器的最大电气距离不受限制。

有电缆段的架空线路，避雷器应装设在电缆头附近，其接地端应和电缆金属外皮相连。

3～10kV 配电所，当无所用变压器时，可仅在每路进线上装设阀型避雷器或管型避雷器。

避雷器应以最短的接地线与变电所、配电所的主接地网连接(包括通过电缆金属外皮连接)。避雷器附近应装设集中接地装置，见图 1-10。

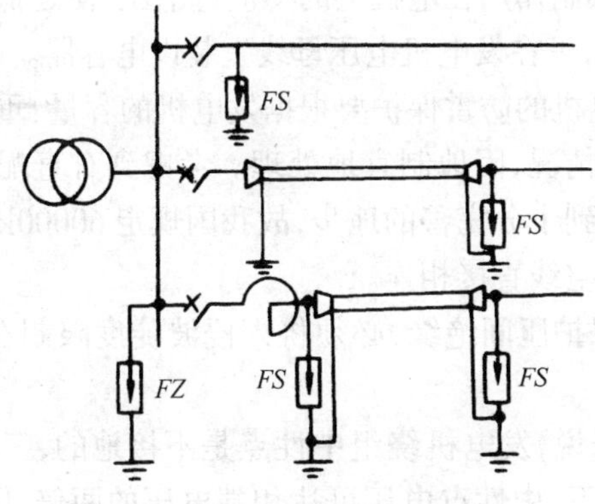

图 1-10　3～10kV 配电装置雷电侵入波的保护接线

（七）旋转电机的防雷

1．发电机、同期调相机、大型电动机等旋转电机，如直接与架空线相连接，称为直配电机。此时，因线路上的雷电波可以直接侵入电机。所以这种旋转电机必须有防雷保护措施。

由于旋转电机冲击耐压值较低，仅为变压器的1/2.5～1/4倍，电机主绝缘的冲击系数接近于1，电机的绝缘受到机械、电、热和化学的作用，绝缘容易老化，所以电机的绝缘的实际冲击耐压还会降低。对电机的主绝缘、匝间绝缘和中心点绝缘，必须采取防雷保护。

2．保护旋转电机用的磁吹避雷器（FCD型）的保护性能与电机绝缘水平的配合裕度很小，电机出厂冲击耐压值只比避雷器残压高8%～10%左右。

作用在直配电机上的大气过电压有两类，一类是与电机相连的架空线路上的感应雷过电压；另一类是由雷直击于与电机相连的架空线路而引起的。感应雷过电压出现的机会较多。如前述，感应雷过电压是由线路导线上的感应电荷转为自由电荷所引起的，在相同的感应电荷下增加导线对地电容可以降低感应过电压。

3．旋转电机的防雷保护措施

旋转电机常采取的防雷保护措施。如下：

① 为了限制作用在电机上的感应过电压，使之低于电机的冲击耐压强度值，可在发电机电压母线上装设电容器。

② 旋转电机的防雷保护要根据发电机的容量、重要性以及当地雷电活动的情况，因地制宜地处理。考虑到对直配电机的防雷保护还不能达到十分完善的地步，故我国规定60000kW以上的发电机不宜与架空线直接相连。

③ 为了保护匝间绝缘，必须将入侵波陡度限制在5kV/μs以下。

④ 一般来说，发电机绕组中性点是不接地的，三相进波时在直角波头情况下，中性点电压可达相端电压的两倍，因此，必须对中性点采取保护措施。试验表明，入侵波陡度降低时，中性点过电

压也随之减小，当入侵波陡度降至 2kV/μs 以下时，中性点过电压将不超过相端的过电压。

⑤ 在每台发电机出线母线处装设一组 FCD 型避雷器，以限制入侵波幅值，同时采取进线保护措施以限制流经 FCD 型避雷器中的雷电流使之小于 3kA。

⑥ 进线段保护

为了限制流经 FCD 中的雷电流使之小于 3kA，需要设置进线保护段。图 1-11 所示为电缆与管型避雷器联合作用的典型进线保护段。雷电波入侵时，管型避雷器 GB 动作，电缆芯线与外皮经 GB 短接在一起，雷电流流过 GB 和接地电阻 R_1 所形成的电压 iR_1 同时作用在外皮与芯线上，沿着外皮将有电流 i_2 流向电机侧，于是在电缆外皮本身的电感 L_2 上将出现压降 $L_2\frac{\mathrm{d}i_2}{\mathrm{d}t}$，此压降是由环绕外皮的磁力线变化所造成的，这些磁力线也必然全部与芯线相匝链，结果在芯线上也感应出一个大小相等其值为 $L_2\frac{\mathrm{d}i_2}{\mathrm{d}t}$ 的反电动势来，此电动势阻止雷电流从 A 点沿芯线向电机侧流动，也即限制了流经 FCD 的雷电流，如果 $L_2\frac{\mathrm{d}i_2}{\mathrm{d}t}$ 与 iR_1 完全相等，则在芯线中就不会有电流流过，但因电缆外皮末端的接地引下线总有电感 L_3 存在（假定电厂接地网的接地电阻很小，可略去），则 iR_1 与 $L_2\frac{\mathrm{d}i_2}{\mathrm{d}t}$ 之间就有差值，差值愈大则流经芯线的电流就愈大，使流经 FCD 的电流得到进一步限制。

⑦ 为了保护中性点绝缘，除了限制入侵波陡度 a 不超过 2kV/μs 外，尚需在中性点加装避雷器，考虑到电机在受雷击同时可能有单相接地存在，中性点将出现相电压，故中性点避雷器的灭弧电压应大于相电压。当电机额定电压为 3kV 时，可选用 FCD-2、FZ-2 型避雷器；额定电压为 6kV 时，可选用 FCD-4、FZ-4 型避雷器；额定电压为 10kV 时，可选用 FCD-6、FZ-6 型避雷器。

若电机中性点不能引出，则需将每相电容增大至 1.5～2μF，

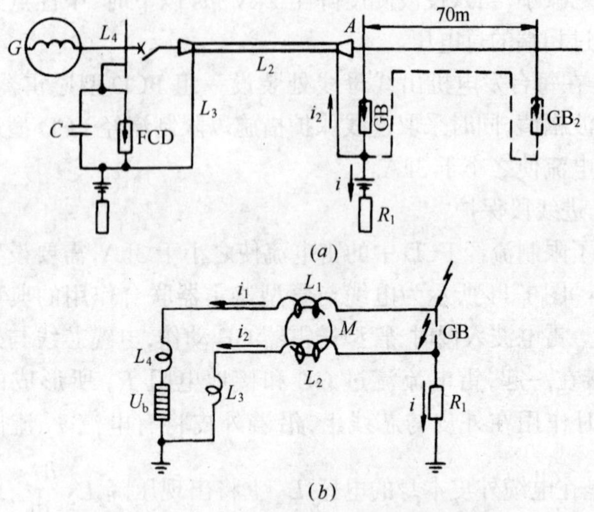

图 1-11　有电缆段的进线保护接线

(a)原理接线;(b)等值计算电路

L_1—电缆芯线的自感;L_2—电缆外皮的自感;L_3—电缆末端外皮接地线的自感;

L_4—电缆末端至发电机之间连接线的电感;M—电缆外皮与芯线间的互感;

U_b—FCD 磁吹避雷器 3kA 下的残压;R_1—电缆首端 GB 的接地电阻

以上皆为三相进波时的参数

以进一步降低入侵波陡度,确保中性点绝缘。

若无合适的管型避雷器,则 GB_1 和 GB_2 可用 FS_1 和 FS_2 代替,见图 1-12。

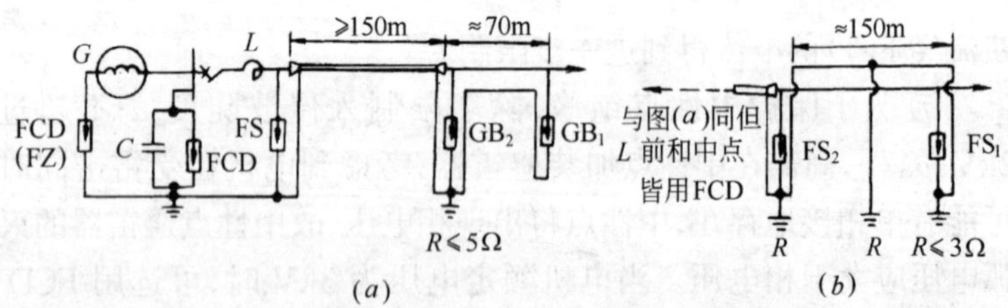

图 1-12　25000～60000kW 直配电机的保护接线图

(a)使用管型避雷器 GB;(b)使用 FS 型避雷器

最好将电抗器前面的和中性点的避雷器均改为 FCD 型磁吹

避雷器。在$\frac{l_b}{2}$处再装设一组管型避雷器 GB_2，见图 1-13 中虚线所示。图中 FS 是用来保护开路状态的断路器或隔离开关的。

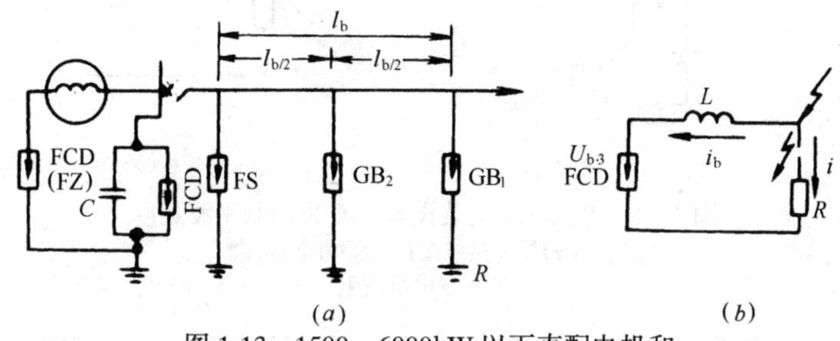

图 1-13　1500～6000kW 以下直配电机和少雷区 60000kW 以下直配电机的保护接线图
(a)原理接线；(b)等值计算电路

⑧ 根据我国运行经验，在一般情况下，无架空直配线的电机不需要装设电容器和避雷器。在多雷区，特别重要的发电机，则宜在发电机出线上装设一组 FCD 型避雷器。

⑨ 若发电机与变压器之间有长于 50m 的架空母线或软联线时，对此段母线除应对直击雷进行保护外，还应防止雷击附近而产生的感应过电压，此时应在电机每相出线上加装不小于 0.15μF 的电容器或磁吹避雷器。

在发电机电压母线上装设电容器，以限制入侵波陡度 a 和降低感应过电压。在变电所中限制 a 的主要目的是为了限制由变压器与避雷器之间的距离而引起的电压差。而在直配电机防雷保护中，由于避雷器直接装在每台电机的出线处，故上述问题不突出，限制 a 的主要目的是保护匝间绝缘和中性点绝缘。

通常采取在发电机电压母线上装设电容器的办法来降低入侵波陡度，如图 1-14 所示。若入侵波为幅值 U_0 的直角波，则发电机母线上电压(即电容 C 上电压 U_0)可按图 1-14(b)的等值电路计算，计算结果表明，每相电容为 0.25～0.5μF 时，能够满足 $a<$ 2kV/μs 的要求，同时也能满足限制感应过电压使之低于电机冲击耐压强度的要求。

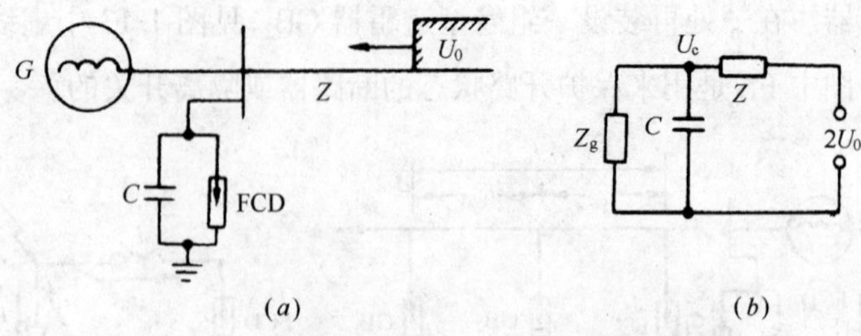

图 1-14　电机母线上装设电容 C 以限制来波陡度
(a)原理接线图;(b)等值电路
Z_g—发电机波阻

⑩ 容量较小(6000kW 以下)或少雷区的直配电机可不用电缆进线段,其保护接线如图 1-13(a)。在进线保护段长度 l_b 内应装设避雷针或线,入侵波使 GB_1 动作形成图 1-13(b)的等值电路,流经 FCD 的雷电流与 GB_1 的接地电阻 R 有关,R 愈小,则流经 FCD 的雷电流愈小,进线长度愈长其等值电感 L 愈大,则流经 FCD 的雷电流也愈小,建议:

对 3kV,6kV 线路$\frac{l_b}{R}\geqslant 200$

对 10kV 线路$\frac{l_b}{R}\geqslant 150$

一般进线段长度 l_b 可取为 450～600m。

⑪ 大容量(25000～60000kW)直配电机的典型防雷保护接线如图 1-12(a)所示。图中 L 为限制工频短路电流用电抗器,非为防雷专设,L 前加设一组 FS 避雷器以保护电抗器和电缆终端,由于 L 的存在,入侵波到达 L 处将发生反射使电压提高。

(八) 小容量变电所的保护

1. 电抗线圈的应用

35kV 变电所的进线,如架设避雷线有困难,或在土壤电阻率大于 500Ω·m 的地区,进线段难以达到所需的耐雷水平时,可在进线的终端杆上装设一组电抗线圈 L',以代替进线段的避雷线,并可采用图 1-15 所示的保护接线。

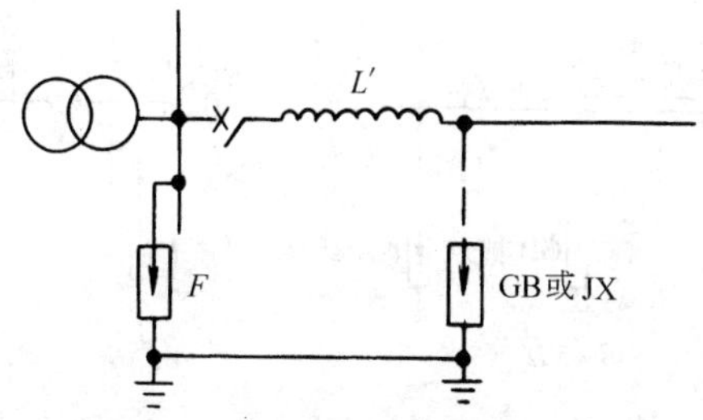

图 1-15　用电抗线圈代替进线段避雷线的保护接线

电抗线圈的电感值可采用约 1000μH，其结构应符合绝缘强度的要求。

2. 简化保护接线

(1) 容量为 3150～5000kVA 的 35kV 变电所，可根据负荷的重要性及雷电活动的强弱等条件适当简化保护接线。变电所进线段的长度可减少到 500～600m，但其首端管型避雷器 GB_1 或保护间隙 JX 的接地电阻不应超过 5Ω，并应采用图 1-16 所示的保护接线。

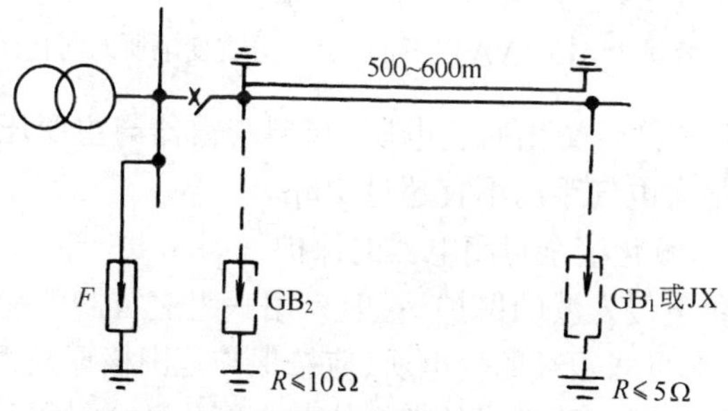

图 1-16　3150～5000kVA，35kV 变电所的简化保护接线

(2) 容量为 3150kVA 以下的 35kV 供非重要负荷变电所，根据雷电活动的强弱，可采用图 1-17(a)的保护接线，容量为 1000kVA 及以下的变电所，可采用图 1-17(b)的保护接线。

(3) 容量为 3150kVA 以下的 35kV 供非重要负荷分支变电

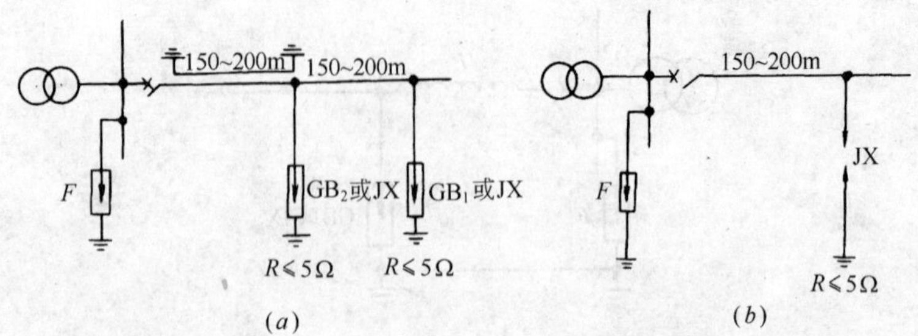

图 1-17 容量为 3150kVA 以下的 35kV 变电所的简化保护接线

所,可采用图 1-18(a)、(b)的保护接线。

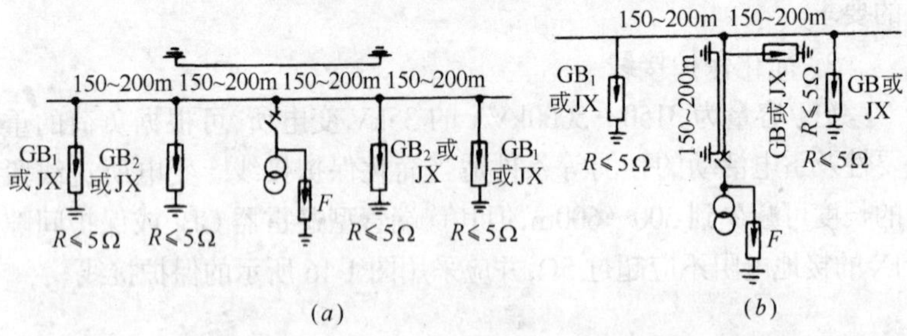

图 1-18 容量为 3150kVA 以下的 35kV 分支变电所的简化保护接线

(4) 保护接线简化的变电所,阀型避雷器与主变压器和电压互感器的最大电气距离不宜超过 10m。

(九) 六氟化硫全封闭电器的保护

对于雷电侵入波的保护,一般只用一组避雷器就能保护整个变电所,但对母线很长的变电所,应按保护范围核算是否需增设附加的避雷器。对线路进线的架空线与六氟化硫全封闭管线或电缆段连接处,必须装设一组避雷器进行保护。这种变电所的典型保护接线如图 1-19 所示。

(十) 进线段管型避雷器和保护间隙的选择

1. 管型避雷器的选择

(1) 管型避雷器开断续流的上限,考虑非周期分量,不应小于安装处短路电流最大有效值,开断续流的下限,不考虑非周期分

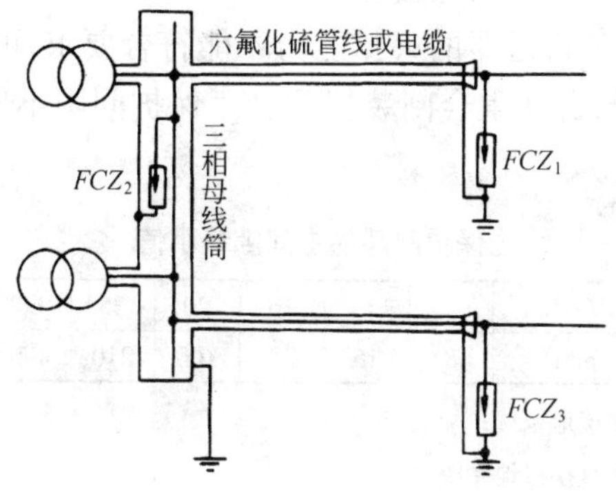

图 1-19　六氟化硫全封闭组合变电所的保护接线

量,不得大于安装处短路电流的可能最小数值。

(2) 如按开断续流的范围选择管型避雷器,最大短路电流应按雷季系统最大运行方式计算,并包括非周期分量的第一个半周电流有效值。计算时,可先算出周期分量,若短路发生在发电厂附近时,将周期分量乘以 1.5,若离发电厂较远,乘以 1.3,作为包括非周期分量的全短路电流的有效值。最小短路电流应按雷季系统最小运行方式计算,且不包括非周期分量。

(3) 在使用管型避雷器过程中,随着动作次数增加,管径逐渐增大,下限电流将升高,故选择下限电流时要留有裕度。

(4) 管型避雷器的伏秒特性,决定于内外火花间隙的大小。内部火花间隙的长度不希望太小,应使其工频放电电压高于系统的操作电压水平。管型避雷器的外间隙值列于表 1-3 中,在实际使用中,只要被保护绝缘的冲击水平允许,应该尽量选取较大的数值。

管型避雷器外间隙的数值　　　　**表 1-3**

额定电压(kV)	3	6	10	20	35	60	110*	110**
外间隙最小数值(mm)	8	10	15	60	100	200	350	400
外间隙最大数值(mm)	—	—	—	150～200	250～300	350～400	400～500	400～500

*—中性点直接接地系统; **—中性点不直接接地系统。

2. 进线段保护间隙的选择

(1) 如管型避雷器的灭弧能力不能符合要求，可采用保护间隙，并应尽量与自动重合闸装置配合。保护间隙不应小于表1-4所列数值。

保护间隙的主间隙最小值 **表1-4**

额定电压(kV)	3	6	10	20	35	60	110*	110**
主间隙最小值(mm)	8	15	25	100	210	400	700	750

*—中性点直接接地系统；

**—中性点不直接接地系统。

(2) 保护间隙的结构应符合下列要求：

① 应保证间隙稳定不变；

② 应防止间隙动作时电弧跳到其他设备上，以免与间隙并联的绝缘子受热损坏、电极被烧坏；

③ 间隙的电极宜镀锌。

(3) 电压为63～110kV的保护间隙，可装设在耐张绝缘子串上。中性点非直接接地的电力网，应使单相间隙动作时有利于灭弧，电压为3～35kV级，宜采用角形保护间隙。

3～35kV的保护间隙，宜在其接地引下线中串接一辅助间隙，以防止外物使间隙短路。

辅助间隙的数值，规定如下：

① 额定电压为3kV时，外间隙最小数值为5mm；

② 额定电压为6～6kV时，外间隙最小数值为10mm；

③ 额定电压为26kV时，外间隙最小数值为15mm；

④ 额定电压为35kV时，外间隙最小数值为20mm。

五、微波站、电视台的防雷

(一) 天线塔防雷

天线防直击雷的避雷针可固定在天线塔上，塔的金属结构也可作接闪器和引下线。

天线塔防雷的有关规定如下：

① 塔的接地电阻不大于4Ω,若地层结构复杂,接地电阻不应大于6Ω;

② 设置在电视塔或高层建筑上的微波站接地电阻应小于1Ω;

③ 天线塔的接地装置可利用塔基基坑的四角埋设垂直接地体,水平接地体应围绕塔基做成闭合环形,并与垂直接地体相连;

④ 接地体埋深不应小于1m;

⑤ 所有连接点均要求焊接;

⑥ 塔上的金属件,如航空障碍信号灯具、天线的支持杆或框架、反射器的安装框架,应和铁塔的金属结构用螺栓连接或焊接;

⑦ 波导管或同轴传输线的金属外皮和敷设电缆的金属管道,应在塔的上下两端及每隔12m处与塔身金属结构连接,在机房进口处应与接地网相连接;

⑧ 塔上的照明灯电源线应采用带金属外皮的电缆,或将导线穿入金属管;

⑨ 电缆金属外皮或金属管道至少应在上下两端与塔身相连接,并应水平埋入地中,埋地长度应在10m以上才允许引入机房或引至配电装置和配电变压器。

(二) 机房防雷

机房防雷的有关规定如下:

① 机房一般位于天线塔避雷针的保护范围内,如不在其保护范围内,则沿房顶四周应敷设闭合环形避雷带,钢筋混凝土屋面板和柱内的钢筋可用作引入线;

② 在机房外地下应围绕机房敷设闭合环形水平接地体;

③ 在机房内应沿墙壁敷设环形接地母线(用铜带$120mm \times 0.35mm^2$);

④ 进入机房的供电线路必须在两端装设低压阀型避雷器,电缆两端铅护套、钢带应焊在一起,并与机房接地线相连接;

⑤ 机房内各种电缆的金属外皮、设备外壳和不带电的金属部分、各种金属管道等,均应以最短的距离与环形接地母线相连接;

⑥ 室内的环形接地母线与室外的闭合接地体和房顶的环形避雷带间,至少应用 4 个对称布置的连接线互相连接,相邻连接线间的距离不宜超过 12m;

⑦ 在多雷区,室内高 1.7m 处沿墙一周应敷设均压环,并与引下线相连接;

⑧ 机房的接地网与塔体的接地网间,至少应有两根水平接地体连接,总接地电阻不大于 1Ω;

⑨ 引向机房内的电力线、通信线应有金属外皮或金属屏蔽层或敷设在金属管内,并要求埋地敷设;

⑩ 由机房引出的金属管、线也应埋地,在机房外埋地长度不应小于 10m。

(三) 供电设备的保护

对通信站供电的变压器,高低压侧均应装设阀型避雷器。在多雷的山区,还宜根据运行经验,适当加强防雷措施。如在前一个电杆装设管型或阀型避雷器。

机房内的电力线、通信线,应在机房内装设避雷装置。通信线的不运行线对,应在终端配线架上接地。

为了防止地线上流过不平衡电流使地线电位升高,对通信产生干扰,保护接地可和中性线(零线)分开。中性线与相线一样对地绝缘。这种接线方式又叫"三相五线制",如图 1-20 所示。

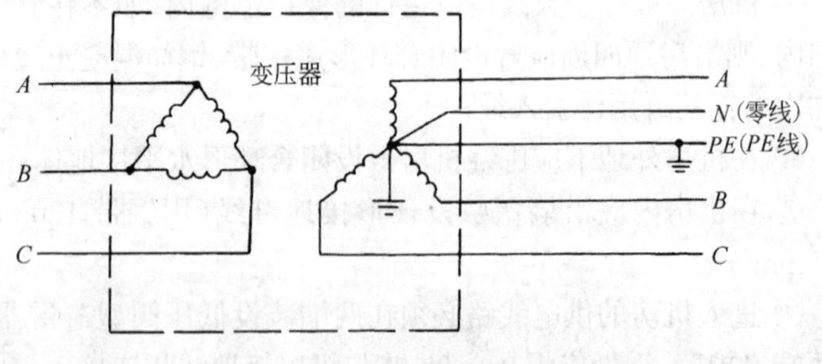

图 1-20　三相五线制接线

这种接线的好处是:

① 设备机壳上平时保持零电位，对弱电无干扰；

② 当发生短路时，短路电流可从中性线回流。即使发生接地短路，因地线上原是零电位，对人身和设备威胁较小。

六、卫星地面站的防雷

卫星地面站的防雷措施如下：

① 用独立避雷针或在天线反射体抛物面骨架顶端，及副面调整器顶端留的安装避雷针处分别安装避雷针；

② 引下线可利用钢筋混凝土构件内的钢筋；

③ 防雷接地、电子设备接地、保护接地可共用接地装置；

④ 接地体围绕建筑物四周敷设成闭合环形，接地电阻不大于1Ω；

⑤ 机房防雷与微波站机房防雷相同；

⑥ 卫星地面站防雷及接地示意见图 1-21。

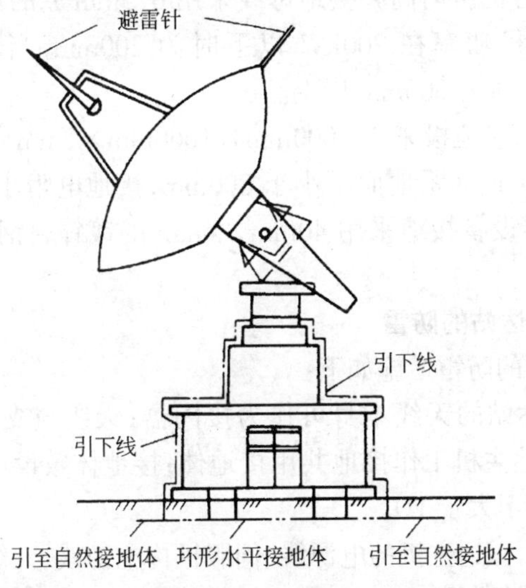

图 1-21　卫星地面站防雷及接地示意图

七、广播发射台的防雷

广播发射台的防雷措施如下：

① 中波无线电广播台的天线塔对地走绝缘的,一般在塔基设有绝缘子,桅杆天线底部与大地之间应安装球形放电间隙,放电电压应为底部工作电压(100%调幅峰值时)的 1.2 倍,底座绝缘子出厂时应做 40kV 以上的泄漏试验。

② 桅杆天线应敷设地网,地网自桅杆中心向外辐射状敷设,相邻导线间夹角相等,地网导线根数常为 120 根,每根导线长度与发射机输出功率及波长有关。

③ 地网埋设深度为 300mm,在耕地上可加深到 500~600mm,但自桅杆中心向外 0.1λ(波长)以内仍应埋深 300mm,地网导线采用 ϕ3.0mm 的硬铜线。

④ 发射机房采用避雷针或避雷网防直击雷,接地装置采用水平接地体围绕建筑物敷设成闭合环形,接地电阻小于等于 10Ω,保护接地和防雷接地无法分开时,总接地电阻应小于 1Ω。

⑤ 发射机房内高频接地母线采用 0.5mm 原的紫铜带,其宽度为:当单机功率在 200kW 以下时为 200mm,当单机功率为 200kW 以上时为 300mm 以上。

⑥ 高频接地极采用 2000mm×1000mm×2mm 的紫铜板,垂直埋入地下,顶部距地面不小于 800mm,接地电阻小于等于 4Ω;机架与电器设备接地采用 40mm×4mm 的镀锌扁钢接到环形接地体上。

八、雷达站的防雷

雷达站的防雷措施如下:

① 雷达站的天线本身可作为接闪器;天线与支撑架直接接地,可与雷达主机工作接地共用接地体;接地体敷设成闭合环形,接地电阻应不大于 1Ω。

② 引入雷达主机的电源线、伺服机构电源线、天线的馈线、控制线均应埋地敷设。

雷达试验场的防雷措施如下:

① 在雷达试验场中埋设环形水平接地体,接地电阻不大于 4Ω,在地面上应留出接地端子。

② 各种专用车辆的工作接地、保护接地、电源电缆的外皮及馈线屏蔽层外皮，均应用接地线以最短的路径与接地端子相连接。

第二节　过电压保护

一、工频过电压

工频过电压的性质

工频过电压的频率为工频或接近工频，幅值不高，在中性点不接地或经消弧线圈接地的系统，约为工频电压的$\sqrt{3}$倍，在中性点直接接地系统中，一般不允许超过1.5倍。

工频过电压常发生在故障引起的长线切合过程中。在发电机暂态电势E'_G为常数时，工频过电压处于暂态状态，持续时间不超过1s。由于在0.1～1s以内，工频过电压仅变化2%～3%，一般多取0.1s左右的暂态数值作为参考值。此后，发电机自动电压调整器发生作用，E'_G变化，在2～3s以后，系统进入稳定状态。此时的工频过电压称为工频稳态过电压。工频过电压的变化过程见图1-22。

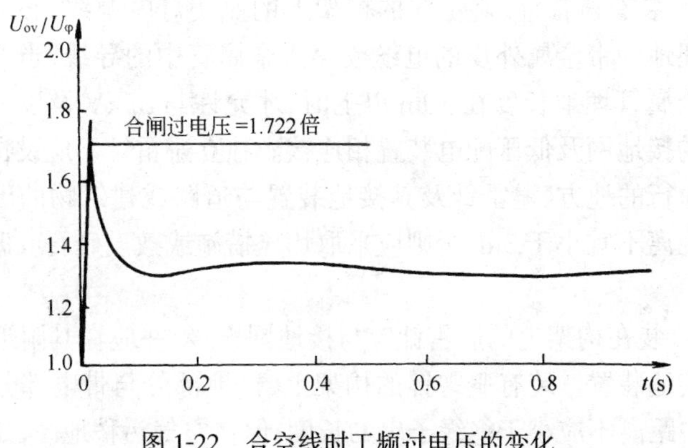

图1-22　合空线时工频过电压的变化

工频过电压对220kV及以下电网的电气设备没有危害，在设计时可不考虑。

二、变配电所的过电压保护

变配电所的过电压保护,包括:防直击雷保护、雷电侵入波过电压保护和变配电所高压侧的简易保护三部分。

(一) 防直击雷保护

防直击雷保护的措施如下:

1. 变电所的屋外配电装置应装设防直击雷保护装置。对已在相邻高建筑物保护范围内的设备,可不装防直击雷的保护装置。配电室如应设防直击保护装置,当屋顶上有金属结构时,将金属部分接地;当屋顶为钢筋混凝土结构时,将其焊接成网接地;当结构为非导电的屋顶时,采用避雷网保护,网格尺寸为(8~10)m×(8~10)m,每隔10~20m应设引下线接地。引下线处应设集中接地装置并和接地网连接。

2. 35kV及以下的屋外高压配电装置宜采用独立避雷针或避雷线保护。避雷针、避雷线应设独立的接地装置,接地电阻不应超过10Ω。当有困难时,其接地装置可与主接地网连接,但从避雷针与主接地网的地下连接点至35kV及以下高压设备与主接地网的地下连接点之间,接地体的长度不应小于15m。

3. 装有避雷针、避雷线的构架上的照明灯电源线,必须采用直接埋地的带金属外皮的电缆或穿入金属管中的导线,当电缆外皮或金属管埋地长度在10m以上时,才允许与35kV及以下配电装置的接地网及低压配电装置相连接。独立避雷针不应设在人员经常通行的地方,避雷针及其接地装置与道路或建筑物的出入口等的距离不宜小于3m,否则应采取均压措施或敷设砾石或沥青地面。

4. 装在构架上的避雷针应与接地网连接,并应在其附近装设集中接地装置。装有避雷针的构架上,接地部分与带电部分间的空气中距离不应小于绝缘子串的长度;但在空气污秽地区,如有困难,空气中距离可按非污秽区标准绝缘子串的长度确定。装在架构(不包括变压器门型架构)上的避雷针与主接地网的地下连接点至变压器接地线与主接地网的地下连接点之间,沿接地体的长度不应小于 15m。

5. 在变压器门型架构上和离变压器主接地线小于 15m 的配电装置的架构上，当土壤电阻率大于 350Ω·m 时，可装设避雷针、避雷线。其要求如下：

① 装在变压器门型架构上的避雷针应与接地网连接，并应沿不同方向引出 3～4 根放射形水平接地体。每根水平接地体离避雷针架构 3～5m 处应装设一根垂直接地体。

② 直接在 3～35kV 变压器的所有绕组出线上或在离变压器电气距离不大于 5m 处装设阀型避雷器。高压侧电压为 35kV 的变电所，在变压器门型架构上装设避雷针时，配电装置接地电阻不应超过 4Ω（不包括架构基础的接地电阻）。

6. 35kV 配电装置，在土壤电阻率不大于 500Ω·m 的地区，允许将线路的避雷线引接到出线门型架构上，但应装设集中接地装置。在土壤电阻率大于 500Ω·m 的地区，避雷线应架设到线路终端杆塔为止。从线路终端杆塔到配电装置的一档线路保护，可采用独立避雷针，也可在线路终端杆塔上装设避雷针。

7. 不允许在装有避雷针、避雷线的构筑物上架设通信线、广播线和低压线。

8. 独立避雷针与配电装置带电部分、变电所电力设备接地部分、架构接地部分之间的空气距离应满足

$$S_k \geqslant 0.2R_{ch} + 0.1h$$

式中 S_k——空气中距离(m)；

R_{ch}——独立避雷针的冲击接地电阻(Ω)；

h——避雷针检验点的高度(m)。

9. 独立避雷针的接地装置与变电所接地网间的地中距离为

$$S_d \geqslant 0.3R_{ch}$$

式中 S_d——地中距离(m)。

10. 一端绝缘另一端接地的避雷线与配电装置带电部分、变电所电力设备接地部分以及架构接地部分间的空气距离为

$$S_k \geqslant 0.2R_{ch} + 0.1(h + \Delta l)$$

式中　S_k——空气距离(m)；

h——避雷线支柱的高度(m)；

Δl——避雷线上校验的雷击点与接地支柱的距离(m)。

对两端接地的避雷线空气中距离 S_k 应为

$$S_k \geqslant \beta'[0.2R_{ch}+0.1(h+\Delta l)]$$

$$\beta'=\frac{l_2+h}{l_2+\Delta l_1+2h}$$

式中　β'——避雷线分流系数；

Δl——避雷线上校验的雷击点与最近支柱间的距离(m)；

l_2——避雷线上校验的雷击点与另一端支柱间的距离(m)，

$$l_2=l-\Delta l_1;$$

l——避雷线两支柱间距离(m)。

11. 避雷线的接地装置与变电所接地网的地中距离 S_d，当避雷线一端绝缘，另一端接地时

$$S_d \geqslant 0.3\beta' R_{ch}$$

此外，对避雷针和避雷线，空气中距离不小于 5m，地中距离不宜小于 3m。

(二) 雷电侵入波过电压保护

雷电侵入波过电压保护的有关规定如下：

1. 变电所应采取措施防止或减少近区雷击闪络。未沿全线架设避雷线的 35kV 架空线路，应在变电所 1～2km 的进线段架设避雷线。进线保护段上的避雷线保护角不应超过 20°，最大不应超过 30°。

2. 未沿全线架设避雷线的 35kV 架空线路，在变电所的进线段，应按下列要求装设排气式避雷器：

① 在木杆或木横担钢筋混凝土杆线路进线段首端，应装设一组排气式避雷器，工频接地电阻不宜超过 10Ω。铁塔或铁横担、瓷横担的钢筋混凝土杆线路，以及全线有避雷线的线路，其进线段首端，一般不装设排气式避雷器。

② 在雷雨季节，如变电所 35kV 进线的隔离开关或断路器可能经常断路运行，同时其线路侧又带电，则应在靠近隔离开关或断路器处装设一组排气式避雷器，其外间隙值的整定，应使其在断路运行时，能可靠地保护隔离开关或断路器，而在闭路运行时，不应动作。若避雷器的间隙值整定有困难，或无适当参数的排气式避雷器，可用阀型避雷器代替。

3. 变电所的 35kV 进线段，在电缆与架空线的连接处应装设阀型避雷器，其接地端应与电缆的金属外皮连接。对三芯电缆末端的金属外皮应直接接地；对单芯电缆，应经接地器或保护间隙接地。

4. 如电缆长度不超过 50m、或虽超过 50m、但经校验装设一组避雷器即能符合保护要求时，可以在电缆首端或母线上装设一组阀型避雷器。

5. 如电缆长度超过 50m，且断路器在雷雨季节可能经常断路运行，应在电缆末端装设排气式避雷器或阀型避雷器。连接电缆的 1km 架空线路，应架设避雷线。电缆线路—变压器组接线的变电所，可不装设阀型避雷器。

6. 具有架空进线的 35kV 变电所敞开式高压配电装置，每组母线上应装设阀型避雷器，阀型避雷器至主变压器、电磁式电压互感器的最大电气距离超过下列允许值时，应在主变压器附近增设一组阀型避雷器。

其允许值规定如下：

① 进线长度为 1km 时，允许值为 26～54m；

② 进线长度为 1.5km 时，允许值为 40～76m；

③ 进线长度为 2km 时，允许值为 52～104m。

进线路数越多时，允许值为较大值。

7. 变电所内所有阀型避雷器应以最短的接地线与配电装置的主接地网连接，同时应在其附近装设集中接地装置。

8. 35kV 装有标准绝缘水平的设备和标准特性阀型避雷器，且高压配电装置采用单母线、双母线或分段的电气主接时，碳化硅普通阀式避雷器与主变压器、电磁式电压互感器间的最大电气距离按上述允许值确定，对其他电器的最大电气距离可相应增加35%。

9. 35kV 开关站应根据其重要性和进线路数等条件，在每路进线上或母线上装设阀式避雷器。

10. 不接地及经消弧线圈接地系统中的变压器中性点，一般不装设保护装置；中性点接有消弧线圈的变压器，如有单进线运行可能，也应在中性点装设保护装置。该保护装置应选用碳化硅普通阀型避雷器或有串联间隙的金属氧化物避雷器，其额定电压为：当系统指标称电压为 35kV 时，普通避雷器的额定电压为 41kV，金属氧化物避雷器的额定电压为 42kV。

11. 与架空线连接的三绕组变压器的低压绕组若有开路运行的可能，变压器低压绕组出线上需装设一组阀式避雷器。若该绕组连有 25m 及以上埋地金属外皮电缆段，则可不装设避雷器。

12. 变电所 3～10kV 配电装置（包括电力变压器），在每组母线和架空进线上装设阀型避雷器，并采用保护接线。母线上阀型避雷器与主变压器的最大电气距离如下：

① 进线路数为 1 时，最大电气距离为 15m；

② 进线路数为 2 时，最大电气距离为 23m；

③ 进线路数为 3 时，最大电气距离为 27m；

④ 进线路数≥4 时，最大电气距离为 30m。

13. 有电缆段的架空线路，阀型避雷器应装设在电缆头附近，其接地端应和电缆金属外皮相连。如各架空线均有电缆段，阀型避雷器与主变压器的最大电气距离不受限制。

阀型避雷器应以最短的接地线与主变电所、配电所的主接地网连接（包括通过电缆金属外皮连接）。阀型避雷器附近应装设集中接地装置。

3～10kV 配电所，当无所用变压器时，可仅在每路进线上装设阀型避雷器。

（三）35/6～10kV 变电所高压侧的简易保护

35/6～10kV 变电所高压侧防雷保护措施如下：

1. 变电所的 35kV 进线，若架设避雷线有困难或在地阻率大于 500Ω·m 的地区，进线段杆塔接地电阻难以达到 10Ω 以下时，可在进线的终端杆上装设一组电抗线圈和一组排气式避雷器或保护间隙。

2. 容量为 3150～5000kVA 的变电所 35kV 侧，可根据负荷的重要性及雷电活动的强弱等条件，适当简化保护接线。变电所进线段的避雷线长度可减少至 500～600m，但其首端排气式避雷器或保护间隙的接地电阻不应超过 5Ω。

3. 容量为 3150kVA 以下，供非重要负荷的变电所 35kV 侧，根据雷电活动的强弱。可采用图 1-23 的保护接线，容量为 1000kVA 及以下的变电所可采用图 1-24 的保护接线。

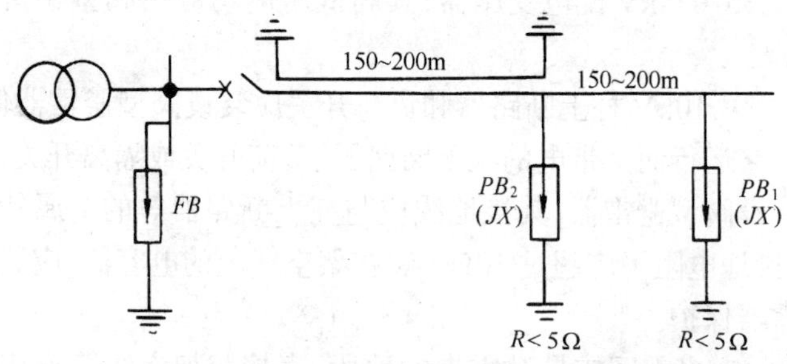

图 1-23　容量为 3150kVA 以下的 35kV 变电所的简易保护接线

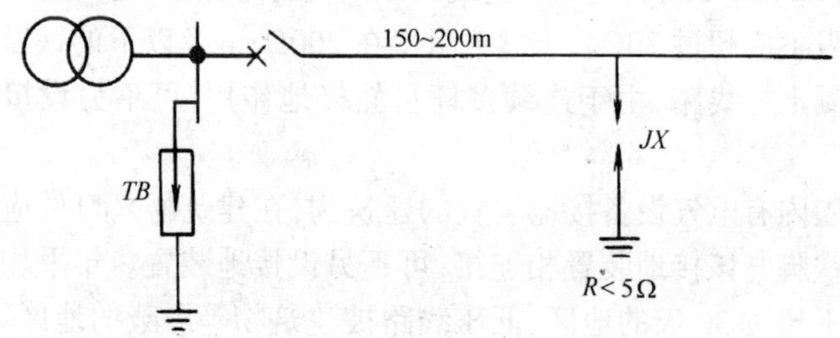

图 1-24　容量为 1000kVA 及以下的 35kV 变电所的简易保护接线

4. 容量为3150kVA以下供非重要负荷的35kV分支变电所，根据雷电活动强弱采用短分支线或长分支线的保护接线。

5. 简易保护接线的复电所35kV侧，阀型避雷器与主变压器和电压互感器的最大电气距离不应超过10m。

6. 3～10kV配电系统中的配电变压器，应装阀型避雷器保护。保护装置应尽量靠近变压器装设，其接地线应与变压器低压侧中性点以及金属外壳和低压避雷器接地线连在一起接地。

7. 多雷区的3～10kV的配电变压器，其接线方式为Y，yno和Y，y时，除在高压侧装设避雷器外，还应在低压侧装设一组阀型避雷器，以防止反复换波和低压侧雷电侵入波击穿高压侧绝缘，但厂区内的变压器，可根据运行经验确定。低压中性点不接地的配电变压器，应在中性点装设击穿保险器。

8. 35/0.4kV配电变压器，其高低压侧均应用阀型避雷器保护。

9. 3～10kV柱上断路器和负荷开关应装设阀型避雷器保护。经常断路运行而又带电的柱上断路器、负荷开关或隔离开关，在带电侧装设阀型避雷器，其接地线应与柱上断路器等的金属外壳连接，且接地电阻不应超过10Ω。装在架空线上的电容器，应装设阀型避雷器保护。

10. 在多雷区或易遭雷击的地段，直接与架空线路连接的电能表应装设防雷装置。

11. 220/380V低压架空线路接户线的绝缘子铁脚应接地，接地电阻不应超过30Ω。土壤电阻率在200Ω·m及以下的铁横担钢筋混凝土杆线路，由于连续多杆自然接地作用，可不另设接地装置。

屋内有电气设备接地装置的建筑物，在建筑物入口处应将绝缘子铁脚与该接地装置相连接，可不另设接地装置。年平均雷暴日数不超过30天的地区、低压线路被建筑物等屏蔽的地区，以及接户线距低压线路接地点不超过50m的地方，接户线绝缘子铁脚可不接地。

三、操作过电压

(一) 操作过电压的性质

电网中的电容、电感等储能元件,在发生故障或操作时,由于其工作状态发生突变,将产生充电再充电或能量转换的过渡过程,电压的强制分量叠加以暂态分量形成操作过电压。其作用时间约在几毫秒到数十毫秒之间,倍数一般不超过 $4U_{\varphi}$。

操作过电压的幅值与波形与电网的运行方式、故障类型、操作对象有关,再加上操作过程中其他多种随机因素的影响,使得对操作过电压的定量分析,太多依靠实测统计和模拟研究。

故障形态不同或操作对象不同,产生过电压的机理也不同。因而所采取的针对性限制措施也各异。

(二) 操作过电压的允许水平

操作过电压是决定电网绝缘水平的依据之一,特别是在超高压电网中,有时起着决定性的作用。目前,我国有关规程规定选择绝缘水平时,计算用操作过电压水平如下:

1. 相对地

35~63kV 及以下(非直接接地)内过电压 $4.0U_{\varphi}$。

2. 相间

3~110kV,宜取相对地内过电压的 1.3~1.4 倍。

确定相间绝缘时,两相的电位宜分别取相间过电压的 +60% 和 -40%。

(三) 间歇电弧过电压及其限制

1. 间歇电弧过电压的性质

中性点不接地,电网发生单相接地时流过故障点的电流为电容电流。经验表明,在 3~10kV 电网的电容电流超过 30A、35kV 及以上电网的电容电流超过 10A 时,接地电弧不易自行熄灭,常形成熄灭和重燃交替的间歇性电弧。因而导致电磁能的强烈振荡,使故障相、非故障相和中性点都产生过电压。

这种过电压一般不超过 $3.0U_{\varphi}$,极少达到 $3.5U_{\varphi}$,低于绝缘的耐受水平。但它波及全电网,持续时间长,易发展成为相同故障，特别是对绝缘较弱的旋转电机构成威胁，影响安全运行。

2. 限制措施

在3～10kV电网的单相接地电流超过30A或35kV及以上电网超过10A时，可在中性点和大地之间接入消弧线圈，以减少单相接地电流，促成电弧自熄，防止发展成相间短路或烧损设备。在大型发电机回路和6～10kV电网，亦可采用高电阻接地的方式。

消弧线圈并不能限制间歇性电弧过电压的最大值，甚至在某些情况下可使过电压值更大。但它可使燃弧时间大为缩短，减少重燃次数，从而降低高幅值过电压出现的概率。

(四) 开断空载变压器过电压及其限制

1. 开断空载变压器过电压的性质

空载变压器的激磁电流很小，因此在开断时不一定在电流过零时熄弧，而在某一数值下被强制切断。这时，储存在电感线圈上的磁能将转化成为充电于变压器杂散电容上的电能，并振荡不已，使变压器各电压侧均出现过电压。

当变压器的铁心材料为热轧硅钢片、线圈型式为连续式线圈时，励磁电流多为额定电流的百分之几，杂散电容约为数千pF，开断空载变压器过电压较高，一般不超过$4.0U_{\varphi}$，当变压器采用冷轧硅钢片、纠结式线圈时，激磁电流一般不超过额定电流的百分之一、杂散电容亦较大，因而过电压一般不超过$3.0U_{\varphi}$。

2. 限制措施

对冷轧硅钢片、纠结式线圈、110kV及以下电压的变压器，一般不需对开断空载变压器过电压进行保护。除此以外，均应采取保护措施。

开断空载变压器过电压的能量很小。其对绝缘的作用不超过雷电冲击波的作用。因此，采用普阀式避雷器即可获得可靠保护效果。但需注意：

(1) 避雷器应接在断路器和变压器之间，在非雷雨季节也不得断开。

(2) 如果变压器的高低压侧电网中性点接地方式一致,避雷器可在高压侧或低压侧只装一组。如果中性点接地方式不一致,而且利用低压侧的避雷器保护高压侧时,低压侧应装磁吹避雷器。

(3) 对6～10kV容量较小的干式变压器,当采用真空断路器时,可在一次侧加设0.1μF左右的电容器。若将电容器安装在低压侧,电容值应取 $C_2=0.1K^2$(K 为变压器的变比)。

(4) 灭弧性能较差的断路器,或者断路器断口间装设有1万欧以上的高阻值并联电阻,或者变压器的某一电压侧连接有大于100m的电缆时,开断空载变压器过电压会大为降低。但在工程设计中不宜采用上述方法作为专门的限制措施。

(五) 开断并联电抗器过电压及其限制

1. 开断并联电抗器过电压的性质

并联电抗器在超高压系统中和静止补偿装置中都需要装设。开断并联电抗器和开断空载变压器一样,都是开断电感性负载,开断过程中如出现截流,就会产生过电压。但两者有以下两点不同:

(1) 开断的电流为电抗器的额定电流,远比开断空载变压器的激磁电流要大。

(2) 切断电流时,断路器断口间的瞬态恢复电压固有频率不同,开断变压器的频率为数百Hz,开断电抗器却为数千Hz或更大,使断路器更难开断。

国外的统计表明,大的开断电流反而截流值较低,不会产生过高的过电压。但高频率的恢复电压会给无分闸并联电阻的断路器带来熄弧困难,容易产生重燃,并可能产生高额重燃过电压,损坏断路器。

2. 限制措施

(1) 选用带分闸并联电阻的断路器。

(2) 在断路器与并联电抗器之间装设磁吹避雷器或氧化锌避雷器。

(3) 在超高压并联电抗器前不装设断路器,把并联电抗器视为线路的一部分,用线路断路器进行操作。

(4) 电压较低的并联电抗器,采用了熄弧能力较强的真空断路器时,可在回路中装设CR吸收装置。它可以降低截流值,扼制重燃时的高频电流,减缓过电压波头,使断路器易于熄弧。电容值及电阻值通过试验确定。

(六) 开断高压电动机过电压及其限制

1. 开断高压电动机过电压的性质

开断高压电动机也是开断感性负载。它可能产生三种类型的过电压:截流过电压、三相同时开断过电压和高频重燃过电压。

截流过电压主要发生在电动机空载运行开断时,而更高的过电压则发生在电动机启动或制动过程中开断。因为此时电动机的磁场储能要大得多。振荡频率高于1kHz,过电压制值可高达5~6倍。

三相同时开断过电压和高频重燃过电压多产生在使用截流能力很强的真空断路器的情况下。三相同时开断,必然有两相的截流值很大,所以实际上也是一种截流过电压的表现形式。

高频重燃过电压是由于开断后产生的高频振荡,使断路器发生多次重燃造成的。此频率高达10^5~10^6Hz,陡度极大,幅值随着重燃次数的增加而提高,可达4~5倍。

开断高压电动机过电压容易损坏断路器,并严重危害电动机的主绝缘和匝间绝缘。电动机容量越小,这种过电压越高。当6kV电动机容量小于200kW时,或者采用真空断路器时应采取保护措施。

2. 限制措施

(1) 在电动机与断路器之间装设氧化锌避雷器。氧化锌避雷器的参数应与电动机的绝缘水平相配合。选择方法见本章绝缘配合部分。

(2) 当采用了真空断路器时,为了降低过电压陡度,可在避雷器旁并联一组0.5μF左右的电容器。

(3) 在回路中安装电容-电阻限压装置。电容和电阻串联。电容可为0.5~5μF,电阻可为数十到数百欧。其作用是消耗过电压的能量，并限制重燃时的高频电流。

（七）开断空载长线过电压及其限制

1. 开断空载长线过电压的性质

空载长线相当于一个容性负载。在断路器开断工频电容电流过零熄弧后，便会有一个接近幅值的相电压被残留在线路上。若此时断路器触头发生重燃，相当于一次合闸，使线路重新获得能量。电压波的振荡反射，使过电压按重燃次数依次递增。

开断空载长线过电压具有明显的随机性。断路器触头的重燃、重燃后电弧熄灭的角度和断路器的同期性能等都是随机变量，因而使这种过电压难以进行定量计算，大多需要借助实测统计。过电压的大小尚与母线电容量、出线回路数、线路长度、电源阻抗等因素有关。但是，只要断路器不发生重燃，这种过电压将不会超过 2 倍。

国内统计，使用重燃次数较少的空气断路器，不超过 U_φ 的 2.6 倍，使用少油断路器，不超过 2.8 倍，使用有中值或低值分压电阻的空气断路器不超过 2.2 倍，在中性点非直接接地的 63kV 及以下电网中，不超过 3.5 倍。这种过电压符合正态分布规律。

目前，我国 220kV 及以下电网，使用的油断路器重燃较多，故开断空载长线过电压就成为确定这些电网绝缘水平的控制条件。

2. 限制措施

(1) 采用不重燃或重燃率较低的断路器：我国目前生产的空气断路器、带有压油活塞的少油断路器和六氟化硫断路器，在开断空载长线时重燃率较低。

(2) 断路器加装分闸并联电阻：并联电阻在开断过程中短时接入回路，可以泄放残留电荷，降低恢复电压，从而避免重燃或降低重燃过电压。阻值一般取数千欧（为中值电阻），可按下式估计：

$$R = 3/(\omega C_0)$$

式中 R——并联电阻阻值（Ω）；

C_0——线路对地电容 μF；

ω——角频率，$= 2\pi f$。

在 110 中性点直接接地电网中，过电压最大值为 $2.8U_\varphi$，低于绝缘水平 $3U_\varphi$，而且少油断路器装置并联电阻困难，故一般不装并联电阻。

(3) 线路侧接入电磁式电压互感器：由于电磁式电压互感器直流电阻约为 3～15kΩ，通过它泄放残留电荷，可使重燃过电压降低 30％左右。当线路很长，超过了断路器保证的切空线长度时，可采用此辅助措施。

(4) 并联电抗器

并联电抗器的存在，可使线路电压振荡频率接近于工频，恢复电压上升速率下降，可以避免重燃或者降低重燃后的过电压幅值。应注意，一般并不为限制这种过电压而专门设置并联电抗器。

(5) 采用磁吹避雷器或氧化锌避雷器；一般将此措施作为最后一道防线。

(八) 开断电容器组过电压及其限制

1. 开断电容器组过电压的性质

开断电容器组产生过电压的原理与开断空载导线过电压类似，都是由于断路器重燃引起的。开断三相中性点不接地的电容器时，再加上断路器三相不同期，会在电容器端部、极间和中性点上都出现较高的过电压。

过电压的幅值会随着重燃次数增加而递增。如果开断电容器时，母线上带有线路或其他电容器组，将会降低重燃后的初始电压，从而降低过电压幅值。减小断路器三相的不同期性，将减小中性点的位移电压，从而降低对地过电压。

2. 限制措施

(1) 将电容器组分为若干个小组，分别用断路器进行操作控制。当被切除的电容器容量相对于母线电容较小时，由于过电压起始值的降低，将降低重燃率或降低过电压幅值。需注意，电容器分组的目的，主要是为了无功调节的方便，兼顾断路器的开断能力和避雷器的通流能力。

(2) 当电容器组容量在数千 kVar 以上时，可采用灭弧能力强的少油断路器、六氟化硫断路器或真空断路器。因为开断操作时该类断路器不发生重燃，将是限制这种过电压的根本措施。

(3) 在多油断路器上加装分闸并联电阻，能够改善断路器开断口上的恢复电压，也能够降低重燃后的过电压，还能够抑削尖合电容器冲击电流的幅值。并联电阻选择的原则如下：当以减少发生重燃为目的时，并联电阻为

$$R=(2.5\sim3)X_c$$

式中 R——并联电阻(Ω)；

X_c——电容器组容抗(Ω)。

如果断路器开断性能较差，装设了并联电阻，仍不能保证不发生重燃，则应力求使重燃过电压最低。此时

$$R=(0.3\sim0.5)X_c$$

(4) 装设避雷器保护。由于电容器的极间绝缘要比对地(外壳)绝缘弱，10s 工频耐压仅为额定电压的 2.15 倍，应注意加强对极间绝缘的保护。只要能够保护住极间绝缘，中性点位移得到控制，断路器断口的恢复电压便会降低，重燃可能性大大减少，也就相应地解决了相对地保护问题。相反，如果仅保护相对地绝缘，并不能保护极间的绝缘。因此，推荐图 1-25 所示接线供工程设计参考，并以采用氧化锌避雷器为宜。

四、谐振过电压

(一) 谐振过电压的性质

电网中的电感、电容元件，在一定电源的作用下，并受到操作或故障的激发，使得某一自由振荡频率与外加强迫频率相等，形成周期性或准周期性的剧烈振荡，电压振幅急剧上升，出现严重谐振过电压。

谐振过电压的持续时间较长，甚至可以稳定存在，直到破坏谐振条件为止。谐振过电压可在各级电网中发生，危及绝缘，烧毁设备，破坏保护设备的保护性能。

各种谐振过电压可以归纳为三种类型：线性谐振、铁磁谐振和参数谐振。

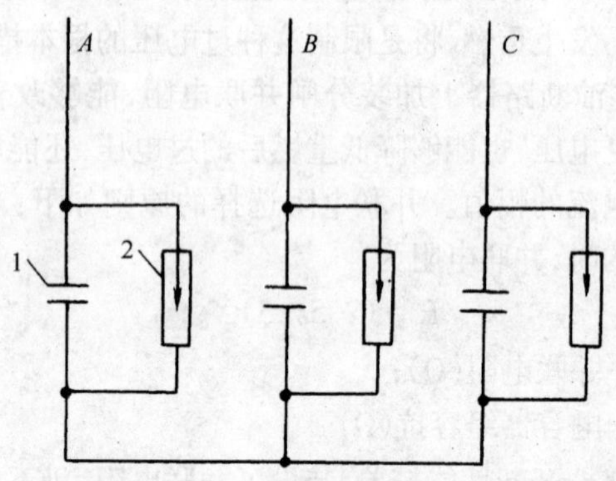

图 1-25　用氧化锌避雷器保护电容器组的接线

1—电容器;2—氧化锌避雷器

限制谐振过电压的基本方法,一是尽量防止它发生,这就要在设计中做出必要的预测,适当调整电网参数,避免谐振发生。二是缩短谐振存在的时间,降低谐振的幅值,削弱谐振的影响。一般是采用电阻阻尼进行抑制。

(二) 线性谐振过电压及其限制

1. 线性谐振过电压的特点

(1) 参与谐振的各电参量均为线性。电感元件不带铁心或带有气隙的铁心,并与电容元件组成串联回路。

(2) 谐振发生在电网自振频率与电源频率相等或相近时。

(3) 多为空载线路不对称接地故障的谐振、消弧线圈补偿网络的谐振和某些传递过电压的谐振等。

2. 消弧线圈补偿网络的消谐

消弧线圈网络在全补偿运行状态(脱谐度 $v=0$),当发生单相接地、网络中出现零序电压时,便发生消弧线圈与导线对地电容的串联线性谐振。一般线路阻尼率不超过 5%。因此,这种谐振将会使中性点位移达 $0.5U_{\varphi}$。

消除这种谐振的方法是采用欠补偿或过补偿运行方式。

一般装在电网的变压器中性点的消弧线圈,以及具有直配线的发电机中性点的消弧线圈采用过补偿方式(即 $v<0$)。这样可以保证在线路进行切除操作时或发生线路断线时,使容抗更大,不会产生谐振。

对于采用单元连接的发电机中性点的消弧线圈,一般采用欠补偿方式($v>0$)。这是因为单元接线的网络容抗比较固定,亦不易发生断线而采用欠补偿方式,发电机回路电容量较大,对于限制电容耦合传递过电压有利。

3．变压器传递过电压的限制

变压器的高压侧发生不对称接地故障、断路器非全相或不同期动作而出现零序电压时,将通过电容耦合传递至低压侧。此时低压侧的传递过电压 U_2 为:

$$U_2 = U_0(C_{12}(C_{12} + C_0))$$

式中 U_0——高压侧出现的零序电压(kV);

C_{12}——高低压绕组之间的电容(μF);

C_0——低压侧相对地电容(μF)。

这种过电压具有工频性质,将会危及绝缘或损坏避雷器。

避免产生零序过电压是防止变压器传递过电压的根本措施。这就要求尽量使断路器三相同期动作、避免在高压侧采用熔断器设备等。

在低压侧每相加装 0.1μF 以上的对地电容,加大线路对地电容,是一种可靠的限制方法。

(三) 铁磁谐振过电压及其限制

1．铁磁谐振过电压的特点

(1) 谐振回路由带铁心的电感元件(如空载变压器、电压互感器)和系统的电容元件组成。因铁心电感元件的饱和现象,使回路的电感参数呈非线性。

(2) 共振频率可以等于电源频率(基波共振),也可为其简单分数(分次谐波共振)或简单倍数(高次谐波共振)。

(3) 在一定的情况下可自激产生,但大多需要有外部激发条件。回路中事先经历过足够强烈的过渡过程的冲击扰动,它可突然产生或消失，当激发消除后，常能自保持。

(4) 在一定的回路损耗电阻的情况下，其幅值主要受到非线性电感本身严重饱和的限制。

2．断线引起的铁磁谐振过电压的限制

电网因断线、断路器非全相动作、熔断器一相或两相熔断等而造成非全相运行时，电网电容与空载或轻载运行的变压器的励磁电感可能组成多种多样的串联谐振回路，产生基频、分频或高频谐振。它可使电网中性点位移、绝缘闪络、避雷器爆炸。

限制断线引起的铁磁谐振过电压的措施为：

(1) 在线路上不采用熔断器。

(2) 采取措施，保证断路器不发生非全相拒动，或在发生拒动时，利用保护装置作用于上一级跳闸。

(3) 在中性点接地电网中，操作中性点不接地的负载变压器时，将变压器中性点临时接地。

3．电磁式电压互感器引起的铁磁谐振过电压的限制

中性点不接地系统中，由于电压互感器突然合闸，一相或两相绕组出现涌流，线路单相弧光接地时出现暂态涌流以及发生传递过电压时，可能使电磁式电压互感器三相电感程度不同地产生严重饱和，形成三相或单相共振回路，激发各次谐波谐振过电压。其中以分频谐振过电压危害最大，严重时可使电压互感器过热爆炸。

可采用下列措施消除由于电压互感器饱和引起的铁磁谐振过电压。

(1) 选用励磁特性较好的电磁式电压互感器，或只用电容式电压互感器。

(2) 在零序回路中加阻尼电阻。电压互感器开口三角绕组为零序电压绕组，在此绕组两端装设 $R \leqslant 0.4X_m$ 的电阻（X_m 为互感器在线电压作用下归算至三角绕组上的单相绕组的励磁阻抗）。当只在网内一台电压互感器装设电阻时，X_m 应为网内所有电压互感器励磁阻抗的并联值。这种情况可能使电阻阻值过小，超过

电压互感器的容量负担。此时,可通过低周波继电器,以便只在发生分频谐振时将电阻短时接入三角绕组,也可用零序过电压继电器将电阻投入1min,然后再自动切除。

对于35kV及以下电网,推荐用白炽灯泡代替电阻。35kV电网可接220V、500W灯泡,6～10kV电网可接220V、200W灯泡。

(3) 增大对地电容,可以破坏谐振条件。在10kV及以下母线上,装设中性点接地的星形接线电容器组(或用一段电缆代替架空线),使对地容抗X_{c0}满足:

$$X_{c0}/X_m < 0.01$$

(4) 在电压互感器一次绕组的中性点或开口三角形绕组上装设微机消谐器

微机消谐器是一种利用微机进行谐波判断、监测、治理、报告结果的一种装置,它可准确地判断出发生谐振的频率、地点及谐振的程度,并作为阻尼量投入的确定的依据。装置的优点是抗干扰能力强,消谐频率范围宽,调试维护方便而又简单。

微机消谐器是利用CPU来控制并联在电压互感器二次侧开口三角形绕组上的晶闸管的运行状态,对电压互感器二次侧开口三角形的电压进行循回监测,连续的对电网运行状态及有关参数进行采集处理,快速进行傅氏分析,并能判断是单相接地、过渡过程还是电网谐振等,然后确定执行元件晶闸管的投入。正常运行时,电压互感器开口三角形绕组的零序电压为零,或接近零,此时晶闸管关断,对电力系统没有任何影响。当电网不对称运行或发生故障时,微机会根据零序电压和频率的大小,进行计算分析和判断,并显示和发出声光信号,启动执行元件晶闸管,进行强阻尼,抑制了谐振。谐振消除后,该装置又作出相应的指示并记录。

微机消谐器的硬件框图。见图1-26,软件框图见图1-27。

4. 串联补偿电网中铁磁谐振过电压的限制

线路接有串联电容C和并联电抗L即形成L—C串联回路。当关合线路首端断路器,或在线路末端故障跳闸或投入串联补偿

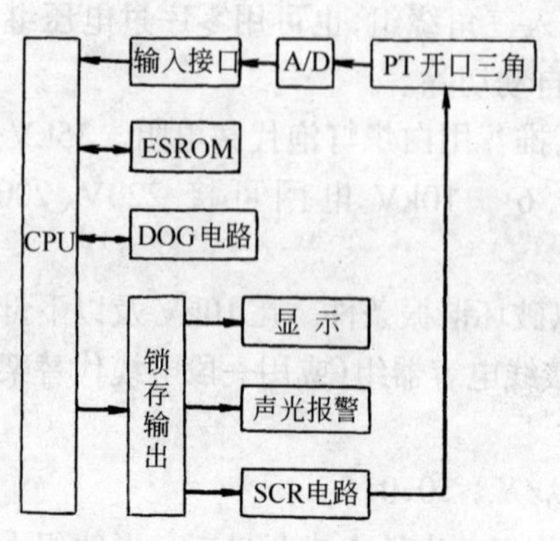

图 1-26 微机消谐装置的硬件框图

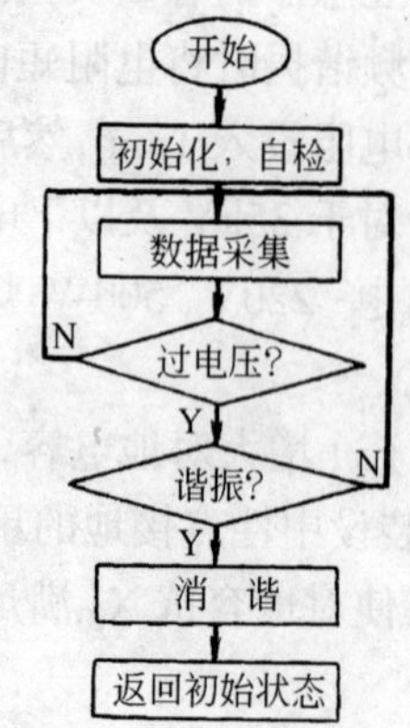

图 1-27 微机消谐装置的软件框图

C时,都会引起回路的过渡过程和铁芯电感的涌流现象,从而激发谐振。由于C和L均较大,共振总是具有低频(1/3次或更低次谐波)性质。

限制这种过电压的措施有:

(1) 利用串联补偿装置的主保护间隙,在串补两端出现较高过电压时,瞬时击穿,将阻尼电阻接入回路中。

(2) 并联电抗器的中性点经100Ω左右的电阻接地,可以阻止谐振的产生。

第三节 配电装置的绝缘配合及避雷器的选择

一、绝缘配合

(一) 绝缘配合的目的

绝缘配合就是根据系统中可能出现的各种电压和保护装置的特性,确定设备的绝缘水平或者根据已有设备的绝缘水平,选择适当的保护装置,也就是说,绝缘配合是要正确处理各种电压、各种限压措施和设备绝缘耐受能力三者之间的配合关系。

（二）绝缘配合的原则

1. 绝缘配合的一般原则

① 不同电网因结构不同以及在不同的发展阶段，采用了不同的保护设备，可以有不同的绝缘水平。

② 谐振过电压对电气设备和保护装置的危害极大，应在设计和运行中避免和消除出现谐振过电压的条件。在绝缘配合中不考虑谐振过电压。

③ 配电装置中的自恢复绝缘（绝缘子串、空气间隙）和非自恢复绝缘的绝缘强度，在过电压各种波形作用下，均应高于保护设备的保护水平，并考虑各种因素，留有适当的裕度。

④ 由于过电压保护的方法不同，一般不考虑线路绝缘与配电装置绝缘之间的配合问题。但绝缘水平超过标准很多的线路（如降压运行的线路），应验算变电所避雷器的电流是否超过额定配合电流。超过时，应在进线段首端采取保护措施（如装设管型避雷器）。

⑤ 污秽地区配电装置的外绝缘应按规定加强绝缘或采取其他措施。

⑥高海拔地区配电装置的外绝缘，应首先采用加强保护的办法，选择性能优良的避雷器。其次再加强绝缘或选用高原电器。

2. 110kV 及以下配电装置的绝缘配合特点

① 一般由雷电过电压决定绝缘水平，并按避雷器的冲击保护水平进行选择。外绝缘常由泄漏比距控制。

② 由于绝缘水平在正常情况下能够耐受操作过电压的作用，因此一般不采用专门限制内部过电压的措施，也不要求避雷器在内过电压下动作。

③ 旋转电机的绝缘水平，应以专用磁吹避雷器 3kA 残压为基础进行绝缘配合，都可选用相应的氧化锌避雷器。

④ 配电装置的绝缘水平，以普通阀型避雷器若 5kA 残压为基

础进行绝缘配合。当选用了性能优良的磁吹避雷器或氧化锌避雷器时，经过计算，允许采用降低一级绝缘的电气设备。

(三) 绝缘配合的方法

为确定电网的绝缘水平，采用的方法有惯用法、统计法和简化统计法。

1. 惯用法

惯用法是一种传统的方法，适用于非自恢复绝缘，是目前确定电气设备绝缘水平的主要方法。惯用法是按作用在绝缘上的最大过电压和最小的绝缘强度的概念进行绝缘配合。由于过电压幅值、波形和绝缘强度都是随机变量，按这一原则选定绝缘水平常有较大裕度。

2. 统计法

统计法把过电压和绝缘强度都看做是随机变量，并试图对其故障率进行定量。它有可能按故障后果来选取不同系统不同设备的安全水平，有可能进行优化选择。由于需要采集许多统计数据和确定某些参数的分布规律，并考虑到其使用效果，目前仅在确定超高压输电线路的绝缘水平时采用统计法。

3. 半统计法

半统计法仅把绝缘强度作为随机变量，确认绝缘放电电压的效应曲线为正态分布。目前，对超高压配电装置的自恢复绝缘采用半统计法。

4. 简化统计法

简化统计法假设：①过电压遵从正态分布；②单个间隙上所加电压与其他并联间隙上所加电压之间不相关。这样就可把统计法的计算大为简化。计算方法类似惯用法，但计算本质兼有统计法的一些优点。

二、避雷器的种类及特性

避雷器的作用是限制过电压以保护电气设备。避雷器的类型主要有保护间隙、管型避雷器、阀型避雷器和氧化锌避雷器等几种。保护间隙和管型避雷器主要用于限制大气过电压，一般用于配电系统、线路和发、变电所进线段的保护。阀型避雷器用于变电所和发电厂的保护，在 220kV 及以下系统主要用于限制大气过电压，在超高压系统中还将用来限制内过电压或作内过电压的后备保护。

阀型避雷器及氧化锌避雷器的保护性能对变压器或其他电气设备的绝缘水平的确定有着直接的影响，因此改善它们的保护性能具有很重要的经济意义。

(一) 保护间隙与管型避雷器

保护间隙由两个电极(即主间隙和辅助间隙)组成，常用的角型间隙及其与保护设备相并联的接线如图 1-28 所示。为使被保护设备得到可靠保护，间隙的伏秒特性上限应低于被保护设备绝缘的冲击放电伏秒特性的下限并有一定的安全裕度。当雷电波入侵时，间隙先击穿，工作母线接地，避免了被保护设备上的电压升高，从而保护了设备。过电压消失后，间隙中仍有由工作电压所产生的工频电弧电流(称为续流)，此电流是间隙安装处的短路电流，由于间隙的熄弧能力较差，往往不能自行熄灭，将引起断路器的跳闸，这样，虽然保护间隙限制了过电压，保护了设备，但将造成线路跳闸事故，这是保护间隙的主要缺点。为此可将间隙配合自动重合闸使用。

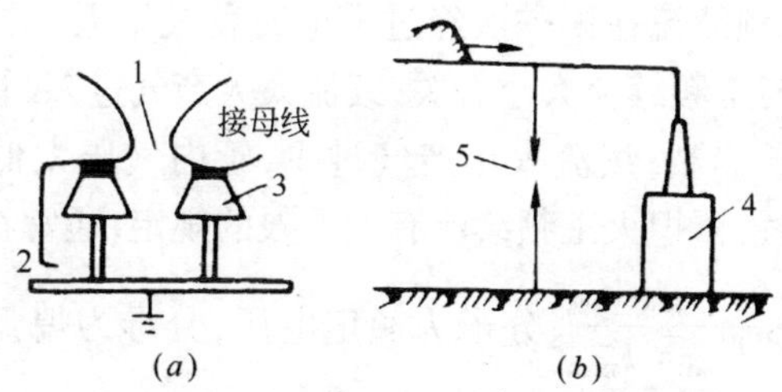

图 1-28 角型保护间隙及其与被保护设备的连接

(a)结构；(b)与被保护设备的连接

1—主间隙；2—辅助间隙(为防止主间隙被外界物体短路而装设)；3—瓷瓶；4—被保护设备；5—保护间隙

管型避雷器实质上是一种具有较高熄弧能力的保护间隙，其

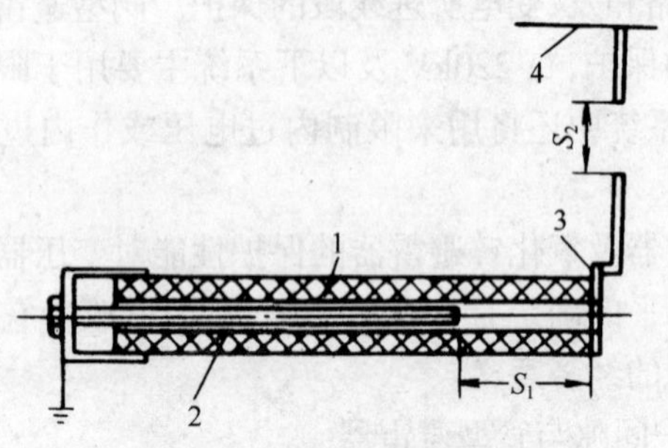

图 1-29　管型避雷器

1—产气管；2—棒形电极；3—环形电极；
4—工作母线；S_1—内间隙；S_2—外间隙

原理结构见图 1-29。它有两个相互串联的间隙，一个在大气中称为外间隙 S_2，其作用是隔离工作电压避免产气管被流经管子的工频泄漏电流所烧坏；另一个间隙 S_1 装在管内，称为内间隙或灭弧间隙，其电极一为棒形电极 2，另一为环形电极 3。雷击时内外间隙同时击穿，雷电流经间隙流入大地；过电压消失后，内外间隙的击穿状态将由导线上的工作电压所维持，此时流经间隙的工频电弧电流为工频续流，其值为管型避雷器安装处的短路电流，工频续流电弧的高温使管内产气材料分解出大量气体，管内压力升高，气体在高压力作用下由环形电极的开口孔喷出，形成强烈的纵吹作用，从而使工频续流在第一次经过零值时就被熄灭。管型避雷器的熄弧能力与工频续流大小有关，续流太大产气过多，管内气压太高将造成管子炸裂；续流太小产气过少，管内气压太低不足以熄弧，故管型避雷器熄灭工频续流有上下限的规定，通常在型号中表明，例如 GXS $\frac{u_N}{I_{min}-I_{max}}$，分子为额定电压，分母为熄弧电流上下限（有效值）范围。

管型避雷器的熄弧能力还与管子材料、内径和内间隙大小有关。

使用时必须核算安装处在各种运行情况下短路电流的最大值与最小值，管型避雷器的熄弧电流上下限应分别大于和小于短路电流的最大值和最小值。

管型避雷器的主要缺点为：

① 伏秒特性较陡且放电分散性较大，而一般变压器和其他设备绝缘的冲击放电伏秒特性较平，两者不能很好配合；

② 管型避雷器动作后工作母线直接接地形成截波，对变压器纵绝缘不利（保护间隙也有上述缺点）。

管型避雷只用于大跨越和交叉档距以及发、变电所的进线保护。

有关保护间隙结构的规定如下：

① 应保证间隙稳定不变；

② 应防止间隙动作时电弧跳到其他设备上，与间隙并联的绝缘子受热损坏、电极被烧坏；

③ 间隙的电极应镀锌；

④ 额定电压 3～10kV 级应采用角形保护间隙；

⑤ 6～10kV 的保护间隙，应在其接地引下线中串接一个 10mm 的辅助间隙，以防止外物使主间隙短路；3kV 保护间隙的辅助间隙为 5mm，35kV 保护间隙的辅助间隙为 20mm。

（二）阀型避雷器

阀型避雷器的基本元件为间隙和非线性电阻，间隙与非线性电阻元件（又称阀片）相串联，如图 1-30 所示，间隙放电的伏秒特性低于被保护设备的冲击耐压强度，阀片的电阻值与流过的电流有关，具有非线性特性，电流愈大电阻愈小。阀型避雷器的基本工作原理如下：在电力系统正常工作时，间隙将电阻阀片与工作母线隔离，以免由母线的工作电压在电阻阀片中产生的电流使阀片烧坏。当系统中出现过电压且其幅值超过间隙放电电压时，间隙击穿，冲击电流通过阀片流入大地，由于阀片的非线性特性，

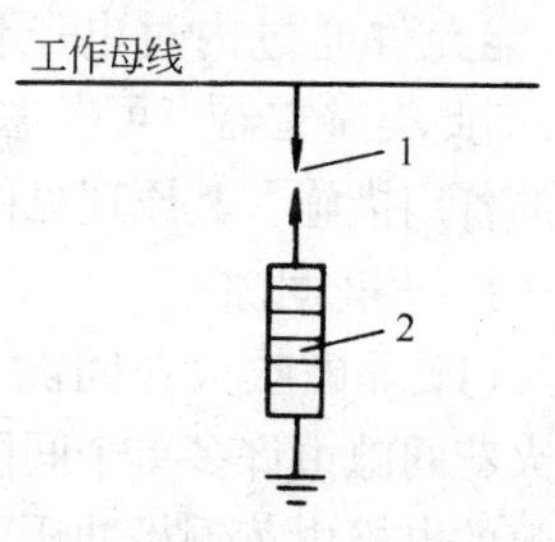

图 1-30 阀型避雷器原理图
1—间隙；2—电阻阀片

故在阀片上产生的压降(称为残压)将得到限制,使其低于被保护设备的冲击耐压,设备就得到了保护。当过电压消失后,间隙中由工作电压产生的工频电弧电流(称为工频续流)仍将继续流过避雷器,此续流受阀片电阻的非线性特性所限制远较冲击电流为小,使间隙能在工频续流第一次经过零值时就将电弧切断。以后,就依靠间隙的绝缘强度能够耐受电网恢复电压的作用而不会发生重燃。这样,避雷器从间隙击穿到工频续流的切断不超过半个工频周期,继电保护来不及动作系统就已恢复正常。

从上述可知,被保护设备的冲击耐压值必须高于避雷器的冲击放电电压和残压,若避雷器此两参数能够降低,则设备的冲击耐压值也可相应下降。

阀型壁雷器分普通型和磁吹型两类,普通型的熄弧完全依靠间隙的自然熄弧能力,没有采取强迫熄弧的措施;其阀片的热容量有限,不能承受较长持续时间的内过电压冲击电流的作用,因此此类避雷器通常不容许在内过电压下动作,目前只使用于220kV及以下系统作为限制大气过电压用。

磁吹型利用磁吹电弧来强迫熄弧,其单个间隙的熄弧能力较高,能在较高恢复电压下切断较大的工频续流,故串联的间隙和阀片的数目都较少,因而其冲击放电电压和残压较低,保护性能较好。同时,若此类避雷器阀片的热容量较大,能允许通过内过电压作用下的冲击电流,则此类避雷器尚可考虑用作限制内过电压的备用措施。其原理见图1-31。

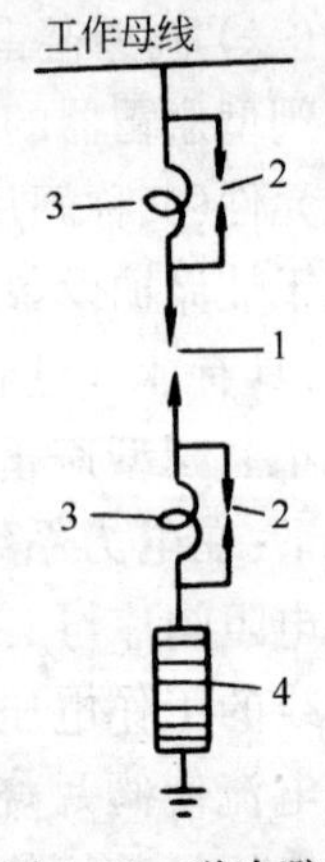

图1-31 磁吹避雷器原理

1—主间隙;2—辅助间隙;3—磁吹线圈;4—电阻阀片,

1. 火花间隙

(1) 非磁吹火花间隙　普通型避雷器的火花间隙由许多单个间隙串联而成,单个间隙的电极由黄铜板冲压而成,两电极极间以云母垫圈隔开形成间隙,间隙距离为0.5~1.0mm,由于间隙电场近似均匀电场,同时，过电压作用时云母垫圈与电极之间的空气缝隙中发生电晕，对间隙产生照射作用，从而缩短了间隙的放电时间，故其伏秒特性很平且分散性较小，单个间隙的工频放电电压约为 2.7～3.0kV（有效值），其冲击系数为 1.1 左右。避雷器动作后，工频续流电弧被许多单个间隙分割成许多短弧，利用短间隙的自然熄弧能力使电弧熄灭。

常常在每个间隙上并联一个分路电阻，如图 1-32（a）所示。实际上 FZ 型是每四个间隙组成一组，每组并联一分路电阻，如图 1-32（b）所示。在工频电压和恢复电压作用下，间隙电容的阻抗很大，而分路电阻阻值较小，故间隙上的电压分布将主要由分路电阻决定，因分路电阻阻值相等，故间隙上电压分布均匀，从而提高了熄弧电压和工频放电电压。在冲击电压作用下，由于冲击电压的等值频率很高，间隙电容的阻抗小于分路电阻，间隙上的电压分布主要取决于电容分布，由于间隙对地和对瓷套寄生电容的存在，使电压分布很不均匀，因此其冲击放电电压较低，冲击系数一般为 1

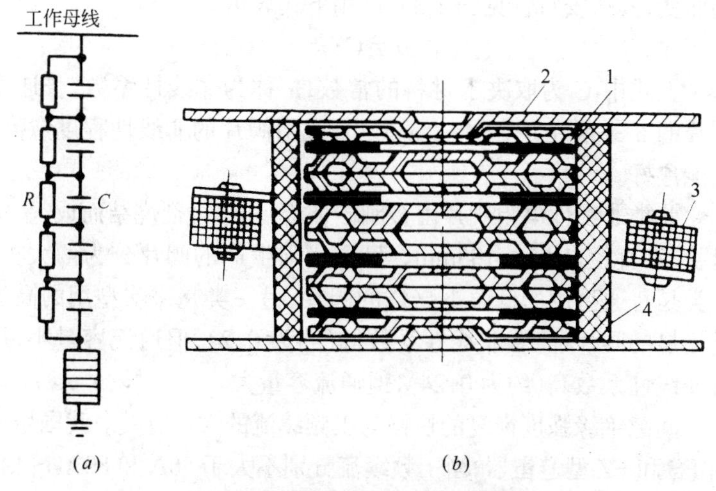

图 1-32　在间隙上并联分路电阻

（a）原理图；（b）标准火花间隙组（普通阀型避雷器）

1—单个间隙；2—黄铜盖板；3—半环形分路电阻；4—瓷套筒

C—间隙电容；R—并联电阻

左右。甚至小于1。

采用分路电阻均压后，在工作电压作用下，分路电阻中将长期有电流流过，因此，分路电阻必须有足够的热容量，通常采用非线性电阻。

电阻阀片

电阻阀片的主要作用是利用它来限制工频续流，使间隙能在续流经一次过零时即将电弧熄灭。为了限制续流希望电阻取大一些，但电阻大了以后，冲击电流流过电阻阀片时产生的残压也大，为了降低残压又要求将电阻取小一些，这样，要同时满足这两个彼此相互矛盾的要求，必须采用非线性电阻，使阀片的电阻值能随流过的电流大小而变，其伏安特性见图1-33，可用下式表示。

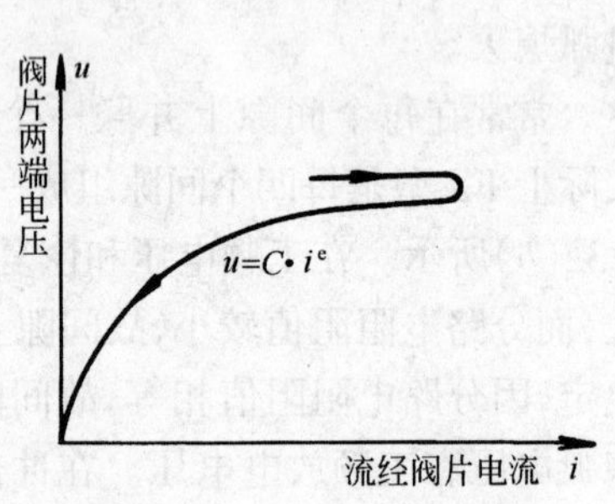

图1-33　阀片的伏安特性

$$u = C \cdot i^{\alpha}$$

上式中 C 为取决于材料的常数，α 称为非线性系数，普通型阀片的 α 一般在0.2左右，α 愈小，说明阀片的非线性程度愈高，性能愈好。

此类非线性电阻阀片由金刚砂(SiC)和结合剂烧结而成，呈圆盘状，其直径自55～105mm。目前我国生产的阀片分为两大类，一类是普通型用的低温下焙烧的阀片，另一类是磁吹型用的高温下焙烧的阀片，前者非线性系数低(约为0.2)，但通流容量小，后者非线性系数高(约为0.24)，但通流容量大。

间隙绝缘强度恢复的快慢与工频续流的大小有关。我国生产的FS和FZ型避雷器，当工频续流分别不大于50A和80A(峰值)时，能够在续流经一次过零时使电弧熄灭。

(2) 磁吹火花间隙　与普通型避雷器相仿，磁吹避雷器中火花间隙也是由许多单个间隙串联而成的。利用磁场使电弧产生运动(如旋转或拉长)来加强去游离以提高间隙的灭弧能力。磁吹间隙种类繁多,我国目前生产的主要是限流式间隙,又称拉长电弧型间隙,其单个间隙的基本结构如图 1-34 所示,间隙由一对角状电极组成,磁场是轴向的,工频续流被轴向磁场拉入灭弧栅中,如图 1-34 中虚线所示,其电弧的最终长度可达起始长度的数十倍,灭弧盒由陶瓷或云母玻璃制成,电弧在灭弧栅中受到强烈去游离而熄灭,由于电弧形成后很快就被拉到远离击穿点的位置,故间隙绝缘强度恢复很快,熄弧能力很强,可切断 450A 左右的续流。

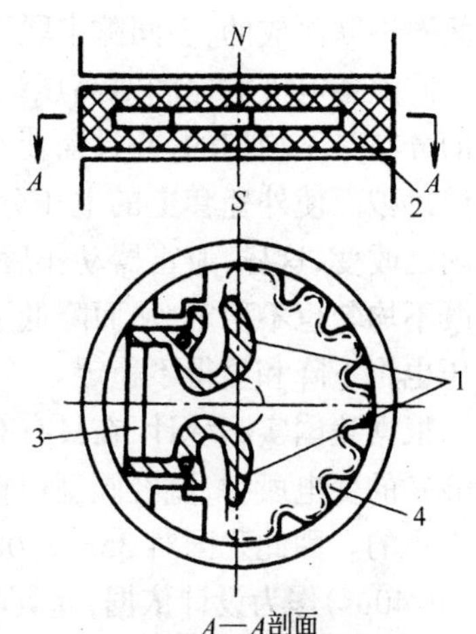

图 1-34　限流式磁吹间隙
1—角状电极;2—灭弧盒;
3—并联电阻;4—灭弧栅

此外,由于电弧被拉得很长且处于去游离很强的灭弧栅中,所以电弧电阻很大,可以起到限制续流的作用,因而称为限流间隙,这样,采用限流间隙后就可以适当减少阀片数目,使避雷器残压得到降低。

磁场是由与间隙相串联的线圈所产生,考虑到过电压作用下放电电流通过磁吹线圈时将在线圈上产生很大压降,使避雷器的保护性能变坏,为此在磁吹线圈两端装设一辅助间隙,在冲击过电压作用下,主间隙被击穿,放电电流经过磁吹线圈,线圈两端的压降将辅助间隙击穿,放电电流遂经过辅助间隙、主间隙和电阻阀片而流入大地,使避雷器的压降不致增大。当工频续流通过时,辅助间隙中电弧的压将将大于续流在线圈中产生的压降,故辅助间隙中电弧自动熄灭,工频续流也就很快转入磁吹线圈中,产生磁场吹弧作用。

(3) 间隙并联电阻　如前述,阀型避雷器的间隙是由许多单个间隙串联而成的，多间隙串联后间隙电容将形成一等值电容链，由于间隙各电极对地和对高压端有寄生电容存在，故电压在间隙上的分布是不均匀的，并且瓷套表面状况对此也有影响，例如淋雨或湿污秽而使外瓷套上的电压分布改变时，间隙串的电压分布也就随之改变，这样，避雷器动作后每个单个间隙上的恢复电压的分布既不均匀也不稳定，从而降低了避雷器的熄弧能力，其工频放电电压也将下降和显得不稳定。

根据我国实测统计，在具有有关规程建议的防雷接线的35～220kV的变电所中，流经阀型避雷器的雷电流超过5kA的概率是非常小的。因此我国对35～220kV的阀型避雷器以5kA(其波形为20/40μs)作为设计依据，此类电网的电气设备的绝缘水平也以避雷器5kA的残压作为绝缘配合的依据，对330kV及更高的电网，由于线路绝缘水平较高，入侵雷电波的幅值也高，故流过避雷器的雷电流较大，我国规定取10kA作为计算标准，并且规定普通型阀片的通流容量(即通过电流的能力)为通过波形为20/40μs、幅值为5kA的冲击电流和幅值为100A的工频半波各20次。由此可知，普通型避雷器阀片的通流容量与直击雷雷电流相差甚远，因此不宜用作线路防雷保护，一般只用于变电所中作防护大气过电压用。

对于能够限制内过电压的磁吹避雷器，则阀片的通流容量应能承受内过电压冲击电流的作用，我国生产的磁吹型阀片的通流容量为通过2000μs、幅值为800～1000A的方波电流20次。

普通型有FS和FZ两种型号，FS型适用于配电系统，FZ型适用于变电所。FZ型由一些结构和性能都已标准化的单件所组成，这些单件分别适用于3、6、10、15、20和30kV额定电压，由它们的组合，可以适用于各种电压等级；如FZ-110J(适用于110kV中性点接地系统)就是由四个FZ-30串联而成。FS_3-10型避雷器结构图。见图1-35。

磁吹型主要有FCZ电站型和保护旋转电机用的FCD型两种。

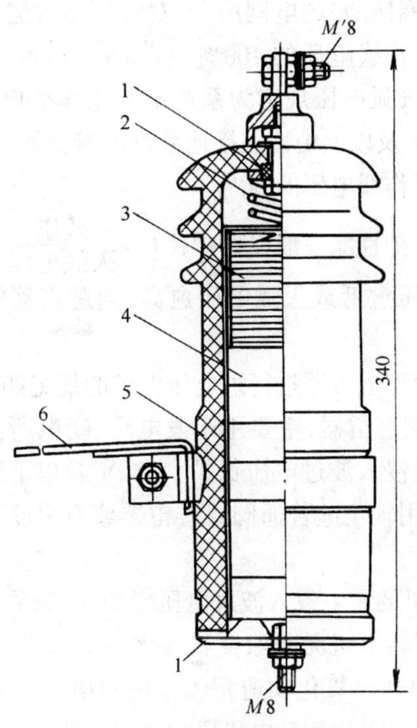

图 1-35　FS_3-10 型避雷器的剖面图

1—密封橡皮;2—压紧弹簧;3—间隙;
4—阀片;5—瓷套;6—安装卡子

选用避雷器时,应使避雷器的额定电压与安装该避雷器的电力系统的电压等级相同;并且应使避雷器的灭弧电压大于其安装处工作母线上可能出现的最高工频电压。所谓避雷器的灭弧电压,指的是保证避雷器能够在工频续流第一次经过零值时灭弧的条件下允许加在避雷器上的最高工频电压;若避雷器动作时系统处于正常运行状态,则避雷器将在正常相电压下灭弧;若避雷器动作时系统内同时有不对称短路,则加在健全相避雷器上的恢复电压将有可能高于相电压,此时避雷器就必须在高于相电压的情况下灭弧。根据分析,在中性点直接接地的电网中,不对称短路时健全相上的电压可达系统最大工作线电压的 80%,而中性点不接地

(包括经消弧线圈接地)的电网中,不对称短路时健全相上的电压可达系统最大工作线电压的100%～110%。因此,对35kV及以下的避雷器,其灭弧电压规定为系统最大工作线电压的100%～110%,而110kV及以上中性点接地系统的避雷器,其灭弧电压规定为系统最大工作线电压的80%。

避雷器的保护性能一般以保护比$\left(=\frac{\text{残压}}{\text{灭弧电压}}\right)$来说明,保护比愈小,说明残压愈低或灭弧电压愈高,则避雷器的保护性能愈好。

有关采用阀型避雷器进行过电压保护的规定如下:

① 电站阀型避雷器,主要用于发电厂、变电所高压配电装置和变压器的雷电侵入波过电压保护。35kV及以下除低值电阻接地系统外,应采用碳化硅普通阀式避雷器或有串联间隙金属氧化物避雷器。

② 旋转电机的雷电侵入波过电压保护,一般采用旋转电机磁吹式避雷器或旋转电机无间隙金属氧化物避雷器,保护中性点用旋转电机无间隙金属氧化物避雷器。旋转电机系统出现接地故障,仍继续运行时,采用旋转电机磁吹式避雷器。

③ 变电所的3～10kV侧和3～10kV配电系统,除低值电阻接地系统外,采用碳化硅普通阀型避雷器或有串联间隙金属氧化物避雷器。

④ 35kV及以下,除低值电阻接地系统外,避雷器的额定电压应不低于系统最高运行电压。

⑤ 避雷器应校验其灭弧电压值。在中性点非直接接地的电力网中应不低于设备最高运行线电压;在中性点直接接地的电力网中应取设备最高运行线电压的80%。

⑥ 避雷器应校验工频放电电压。在中性点绝缘或经阻抗接地的系统中,应大于运行相电压的3.5倍;在中性点直接接地的系统中应大于最大运行相电压的3倍。工频放电电压应大于灭弧电压的1.8倍。

⑦ 避雷器应校验冲击放电电压及残压。因为阀型避雷器的冲击放电电压作用时间较短，而电气设备绝缘的截波试验电压又高于同级避雷器的冲击放电电压，所以，绝缘配合主要应考虑残压值。被保护电器绝缘的基本冲击电压水平应大于避雷器残压的15%，这个基本冲击电压水平。大约为电器的冲击试验电压的90%。而国产阀型避雷器与电气绝缘可以配合，可以不校验避雷器的冲击放电电压及残压。

（三）氧化锌避雷器

20世纪70年代初期出现了氧化锌避雷器，其阀片以氧化锌为主要材料，辅以少量精选过的金属氧化物，在高温下烧结而成。氧化锌阀片具有很理想的非线性伏安特性，图1-36所示是SiC避雷器与ZnO避雷器以及理想避雷器的伏安特性曲线。图中假定ZnO、SiC电阻阀片在10kA电流下的残压相同，但在额定电压（或灭弧电压）下ZnO曲线所对应的电流一般在10^{-5}A以下，可近似认为其续流为零，而SiC曲线所对应的续流却是100A左右。也就是说，在工作电压下氧化锌阀片实际上相当一绝缘体。

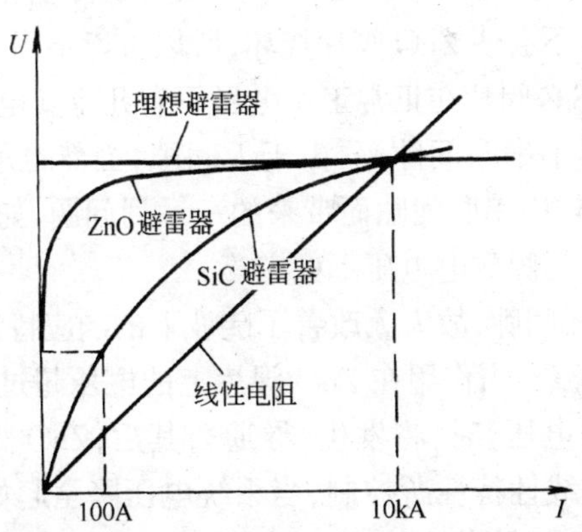

图1-36 ZnO、SiC和理想避雷器伏安特性的比较

ZnO的伏安特性如图1-37所示，可分为小电流区、非线性区和饱和区。在1mA以下的区域为小电流区，非线性系数α较高，

在 0.2 左右;电流在 1mA 到 3kA 范围内,通常为非线性区,其 α 值在 0.02~0.05 左右;电流大于 3kA,一般进入饱和区,随电压的增加电流增长不快。

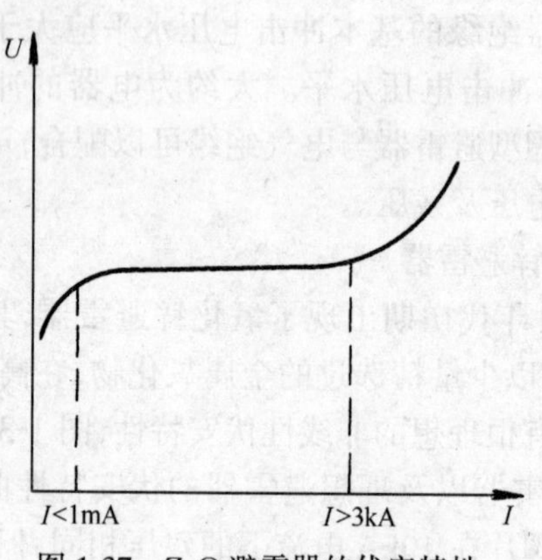

图 1-37 ZnO 避雷器的伏安特性

与 SiC 避雷器相比,ZnO 避雷器除了有较理想的非线性伏安特性外,其主要优点是:

(1) 无间隙。在工作电压作用下,ZnO 实际上相当一绝缘体,因而工作电压不会使 ZnO 阀片烧坏,所以可以不用串联间隙来隔离工作电压(SiC 阀片在正常工作电压下有几十安电流,会烧坏阀片,因此,不得不串联间隙)。由于无间隙,当然也就没有传统的 SiC 避雷器那样因串联间隙而带来的一系列问题,如污秽,内部气压变化使串联间隙放电电压不稳定等。

同时,因无间隙,故大大改善了陡波下的响应特性。

(2) 无续流。当作用在 ZnO 阀片上的电压超过某一值(此值称为起始动作电压)时,将发生"导通",其后,ZnO 阀片上的残压受其良好的非线性特性所控制,当系统电压降至起始动作电压以下时,ZnO 的"导通"状态终止,又相当于一绝缘体,因此不存在工频续流。而 SiC 避雷器却不同,它不仅要吸收过电压的能量,而且还要吸收因系统工作电压作用下的工频续流所产生的能量,ZnO 避雷器因无续流,故只要吸收地电压能量即可,这样,对 ZnO 的热容量的要求就比 SiC 低得多。

(3) 电气设备所受过电压可以降低。虽然 10kA 雷电流下的残压值 ZnO 避雷器与 SiC 相同,但后者只在串联间隙放电后才可将电流泄放,而前者在整个过电压过程中都有电流流过,因此降低了作用在变电站电气设备上的过电压。

(4) 通流容量大。ZnO 避雷器的通流容量较大,可以用来限制内部过电压。

此外,由于无间隙和通流容量大,故 ZnO 避雷器体积小,重量轻,结构简单,运行维护方便,使用寿命也长。由于无续流,故也可使用于直流输电系统。

ZnO 避雷器的主要特性有起始动作电压及压比等。起始动作电压又称转折电压,从这一点开始,电流将随电压升高而迅速增加,也即其非线性系数 α 将迅速进入 0.02～0.05 的区域。通常是以 1mA 下的电压作为起始动作电压,其值约为最大允许工作电压峰值的 105%～115%。

压比是指氧化锌避雷器通过大电流时的残压与通过一毫安直流电流时电压之比。例如 10kA 压比是指通过冲击电流 10kA 时的残压与 1mA(直流)时电压之比,压比越小,意味着通过大电流时之残压越低,则 ZnO 的保护性能越好,目前,此值约为 1.6～2.0。

目前,各国生产的氧化锌避雷器,在电压等级较低时(如 110kV 及以下)大部分是采用无间隙的。对于超高压避雷器或需大幅度降低压比时,则采用并联或串联间隙的方法;为了降低大电流时的残压而又不加大阀片在正常运行中的电压负担以减轻氧化锌阀片的老化,往往也采用并联或串联间隙的方法。

三、避雷器选择

(一) 避雷器型式选择

在选择避雷器型式时,应考虑被保护电器的绝缘水平和使用特点,宜按表 1-5 选择。

金属氧化物(氧化锌)避雷器具有优异的非线性伏安特性,残压随冲击电流波头时间的变化特性平稳，陡波响应特性好，没有间隙的击穿特性和灭弧问题。其电阻片单位体积吸收能量大，还可以并联使用，所以在保护超高压长距离输电系统和大容量电容器组时特别有利。

各型避雷器的应用范围 **表 1-5**

型 号	型 式	应 用 范 围
FS	配电用普通阀型	10kV 及以下的配电系统、电缆终端盒
FZ	电站用普通阀型	3～110kV 发电厂、变电所的配电装置
FCZ	电站用磁吹阀型	降低绝缘的配电装置 布置场所特别狭窄或高烈度地震区 某些变压器的中性点
FCD	旋转电机用磁吹阀型	发电机、调相机、户内安装
Y 系列	金属氧化物（氧化锌）阀型	同 FCZ、FCD 磁吹阀型避雷器的应用范围 并联电容器组 高压电缆 变压器和电抗器的中性点 全封闭组合电器 频繁切合的电动机

金属氧化物避雷器没有串联主间隙，存在着在各种电压作用下的老化、寿命和热稳定问题。由于中性点非直接接地系统可能带单相接地持续运行一段时间，易于发生时间长、倍数高的铁磁谐振过电压，工作条件较差，因此，在非直接接地系统中，我国的金属氧化物避雷器在性能、价格上同磁吹阀型避雷器相比，没有明显的优越性，多在特殊情况下才使用金属氧化物避雷器。

（二）阀型避雷器参数选择

1. 避雷器灭弧电压 U_{mh}

避雷器的灭弧电压（又称避雷器的额定电压 U_N），应按设备上可能出现的允许最大工频过电压选择。在 110kV 及以下电网中，一般直接反映在电网接地系数上。故避雷器灭弧电压应为：

$$U_{mh}(U_N) \geqslant C_E U_m$$

式中 U_{mh}——避雷器灭弧电压有效值(kV)；

U_N——避雷器额定电压有效值(kV)；

C_E——接地系数，对非直接接地，20kV 及以下 $C_E=1.1$，35kV 及以上 $C_E=1.0$，对直接接地 $C_E=0.8$；

U_m——最高运行线电压(kV)。

2. 避雷器的雷电冲击保护水平

避雷器的雷电冲击保护水平取以下两个值中最大的一个：

① 规定冲击电流下的最大残压；

② 全波冲击最大放电电压。

(1) 避雷器的残压 U_{bc}

避雷器的残压根据选定的设备绝缘全波雷电冲击耐压水平(BIL)和规定的绝缘配合系数来确定。

$$U_{bc} \leqslant BIL/K$$

式中 K——冲击绝缘配合系数。

残压是冲击电流通过避雷器时在阀片上产生的电压降。冲击电流值可根据实测的概率统计数据决定，亦可根据线路参数按下式估算：

$$I_{bl}=(2U_s-U_{bc})/Z$$

式中 I_{bl}——流过避雷器的冲击电流(kA)；

U_s——考虑从有效屏蔽的线路侵入变电所的雷电过电压幅值，其值一般取线路绝缘子串冲击闪络电压(kV)；

U_{bc}——避雷器的残压，亦可取冲击放电电压的上限值 U_{chfs}；

Z——线路波阻抗(Ω)。

在进行绝缘配合时，避雷器的残压一般用预放电时间为1.5～20μs 的冲击电流值计算，例如：

保护旋转电机用的避雷器 3kA；

3～110kV 阀型避雷器 5kA；

保护变压器中性点绝缘用的避雷器 1kA。

(2) 避雷器冲击放电电压上限值 U_{chfs}

避雷器冲击放电电压的预放电时间为 1.5～20μs，其上限值 U_{chfs}一般取与残压相等。在间隙冲击系数能够满足的前提下，若能取得稍低于残压的数值（约 5％左右），可以使避雷器稍稍提前动作，具有更好的保护效果（在侵入雷电流较小时残压也稍低，又可以减少雷电波对设备绝缘的冲击）。由此取

$$U_{chfs} \leqslant U_{bc}$$

3. 避雷器的操作冲击保护水平

对于需要保护操作过电压的避雷器（如 FCZ、FCX 型），应确定其操作冲击保护水平，并取下述两个数值中较高的一个：

① 操作冲击波下的最大放电电压；

② 操作冲击波下的残压。

(1) 操作波放电电压 U_{cf}

操作波放电电压上限 U_{cfs}在增加适当裕度（绝缘配合系数）后，不应大于被保护设备的操作冲击绝缘水平（SIL），在选定操作波放电电压上下限之后，尚应按下述条件进行校验：

① 下限宜略低于断路器对操作过电压的保护水平，以尽量避免避雷器频繁动作。

② 上限不应高于允许的内部过电压计算值。

③ 根据避雷器的间隙冲击系数，验算避雷器的冲击放电电压，以保证其不超过规定值。

(2) 操作波残压 U_{bcc}

在规定电流 2kA 操作冲击波下的残压不宜大于操作波放电电压的上限值，即

$$U_{bcc} \leqslant U_{cfs}$$

4. 普通阀型避雷器的工频放电电压 U_{gf}。

对于不保护内部过电压的普通阀型避雷器（如 FZ 型），它的工频放电电压下限值 U_{gfx}不应低于允许的内部过电压计算值，保

证在内部过电压作用下不动作。即

$$U_{gfx} \geqslant K_0 U_{\varphi \cdot m}$$

式中 K_0——内部过电压允许计算倍数,对非直在接地 63kV 及以下 $K_0=4$,110kV 及以下 $K_0=3.5$;

$U_{\varphi \cdot m}$——设备的最高运行相电压(kV)。

FZ 型避雷器工频放电电压分散性约 20%左右。

因此避雷器工频放电电压上限 U_{gfs}为

$$U_{gfs}=1.2U_{gfx}$$

5. 通流容量

阀型避雷器的通流容量是以规定波形和幅值的电流通过次数来表示的。

雷电冲击(18/40μs)时,FS 型为 5kA、20 次,FZ 型为 10kA、20 次,FCZ 型和 FCX 型为 15kA、20 次。

雷电冲击通流容量能适应我国绝大部分地区情况,除雷电特别强烈地区外,一般可不必校验。

6. 避雷器特性参数

集中反映避雷器水平的两个特性参数是灭弧比 K_{mi}和保护比 K_{bh}:

$$K_{mi}=U_{gfx}/U_{mi}$$

$$K_{bh}=U_{bc}/U_{mi}$$

K_{mi},直接反映避雷器灭弧性能好坏。当内部过电压限制得愈低时,要求避雷器的灭弧性能愈好,即要求 K_{mi},愈小。目前我国 110kV 及以下避雷器的灭弧比为:FZ 型 $K_{mi}=1.96\sim2.24$,FCZ 型 $K_{mi}=1.7\sim1.86$。

K_{bh}直接反映避雷器的保护特性。K_{bh}愈小,保护性能愈好,即避雷器的残压愈低,所要求的设备绝缘水平也愈低。目前我国避雷器的保护比为:FZ 型 $K_{bh}=2.3\sim2.35$,FCZ 型 $K_{bh}=1.86\sim2$。

【例】 已知 $U=10$kV, $C_E=1.1$, $K_0=4$, $U_m=1.15U=11.5$kV。试计算避雷器参数。

$$U_{mh}=C_E U_m=1.1\times 11.5=12.65\text{V}$$

$$U_{gfx}=K_0 U_{\varphi\cdot m}=50.6\text{kV}$$

$$U_{gfs}=1.2U_{gfx}=60.72\text{kV}$$

$$U_{bc}=K_{bh}U=2.35\times\sqrt{2}\times 10=33.229\text{kV}$$

$$U_{chfs}=0.95U_{bc}=0.95\times 33.229=29.9061\text{kV}$$

$$BIL=1.4U_{bc}=46.5206\text{kV},\text{取 }46.5\text{kV}$$

（三）金属氧化物避雷器参数选择

金属氧化物避雷器没有主间隙，故没有灭弧电压和放电电压的特性参数。选择金属氧化物避雷器的参数，主要控制两个方面：一是避雷器应有足够的保护水平，二是避雷器自身应保证必要的使用寿命，并在工作时不损坏。

1. 避雷器的持续运行电压 U_{by}

由于金属氧化物避雷器没有串联间隙，正常工频相电压要长期施加在金属氧化物的电阻片上。为了保证一定的使用寿命，长期施加于避雷器上的运行电压不得超过避雷器的持续运行电压。

$$U_{by}\geqslant U_{xg}$$

式中 U_{by}——金属氧化物避雷器的持续运行电压有效值(kV)；

U_{xm}——系统最高相电压有效值(kV)，对于电容器组，应为电容器组的额定电压。因为电容器组回路中串联有电抗器，它使得电容器的端电压高于系统的最高相电压。

2. 避雷器的额定电压 U_{be}

金属氧化物避雷器的额定电压一般可取与阀型避雷器的灭弧电压相同的数值，但两者的选择又略有不同。前者不仅要考虑安装点工频过电压的幅值，而且要考虑工频过电压的持续时间，并结合避雷器的初始能量来选择其额定电压。持续时间由零点几秒到几秒的暂态过电压，常由雷击或操作过电压使电网故障而产生。避雷器在承受工频暂态过电压之前，会吸收一定的操作或雷电过电压能量。这部分初始能量会引起电阻片温度上升，影响避雷器暂态过电压耐受能力。

因此,金属氧化物避雷器的额定也应按下述两个条件选择:

(1) 氧化锌避雷器的额定电压 U_{be}

通常按电力系统出现的最高工频过电压选取,即

$$U_{be} \geqslant U_2$$

按此条件选定额定电压后,应按避雷器的保护水平与被保护设备的绝缘水平进行试配合。若不能满足要求,可适当降低额定电压值,但需校验其工频电压耐压能力。采用过低的额定电压值,还会降低避雷器的使用寿命。对于能够满足绝缘配合要求的避雷器,尽量选择较高的额定电压,则可延缓避雷器的老化过程,提高其工作可靠性。

在中性点有效接地系统,避雷器的额定电压峰值一般与避雷器的直流 1mA 参考电压接近或相等(参考电压是避雷器伏安特性曲线上小电流区拐点附近的电压)。而在中性点非有效接地、且没有接地故障自确切除装置的系统中,可能经常出现较长时间的带接地故障的运行方式。为了解决避雷器的老化和热稳定问题,并减少在弧光接地及谐振过电压下的事故率,避雷器的直流 1mA 参考电压应为额定电压峰值的 1.2~1.4 倍。所以,实际上是由前者而不是后者考核避雷器承受工频过电压和持续运行电压的能力,因此,在这种系统中,应以系统的额定电压选择相对应的避雷器额定电压,而以工额过电压选择直流 1mA 电压。

连接于自耦变压器的高、中压绕组出口的避雷器,在选择额定电压时要考虑两侧避雷器的配合。高压侧进波,若中压侧先于高压侧动作,可能会因为中压侧避雷器允许的通流容量较小而损坏。故尚应满足

$$U_{by} \geqslant U_{gbe}/N$$

式中 U_{zbe}——中压侧氧化锌避雷器的额定电压(kV);

U_{gbe}——高压侧氧化锌避雷器的额定电压(kV);

N——自耦变压器高、中压之间的变比。

(2) 必要时,按避雷器的工频电压耐受时间曲线进行校验。

该曲线是在施加一次大电流冲击或两次长持续时间电流冲击(相当于预加的初始操作过电压能量)之后,随即加上预定的工频暂态电压而做出的,并由制造厂向用户提供。如校验结果超过了避雷器的耐受能力,则需选择额定电压较高一档的避雷器。

3. 避雷器最大雷电冲击残压 U_{ble}

当避雷器的额定电压 U_N 选定之后,避雷器在流过标称放电电流而引起的雷电冲击残压 U_{ble},便是一个确定的数值。它与设备绝缘的全波雷电冲击耐压水平(BIL)比较,应满足绝缘配合的要求,即

$$U_{ble} \geqslant BIL / K_{lp}$$

式中 BIL——内绝缘全波额定雷电冲击耐压(kV);

K_{lp}——雷电冲击绝缘配合系数。

雷电冲击绝缘配合系数根据不同电压等级和不同保护对象,按绝缘配合惯用法计算确定。标称放电电流是冲击波形为8/20μm放电电流的峰值,它根据雷电侵入波流经避雷器的放电电流幅值,对避雷器的类型分别进行等级划分,如表1-6所列。对于具有两种标称放电电流的避雷器,在雷电活动特别强烈的地区,耐雷水平达不到规定要求时,或与母线固定连接的线路仅有一条时,可考虑采用标称放电电流较大的避雷器。

确定避雷器残压的标称放电电流和操作冲击电流值　　表 1-6

避雷器类型	系统和设备额定电压有效值(kV)	避雷器额定电压有效值(kV)	标称放电电流峰值(kA)	操作冲击电流峰值(kA)
电机和变压器中性点	3.15～500	60～210	1.0	500
低　　压	0.22～0.38		1.5	
电　　机	3.15～15.75	3.8～19.0	2.5	100
配　　电	3～10	3.8～12.7	5	100
并联补偿电容器	3～66	3.8～69	5	500
电气化铁路	27.5～55	42～84	5	500
变 电 站	3～110	100～200	5	500

在确定了雷电冲击残压 U_{ble}之后，尚应校核陡波冲击电流（波头时间为1μs，幅值与标称放电电流相同）下的残压 U'_{ble}，保证与电器绝缘的陡波耐受强度满足必要的配合。

4．避雷器操作冲击残压 U_{bce}

当避雷器的额定电压 U_N 选定之后，避雷器在流过表 1-7 规定的 30/60μs 操作冲击电流下的操作冲击残压 U_{bce}便是一个确定的数值。它与设备绝缘的额定操作冲击耐压（SIL）或一分钟工频试验电压之间，应满足绝缘配合系致数的要求。

$$U_{ble} \leqslant 1.35 U_{gs} / K_{cp}$$

式中 1.35——内绝缘冲击系数；

U_{gs}——内绝缘一分钟工频试验电压（kV）；

K_{cp}——操作冲击绝缘配合系数。

确定避雷器残压的标称放电电流和操作冲击电流值　　表 1-7

避雷器类型	系统和设备额定电压有效值（kV）	避雷器额定电压有效值（kV）	标称放电电流峰值（kA）	操作冲击电流峰值（A）
电机和变压器中性点	3.15～500	60～210	1.0	500
低　压	0.22～0.38		1.5	
电　机	3.15～15.75	3.8～19.0	2.5	100
配　电	3～10	3.8～12.7	5	100
并联补偿电容器	3～63	3.8～69	5	500
电气化铁道	27.5～55	42～84	5	500
电　站	3～220	100～200	5	500
	110～500	100～200	10	500
		288～312		1000
		396～468		2000
	500	396～468	20	2000

操作冲击绝缘配合系数根据不同电压等级相不同保护对象，按绝缘配合惯用法计算确定。

长持续时间电流冲击放电能力

氧化锌避雷器长持续时间电流冲击放电能力表征了避雷器的通流

容量。在标称放电电流范围以内,雷电冲击容量一般可不进行校验。

对于 63kV 及以下系统用的避雷器,一般不需校验通流能力。校验保护电容器的避雷器通流容量,可按别的书的有关内容进行。

5．氧化锌避雷器特性参数

(1) 保护比 K_{bh}

雷电冲击保护比 $K_{lbh}=\dfrac{U_{ble}}{\sqrt{2}U_N}$

操作冲击保护比 $K_{cbh}==\dfrac{U_{bce}}{\sqrt{2}U_N}$

(2) 荷电率 β

荷电率表征避雷器在平时施加持续进行电压下所承受的负荷强度的大小。荷电率偏高时,一般会加速避雷器的老化过程。降低荷电率时不但老化性能较好,暂时过电压的耐受能力也会提高。但荷电率偏低时,避雷器的保护性能将随之变坏。

$$\beta=\frac{\sqrt{2}U_{by}}{U_{NmA}}$$

式中 β——荷电率,一般不超过 0.85;

U_{NmA}——直流(1~10mA)参考电压。

氧化锌避雷器型号说明如下:

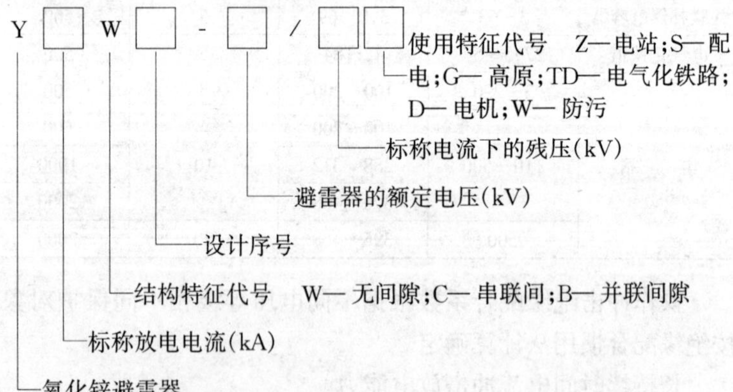

各种避雷器的技术数据,见表 1-8~表 1-13。

有间隙氧化锌避雷器技术数据　表 1-8

产品型号	避雷器额定电压(kV)有效值	系统标称电压(kV)有效值	波前冲击放电电压的波前陡度(kV/μs)	工频放电电压(kV)有效值不小于	1.2/50μs冲击放电电压kV(峰值)不大于	波前冲击放电电压kV(峰值)不大于	陡波电流下残压 Y5 μs 5kA(峰值)不大于	标称放电波电流下残压(波形 8/20μs) 5kA(峰值)不大于
Y5C5-7.6/27S	7.6	6	63	16	35	43.8	31	27
Y5C5-12.7/44S	12.7	10	106	26	45	56.5	50.6	56.5
Y5C5-7.6/24Z	7.6	6	63	16	30	37.5	27.6	24
Y5C5-12.7/41Z	12.7	10	106	26	45	56.5	47	41

无间隙氧化锌避雷器技术数据 表 1-9

产品型号	避雷器额定电压(kV)有效值	系统额定电压(kV)有效值	持续运行电压(kV)	直流或工频参考电压(kV)峰值不小于	(kA)残压不大于			2 000/μs方波电流冲击(A)不小于	4/10/μs电流冲击(kA)不小于	用途
					30/80/μs 0.5kA	8/20/μs 5kA	1/μs 5kA			
Y1.5W-0.28/1.3S	0.28	0.22	0.24	0.6	—	1.3/1.5	—	50	10	配电
Y1.5W-0.5/2.6S	0.5	0.38	0.42	1.2	—	2.6/1.5	—	50	10	配电
Y5W-3.8/17S	3.8	3	2	7.5	14.5	17	19.6	75	25	配电
Y5W-3.8/13.5Z	3.8	3	2	7.2	11.5	13.5	15.5	150	40	电站
Y5W-3.8/13.5	3.8	3	2	6.9	10.5	13.5	—	400	40	电容器
Y5W-7.6/30S	7.6	6	4	15	25.5	30.0	34.5	75.0	25	配电
Y5W-7.6/27Z	7.6	6	4	14.4	28.0	27.0	31.0	150	40	电站
Y5W-7.6/27	7.6	6	4	13.3	20.8	27.0		400	40	电容器
Y5W-12.7/50S	12.7	10	6.6	25.0	42.5	50.0	37.5	75	25	配电
Y5W-12.7/45Z	12.7	10	6.6	24.0	38.3	45.0	51.8	150	40	电站
Y5W-12.7/45	12.7	10	6.6	23.0	35.0	45.0		400	40	电容器
Y5W-42-134Z	42	35	23.4	73	114	134	154	150	40	配电
Y5W-42/120TD	42	27.5	31.5	65	98	120	138	400	40	铁路专用
Y5W-82/240TD	82	55	63	130	196	240	276	400	40	铁路专用
Y5W-69/224Z	69	63	40	122	190	224	258	150	40	电站
Y5W-100/260Z	100	110	73	145	221	260	299	150	40	电站

表 1-10

阀型避雷器技术数据

型号	额定电压有效值(kV)	最大允许电压有效值(kV)	灭弧电压有效值(kV)	工频放电电压有效值(kV)		预放电时间为1.5～20μs冲击放电电压幅值(kV)	波形为10/20μs的冲击电流下残压幅值(kV)不大于			泄漏电流或电导电流		重量(kg)
				不小于	不大于		3kA	5kA	10kA	整流电压(kV)	电流(μA)	
FS-0.22	-0.22	—	0.25	0.6	1.0	2.0	1.3	—	—	0.3	0～10	0.31
FS-0.38	0.38	—	0.50	1.1	1.6	2.7	2.6	—	—	0.6	0～10	1.3
FS_1-0.5	0.5	—	0.50	1.15	1.65	3.68	2.5	—	—	(0.5)	0～5	0.3
FS-2	2	—	2.5	5	7	15	—	11	—			
FS-3	3	3.5	3.8	9	11	21	(16)	17	—	3(4)	0～10	7.2
FS-6	6	6.9	7.6	16	19	35	(28)	30	—	6(7)	0～10	8.3
FS-10	10	11.5	12.7	26	31	50	(47)	50	—	10(11)	0～10	12.1
FS_4-3GY	3	—	3.8	9	11	21	—	17	—	—	—	—
FS_4-6GY	6	—	7.6	16	19	35	—	30	—	—	—	—
FS_4-10GY	10	—	12.7	26	31	50	—	50	—	—	—	—
FS_4-15GY	15	—	20.5	42	52	78	—	67	—	—	—	—
FZ-3	3	—	3.8	9	11	20	—	14.5	(16)	4	450～650	41
FZ-6	6	—	7.6	16	19	30	—	27	(30)	6	400～600	44

续表

型　号	额定电压有效值(kV)	最大允许电压有效值(kV)	灭弧电压有效值(kV)	工频放电电压有效值(kV)		预放电时间为1.5～20μs冲击放电电压幅值(kV)	波形为10/20μs的冲击电流下残压幅值(kV)不大于			泄漏电流或电导电流		重　量(kg)
				不小于	不大于		3kA	5kA	10Ka	整流电压(kV)	电　流(μA)	
FZ-10	10	—	12.7	26	31	45	—	45	(50)	10	400～600	49
FZ-15	15	—	20.5	42	52	78	—	67	(74)	16	400～600	58
FZ-20	20	—	25	49	60.5	85	—	80	(88)	20	400～600	64
FZ-30J	30	—	25	56	67	110	—	83	(91)	24	400～600	—
FZ-30	30	—	25	56	67	110	—	83	(91)	24	400～600	—
FZ-35	35	—	41	84	104	134	—	134	(148)	16	400～600	87
FZ-40	40	—	50	98	121	154	—	160	(176)	20	400～600	112
FZ-60	60	—	70.5	140	173	220	—	227	(250)	20	400～600	168
FZ-110J	110	—	100	224	268	310	—	332	(364)	24	400～600	236
FZ-110	110	—	126	259	320	340	—	415	(458)	16	400～600	281
FCD-2	2	—	2.3	4.5	5.7	6	6	6.4	—	2	50～100	—
FCD-3	3.15	—	3.8	7.5	9.5	9.5	9.5	10	—	4	50～100	48
FCD-4	4	—	4.6	9	11.4	12	12	12.8	—	4	50～100	48

续表

型号	额定电压有效值(kV)	最大允许电压有效值(kV)	灭弧电压有效值(kV)	工频放电电压有效值(kV)		预放电时间为1.5～20μs冲击放电电压幅值(kV)	波形为10/20μs的冲击电流下残压幅值(kV)不大于			泄漏电流或电导电流		重量(kg)
				不小于	不大于		3kA	5kA	10Ka	整流电压(kV)	电流(μA)	
FCD-6	6.3	6.9	7.6	15	18	19	19	20	—	6	50～100	55
FCD-10	10.5	11.5	12.7	25	30	31	31	33	—	10	50～100	74
FCD-13.2	13.8	15.2	16.7	33	39	40	40	43	—	13.2	50～100	101
FCD-15	15	17.3	19	37	44	45	45	49	—	15	＜10	103
FCZ_3-35	35	—	41	70	85	112	—	108	122	50	250～400	—
FCZ_3-35L	35	—	46	78	90	134	—	134		50	250～400	—
FCZ_3-35GY	35	—	41	70	85	112	—	108	122	50	250～400	—
FCZ-110J	110	—	100	170	195	265	—	265	295	30	1 000～2 000	762
FCZ_1-110J	110	—	100	170	195	265	—	265	295	30	1 000～2 000	497

注：1. FS-3～10，包括 FS_{1-4}－3～10 系列的改进产品。
2. 型号栏内：F—阀型；S—配电网；Z—电站；C—磁吹；D—旋转电机；字母下脚 1～4—设计顺序；横线后面的数字为额定电压，kV；J—中性点直接接地；GY—高原地区，按 1 000～3 500m 海拔高度设置。
3. FZ-30 为组合元件，FZ-15、FZ-20 和 FZ-40 既可用作组合元件，也可用作相应电压等级的标准避雷器；FZ-35 是由 2×FZ-15 组成，FZ-40 是由 2×FZ-20 组成，FZ-60 是由 2×FZ-20＋FZ-15 组成。
4. FS-2～10 配电及电缆头用；FZ-3～110 与 FCZ-35～110 发电厂和变电所用；FCD-2～15 旋转电机用。
5. 括号中数值为参考值。

电机用氧化锌避雷器技术参数 **表 1-11**

避雷器额定电压有效值(kV)	电机额定电压有效值(kV)	避雷器持续运行电压(kV)	标称放电电流 2.5kA 等级							
			发电机避雷器				电动机避雷器			
			陡波冲击电流残压峰值(kV)不大于	雷电冲击电流残压峰值(kV)不大于	操作冲击电流残压峰值(kV)不大于	直流 1mA 参考电压(kV)不小于	陡波冲击电流残压峰值(kV)不大于	雷电冲击电流残压峰值(kV)不大于	操作冲击电流残压峰值(kV)不大于	直流 1mA 参考电压(kV)不小于
3.8	3.15	2.0	10.9	9.5	7.6	5.6	10.9	9.5	7.6	5.6
7.6	6.3	4.0	21.9	19.0	15.0	11.3	21.9	19.0	15.0	11.3
12.7	10.5	6.6	35.7	31.0	25.0	18.9	35.7	31.0	25.0	18.9
16.7	13.8	9.0	46.0	40.0	32.0	24.8	—	—	—	—
19.0	15.75	10.0	51.8	45.0	36.0	28.2	—	—	—	—
23.0	18.0	12.0	64.3	55.9	44.7	34.0	—	—	—	—
25.4	20.0	13.2	71.3	62.0	49.6	37.7	—	—	—	—

中性点用氧化锌避雷器技术参数 **表 1-12**

电气设备	避雷器额定电压有效值(kV)	系统或设备额定电压有效值(kV)	标称放电电流 1kA 等级		
			雷电冲击电流残压峰值(kV)不大于	操作冲击电流残压峰值(kV)不大于	直流 1mA 参考电压(kV)不小于
电　机	2.3	3.15	6.0	—	3.4
	4.6	6.3	12.0	—	6.9
	7.6	10.5	19.0	—	11.3

续表

电气设备	避雷器额定电压有效值(kV)	系统或设备额定电压有效值(kV)	标称放电电流 1kA 等级		
			雷电冲击电流残压峰值(kV)不大于	操作冲击电流残压峰值(kV)不大于	直流 1mA 参考电压(kV)不小于
变压器	60	110	144	137	86
	73	110	200	165	103
	146	220	320	304	190
	210	330	440	399	250
	100	500	260	243	152

低压阀型避雷器的电气特性 **表 1-13**

额定电压有效值(kV)	灭弧电压有效值(kV)	工频放电电压有效值(kV)		预放电时间 1.5～10μs 的冲击放电电压峰值(kV)不大于	3kA 冲击电流(波形 10/20μs)下的残压峰值(kV)不大于
		不小于	不大于		
0.22	0.25	0.6	1.0	2.0	1.3
0.38	0.50	1.1	1.6	2.7	2.6

第四节　建 筑 防 雷

一、建筑物防雷分类

建筑物根据其重要性、使用性质和类别、发生雷电事故的可能性和后果进行分类，分为三类。

（一）一类防雷建筑物

凡符合下列情况，为一类防雷建筑物：

① 凡制造、使用或贮有炸药、火药、起爆药、火工品等大量爆炸物质的建筑物，因电火花而引起爆炸，会造成巨大破坏和人身伤亡者。

② 具有 0 区或 10 区爆炸危险环境的建筑物。

③ 具有 1 区爆炸危险环境的建筑物，因电火花而引起爆炸，会造成巨大破坏和人身伤亡者。

（二）二类防雷建筑物

凡属于下列情况之一时，应划为第二类防雷建筑物：

① 国家级重点文物保护的建筑物。

② 国家级的会堂、办公建筑物、大型展览和博览建筑物、大型火车站、国宾馆、国家级档案馆、大型城市的重要给水水泵房等特别重要的建筑物。

③ 国家级计算中心、国际通信枢纽等对国民经济有重要意义且装有大量电子设备的建筑物。

④ 制造、使用或贮存爆炸物质的建筑物，且电火花不易引起爆炸或不致造成巨大破坏和人身伤亡者。

⑤ 具有 1 区爆炸危险环境的建筑物，且电火花不易引起爆炸或不致造成巨大破坏和人身伤亡者。

⑥ 具有 2 区或 11 区爆炸危险环境的建筑物。

⑦ 工业企业内有爆炸危险的露天钢质封闭气罐。

⑧ 预计雷击次数大于 0.06 次/a 的部、省级办公建筑物及其他重要或人员密集的公共建筑物。

⑨ 预计雷击次数大于 0.3 次/a 的住宅、办公楼等一般性民用建筑物。

建筑物年预计雷击次数的计算式为：

$$N = kN_gA_e$$

式中 N——建筑物预计雷击次数(次/a)；

k——校正系数，在一般情况下取 1，在下列情况下取相应数值：位于旷野孤立的建筑物取 2；金属屋面的砖木结构建筑物取 1.7；位于河边、湖边、山坡下或山地中土壤电阻率较小处、地下水露头处、土山顶部、山谷风口等处的建筑物，以及特别潮湿的建筑物取 1.5；

N_g——建筑物所处地区雷击大地的年平均密度[次/(km^2·a)]；

A_e——与建筑物截收相同雷击次数的等效面积(km^2)。

(三) 三类防雷建筑物

凡属于下列情况之一时，应划为第三类防雷建筑物：

① 省级重点文物保护的建筑物及省级档案馆。

② 预计雷击次数大于或等于 0.012 次/a，且小于或等于 0.06 次/a 的部、省级办公建筑物及其他重要或人员密集的公共建筑物。

③ 预计雷击次数大于或等于 0.06 次/a，且小于或等于 0.3 次/a 的住宅、办公楼等一般性民用建筑物。

④ 预计雷击次数大于或等于 0.06 次/a 的一般性工业建筑物。

⑤ 根据雷击后对工业生产的影响及产生的后果，并结合当地气象、地形、地质及周围环境等因素，确定需要防雷的 21 区、22 区、23 区火灾危险环境。

⑥ 在平均雷暴日大于 15d/a 的地区，高度在 15m 及以上的烟囱、水塔等孤立的高耸建筑物；在平均雷暴日小于或等丁 15d/a 的地区，高度在 20m 及以上的烟囱、水塔等孤立的高耸建筑物。

二、建筑物的防雷措施

(一) 第一类防雷建筑物的防雷措施

1. 防直击雷的措施

第一类防雷建筑物防直击雷的措施如下：

① 应装设独立避雷针或架空避雷线(网)，使被保护的建筑物及风帽、放散管等突出屋面的物体均处于接闪器的保护范围内。架空避雷网的网格尺寸不应大于5m×5m或6m×4m。

② 排放爆炸危险气体、蒸气或粉尘的放散管、呼吸阀、排风管等的管口外的以下空间应处于接闪器的保护范围内。当有管帽时应按表1-14确定；当无管帽时，应为管口上方半径5m的半球体。接闪器与雷闪的接触点应设在上述空间之外。

有管帽的管口外处于接闪器保护范围内的空间　　表1-14

装置内的压力与周围空气压力的压力差(kPa)	排放物的密　度	管帽以上的垂直高度(m)	距管口处的水平距离(m)
<5	大于空气	1	2
5~25	大于空气	2.5	5
≤25	小于空气	2.5	5
>25	大或小于空气	5	5

③ 排放爆炸危险气体、蒸气或粉尘的放散管、呼吸阀、排风管等，当其排放物达不到爆炸浓度、长期点火燃烧——排放就点火燃烧时，及发生事故时排放物才达到爆炸浓度的通风管、安全阀，接闪器的保护范围可仅保护到管帽，无管帽时可仅保护到管口。

④ 独立避雷针的杆塔、架空避雷线的端部和架空避雷网的各支柱处应至少设一根引下线。对用金属制成或有焊接、绑扎连接钢筋网的杆塔、支柱，宜利用其作为引下线。

⑤ 独立避雷针和架空避雷线(网)的支柱及其接地装置至被保护建筑物及与其有联系的管道、电缆等金属物之间的距离(图1-38)，应符合下列表达式的要求，但不得小于3m：

ⓐ 地上部分：当 $h_x < 5R_i$ 时

$$S_{a1} \geqslant 0.4(R_i + 0.1h_x)$$

当 $h_x \geqslant 5R_i$ 时

$$S_{a1} \geqslant 0.1(R_i + h_x)$$

ⓑ 地下部分：$S_{e1} \geqslant 0.4R_i$

式中 S_{a1}——空气中距离(m)；

S_{e1}——地中距离(m)；

R_i——独立避雷针或架空避雷线(网)支柱处接地装置的冲击接地电阻(Ω)；

h_x——被保护物或计算点的高度(m)。

⑥ 架空避雷线至屋面和各种突出屋面的风帽、放散管等物体之间的距离(图1-38)，应符合下列表达式的要求，但不应小于3m：

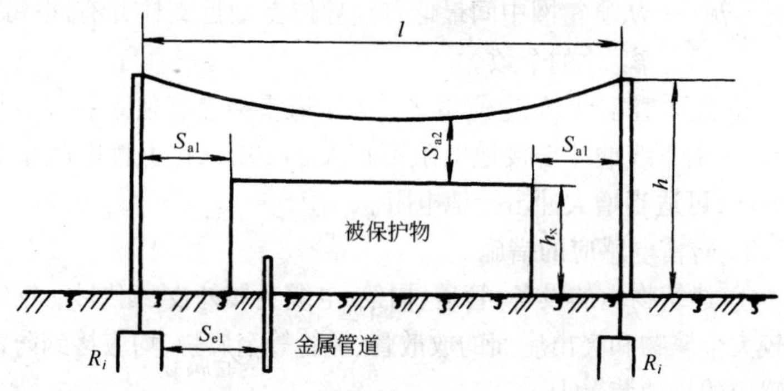

图1-38　防雷装置至被保护物的距离

ⓐ 当 $\left(h + \frac{l}{2}\right) < 5R_i$ 时

$$S_{a2} \geqslant 0.2R_i + 0.03\left(h + \frac{l}{2}\right)$$

ⓑ 当 $\left(h + \frac{l}{2}\right) \geqslant 5R_i$ 时

$$S_{a2} \geqslant 0.05R_i + 0.06\left(h + \frac{l}{2}\right)$$

式中　S_{a2}——避雷线(网)至被保护物的空气中距离(m);

h——避雷线(网)的支柱高度(m);

l——避雷线的水平长度(m)。

⑦ 架空避雷网至屋面和各种突出屋面的风帽、放散管等物体之间的距离,应符合下列表达式的要求,但不应小于3m:

当$(h+l_1)<5R_i$时

$$S_{a2}\geqslant\frac{1}{n}[0.4R_i+0.06(h+l_1)]$$

当$(h+l_1)\geqslant5R_i$时

$$S_{a2}\geqslant\frac{1}{n}[0.1R_i+0.12(h+l_1)]$$

式中　l_1——从避雷网中间最低点沿导体至最近支柱的距离(m);

h——从避雷网中间最低点沿导体至最近支柱并有同一距离l_1的个数。

⑧ 独立避雷针、架空避雷线或架空避雷网应有独立的接地装置,每一引下线的冲击接地电阻不宜大于10Ω。在土壤电阻率高的地区,可适当增大冲击接地电阻。

2. 防雷电感应的措施

① 建筑物内的设备、管道、构架、电缆金属外皮、钢屋架、钢窗等较大金属物和突出屋面的放散管、风管等金属物,均应接到防雷电感应的接地装置上。

金属屋面周边每隔18～24m应采用引下线接地一次。

现场浇制的或由预制构件组成的钢筋混凝土屋面,其钢筋宜绑扎或焊接成闭合回路,并应每隔18～24m采用引下线接地一次。

② 平行敷设的管道、构架和电缆金属外皮等长金属物,其净距小于100mm时应采用金属线跨接,跨接点的间距不应大于30m;交叉净距小于100mm时,其交叉处亦应跨接。

当长金属物的弯头、阀门、法兰盘等连接处的过渡电阻大于0.03Ω时,连接处应用金属线跨接。对有不少于5根螺栓连接的法兰盘，在非腐蚀环境下，可不跨接。

③ 防雷电感应的接地装置应和电气设备接地装置共用，其工频接地电阻不应大于 10Ω。防雷电感应的接地装置与独立避雷针、架空避雷线或架空避雷网的接地装置之间的距离应符合要求。

屋内接地干线与防雷电感应接地装置的连接，不应少于 2m。

3. 防雷电波侵入的措施

① 低压线路宜全线采用电缆直接埋地敷设，在入户端应将电缆的金属外皮、钢管接到防雷电感应的接地装置上。当全线采用电缆有困难时，可采用钢筋混凝土杆和铁横担的架空线，并应使用一段金属铠装电缆或护套电缆穿钢管直接埋地引入，其埋地长度应符合下列表达式的要求，但不应小于 15m：

$$l \geqslant 2\sqrt{\rho}$$

式中 l——金属铠装电缆或护套电缆穿钢管埋于地中的长度（m）；

ρ——埋电缆处的土壤电阻率（Ω·m）。

在电缆与架空线连接处，尚应装设避雷器。避雷器、电缆金属外皮、钢管和绝缘子铁脚、金具等应连在一起接地，其冲击接地电阻不应大于 10Ω。

② 架空金属管道，在进出建筑物处，应与防雷电感应的接地装置相连。距离建筑物 100m 内的管道，应每隔 25m 左右接地一次，其冲击接地电阻不应大于 20Ω，并宜利用金属支架或钢筋混凝土支架的焊接、绑扎钢筋网作为引下线，其钢筋混凝土基础宜作为接地装置。

埋地或地沟内的金属管道，在进出建筑物处亦应与防雷电感应的接地装置相连。

4. 防侧击雷的措施

① 从 30m 起每隔不大于 6m 沿建筑物四周设水平避雷带并与引下线相连；

② 30m 及以上外墙上的栏杆、门窗等较大的金属物与防雷装置连接。

（二）第二类防雷建筑物的防雷措施

1．防直击雷措施

① 第二类防雷建筑物防直击雷措施，应采用装设在建筑物上的避雷网（带）或避雷针或由其混合组成的接闪器、避雷网（带），应沿屋角、屋脊、屋檐和檐角等易受雷击的部位敷设，并应在整个屋面组成不大于10m×10m或12m×8m的网格。所有避雷针应采用避雷带相互连接。

② 突出屋面的放散管、风管、烟囱等物体，保护方式注意下列事项：

ⓐ 排放爆炸危险气体、蒸气或粉尘的放散管、呼吸阀、排风管等管道应符合设计要求。

ⓑ 排放无爆炸危险气体、蒸气或粉尘的放散管、烟囱，爆炸危险环境的自然通风管，装有阻火器的排放爆炸危险气体，蒸气或粉尘的放散管、呼吸阀、排风管，其金属物体可不装接闪器，但应和屋面防雷装置相连。另外在屋面接闪器保护范围之外的非金属物体应装接闪器，并和屋面防雷装置相连。

③ 引下线不得少于两根，并应沿建筑四周均匀和对称布置，其间距不应大于18m。当仅利用建筑四周的钢柱或柱子钢筋作为引下线时，可按跨度设引下线，但引下线的平均间距不应大于18m。

④ 每根引下线的冲击接地电阻不应大于10Ω。防直击雷接地应和防雷电感应、电气设备等接地共用同一接地装置，并应与埋地金属管道相连；当不共用、不相连时，两者间在地中的距离应符合下列表达式的要求，但不应小于2m：

$$S_{e2} \geqslant 0.3K_c R_i$$

式中 S_{e2}——地中距离（m）；

K_c——分流系数。单根引下线应为1，两根引下线及接闪器不成闭合环的多根引下线应为0.66，接闪器成闭合环或网状的多根引下线应为0.44。

在共用接地装置与埋地金属管道相连的情况下，接地装置应围绕建筑物敷设成环形接地体。

⑤ 利用建筑物的钢筋作为防雷装置时应符合下列规定：

ⓐ 建筑物宜利用钢筋混凝土屋面、梁、柱、基础内的钢筋作为引下线。通常所规定的建筑物尚宜利用其作为接闪器。

ⓑ 当基础采用硅酸盐水泥和周围土壤的含水量不低于4%及基础的外表面无防腐层或有沥青质的防腐层时，宜利用基础内的钢筋作为接地装置。

ⓒ 敷设在混凝土中作为防雷装置的钢筋或圆钢，当仅一根时，其直径不应小于10mm。被利用作为防雷装置的混凝土构件内有箍筋连接的钢筋，其截面积总和不应小于一根直径为10mm钢筋的截面积。

ⓓ 利用基础内钢筋网作为接地体时，在周围地面以下距地面不小于0.5m，每根引下线所连接的钢筋表面积总和应符合下列表达式的要求：

$$S \geqslant 4.24 k_c^2$$

式中 S——钢筋表面积总和(m^2)。

ⓔ 当在建筑物周边的无钢筋的闭合条形混凝土基础内敷设人工基础接地体时，接地体的规格尺寸不应小于表1-15的规定。

第二类防雷建筑物环形人工基础接地体的规格尺寸　　表1-15

闭合条形基础的周长(m)	扁钢(mm)	圆钢，根数×直径(mm)
＞60	4×25	2×ϕ10
＞10.5＜60	4×50	4×ϕ10或3×ϕ12
＜40	钢材表面积总和＞4.24m^2	

注：1. 当长度相同，截面相同时，宜优先选用扁钢。
2. 采用多根圆钢时，其敷设净距不小于直径的2倍。
3. 利用闭合条形基础内的钢筋作接地体时可按本表校验。除主筋外，可计入箍筋的表面积。

ⓕ 构件内有箍筋连接的钢筋或成网状的钢筋，其箍筋与钢筋的连接、钢筋与钢筋的连接应采用土建施工的绑扎法连接或焊接。单根钢筋或圆钢或外引预埋连接板、线与上述钢筋的连接应焊接

或采用螺栓紧固的卡夹器连接。构件之间必须连接成电气通路。

⑥ 当土壤电阻率 ρ 小于或等于 3000Ω·m 时，在防雷的接地装置同其他接地装置和进出建筑物的管道相连的情况下。防雷的接地装置可不计及接地电阻值，但其接地体应符合下列规定之一：

ⓐ 防直击雷的环形接地体的敷设应符合设计要求，但土壤电阻率 ρ 的适用范围应放大到小于或等于 3000Ω·m。

ⓑ 利用槽形、板形或条形基础的钢筋作为接地体，当槽形、板形基础钢筋网在水平面的投影面积或成环的条形基础钢筋所包围的面积 A 大于或等于 $80m^2$ 时，可不另加接地体。

ⓒ 对 6m 柱距或大多数柱距为 6m 的单层工业建筑物，当利用柱子基础的钢筋作为防雷的接地体并同时符合下列条件时，可不另加接地体：

ⓐ 利用全部或绝大多数柱子基础的钢筋作为接地体；

ⓑ 柱子基础的钢筋网通过钢柱，钢屋架，钢筋混凝土柱子、屋架、屋面板、吊车梁等构件的钢筋或防雷装置互相连成整体；

ⓒ 在周围地面以下距地面不小于 0.5m，每一柱子基础内所连接的钢筋表面积总和大于或等于 $0.82m^2$。

2. 防雷电感应的措施

① 建筑物的防雷电感应的措施应符合下列要求：

ⓐ 建筑物内的设备、管道、构架等主要金属物，应就近接至防直击雷接地装置或电气设备的保护接地装置上，可不另设接地装置。

ⓑ 平行敷设的管道、构架和电缆金属外皮等长金属物应符合设计要求，但长金属物连接处可不跨接。

ⓒ 建筑物内防雷电感应的接地干线与接地装置的连接不应少于两处。

② 防止雷电流流经引下线和接地装置时产生的高电位对附近金属物或电气线路的反击，应符合下列要求：

ⓐ 当金属物或电气线路与防雷的接地装置之间不相连时，其与引下线之间的距离应按下列表达式确定：

当 $l_x < 5R_i$ 时

$$S_{a3} \geqslant 0.3k_c(R_i + 0.1l_x)$$

当 $l_x \geqslant 5R_i$ 时

$$S_{a3} \geqslant 0.075k_c(R_i + l_x)$$

式中 S_{a3}——空气中距离(m)；

R_i——引下线的冲击接地电阻(Ω)；

l_x——引下线计算点到地面的长度(m)。

ⓑ 当金属物或电气线路与防雷的接地装置之间相连或通过过电压保护器相连时，其与引下线之间的距离应按下列表达式确定：

$$S_{a4} \geqslant 0.075k_c l_x$$

式中 S_{a4}——空气中距离(m)；

l_x——引下线计算点到连接点的长度(m)。

当利用建筑物的钢筋或钢结构作为引下线，同时建筑物的大部分钢筋、钢结构等金属物与被利用的部分连成整体时，金属物或线路与引下线之间的距离可不受限制。

ⓒ 当金属物或线路与引下线之间有自然接地或人工接地的钢筋混凝土构件、金属板、金属网等静电屏蔽物隔开时，金属物或线路与引下线之间的距离可不受限制。

ⓓ 当金属物或线路与引下线之间有混凝土墙、砖墙隔开时，混凝土墙的击穿强度应与空气击穿强度相同；砖墙的击穿强度应为空气击穿强度的 1/2。当距离不能满足设计要求时，金属物或线路应与引下线直接相连或通过过电压保护器相连。

ⓔ 在电气接地装置与防雷的接地装置共用或相连的情况下，当低压电源线路用全长电缆或架空线换电缆引入时，宜在电源线路引入的总配电箱处装设过电压保护器；当变压器的接线方式为Y，yn0 或 D、yn11 时，设在木建筑物内或附设于外墙处时，在高压侧采用电缆进线的情况下，宜在变压器高、低压侧各相上装设避雷器；在高压侧采用架空进线的情况下，除按国家现行有关规范的规定在高压侧装设避雷器外，尚宜在低压侧各相上装设避雷器。

3. 防雷电波侵入的措施

① 防雷电波侵入的措施，应符合下列要求：

当低压线路全长采用埋地电缆或敷设在架空金属线槽内的电缆引入时，在入户端应将电缆金属外皮、金属线槽接地；对建筑物，上述金属物尚应与防雷的接地装置相连。

② 通常的建筑物，其低压电源线路应符合下列要求：

ⓐ 低压架空线应改换一段埋地金属铠装电缆或护套电缆穿钢管直接埋地引入，其埋地长度应符合设计计算的要求，但电缆埋地长度不应小于15m。入户端电缆的金属外皮、钢管应与防雷的接地装置相连。在电缆与架空线连接处尚应装设避雷器。避雷器、电缆金属外皮、钢管和绝缘子铁脚、金具等应连在一起接地，其冲击接地电阻不应大于10Ω。

ⓑ 平均雷暴日小于30d/a地区的建筑物，可采用低压架空线直接引入建筑物内，但应符合下列要求：

ⓐ 在入户处应装设避雷器或设2～3mm的空气间隙，且应与绝缘子铁脚连在一起接到防雷的接地装置上，其冲击接地电阻不应大于5Ω。

ⓑ 入户处的电杆绝缘子铁脚，应用金属接地，靠近建筑物的电杆，其冲击接地电阻不应大于10Ω，其余电杆不应大于20Ω。

③ 建筑物的低压电源线路应符合下列要求：

ⓐ 当低压架空线转换金属铠装电缆或护套电缆穿钢管直接埋地引入时，其埋地长度应大于或等于15m。

ⓑ 当架空线直接引入时，在入户处应加装避雷器，并将其与绝缘子铁脚、金具连在一起接到电气设备的接地装置上。靠近建筑物的两基电杆上的绝缘子铁脚应接地，其冲击接地电阻不应大于30Ω。

④ 架空和直接埋地的金属管道在进出建筑物处应就近与防雷的接地装置相连；当不相连时，架空管道应接地，其冲击接地电阻不应大于10Ω。建筑物引入、引出该建筑物的金属管道在进出处应与防雷的接地装置相连；对架空金属管道尚应在距建筑物约

25m 处接地一次，其冲击接地电阻不应大于 10Ω。

4. 防侧击雷的措施

高度超过 45m 的钢筋混凝土结构、钢结构建筑物，尚应采取以下防侧击和等电位的保护措施：

① 钢构架和混凝土的钢筋应互相连接。钢筋的连接应符合规范第 3.3.5 条的要求；

② 应利用钢柱或柱子钢筋作为防雷装置引下线；

③ 应将 45m 及以上外墙上的栏杆、门窗等较大的金属物与防雷装置连接；

④ 竖直敷设的金属管道及金属物的顶端和底端与防雷装置连接。

(三) 第三类防雷建筑物的防雷措施

1. 防直击雷的措施

① 第三类防雷建筑物防直击雷的措施，宜采用装设在建筑物上的避雷网(带)或避雷针或由这两种混合组成的接闪器。避雷网(带)应沿屋角、屋脊、屋檐和檐角等易受雷击的部位敷设。并应在整个屋面组成不大于 20m×20m 或 24m×16m 的网格。

平屋面的建筑物，当其宽度不大于 20m 时，可仅沿周边敷设一圈避雷带。

② 每根引下线的冲击接地电阻不宜大于 30Ω，对要求较高的建筑物则不宜大于 10Ω。其接地装置宜与电气设备等接地装置共用。防雷的接地装置宜与埋地金属管道相连。当不共用、不相连时，两者间在地中的距离不应小于 2m。

在共用接地装置与埋地金属管道相连的情况下，接地装置宜围绕建筑物敷设成环形接地体。

③ 建筑物宜利用钢筋混凝土屋面板、梁、柱和基础的钢筋作为接闪器、引下线和接地装置，并应符合下列规定：

ⓐ 利用基础内钢筋网作为接地体时，在周围地面以下距地面不小于 0.5m，每根引下线所连接的钢筋表面积总和应符合下列表达式的要求：

$$S \geqslant 1.89k_c^2$$

式中 S——钢筋表面积总和(m^2)。

ⓑ 当在建筑物周边的无钢筋的闭合条形混凝土基础内敷设人工基础接地体时,接地体的规格尺寸不应小于表 1-16 的规定。

第三类防雷建筑物环形人工基础接地体的规格尺寸　　表 1-16

<table>
<tr><th>闭合条形基础的周长(m)</th><th>扁钢(mm)</th><th>圆钢,根数×直径(mm)</th></tr>
<tr><td>＞60</td><td rowspan="2">4×20</td><td>1×ϕ10</td></tr>
<tr><td>＞40 至＜60</td><td>2×ϕ8</td></tr>
<tr><td>＜40</td><td colspan="2">钢材表面积总和＞1.89m^2</td></tr>
</table>

注:1. 当长度相同、截面相同时,宜优先选用扁钢。
2. 采用多根圆钢时,其敷设净距不小于直径的 2 倍。
3. 利用闭合条形基础内的钢筋作接地体时可按本表校验。除主筋外,可计入箍筋的表面积。

④ 当土壤电阻率 ρ 小于或等于 3000Ω·m 时,在防雷的接地装置同其他接地装置和进出建筑物的管道相连的情况下,防雷的接地装置可不计及接地电阻值,其接地体应符合设计要求,钢筋表面积总和常为大于或等于 0.37m^2。

⑤ 突出屋面的物体的保护方式应符合设计要求。

⑥ 砖烟囱、钢筋混凝土烟囱,宜在烟囱上装设避雷针或避雷环保护。多支避雷针应连接在闭合环上。

当非金属烟囱无法采用单支或双支避雷针保护时,应在烟囱

三、建筑防雷装置

(一) 防雷装置的种类和要求

常用的防雷装置有接闪器、引下线、接地装置等。接地装置包括接地体和接地线两部分。接闪器包括直接截受雷击的避雷针、避雷带或线、避雷网,以及用作接闪的金属屋面和金属构件等。连接接闪器与接地装置的金属导体,称为引下线。埋入土壤中或混凝土基础中作散流用的导体,称为接地体,从引下线断接卡或换线处至接地体的连接导体,或从接地端子、等电位连接带至接地装置的连接导体,称为接地线。防雷装置是接闪器、引下线、接地装置、

电涌保护器及其他连接导体的总和。

接闪器有三种情况：

(1) 独立的避雷针。

(2) 架空避雷线或架空避雷网。

(3) 直接装设在建筑物上的避雷针、避雷带或避雷网。

接闪器布置要求，见表 1-17。

接闪器的布置要求 **表 1-17**

建筑物防雷类别	滚球半径 h_r(m)	避雷网网格尺寸(m)
第一类防雷建筑物	30	$\leqslant 5\times5$ 或 $\leqslant 6\times4$
第二类防雷建筑物	45	$\leqslant 10\times10$ 或 $\leqslant 12\times8$
第三类防雷建筑物	60	$\leqslant 20\times20$ 或 $\leqslant 24\times16$

引下线应使用圆钢或扁钢，优先采用圆钢，圆钢直径不得小于 8mm，扁钢截面不得小于 48mm^2，其厚度不得小于 4mm。烟囱上的引下线的圆钢直径不得小于 12mm，采用扁钢的截面不得小于 100mm^2，厚度不得小于 4mm，并应镀锌或涂漆。在腐蚀性较严重的场所，尚需加大截面或采取其他防腐措施。一般引下线采用沿建筑物明敷方式。

埋于土壤中的人工垂直接地体应采用角钢、钢管或圆钢；埋于土壤中的人工水平接地体应采用扁钢或圆钢。接地线和水平接地体的截面应相同。人工垂直接地体的长度常为 2.5m，接地体的距离常为 5m。埋设深度不得小于 0.5m，并应远离高温使土壤电阻率升高的场地。对高土壤电阻率的场地应采取多支线外引接地装置埋深或采用降阻剂等措施，还应采用焊接连接和进行防腐处理等措施。

(二) 接地装置冲击接地电阻与工频接地电阻的换算

接地装置冲击接地电阻 R_i 和工频接地电阻 $R_{\sim}$ 通过换算系数 A 来换算，计算式为

$$R_{\sim} = AR_i$$

接地体的有效长度 l_e 通过敷设接地体处的土壤电阻率 ρ 来

计算,其计算式为

$$l_e = 2\sqrt{\rho}$$

环形接地体的冲击接地电阻的确定,其方法如下:

(1) 当环形接地体周长的一半不小于 l_e 时,引下线的冲击接地电阻为该引下线的连接点起沿两侧接地体各取 l_e 长度,算出的工频接地电阻(此时,$A=1$)。

(2) 当环形接地体周长的一半小于 l_e 时,引下线的 R_i 值应以接地体的实际长度算出的工频接地电阻,再除以 A 值。

和引下线连接的基础接地体,当其钢筋从该引下线的连接点量起大于 20m 时,其冲击接地电阻 R_i 为以 $A=1$ 和以该连接点为圆心、20m 为半径的半球体范围内的钢筋体的工频接地电阻。

(三) 等电位连接

等电位连接的概念是将分开的装置,诸导电物体用等电位连接导体或电涌保护器连接起来,以减小雷电流在它们之间产生的电位差。

等电位连接带是指将金属装置、外来导电物、电力线路、通信线路及其他电缆连于其上,以能与防雷装置作等电位连接的金属带。

等电位连接导体是指将分开的装置诸部分互相连接,使它们之间电位相等的导体。

等电位连接网络是指由一个系统的诸外露导电部分作等电位连接的导体所组成的网络。

(四) 雷击和雷电流

雷击的英文名词是 Lightning stroke,它定义为闪击中的一次放电。

短时雷击(Short stroke)定义为脉冲电流的半值时间 T_2 短于 2ms 的雷击。

长时间雷击(Long stroke)定义为电流从波头起自峰值 10%至波尾降至峰值 10%之间的时间长于 2ms,且短于 1s 的雷击。

雷击点(point of strike)是指雷击接触大地、建筑物或防雷装置的那一点。

雷电流(Lightning current)指的是流入雷击点的电流。

在防雷安全技术又常提到向下闪击和向上闪击的概念。向下闪击(Downward flash)是指开始于雷云向大地产生的向下光导，而向下闪击至少有一首次短时的雷击,其后可能有多次后续短时雷击,并可能含有一次或多次长时间的雷击。向上闪击(Upward flash)是指开始于一接地的建筑物向雷云产生的向上光导,向上闪击至少有一其上,或有无叠加多次短时雷击的首次长时间雷击,其后可能有多次短时雷击,并可能含有一次或多次长时间雷击。

由于雷电时,对架空线路或金属管道的作用,雷电波可能沿着这些管线侵入屋内,危及人身安全或损坏设备,这种现象称为雷电波侵入,其英文名词为 Lightning Surge on incoming Services。

雷击电磁脉冲是指闪电直接击在建筑物防雷装置和建筑物附近所引起的效应。绝大多数是通过连接导体的干扰;如雷电流或部分雷电流、被雷电击中的装置的电位升高,以及电磁辐射干扰等。雷击电磁脉冲(LEMP)实际是一种干扰源,而需要控制雷击电磁环境的区域,称为防雷区。

(五) 电压开关型、限压型、组合型 SPD

无电涌出现时为高阻抗,当出现电压电涌时突变为低阻抗。通常采用放电间隙、充气放电管、闸流管和三端双向晶闸管元件作为这类称为电压开关型 SPD(Voltage switching type, SPD)的组件,有时称这类 SPD 为“短路开关型”或“克罗巴型”SPD。

无电涌出现时为高阻抗,随着电涌电流和电压的增加,阻抗跟着连续变小。通常采用压敏电阻、抑制二极管作为这类称为限压型 SPD 的组件,有时称这类 SPD 为“钳压型”SPD。限压型 SPD 的英文名词为 Voltage liniting type SPD。

组合型 SPD(combination type, SPD)由电压开关型组件和限压型组件组合而成,可以显示为电压开关型,或限压型,或这两者都有的特性,这决定于所加电压的特性。

(六) 用滚球法确定接闪器的保护范围

用滚球法确定接闪器的保护范围，分单支避雷针的保护范围的确定、双支等高避雷针保护范围的确定、双支不等高避雷针保护范围的确定、矩形布置的四支等高避雷针保护范围的确定、单根避雷线保护范围的确定和两根等高避雷线保护范围的确定等几部分内容。

1．单支避雷针保护范围确定的方法

（1）当避雷针高度 h 小于或等于 h_r 时，见图 1-39。

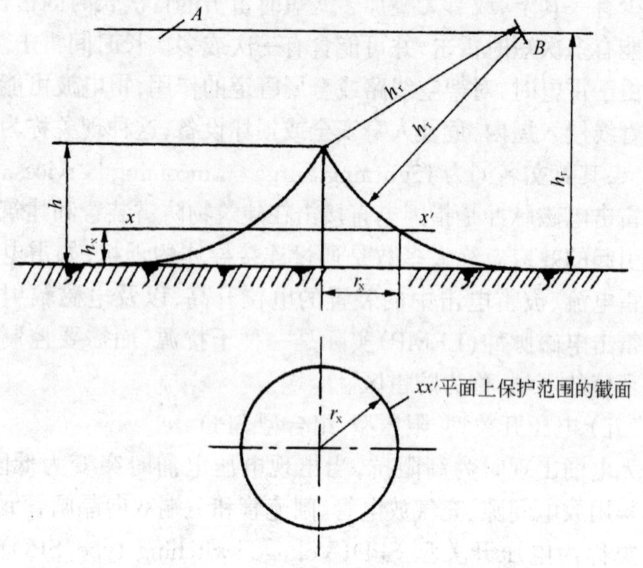

图 1-39　单支避雷针的保护范围

1）距地面 h_r 处作一平行于地面的平行线；

2）以针尖为圆心，h_r 为半径，作弧线交于平行线的 A、B 两点；

3）以 A、B 为圆心，h_r 为半径作弧线，该弧线与针尖相交并与地面相切。从此弧线起到地面止就是保护范围。保护范围是一个对称的锥体；

4）避雷针在 h_x 高度的 xx' 平面上和在地面上的保护半径 r_x

的计算式为

$$r_x = \sqrt{h(2h_r - h)} - \sqrt{h_x(2h_r - h_x)}$$

$$r_0 = \sqrt{h(2h_r - h)}$$

式中 r_x——避雷针在 h_x 高度的 xx' 平面上的保护半径(m)；

h_r——滚球半径(m)；

h_x——被保护物的高度(m)；

r_0——避雷针在地面上的保护半径(m)。

(2) 当避雷针高度 h 大于 h_r 时，在避雷针上取高度 h_r 的一点代替单支避雷针针尖作为圆心。其余的方法和高度 h 小于或等于 h_r 时的做法相同(但计算式的 h 应用 h_r 代入)。

2. 双支等高避雷针的保护范围确定的方法

当避雷针高度 $h \leqslant h_r$ 时，当两支避雷针的距离 $D \geqslant 2\sqrt{h(2h_r - h)}$ 的情况下，可各按单支避雷针的方法来确定保护范围；当 $D < 2\sqrt{h(2h_r - h)}$ 的情况下，确定保护范围的方法如下：

(1) $AEBC$ 外侧的保护范围，按单支避雷针的方法确定；

(2) C、E 点位于两针间的垂直平分线上。在地面每侧的最小保护宽度 $b_0 = CO = EO = \sqrt{h(2h_r - h) - \left(\frac{D}{2}\right)^2}$。在 AOB 轴线上，距中心线任一距离 x 处，其在保护范围上边线上的保护高度 $h_x = h_r - \sqrt{(h_r - h)^2 + \left(\frac{D}{2}\right)^2 - x^2}$。保护范围的上边线是以中心线距地面 h_r 的一点 O' 为圆心，以 $\sqrt{(h_r - h)^2 + \left(\frac{D}{2}\right)^2}$ 为半径所作的圆弧 $\overset{\frown}{AB}$，见双支不等高避雷针的保护范围和两支等高避雷针的保护范围。

(3) 两个避雷针间 $AEBC$ 内的保护范围，ACO 部分的保护范围的确定方法如下：

在任一保护高度 h_x 和 C 点所处的垂直平面上，以 h_x 作为假想避雷针，按单支避雷针的方法逐点确定。BCO、AEO、BEO 部分的保护范围的确定，其方法与 ACO 部分相同。

(4) xx'平面上保护范围截面的确定方法如下：以单支避雷针的保护半径 r_x 为半径，以 A、B 为圆心作弧线与四边形 $AEBC$ 相交；如图 1-40 中的粗虚线所示，以单支避雷针的$(r_0 - r_x)$为半径，以 E、C 为圆心作弧线与上述弧线相接。

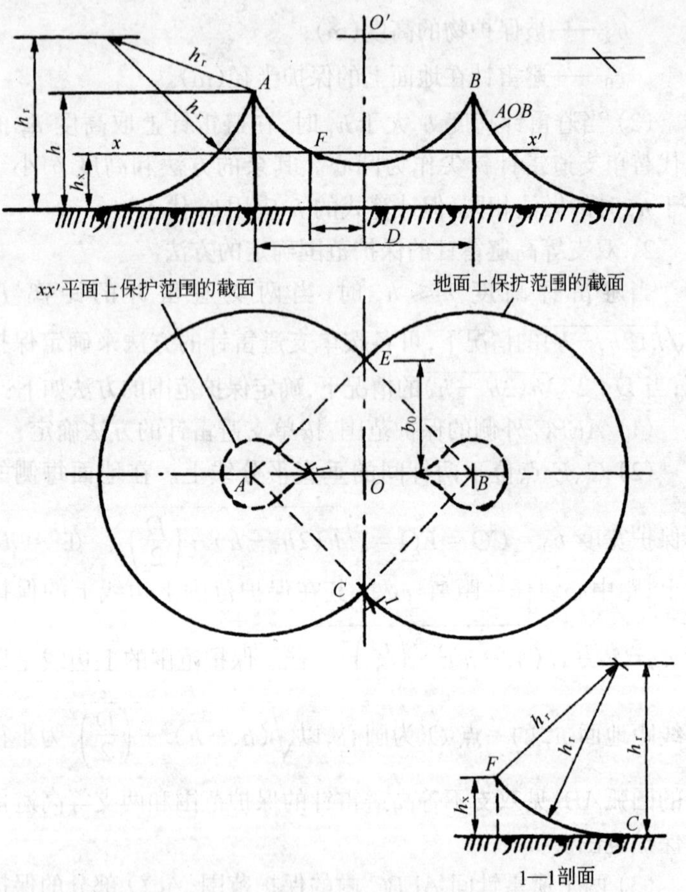

图 1-40　双支等高避雷针的保护范围

3. 双支不等高避雷针保护范围的确定方法

当 $h_1 \leqslant h_r$ 和 $h_2 \leqslant h_r$，又 $D \geqslant \sqrt{h_1(2h_r - h_1)} + \sqrt{h_2(2h_r - h_2)}$时，各按单支避雷针的方法确定。当 $D < \sqrt{h_1(2h_r - h_1)} + \sqrt{h_2(2h_r - h_2)}$时，保护的确定方法如下：

(1) $AEBC$ 外侧的保护范围，按单支避雷针的确定方法来确定，见图 1-41。

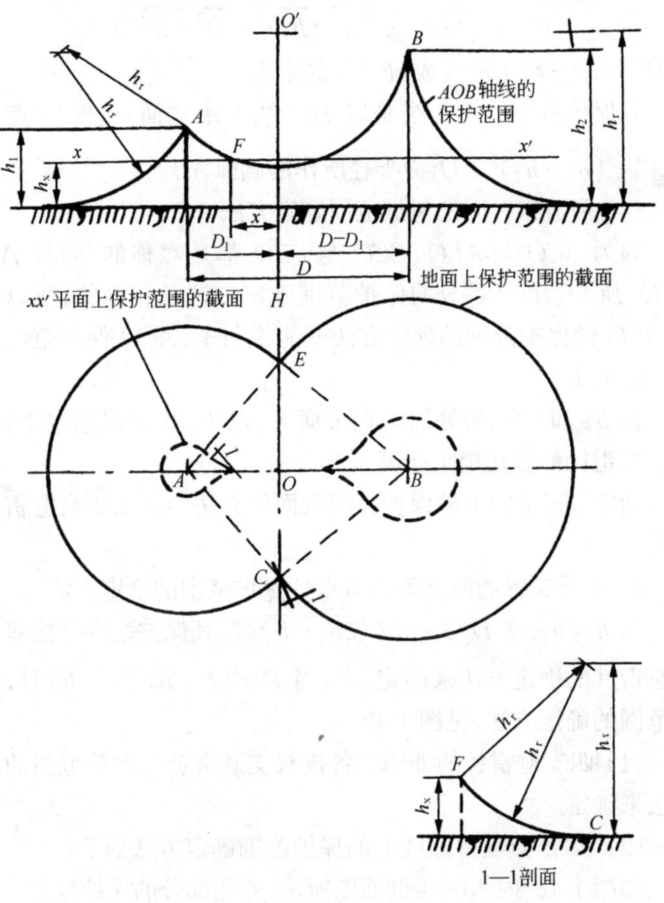

图 1-41　双支不等高避雷针的保护范围

(2) CE 线或 HO' 线的位置的计算式为

$$D_1=\frac{(h_r-h_2)^2-(h_r-h_1)^2+D^2}{2D}$$

(3) 在地面上每侧的最小保护宽度 b_0 的计算式为

$$b_0=CO=EO=\sqrt{h_1(2h_r-h_1)-D_1^2}$$

在 AOB 轴线上,A、B 间的保护范围上边线的计算式为

$$h_x=h_r-\sqrt{(h_r-h_1)^2+D_1^2-x^2}$$

式中　x——距 CE 线或 HO' 线的距离。

其保护范围的上边线是以 HO' 线上距地面 h_r 的 O' 点为圆心,以 $\sqrt{(h_r-h_1)^2+D_1^2}$ 为半径所作的圆弧 $\overset{\frown}{AB}$。

(4) 两避雷针间的保护范围确定方法

因为 ACO 与 AEO、BCO 与 BEO 都是对称的,而且 ACO、AEO、BCO、BEO 部分的保护范围确定方法是相同的,所以只要以 ACO 的保护范围的确定方法就能说明了,ACO 保护范围的确定方法如下:

在 h_x 和 C 点所处的垂直平面上,以 h_x 作为假想避雷针,按单支避雷针的方法确定即可。

确定 xx' 平面上的保护范围截面的方法与双支等高避雷针的相同。

4. 矩形布置的四支等高避雷针保护范围的确定方法

当 $h \leqslant h_r$,又 $D_3 \geqslant 2\sqrt{h(2h_r-h)}$ 时,其保护范围可按双支等高避雷针的确定方法来确定。而当 $D_3<2\sqrt{h(2h_r-h)}$ 时,其保护范围的确定方法,见图 1-42。

(1) 四支避雷针的外侧应各按双支避雷针的保护范围的确定方法来确定。

(2) B、E 避雷针连线上的保护范围确定方法如下:

如图 1-42 中的 1—1 剖面图所示,外侧部分的保护范围应按单支避雷针的方法确定。在两避雷针间的保护范围确定时,应以 B、E 两避雷针针尖为圆心,h_r 为半径作弧线交于 O 点,以 O 点为圆心,

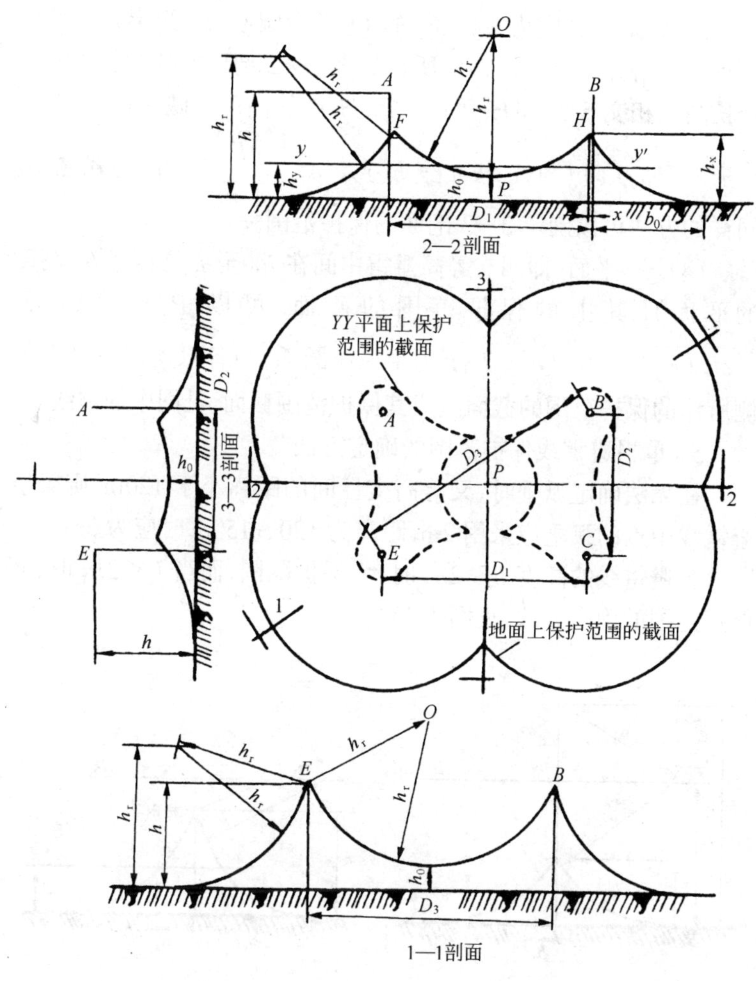

图 1-42　四支等高避雷针的保护范围

h_r 为半径作弧线，与避雷针尖相连的圆弧，就是避雷针间的保护范围。保护范围最低点的高度 $h_0=\sqrt{h_r^2-\left(\frac{D_3}{2}\right)^2}+h-h_r$。

(3) 如图 1-42 中所示的 2—2 剖面的保护范围，以 P 点的垂线上的、距地面高度为 h_0+h_r 的 O 点为圆心，h_r 为半径作弧线与双支避雷针 B、C 和 A、E 所作的在 2—2 剖面的外侧保护范围延长圆弧相交于 F 和 H 两点。F、H 点的高度反映在 $(h_r-h_x)^2=h_r^2-(b_0+x)^2$ 和 $(h_r+h_0-h_x)^2=h_r^2-\left(\frac{D_1}{2}-x\right)^2$ 两式之中。同样的方法可以确定 3—3 剖面的保护范围。

(4) yy' 平面(即四支等高避雷中间在 h_0 至 h 之间于 h_y 高度的平面)，其上的保护范围的截面，可以 P 点为圆心，$\sqrt{2h_r(h_y-h_0)-(h_y-h_0)^2}$ 为半径作圆弧，与各双支避雷针在外侧所作的保护范围的截面组成其保护范围截面，见图中的虚线。

5. 单根避雷线保护范围的确定方法

在无法确定弧垂时，又等高支柱间的距离小于 120m，则架空避雷线中点的弧垂应采用 2m，距离为 120～150m 时应为 3m。

当避雷线的高度 $h\geqslant 2h_r$ 时，无保护范围，而当 $h<2h_r$ 时，其保护范围的确定方法，见图 1-43。

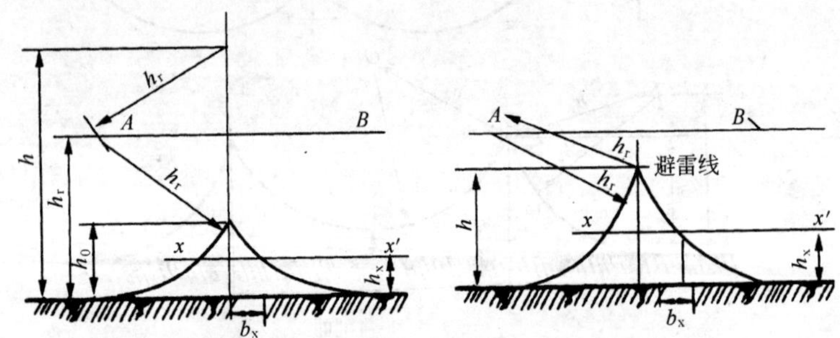

图 1-43　单根架空避雷线的保护范围

(a)当 h 小于 $2h_r$，但大于 h_r 时；(b)当 h 小于或等于 h_r 时

在图中可以看出：

(1) 距地面 h_r 作一平行于地面的平行线。

(2) 以避雷线为圆心，h_r 为半径，作圆弧交于平行线，得 A、B 两点。

(3) 以 A、B 为圆心，h_r 为半径作弧线，该两弧线相交或相切并与地面相切。从这一弧线起到地面间就是避雷线的保护范围。

(4) 当 $2h_r > h > h_r$ 时，避雷线的保护范围的最高点的高度 $h_0 = 2h_r - h$。

(5) 避雷线在 h_x 高度的 xx' 平面上的保护宽度的计算如下：

$$b_x = \sqrt{h(2h_r - h)} - \sqrt{h_x(2h_r - h_x)}$$

式中 b_x——避雷线在 h_x 高度的 xx′平面上的保护宽度(m)；

h——避雷线的高度(m)；

h_r——滚球半径(m)；

h_x——被保护物的高度(m)。

(6) 避雷线两端的保护范围仍按单支避雷针的确定方法来确定。

6. 两根等高避雷线的保护范围的确定方法

当避雷线高度 $h \leqslant h_r$，又 $D \geqslant 2\sqrt{h(2h_r - h)}$ 时，各按单根避雷线的方法来确定保护范围。而当 $D < 2\sqrt{h(2h_r - h)}$ 时，其保护范围的确定方法，见图 1-44。

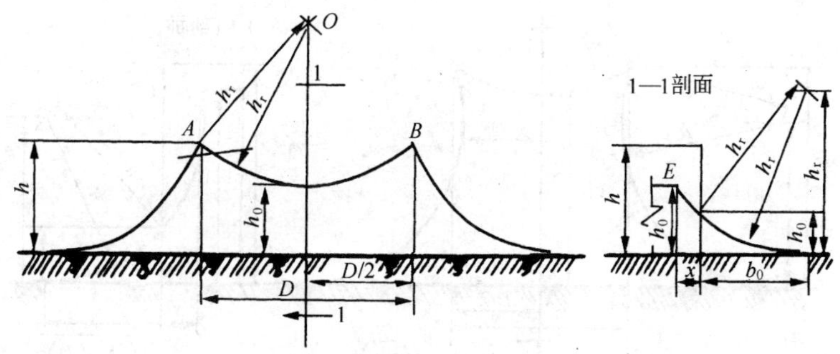

图 1-44 两根等高避雷线在 $h \leqslant h_r$ 时的保护范围

(1) 两根避雷线的外侧，其保护范围各自按单根避雷线的确定方法来确定。

(2) 对于两根避雷线间的保护范围的确定方法为：以 A、B 两避雷线为圆心，h_r 为半径作圆弧交于 O 点，又再以 O 点为圆心、h_r 为半径作圆弧交于 A、B 点，即能确定其保护范围。

(3) 两避雷线间的保护范围，其最低点的高度 $h_0=\sqrt{h_r^2-\left(\frac{D}{2}\right)^2}+h-h_r$。

(4) 在图 1-44 中，从 1—1 剖面图上可以看出：双支避雷针的保护范围中点最低点的高度 $h_0'=h_r-\sqrt{(h_r-h)^2+\left(\frac{D}{2}\right)^2}$ 作为假设的避雷针，将其保护范围的延长弧线与高度 h_0 线交于 E 点，内移位置的距离 $x=\sqrt{h_0(2h_r-h_0)}-b_0$ $\left(式中\ b_0=\sqrt{h(2h_r-h)-\left(\frac{D}{2}\right)^2}\right)$。

当避雷线高度 $h_r<h<2h_r$，且避雷线间的距离在 $2h_r>D>2[h_r-\sqrt{h(2h_r-h)}]$ 时，两根等高避雷线的保护范围，见图 1-45。

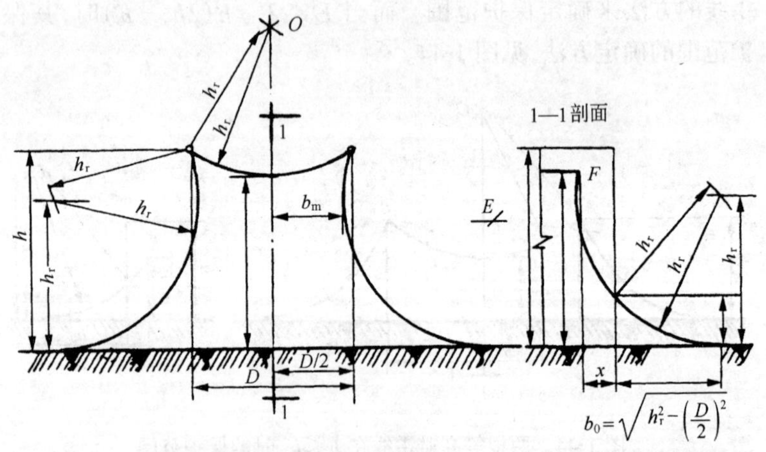

图 1-45　两根等高避雷线在高度为 $2h_r>h>h_r$ 时的保护范围

其确定方法如下：

(1) 距地面 h_r 处作一与地面的平行线。

(2) 以避雷线 A、B 为圆心，h_r 为半径作弧线相交于 O 点，并与平行线相交或相切于 C、E 点。

(3) 以 O 点为圆心，h_r 为半径作弧线相交于 A 和 B 两点。

(4) 以 C 和 E 为圆心，h_r 为半径作弧线相交于 A 和 B，并与地面相切。

(5) 两避雷线间的保护范围的最低点的高度 $h_0=\sqrt{h_r^2-\left(\frac{D}{2}\right)^2}+h-h_r$。

(6) 位于 h_r 高处的最小保护宽度 $b_m=\sqrt{h(2h_r-h)}+\frac{D}{2}-h_r$。

(7) 以双支高度 h_r 的避雷针所确定的中点保护范围最低点的高度 $h'_0=\left(h_r-\frac{D}{2}\right)$作为假设避雷针，将其保护范围的延长弧线与 h_0 线相交于 F 点，在中线上 h_0 线的内移位置 $x=\sqrt{h_0(2h_r-h_0)}-\sqrt{h_r^2-\left(\frac{D}{2}\right)^2}$，这时就可按双支高度 h_r 的避雷针保护范围的确定方法确定避雷线两端的保护范围。

(七) 分流系数的确定

分流系数 k_c，单根引下线时应为 1，两根引下线及接闪器不成闭合环的多根引下线时应为 0.66，接闪器成闭合环或网状的多根引下线时应为 0.44，见图 1-46。

当采用网络型接闪器，引下线用多根环形导体互相连接，接地体系用环形接地体，或者利用建筑物钢筋或钢构架作为防雷装置时，分流系数 k_c 的确定方法，见图 1-47。

在采用环形接地体，接地装置又相同时，两图中计算出的分流系数值不同的时候，可取其中较小的数值，为此情况下的分流系数。

图 1-46 中所示适用于单层、多层建筑物和每根引下线有本身的接地体，或接于环形接地体以及引下线间(不包括屋顶)，在屋顶以下至地面无需互相连接。图 1-47 适用于单层到高层，当接地装置符合规定时，无论是多少层，又引下线(仍不包括屋顶)在屋顶以

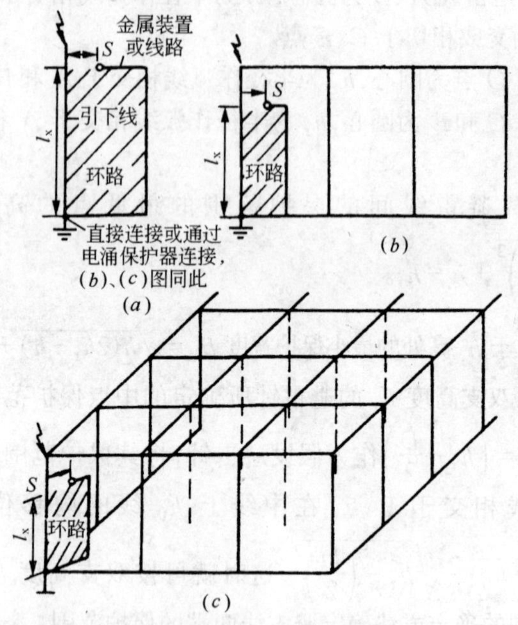

图 1-46　分流系数 k_c(1)

(a)单根引下线；(b)两根引下线及接闪器不成闭合环的多根引下线；
(c)接闪器成闭合环或网状的多根引下线
S—空气中距离；l_x—引下线从计算点到等电位连接点的长度

下至地面不再互相连接时分流系数采用 k_{c1}。在钢筋混凝土框架式结构和利用钢筋作为防雷装置时，接地装置利用整体基础，或闭合条形基础或人工环形接地体，即与周边每根柱子钢筋连接时，图 1-47 中的 $h_1 \sim h_m$ 则是对应于每层的高度，n 为沿周边的柱子根数。

(八) 雷电流的计算

闪电中可能出现三种雷击情况：短时首次雷击、首次以后的雷击(后续雷击)、长时间雷击，见图 1-48。

对平原和低建筑物典型的向下闪击，可能出现的情况，有四种组合，见图 1-49。

对高于 100m 的高层建筑物典型的向上闪击，可能出现的情

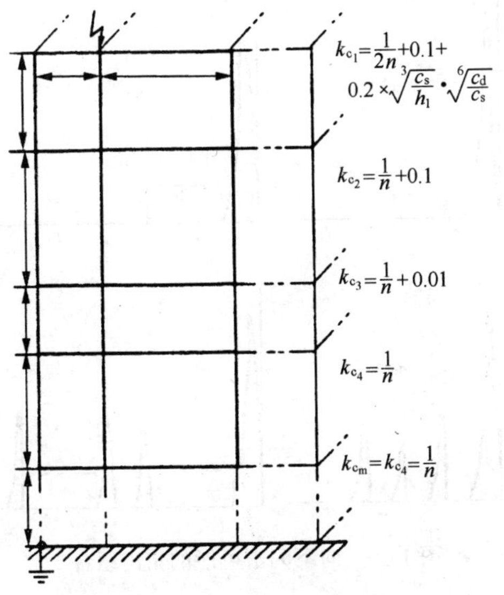

图 1-47　分流系数 $k_c(2)$

$h_1 \sim h_m$—环接引下线各环之间的距离,即对应于每层的高度;c_s、c_d—某引下线顶雷击点至两侧最近引下线之间的距离;n—引下线根数,即沿周边的柱子根数。

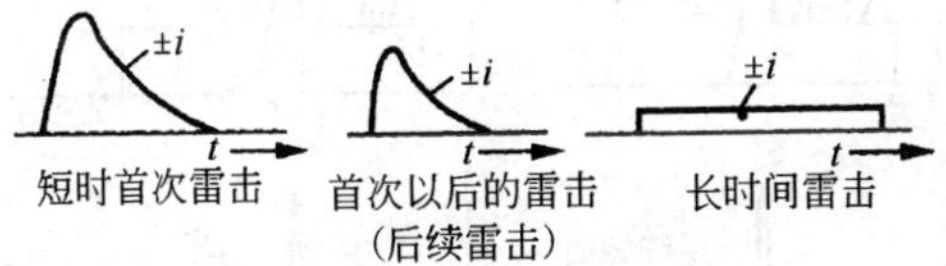

图 1-48　闪击中可能出现的三种雷击

况,有五种组合,见图 1-50。

至于什么是短时雷击、什么是长时间雷击,雷击参数的定义,见图 1-51。

在叙述雷电流的计算方法时,需引入雷电流的电荷量 Q_s 和单位能量(W/R)的概念,当雷电流的幅值为 I_m(单位为 A)、半值时间为 T_2(单位为 s)时,则电荷量 $Q_s=(1/0.7)\times I_m\cdot T_2$(C),而单位能量 $W/R=(1/2)\times(1/0.7)\times I^2\times T_2$(J/Ω)。

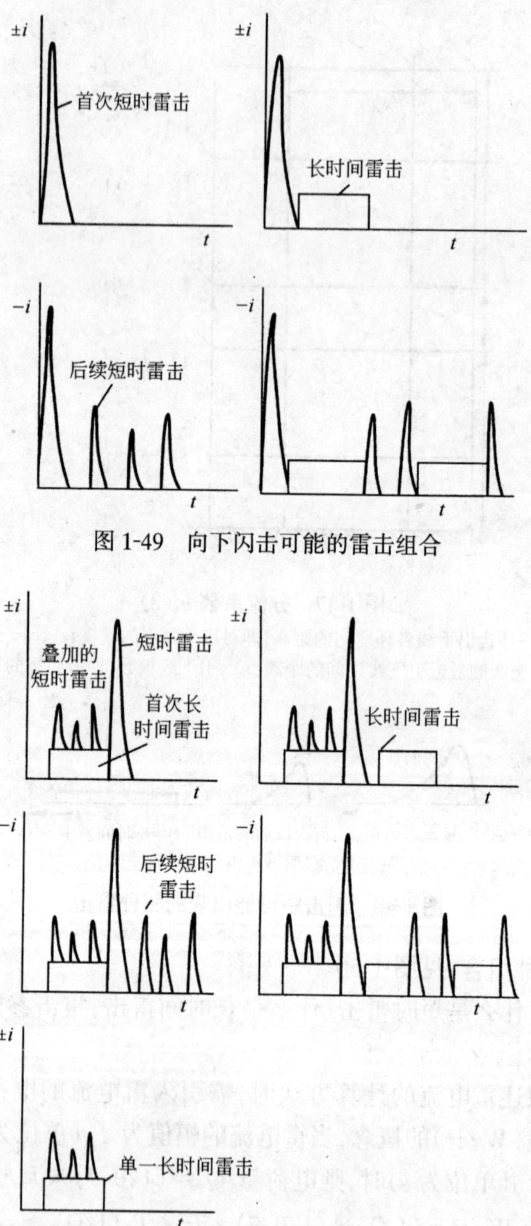

图 1-49　向下闪击可能的雷击组合

图 1-50　向上闪击可能的雷击组合

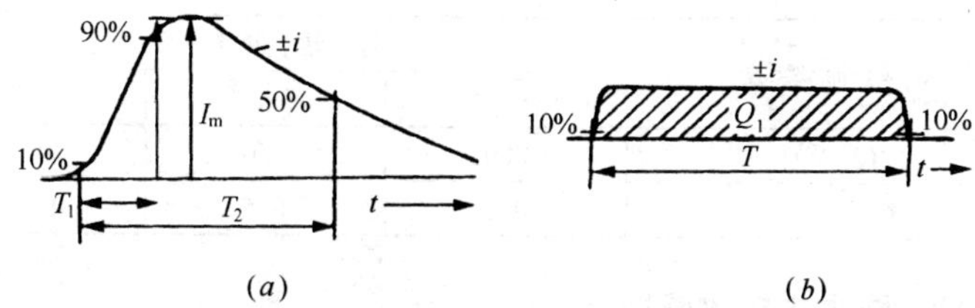

图 1-51　雷击参数的定义

(a)短时雷击；(b)长时间雷击

I_m—峰值电流(幅值)；T_1—波头时间；T_2—半值时间；T—从波头起自峰值 10%至波点降至峰值 10%之间的时间；Q_1—长时间雷击的电荷量

首次雷击、首次以后雷击、长时间雷击三种情况下的雷电流参量，见表 1-18～表 1-20。

首次雷击的雷电流参量　　表 1-18

雷电流参量	防雷建筑物类别		
	一　类	二　类	三　类
I_m(kA)	200	150	100
T_1(μs)	10	10	10
T_2(μs)	350	350	350
Q_s(C)	100	75	50
W/R(MJ/Ω)	10	5.6	2.5

注　1. 因为全部电荷量 Q_s 的本质部分包括在首次雷击中，故所规定的值合并了所有短时间雷击的电荷量。

2. 由于单位能量 W/R 的本质部分包括在首次雷击中，故所规定的值合并了所有短时间雷击的单位能量。

首次以后雷击的雷电流参量　　表 1-19

雷电流参数	防雷建筑物类别		
	一　类	二　类	三　类
I_m(kA)	50	37.5	25
T_1(μs)	0.25	0.25	0.25
T_2(μs)	100	100	100
I/T_1 平均陡度(kA/μs)	200	150	100

长时间雷击的雷电流参量　　　　表 1-20

雷电流参数	防雷建筑物类别		
	一　类	二　类	三　类
Q_1(C)	200	150	100
$T(S)$	0.5	0.5	0.5

四、防雷击电磁脉冲

防雷击电磁脉冲是在建筑物遭受直接雷击或附近遭雷击的情况下,线路和设备防过电流和过电压,即防在上述情况下产生的电涌。

若建筑物已按防雷分类列入第一、二或三类防雷建筑物,它们已设有防直击雷装置。在不属于第一、二或三类防雷建筑物的情况下,用滚球半径 60m 的球体在所涉及的建筑物四周及上方滚动,当不触及该建筑物时,它即处在其他建筑物或物体的保护范围内;反之,则不处于其保护范围内。

一个信息系统是否需要防雷击电磁脉冲,应在完成直接、间接损失评估和建设、维护投资预测后认真分析综合考虑,做到安全、适用、经济。

在设有信息系统的建筑物需防雷击电磁脉冲的情况下,当该建筑物没有装设防直击雷装置和不处于其他建筑物或物体的保护范围内时,宜按第三类防雷建筑物采取防直击雷的防雷措施。在要考虑屏蔽的情况下,防直击雷接闪器宜采用避雷网。

在工程的设计阶段不知道信息系统的规模和具体位置的情况下,若预计将来会有信息系统,应在设计时将建筑物的金属支撑物、金属框架或钢筋混凝土的钢筋等自然构件、金属管道、配电的保护接地系统等与防雷装置组成一个共用接地系统,并应在一些合适的地方预埋等电位连接板。

为了分析估计在防雷装置和做了等电位连接的装置中的电流分布,应将雷电流看成一个电流发生器,它向防雷装置导体和与防雷装置做了等电位连接的装置注入可能包含若干雷击的雷电流。

(一) 防雷区

将需要保护的空间划分为不同的防雷区,以规定各部分空间不同的雷击电磁脉冲的严重程度和指明各区交界处的等电位连接点的位置。

各区以在其交界处的电磁环境有明显改变作为划分不同防雷区的特征。

通常，防雷区的数越高电磁场强度越小。

将需要保护的空间划分成不同防雷区的一般原则见图 1-52。

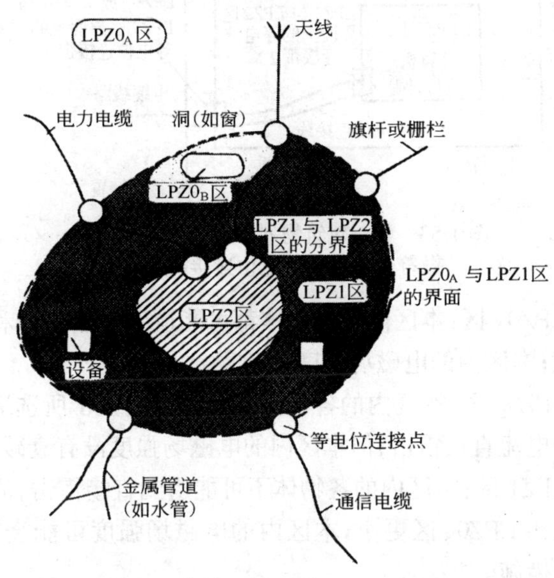

图 1-52 将一个需要保护的空间划分为不同防雷区的一般原则

将一建筑物划分为几个防雷区和做符合要求的等电位连接的例子见图 1-53，此处所有电力线和信号线从同一处进入被保护空间 LPZ1 区，并在设于 $LPZ0_A$ 或 $LPZ0_B$ 与 LPZ1 区界面处的等电位连接带 1 上做等电位连接。这些线路在设于 LPZ1 与 LPZ2 区界面处的内部等电位连接带 2 上再做等电位连接。将建筑物的外屏蔽 1 连接到等电位连接带 1，内屏蔽 2 连接到等电位连接带 2。LPZ2 是这样构成，使雷电流不能导入此空间，也不能穿过此空间。

防雷区应按下列原则划分：

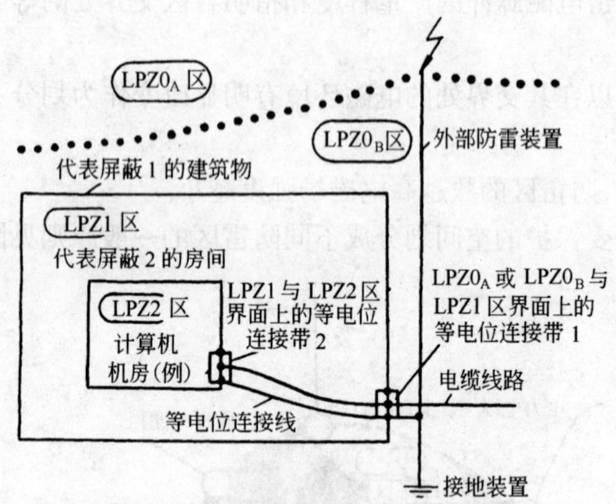

图 1-53　将一建筑物划分为几个防雷区和做符合要求的等电位连接的例子

① $LPZ0_A$ 区:本区内的各物体都可能遭到直接雷击和导走全部雷电流;本区内的电磁场强度没有衰减。

② $LPZ0_B$ 区:本区内的各物体不可能遭到大于所选滚球半径对应的雷电流直接雷击,但本区内的电磁场强度没有衰减。

③ LPZ1 区:本区内的各物体不可能遭到直接雷击,流经各导体的电流比 $LPZ0_B$ 区更小;本区内的电磁场强度可能衰减,这取决于屏蔽措施。

④ LPZn + 1 后续防雷区:当需要进一步减小流入的电流和电磁场强度时,应增设后续防雷区,并按照需要保护的对象所要求的环境区选择后续防雷区的要求条件。

在两个防雷区的界面上应将所有通过界面的金属物做等电位连接,并宜采取屏蔽措施。

(二) 屏蔽、接地和等电位连接

为减少电磁干扰的感应效应,宜采取以下的基本屏蔽措施:建筑物和房间的外部设屏蔽措施,以合适的路径敷设线路,线路屏蔽。这些措施宜联合使用。

为改进电磁环境，所有与建筑物组合在一起的大尺寸金属件都应等电位连接在一起，并与防雷装置相连，但第一类防雷建筑物的独立避雷针及其接地装置除外。如屋顶金属表面、立面金属表面、混凝土内钢筋和金属门窗框架。

在需要保护的空间内，当采用屏蔽电缆时，其屏蔽层应至少在两端并宜在防雷区交界处做等电位连接，当系统要求只在一端做等电位连接时，应采用两层屏蔽，外层屏蔽按前述要求处理。

在分开的各建筑物之间的非屏蔽电缆应敷设在金属管道内，如敷设在金属管、金属格栅或钢筋成格栅形的混凝土管道内，这些金属物从一端到另一端应是导电贯通的，并分别连到各分开的建筑物的等电位连接带上。电缆屏蔽层应分别连到这些带上。

当建筑物或房间的大空间屏蔽是由诸如金属支撑物、金属框架或钢筋混凝土的钢筋等自然构件组成时，这些构件构成一个格栅形大空间屏蔽，穿入这类屏蔽的导电金属物应就近与其做等电位连接。

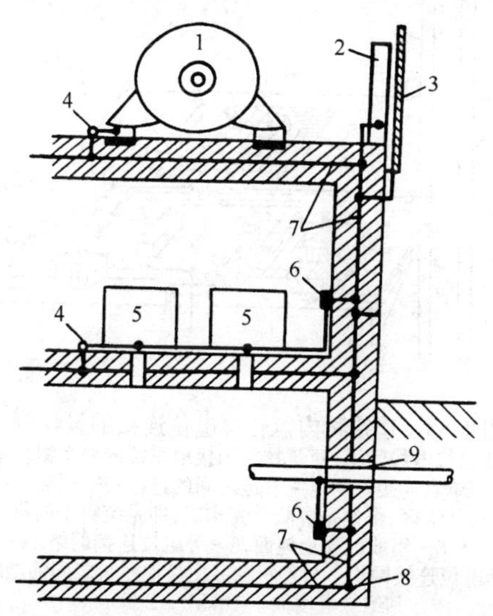

图 1-54　一钢筋混凝土建筑物内等电位连接的例子

1—电力设备；2—钢支柱；3—立面的金属盖板；4—等电位连接点；5—电气设备；6—等电位连接带；7—混凝土内的钢筋；8—基础接地体；9—各种管线的共用入口

一钢筋混凝土建筑物等电位连接的例子见图 1-54。

屏蔽是减少电磁干扰的基本措施。

屏蔽层仅一端做等电位连接和另一端悬浮时，它只能防静电感应，防不了磁场强度变化所感应的电压。为减少屏蔽芯线的感应电压，在屏蔽层仅一端做等电位连接的情况下，应采用有绝缘隔开的双层屏蔽，外层屏蔽应至少在两端做等电位连接。在这种情况下外屏蔽层与其他同样做了等电位连接的导体构成环路，感应出一电

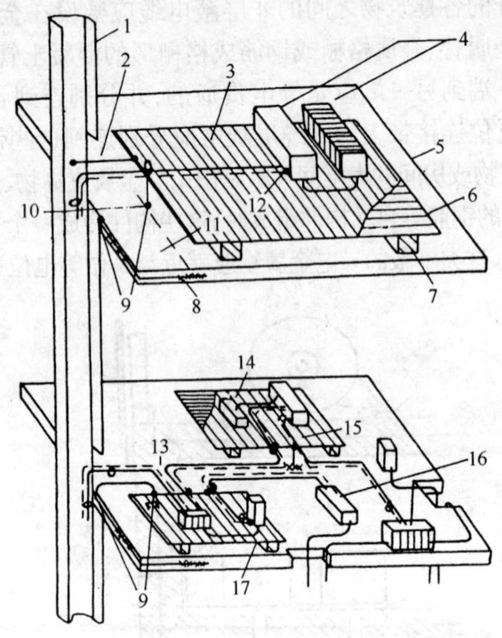

图 1-55 建筑物内混合等电位连接的设计例子

1—低阻抗电缆管道，建筑物共用接地系统的一个组合单元；
2—单点连接点与电缆管道之间的连接；3—LPZ2 区；
4—LPZ3 区，由设备屏蔽外壳构成，即系统组 1 的机架；
5、8—钢筋混凝土地面；6—等电位连接网络 1；
7—等电位连接网络 1 与建筑物共用接地系统之间的绝缘物，
其绝缘强度大于 10kV、1.2/50μs；
9—电缆管道、等电位连接网络 1、系统组 2 与地面钢筋的等电位连接；
10—单点连接点 1；11—LPZ1 区；12—连到机架的电缆金属屏蔽层；
13—单点连接点 2；14—系统组 2；15—单点连接点 3；
16—采用一般等电位连接的原有设备和装置；17—系统组 2

流，因此产生减低源磁场强度的磁通，有利于减少电磁干扰。

当采用S型等电位连接网络时，信息系统的所有金属组件应与共用接地系统的各组件有大于10kV、1.2/50μs的绝缘的例子见图1-55。加绝缘的目的是使外来的干扰电流不会进入所涉及的电子装置。

当对屏蔽效率未做试验和理论研究时，磁场强度的衰减应按下列方法计算。

① 在闪电击于格栅形大空间屏蔽以外附近的情况下，当无屏蔽时所产生的无衰减磁场强度 H_0，相当于处于LPZ0区内的磁场强度，应按下式计算：

$$H_0 = i_0/(2 \cdot \pi \cdot S_a)$$

式中 H_0——磁场强度(A/m)；

i_0——雷电流(A)；

S_a——雷击点与屏蔽空间之间的平均距离(m)，见图1-56。

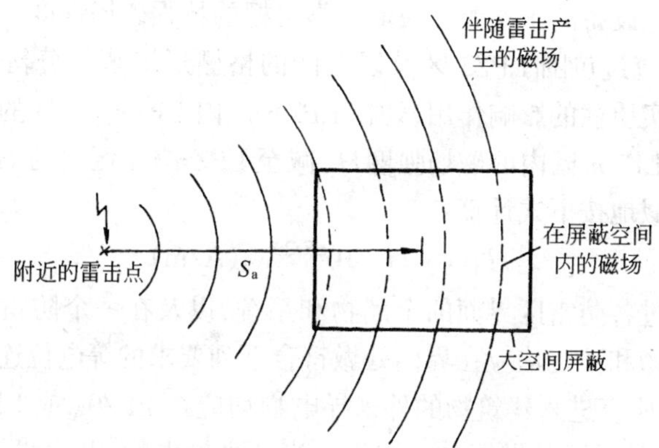

图1-56 附近雷击时的环境情况

S_a——雷击点至屏蔽空间的平均距离

当有屏蔽时，在格栅形大空间屏蔽内，即在LPZ1区内的磁场强度从 H_0 减为 H_1，其值应按下式计算：

$$H_1 = H_0/10^{SF/20} \quad (A/m)$$

式中　SF——屏蔽系数(dB)。

② 在闪电直接击在位于 $LPZ0_A$ 区的格栅形大空间屏蔽上的情况下，其内部 LPZ1 区内 V_s 空间内某点的磁场强度 H_1 应按下式计算：

$$H_1 = k_H \cdot i_0 \cdot W / (d_w \cdot \sqrt{d_r})$$

式中　H_1——磁场强度(A/m)；

d_r——被考虑的点距 LPZ1 区屏蔽顶的最短距离(m)；

d_w——被考虑的点距 LPZ1 区屏蔽壁的最短距离(m)；

k_H——形状系数$(1/\sqrt{m})$，取 $k_H = 0.01(1/\sqrt{m})$；

W——LPZ1 区格栅形屏蔽的网格宽(m)。

计算值仅对距屏蔽格栅有一安全距离 $d_{s/2}$ 的空间 V_s 内有效，$d_{s/2}$ 应符合下式的要求：

$$d_{s/2} = W \quad (m)$$

信息设备应仅安装在 V_s 空间内。

信息设备的干扰源不应取紧靠格栅的特强磁场强度。

③ 流过包围 LPZ2 区及以上区的格栅形屏蔽的分雷电流将不会有实质性的影响作用，处在 LPZn 区内 LPZ$n+1$ 区的磁场强度将由 LPZn 区内的磁场强度 H_n 减至 LPZ$n+1$ 区内的 H_{n+1}，其值可近似地按下式计算：

$$H_{n+1} = H_n / 10^{SF/20} \quad (A/m)$$

穿过各防雷区界面的金属物和系统，以及在一个防雷区内部的金属物和系统均应在界面处做符合下列要求的等电位连接。

① 所有进入建筑物的外来导电物均应在 $LPZ0_A$ 或 $LPZ0_B$ 与 LPZ1 区的界面处做等电位连接。当外来导电物、电力线、通信线在不同地点进入建筑物时，宜设若干等电位连接带，并应将其就近连到环形接地体、内部环形导体或此类钢筋上，它们在电气上是贯通的并连通到接地体，含基础接地体。

环形接地体和内部环形导体应连到钢筋或金属立面等其他屏蔽构件上，宜每隔 5m 连接一次。

② 各后续防雷区界面处的等电位连接：

穿过防雷区界面的所有导电物、电力线、通信线均应在界面处做等电位连接。应采用一局部等电位连接带做等电位连接，各种屏蔽结构或设备外壳等其他局部金属物也连到该带。

用于等电位连接的接线夹和电涌保护器应分别估算通过的雷电流。

③ 所有电梯轨道、吊车、金属地板、金属门框架、设施管道、电缆桥架等大尺寸的内部导电物，其等电位连接应以最短路径连到最近的等电位连接带或其他已做了等电位连接的金属物，各导电物之间宜附加多次互相连接。

④ 一信息系统的所有外露导电物应建立一等电位连接网络。由于按照本章规定实现的等电位连接网络均有通大地的连接，每个等电位连接网不宜设单独的接地装置。

接地、等电位连接和共用接地系统的构成，见图 1-57。

（三）电涌保护器

电涌保护器，又称为浪涌保护器或过电压保护器，其作用是限制瞬态过电压和分走电涌电流的器件。

有关使用电涌保护器的规定如下：

① 当电源采用 TN 系统时，从建筑物内总配电盘(箱)开始引出的配电线路和分支线路必须采用 TN-S 系统。

② 本章原则上规定要在各防雷区界面处做等电位连接，但由于工艺要求或其他原因，被保护设备的安装位置不会正好设在界面处而是设在其附近，在这种情况下，当线路能承受所发生的电涌电压时，电涌保护器可安装在被保护设备处，而线路的金属保护层或屏蔽层宜首先于界面处做一次等电位连接。

③ 在屏蔽线路从室外的 $LPZ0_A$ 或 $LPZ0_B$ 区进入 LPZ1 区的情况下，线路屏蔽层的截面 S_c 应符合下式规定：

$$S_c \geqslant i_i \rho_c l_c 10^6 / U_b \quad (\mathrm{mm}^2)$$

式中　i_i——流入屏蔽层的雷电流(kA)；

ρ_c——屏蔽层的电阻率(Ω·m)，20℃时铁为 138×10^{-9}Ω·m，

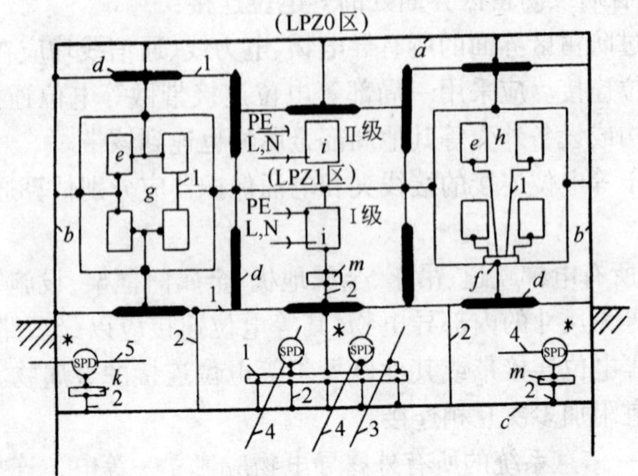

图 1-57　接地、等电位连接和共用接地系统的构成

注：*a*—防雷装置的接闪器以及可能是建筑物空间屏蔽的一部分，如金属屋顶；

b—防雷装置的引下线以及可能是建筑物空间屏蔽的一部分，如金属立面、墙内钢筋；

c—防雷装置的接地装置（接地体网络、共用接地体网络）以及可能是建筑物空间屏蔽的一部分，如基础内钢筋和基础接地体；

d—内部导电物体，在建筑物内及其上不包括电气装置的金属装置，如电梯轨道、吊车、金属地面、金属门框架、各种服务性设施的金属管道、金属电缆桥架、地面、墙和天花板的钢筋；

e—局部信息系统的金属组件，如箱体、壳体、机架；

f—代表局部等电位连接带单点连接的接地基准点（ERP）；

g—局部信息系统的网形等电位连接结构；

h—局部信息系统的星形等电位连接结构；

i—固定安装引入 PE 线的Ⅰ级设备和不引入 PE 线的Ⅱ级设备；

k—主要供电力线路和电力设备等电位连接用的总接地带、总接地母线、总等电位连接带，也可用作共用等电位连接带；

l—主要供信息线路和信息设备等电位连接用的环形等电位连接带、水平等电位连接导体，在特定情况下采用金属板。也可用作共用等电位连接带。用接地线多次接到接地系统上做等电位连接，宜每隔 5m 连一次；

m—局部等电位连接带；

1—等电位连接导体；

2—接地线；

3—服务性设施的金属管道；

4—信息线路或电缆；

5—电力线路或电缆；

*—进入 LPZ1 区处，用于管道、电力和通信线路或电缆等外来服务性设施的等电位连接。

铜为 $17.24\times10^{-9}\Omega\cdot m$,铝为 $28.264\times10^{-9}\Omega\cdot m$;

l_c——线路长度(m);

U_b——线路绝缘的耐冲击电压值(kV)。

④ 电涌保护器必须能承受预期通过它们的雷电流,并应符合以下两个附加要求:通过电涌时的最大钳压,有能力熄灭在雷电流通过后产生的工频续流。

在建筑物进线处和其他防雷区界面处的最大电涌电压,即电涌保护器的最大钳压加上其两端引线的感应电压应与所属系统的基本绝缘水平和设备允许的最大电涌电压协调一致。为使最大电涌电压足够低,其两端的引线应做到最短。

在不同界面上的各电涌保护器还应与其相应的能量承受能力相一致。

⑤ 选择 220/380V 三相系统中的电涌保护器时,其最大持续运行电压 U_c 应符合下列规定:

a. TT 系统中,U_c 不应小于 $1.55U_0$。

b. TN 和 TT 系统中,U_c 不应小于 $1.15U_0$。

c. IT 系统中,U_c 不应小于 $1.15U$(U 为线间电压)。

U_0 是低压系统相线对中性线的标称电压,在 220/380V 三相系统中,$U_0=220V$。

⑥ 在供电的电压偏差超过所规定的 10% 以及谐波使电压幅值加大的场所,应根据具体情况对氧化锌压敏电阻 SPD 提高⑤所规定的 U_c 值。

⑦ 在 $LPZ0_A$ 或 $LPZ0_B$ 区与 LPZ1 区交界处,在从室外引来的线路上安装的 SPD,应选用符合 Ⅰ 级分类试验的产品。

⑧ SPD 所得到的电压保护水平加上其两端引线的感应电压以及反射波效应不足以保护距其较远处的被保护设备的情况下,尚应在被保护设备处装设 SPD,其标称放电电流 I_n 不宜小于 8/20μs 3kA。

SPD 不大于 10m 时,若该 SPD 的电压保护水平加上其两端引线的感应电压小于被保护设备耐压水平的 80%,一般情况在被保护设备处可不装SPD。

⑨ SPD之间设有配电盘时，若第一级SPD的电压保护水平加上其两端引线的感应电压保护不了该配电盘内的设备，应在该盘内安装第二级SPD，其标称放电电流不宜小于8/20μs 5kA。

⑩ 在考虑各设备之间的电压保护水平时，若线路无屏蔽尚应计及线路的感应电压，在考虑被保护设备的耐压水平时宜按其值的80％考虑。

⑪ 在一般情况下，当在线路上多处安装SPD且无准确数据时，电压开关型SPD与限压型SPD之间的线路长度不宜小于10m，限压型SPD之间的线路长度不宜小于5m。

⑫ 在一般情况下，Ⅰ、Ⅱ类设备应考虑采取防操作过电压的措施。

五、防雷名词术语

有关建筑防雷的名词术语，常用的见表1-21。

建筑防雷常用名词术语　　表1-21

名词术语	解释
接闪器	直接截受雷击的避雷针、避雷带(线)、避雷网，以及用作接闪的金属屋面和金属构件等
引下线	连接接闪器与接地装置的金属导体
接地装置	接地体和接地线的总合
接地体	埋入土壤中或混凝土基础中作散流用的导体
接地线	从引下线断接卡或换线处至接地体的连接导体；或从接地端子、等电位连接带至接地装置的连接导体
防雷装置	接闪器、引下线、接地装置、电涌保护器及其他连接导体的总合
直击雷	闪电直接击在建筑物、其他物体、大地或防雷装置上，产生电效应、热效应和机械力者
雷电感应	闪电放电时，在附近导体上产生的静电感应和电磁感应，它可能使金属部件之间产生火花

续表

名 词 术 语	解　　释
静电感应	由于雷云的作用,使附近导体上感应出与雷云符号相反的电荷,雷云主放电时,先导通道中的电荷迅速中和,在导体上的感应电荷得到释放,如不就近泄入地中就会产生很高的电位
电磁感应	由于雷电流迅速变化在其周围空间产生瞬变的强电磁场,使附近导体上感应出很高的电动势
雷电波侵入	由于雷电对架空线路或金属管道的作用,雷电波可能沿着这些管线侵入屋内,危及人身安全或损坏设备
信息系统	建筑物内许多类型的电子装置,包括计算机、通信设备、控制装置等的统称
向下闪击	开始于雷云向大地产生的向下先导。一向下闪击至少有一首次短时雷击,其后可能有多次后续短时雷击并可能含有一次或多次长时间雷击
向上闪击	开始于一接了地的建筑物向雷云产生的向上先导。一向上闪击至少有一其上有或无叠加多次短时雷击的首次长时间雷击,其后可能有多次短时雷击并可能含有一次或多次长时间雷击
雷　　击	闪击中的一次放电
短时雷击	脉冲电流的半值时间 T_2 短于 2ms 的雷击
长时间雷击	电流从波头起自峰值 10%至波尾降至峰值 10%之间的时间长于 2ms 且短于 1s 的雷击
雷 击 点	雷击接触大地、建筑物或防雷装置的那一点
雷 电 流	流入雷击点的电流
单位能量	一闪击时间内雷电流平方对时间的积分。它代表雷电流在一单位电阻上所产生的能量
雷击电磁脉冲	是一种干扰源。本规范指闪电直接击在建筑物防雷装置和建筑物附近所引起的效应。绝大多数是通过连接导体的干扰,如雷电流或部分雷电流、被雷电击中的装置的电位升高以及电磁辐射干扰
防 雷 区	需要规定和控制雷击电磁环境的那些区

续表

名词术语	解释
等电位连接	将分开的装置、诸导电物体用等电位连接导体或电涌保护器连接起来以减小雷电流在它们之间产生的电位差
等电位连接带	将金属装置、外来导电物、电力线路、通信线路及其他电缆连于其上以能与防雷装置做等电位连接的金属带
等电位连接导体	将分开的装置诸部分互相连接以使它们之间电位相等的导体
等电位连接网络	由一个系统的诸外露导电部分做等电位连接的导体所组成的网络
共用接地系统	一建筑物接至接地装置的所有互相连接的金属装置，包括防雷装置
接地基准点	一系统的等电位连接网络与共用接地系统之间惟一的那一连接点
电涌保护器 (浪涌保护器，过电压保护器)	目的在于限制瞬态过电压和分走电涌电流的器件。它至少含有一非线性元件
最大持续运行电压 U_c	可能持续加于电涌保护器的最大方均根电压或直流电压，等于电涌保护器的额定电压
标称放电电流 I_n	流过 SPD、8/20μs 电流波的峰值电流。用于对 SPD 做Ⅱ级分类试验，也用于对 SPD 做Ⅰ级和Ⅱ级分类试验的预处理
冲击电流 I_{imp}	规定包括幅值电流 I_{peak} 和电荷 Q
Ⅱ级分类试验的最大放电电流 I_{max}	流过 SPD、8/20μs 电流波的峰值电流。用于Ⅱ级分类试验。I_{max} 大于 I_n
Ⅰ级分类试验	用标称放电电流 I_n、1.2/50μs 冲击电压和最大冲击电流 I_{imp} 做的试验。最大冲击电流在 10ms 内通过的电荷 Q(As)等于幅值电流 I_{peak}(kA)的二分之一，即 Q(As)$=0.5I_{peak}$(kA)

续表

名词术语	解释
Ⅱ级分类试验	用标称放电电流 I_n、1.2/50μs 冲击电压和最大放电电流 I_{max}做的试验
混合波	发生器产生 1.2/50μs 冲击电压加于开路电路和 8/20μs冲击电流加于短路电路,开路电压的符号为 U_{oc}
Ⅲ级分类试验	用混合波(1.2/50μs、8/20μs)做的试验
电压开关型 SPD	无电涌出现时为高阻抗,当出现电压电涌时突变为低阻抗。通常采用放电间隙、充气放电管、闸流管和三端双向可控硅元件作这类 SPD 的组件。有时称这类 SPD 为"短路开关型"或"克罗巴型"SPD
限压型 SPD	无电涌出现时为高阻抗,随着电涌电流和电压的增加,阻抗跟着连续变小。通常采用压敏电阻、抑制二极管作这类 SPD 的组件。有时称这类 SPD 为"钳压型"SPD
组合型 SPD	由电压开关型组件和限压型组件组合而成,可以显示为电压开关型或限压型或这两者都有的特性,这决定于所加电压的特性

第五节　避雷器的试验和防雷技术数据

一、避雷器的试验

避雷器是防雷的重要器材和装置,避雷器经过试验,合格后再使用,是保证装置正常工作,可靠防雷的重要手段。

避雷器试验项目有:绝缘电阻的测量,工频放电电压的测量,电导(泄漏)电流的测量,带并联电阻的阀型避雷器工频放电试验等。

(一) FS 型避雷器的试验

1. 绝缘电阻测量

避雷器由于密封不严,会引起内部受潮,导致绝缘电阻下降,使用时极不安全。所以对于 FS 型避雷器，应检查其密封情况，并测量其绝缘电阻数值。要求试验及交接时的绝缘电阻值应不小于 2500MΩ；在运行时，应不小于 2000MΩ。

试验方法如下：

① 首先清除避雷器表面的脏污物质。否则会影响试验值。

② 试验的目的主要是检查瓷套及内部间隙云母片的绝缘是否脏污或受潮。

③ 用 2500V 兆欧表测量："L"端接避雷器的引线端；"E"端接避雷器的接地端。摇动手柄。进行摇测，视其绝缘电阻值是否符合要求。

2．工频放电电压的测量

避雷器的工频放电试验的目的，是检查间隙的放电电压是否符合要求。工频放电电压低于下限值时，通常是因为火花间隙烧伤、火花间隙电极氧化或受潮。

避雷器的工频放电电压试验的接线圈，见图 1-58。

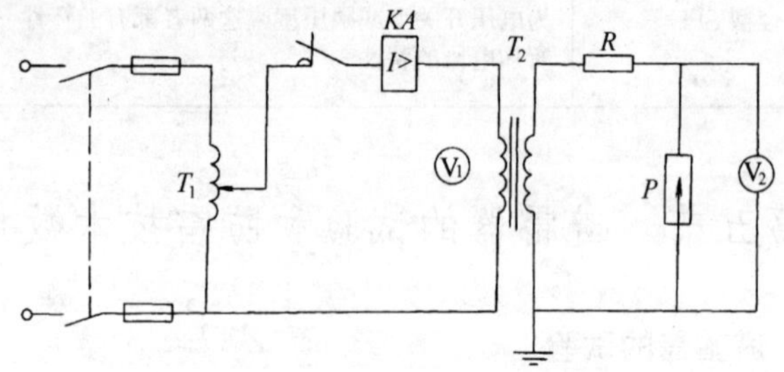

图 1-58　避雷器工频放电电压试验接线图

T_1—调压器；T_2—试验变压器；KA—过流保护；R—限流电阻；V_1—电压表；V_2—静电电压表；P—被试避雷器

试验方法如下：

① 为了防止避雷器放电后的电流烧坏避雷器的间隙和阀片，应使限流电阻 R 将击穿后的电流限制在 0.7A 以下。

② 试验时，尽可能快地(0.5s 以内)将电流切断，即将过流保护调整到最快动作。

③ 应注意升压不能太快,以免电压表由于机械惯性作用而读不准。

④ 应读取避雷器击穿时电压下降前的最高电压值,作为避雷器的放电电压。

⑤ 一只避雷器通常做三次试验,取其平均值作为工频放电电压。

⑥ 若用静电电压表,在高压测直接测量更为简单。

试验结果的处理方法是:由于 FS 型避雷器,加压时电流很小,在限流电阻及变压器内阻上的电压降可以忽略。因此,可以在变压器低压侧读取电压后,乘上试验变压器的变压比,来求得避雷器的工频放电电压的数值。

(二) FZ、FCZ、FCD 型避雷器试验

对于 FZ、FCZ、FCD 型避雷器,除了绝缘电阻的测量外,还应做电导(泄漏)电流的测量和带并联电阻的阀型避雷器工频放电试验。

1. 绝缘电阻的测量

FZ、FCZ、FCD 型避雷器,如果内部受潮,绝缘电阻将显著下降;若并联电阻老化,断裂、接触不良,其绝缘电阻会比正常值大得多。所以测量避雷器的绝缘电阻,可以检查避雷器是否受潮,并检查并联电阻是否断裂、老化等。

试验时,应将避雷器的高压引线及接地点都断开,使用 2500V 兆欧表测量每个元件的绝缘电阻。

对于有并联电阻的避雷器,对绝缘电阻没有明确的规定,只能与前一次或同一型式的避雷器进行比较,绝缘电阻数值不应有明显的差别,若数值差别很大,则应进行分析后作出判断。

由于兆欧表的电压低,所以有的缺陷尚不能检查出来,此时,应用较高的直流电压做进一步的试验,然后作出判断。

2. 电导(泄漏)电流的测量

电导(泄漏)电流测量的试验目的是检查避雷器并联电阻是否受潮、劣化、断裂,以及同相各元件的非线性系数 α 指数是否相配合。

多元件组合避雷器应测量每个元件的电导电流，通常其数值在 400～650μA 之间。

采用微安表在低压端的试验接线圈见图 1-59。

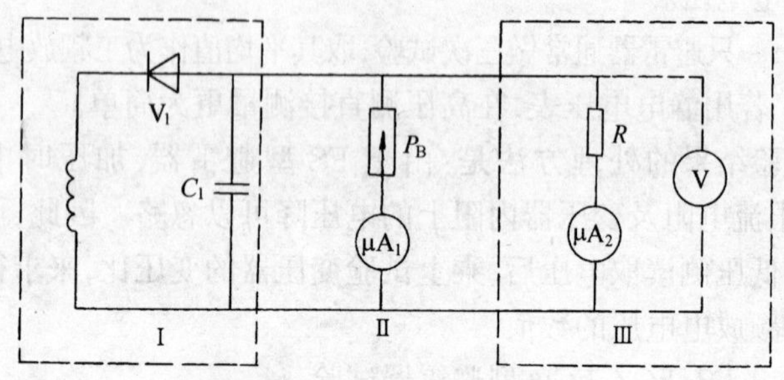

图 1-59　电导电流试验接线图

Ⅰ—电源装置；Ⅱ—被试避雷器；Ⅲ—电压测量装置

试验时，避雷器应与地良好绝缘。

试验结果可以这样分析、判断：若电导电流明显降低，表明并联电阻断裂。若电导电流逐年下降，表示并联电阻老化。反之表明并联电阻受潮或瓷套内进水受潮。

3．元件非线性系数 α 值的测量与计算

对于多元件组合的避雷器，除测量电导电流外，还必须测量和计算每个元件的非线性系数 α 值。

对于 FZ、FCZ、FCD 型避雷器非线性系数 α 值一般应在 0.25～0.45 之间，并要求用一组(一相)各元件的 α 系数相差不大于 0.05，以保证组合避雷器的电气特性。

非线性系数 α 值由测量电导电流的试验电压及 1/2 试验电压和在该电压下测得的电流计算得到。

避雷器上的电压和续流应满足 $U_1 = CI_1^\alpha$ 和 $U_2 = CI_2^\alpha$，由此可以得出计算式：

$$\alpha = \frac{\lg \dfrac{U_1}{U_2}}{\lg \dfrac{I_1}{I_2}}$$

式中　α——避雷器的非线性系数,其值应小于1;

U_1——试验电压(kv);

U_2——1/2试验电压(kv),$U_2=\frac{U_1}{2}$;

I_1、I_2——电压 U_1 及 U_2 下测得的电流(μA);

C——材料系数。

例如某220kVFZ避雷器,其一相8节元件测得电导电流,见表1-22。

FZ避雷器一相8节元件电导电流测量值　　　　**表1-22**

序　号	1	2	3	4	5	6	7	8
I_1(μA)	80	75	80	80	75	70	75	80
I_2(μA)	500	490	520	520	510	500	500	520
α	0.378	0.369	0.37	0.37	0.362	0.353	0.365	0.37

表中 α 是根据非线性系数的计算式的计算得出的。以序号1为例。

$$\alpha=\frac{0.301}{\lg\frac{500}{80}}=\frac{0.301}{\lg 6.25}=\frac{0.301}{0.796}=0.378$$

由表中可以看出,序号1中的 α 指数最大,序号6中的 α 指数最小,两者相减 $0.378-0.353=0.025<0.05$。说明该相各元件的非线性系数差值最大不超过0.025,均小于规定所要求的0.05。因此,该避雷器的非线性系数是符合要求的。

4.带并联电阻的阀型避雷器工频放电试验

对运行中的带并联电阻阀型避雷器,一般不要求做此项试验。而对于解体检修后的避雷器,为了保证质量,保证避雷器可靠的运行,应做工频放电试验。其试验方法和FS型避雷器的试验相同。

二、防雷技术数据

有关防雷及防雷接地装置的技术数据,通常是以标准和规范的型式来规定,是设计、施工和验收的依据。

1.避雷针采用圆钢或焊接钢管制成,其直径的规定,见表1-23。

避雷针规格表 表 1-23

针　长	材　料	规　格(mm)
<1m	圆　钢	≥12
	钢　管	≥20
1~2m	圆　钢	≥16
	钢　管	≥25
烟囱顶上的针	圆　钢	≥20
	钢　管	≥40

2. 避雷网和避雷带采用圆钢或扁钢,其规格不应小于表 1-24 的规定。

避雷带、网规格表 表 1-24

材　料	规　格	材　料	规　格
圆　钢	直径 8mm	扁　钢	厚度 4mm
扁　钢	截面 $48mm^2$		

3. 当烟囱上采用避雷环时,其规格不应小于表 1-25 的规定。

烟囱顶上避雷环规格表 表 1-25

材　料	规　格	材　料	规　格
圆　钢	直径 12mm	扁　钢	厚度 4mm
扁　钢	截面 $100mm^2$		

4. 在利用金属屋面作为接闪器时,其要求见表 1-26。

金属屋面作为接闪器时的要求 表 1-26

材　料	条　件	规格与要求	备　注
金属板	搭　接	长度不应小于 100mm	金属板无绝缘被覆层
	下面无易燃品	厚度不应小于 0.5mm	
	下面有易燃品	铁板厚度不应小于 4mm	
		铜板厚度不应小于 5mm	
		铝板厚度不应小于 7mm	

注: 薄的油漆保护层或 0.5mm 厚沥青层或 1mm 厚聚氯乙烯层均不属于绝缘被覆层。

5. 引下线采用圆钢或扁钢时，其规格不应小于表 1-27 的规定。

引下线规格表 **表 1-27**

材　料	规　格	材　料	规　格
圆　钢	直径 8mm	扁　钢	厚度 4mm
扁　钢	截面 $48mm^2$		

6. 烟囱引下线采用圆钢或扁钢时，其规格不应小于表 1-28 的规定。

烟囱引下线规格表 **表 1-28**

材　料	规　格	材　料	规　格
圆　钢	直径 12mm	扁　钢	厚度 4mm
扁　钢	截面 $100mm^2$		

7. 采用电涌保护器时，按屏蔽层敷设条件确定的线路长度及线路绝缘的耐冲击电压值，见表 1-29 和表 1-30。

按屏蔽层敷设条件确定的线路长度 **表 1-29**

屏蔽层敷设条件	l_c(m)
屏蔽层与电阻率 $\rho(\Omega\cdot m)$ 的土壤直接接触	当实际长度>$8\sqrt{\rho}$时，取 $l_c=8\sqrt{\rho}$； 当实际长度<$8\sqrt{\rho}$时，取 l_c=线路实际长度
屏蔽层与土壤隔离或敷设在大气中	l_c=建筑物与屏蔽层最近接地点之间的距离

电缆绝缘的耐冲击电压值 **表 1-30**

电缆的额定电压(kV)	绝缘的耐冲击电压 U_b(kV)
≤0.05	5
0.22	15
10	75

续表

电缆的额定电压(kV)	绝缘的耐冲击电压 U_b(kV)
15	95
20	125

注：当流入线路的雷电流大于以下数值时，绝缘可能产生不可接受的温升。

对屏蔽线路 $I_i = 8S_c$；

对无屏蔽的线路 $I'_i = 8\,n'S'_c$。

式中 I_i—流入屏蔽层的雷电流(kV)；

S_c—屏蔽层的截面(mm^2)；

I'_i—流入无屏蔽线路的总雷电流(kA)；

n'—线路导线的根数；

S'_c—每根导线的截面(mm^2)。

8．当使用电涌保护器时，如无法获得设备的耐压冲击电压时，220/380V 的三相系统各种设备绝缘的耐冲击过电压额定值可按表 1-31 中所推荐的数值进行选择。

220/380V 三相系统各种设备绝缘耐冲击过电压额定值　　表 1-31

设备位置	电源处的设备	配电线路和最后分支线路的设备	用电设备	特殊需要保护的设备
耐冲击过电压类别	Ⅳ类	Ⅲ类	Ⅱ类	Ⅰ类
耐冲击过电压额定值(kV)	6	4	2.5	1.5

注：Ⅰ类—需要将瞬态过电压限制到特定水平的设备。

Ⅱ类—如家用电器、手提工具和类似负荷。

Ⅲ类—如配电盘，断路器，包括电缆、母线、分线盒、开关、插座等的布线系统，以及应用于工业的设备和永久接至固定装置的固定安装的电动机等的一些其他设备。

Ⅳ类—如电气计量仪表、一次线过流保护设备、波纹控制设备。

9．环路中感应电压、电流和能量的计算时，在不同的线路结构和敷设路径以及不同的外部防雷装置下，当雷击建筑物的防雷装置时，在该等线路中预期的最大感应电压和能量，近似计算式见表 1-32。

闪电击中安装在第一类防雷建筑物上的防雷装置时所感应的电压和能量的近似计算式　　表 1-32

外部防雷装置的型式	在各种不同的环路形状时(共分 a、b、c、d、e、f 六种情况)									
	(a)	(b)	(c)	(d)	(e)	(f)	(a)	(b)	(c)	(d)
	开路环中感应的峰值电压						短路环中感应的最大能量			
	$\frac{U_i}{l}$ (kV/m)	$\frac{U_i}{l}$ (kV/m)	$\frac{U_i}{l}$ (kV/m)	$\frac{U_i}{l}$ (kV/m)	$\frac{U_k}{R_M}$ (kV/Ω)	$\frac{U_q}{l}$ (kV/m)	$\frac{W}{l}$ (J/m)	$\frac{W}{l}$ (J/m)	$\frac{W}{l}$ (J/m)	$\frac{W}{l}$ (J/m)
引下线(至少四根)间距 10～20m 钢构架或钢筋混凝土柱	$100\cdot\sqrt{\frac{a}{h}}$	$2\cdot\sqrt{\frac{a}{h}}$	$4\cdot\sqrt{\frac{a}{h}}$	≈0	$100\cdot\sqrt{\frac{a}{h}}$	≈0	$2000\cdot\frac{a}{h}$	$\frac{a}{h}$	$10\cdot\frac{a}{h}$	≈0
	$40\cdot\sqrt{\frac{a}{h}}$	$2\cdot\sqrt{\frac{a}{h}}$	$4\cdot\sqrt{\frac{a}{h}}$	≈0	$100\cdot\sqrt{\frac{a}{h}}$	≈0	$500\cdot\frac{a}{h}$	$\frac{a}{h}$	$10\cdot\frac{a}{h}$	≈0
有窗的金属立面①	$10\cdot\frac{1}{\sqrt{h}}$	$0.4\cdot\frac{1}{h}$	$0.4\cdot\frac{1}{\sqrt{h}}$	≈0	$10\cdot\frac{1}{\sqrt{h}}$	≈0	$30\cdot\frac{1}{h}$	$0.03\cdot\frac{1}{h^2}$	$0.1\cdot\frac{1}{h}$	≈0
无窗的钢筋混凝土结构	$2\cdot\frac{1}{\sqrt{h}}$	$0.1\cdot\frac{1}{h}$	$0.1\cdot\frac{a}{\sqrt{h}}$	≈0	$2\cdot\frac{1}{\sqrt{h}}$	≈0	$1.5\cdot\frac{1}{h}$	$0.002\cdot\frac{1}{h^2}$	$0.005\cdot\frac{1}{h}$	≈0

注：① 如金属窗框架与建筑物互相连接的钢筋在电气上有连接时，本栏也适用于这类钢筋混凝土建筑物。

② U_i—采用首次以后的雷击电流参量时预期的最大感应电压；U_k—采用首次雷击电流参量时在电缆内导体与屏蔽层之间预期的最大共模电压，$R_M/l<0.1\Omega/m$；U_q—屏蔽电缆内导体之间预期的最大差模电压；W—当采用首次雷击电流参量及环路由于产生火花放电而成闭合环路时，预期产生于环路内的最大能量；l—与引下线平行的电气装置的长度(m)；R_M—电缆总长的电缆屏蔽层电阻(Ω)；a—引下线之间的平均距离(m)；h—防雷装置接闪器的高度(m)。

③ 适用于第一类防雷建筑物的雷电流参量。对第二类防雷建筑物，表中的感应电压计算式应乘以 0.75(因第二类防雷建筑物的雷电流为第一类的 75%)，能量计算式应乘以 0.56(即 $0.75^2=0.56$，因能量与电流的平方成正比)。对第三类防雷建筑物，表中的感应电压计算式应乘以 0.5(因第三类防雷建筑物的雷电流为第一类的 50%)，能量计算式应乘以 0.25(即 $0.5^2=0.25$)。

10．在建筑物的防雷分类时，引出一个系数，即概率 P_r，它表示建筑物自身保护的程度或表示考虑建筑物的特点、结构、用途、存放物或设备等。还引出一个附加系数 W_r，它是考虑雷击后果的一个系数，后果越严重，W_r 值越大。对一般建筑物和公共建筑物所采用的 P_rW_r 值。见表 1-33。

P_rW_r 值　　**表 1-33**

建筑物		P_rW_r	$N_c=\frac{10^{-5}}{P_rW_r}$
型　式	特　点		
一般建筑物	正常危险	$1.6\cdot10^{-4}$	$6\cdot10^{-2}$
公共建筑物	重大危险 （引起惊慌、重大损失）	$8\cdot10^{-4}$	$1.2\cdot10^{-2}$

11．防雷接地电阻值见表 1-34。

防雷接地电阻值　　**表 1-34**

建筑物分类	接 地 功 能	接地电阻(Ω)
第一类防雷建筑物	防直击雷	$R_i<10$
	防雷电感应	$R<10$
	防雷电波侵入	$R_i<20$
第二类防雷建筑物	防直击雷	$R_i<10$
	防雷电感应	
	防雷电波侵入	$R_i<5, R_i<10$
第三类防雷建筑物	防直击雷	$R_i<10, R_i<30$
	防雷电波侵入	$R_i<30$

12．被保护建筑物内的金属物接地，是防雷电感应的主要措施，金属屋面或钢筋混凝土屋面内的钢筋进行接地，有良好的防雷电感应和一定的屏蔽作用。

连接处过渡电阻不大于 0.03Ω 时，以及对有不少于 5 根螺栓连接的法兰盘可不跨接的规定，是参考国外资料和国内的实践经验确定的，天津某单位做过测试，在三处罐站测出的数据。见表1-35。

连接处过渡电阻的实测值　　　　表 1-35

<table>
<tr><th>序　号</th><th colspan="2">被　测　对　象</th><th>接触电阻(Ω)</th></tr>
<tr><td>1</td><td colspan="2">残液罐下法兰，4 螺钉齐全，无跨接线</td><td>0.0075</td></tr>
<tr><td>2</td><td colspan="2">残液管道上法兰，4 螺钉齐全，无跨接线</td><td>0.0075</td></tr>
<tr><td>3</td><td colspan="2">3in 管道(残液)法兰，4 螺钉齐全，有跨接线</td><td>0.0088</td></tr>
<tr><td>4</td><td colspan="2">2in 残液管道上法兰，4 螺钉齐全，有跨接线</td><td>0.012</td></tr>
<tr><td>5</td><td colspan="2">储罐下阀门，8 螺钉齐全，无跨接线</td><td>0.009</td></tr>
<tr><td>6</td><td colspan="2">阀门，8 螺钉齐全，无跨接线</td><td>0.013</td></tr>
<tr><td>7</td><td colspan="2">储罐下阀门，8 螺钉齐全，有跨接线</td><td>0.012</td></tr>
<tr><td>8</td><td colspan="2">工业灌装阀门，无跨接线</td><td>0.01</td></tr>
<tr><td>9</td><td colspan="2">槽车卸油管阀门，无跨接线</td><td>0.015</td></tr>
<tr><td>10</td><td colspan="2">ϕ89 液相管法兰，8 螺钉齐全，有跨接线</td><td>0.011</td></tr>
<tr><td>11</td><td rowspan="2">ϕ57 管道法兰，4 螺钉齐全</td><td>有跨接线时</td><td>0.005</td></tr>
<tr><td>12</td><td>拆下跨接线时</td><td>0.006</td></tr>
<tr><td>13</td><td colspan="2">ϕ89 管道新装法兰，8 螺钉齐全，无跨接线</td><td>0.007</td></tr>
<tr><td>14</td><td rowspan="2">ϕ89 管道法兰</td><td>有跨接线时</td><td>0.01</td></tr>
<tr><td>15</td><td>拆下跨接线时</td><td>0.01</td></tr>
<tr><td>16</td><td colspan="2">球罐下 φ150 阀门，8 螺钉齐全，无跨接线</td><td>0.008</td></tr>
<tr><td>17</td><td colspan="2">临时罐站 2″管道阀门，4 螺钉齐全，无跨接线</td><td>0.0085</td></tr>
<tr><td>18</td><td colspan="2">临时罐站 4″管道阀门，无跨接线</td><td>0.008</td></tr>
</table>

13．确定环形人工基础接地体尺寸的几条原则如下：

① 在相同截面(即在同一长度下，所消耗的钢材重量相同)下，扁钢的表面积总是大于圆钢的，所以，建议优先选用扁钢，可节省钢材；

② 在截面积总和相等之下，多根圆钢的表面积总是大丁一根的，所以，在满足所要求的表面积的前提下，选用多根或一根圆钢；

③ 圆钢直径选用 8、10、12mm 三种规格，选用大于 ϕ12mm 圆钢一是浪费材料，二是施工时不易于弯曲；

④ 混凝土电阻率取 100Ω·m，这样，混凝土内钢筋体有效长度为 $2\sqrt{\rho}=20$m，即从引下线连接点开始，散流作用按各方向 20m 考虑；

⑤ 周长≥60m，按 60m 考虑，设三根引下线，此时，$k_c=0.44$，另外还有 56% 的雷电流从另两根引下线流走，每根引下线各占 28%。设这 28% 从两个方向流走，每一方向流走 14%。因此，与第一根引下线连接的 40m 长接地体(一个方向 20m，两个方向共计 40m)，共计流走总电流的($0.44+0.14+0.14=0.72$)72%，即所规定的 $4.24k_c^2$ 和 $1.89k_c^2$ 中的 k_c 等于 0.72。

⑥ ≥40m 至＜60m 周长时按 40m 长考虑，k_c 等于 1，即按 40m 长流走全部雷电流考虑。

⑦ ＜40m 周长时无法预先定出规格和尺寸，只能按 $k_c=1$ 由设计者根据具体长度计算，并按以上原则选用。

根据以上原则所计算的结果列于表 1-36。

确定环形人工基础接地体的计算结果　　表 1-36

周　长 (m)	k_c 值	环形人工基础接地体的表面积	
		第二类防雷建筑物	第三类防雷建筑物
≥60	0.72	$4.24k_c^2=2.2\text{m}^2$	$1.89k_c^2=0.98\text{m}^2$
		4mm×25mm 扁钢 40m 长的表面积＝2.32m² 2×ϕ10mm 圆钢 40m 长表面积总和＝2.513m²	1×ϕ10mm 圆钢 40m 长的表面积＝1.257m²
≥40 至＜60	1	$4.24k_c^2=4.24\text{m}^2$	$1.89k_c^2=1.89\text{m}^2$
		4mm×50mm 扁钢 40m 长的表面积＝4.32m² 4×ϕ10mm 的＝5.03m² 3×ϕ12mm 的＝4.52m²	4mm×20mm 扁钢 40m 长的表面积＝1.92m² 2×ϕ8mm 的＝2.01m²

注：采用一根圆钢时，其直径不应小于 10mm。

14. 接地装置冲击接地电阻与工频接地电阻的换算以及它们的比值。见表 1-37 和表 1-38。

接地装置冲击接地电阻与工频接地电阻换算表　　表 1-37

本规范要求的冲击接地电阻值(Ω)	在以下土壤电阻率(Ω·m)下的工频接地电阻允许极限值(Ω)			
	$\rho \leqslant 100$	100～500	500～1000	>1000
5	5	5～7.5	7.5～10	15
10	10	10～15	15～20	30
20	20	20～30	30～40	60
30	30	30～45	45～60	90
40	40	40～60	60～80	120
50	50	50～75	75～100	150

接地装置工频接地电阻与冲击接地电阻的比值　　表 1-38

土壤电阻率 ρ (Ω·m)	≤100	500	1000	≥2000
工频接地电阻与冲击接地电阻的比值 $R_{\sim}/R_i$	1.0	1.5	2.0	3.0

注：1. 本表适用于引下线接地点至接地体最远端不大于 20m 的情况。
2. 如土壤电阻率在表列两个数值之间时，用插入法求得相应的比值。

15. 人工接地装置工频接地电阻值，见表 1-39。

人工接地装置工频接地电阻值　　表 1-39

形式	简图	材料尺寸(mm)及用量(m)				土壤电阻率(Ω·m)		
		圆钢	钢管	角钢	扁钢	100	250	500
		φ20	φ50	50×50×5	40×4	工频接地电阻(Ω)		
单根			2.5			30.2	75.4	151
		2.5				37.2	92.9	186
				2.5		32.4	81.1	162

续表

形式	简图	材料尺寸(mm)及用量(m)				土壤电阻率(Ω·m)		
		圆钢	钢管	角钢	扁钢	100	250	500
		φ50	φ50	50×50×5	40×4	工频接地电阻(Ω)		
2根	5m		5.0		2.5	10.0	25.1	50.2
				5.0	2.5	10.5	26.2	52.5
3根	5m 5m		7.5		5.0	6.65	16.6	33.2
				7.5	5.0	6.92	17.3	34.6
4根	5m 5m 5m		10.0		7.5	5.08	12.7	25.4
				10.0	7.5	5.29	13.2	26.5
5根			12.5		20.0	4.18	10.5	20.9
				12.5	20.0	4.35	10.9	21.8
6根			15.0		25.0	3.58	8.95	17.9
				15.0	25.0	3.73	9.32	18.6
8根	5m 5m		20.0		35.0	2.81	7.03	14.1
				20.0	35.0	2.93	7.32	14.6
10根			25.0		45.0	2.35	5.87	11.7
				25.0	45.0	2.45	6.12	12.2
15根			37.5		70.0	1.75	4.36	8.73
				37.5	70.0	1.82	4.56	9.11
20根			50.0		95.0	1.45	3.62	7.24
				50.0	95.0	1.52	3.79	7.58

16．钢筋混凝土电杆接地电阻估算值见表1-40。

钢筋混凝土电杆接地电阻估算表 **表1-40**

接地装置形式	杆塔型式	接地电阻估算值(Ω)
钢筋混凝土电杆的自然接地体	单杆	0.3ρ
	双杆	0.2ρ
	拉线单、双杆	0.1ρ
	一个拉线盘	0.28ρ
n 根水平射线($n\leqslant 12$,每根长约60m)	各型杆塔	$\dfrac{0.062\rho}{n+1.2}$

注：表中 ρ 为土壤电阻率(Ω·m)。

17．土壤和水的电阻率参考值见表 1-41。

土壤和水的电阻率参考值(Ω·m)　　　　表 1-41

类　别	名　　称	电阻率近似值	电阻率的变化范围		
			较湿时（一般地区、多雨区）	较干时（少雨区、沙漠区）	地下水含盐碱时
土	陶黏土	10	5～20	10～100	3～10
	泥炭、泥炭岩、沼泽地	20	10～30	50～300	3～30
	捣碎的木炭	40	—	—	—
	黑土、园田土、陶土、白垩土	50	30～1000		
	黏土	60		50～300	10～30
	砂质黏土	100	30～300	80～1000	10～30
	黄土	200	100～200	250	30
	含砂黏土、砂土	300	100～1000	>1000	30～100
	河滩中的砂	—	300	—	—
	煤	—	350	—	—
	多石土壤	400	—	—	—
	上层红色风化黏土、下层红色页岩	500（30%湿度）	—	—	—
	表层土夹石、下层砾石	600（15%湿度）	—	—	—
砂	砂、砂砾	1000	250～1000	1000～2500	—
	砂层深度>10m、地下水较深的草原 地面黏土深度≤1.5m、底层多岩石	1000	—	—	—
岩　石	砾石、碎石	5000	—	—	—
	多岩山地	5000	—	—	—
	花岗岩	200000	—	—	—
混凝土	在水中	40～55	—	—	—
	在湿土中	100～200	—	—	—
	在干土中	500～1300	—	—	—
	在干燥的大气中	12000～18000	—	—	—

续表

类　别	名　　称	电阻率近似值	电阻率的变化范围		
			较湿时（一般地区、多雨区）	较干时（少雨区、沙漠区）	地下水含盐碱时
矿	金属矿石	0.01～1	—	—	—
水	海水	1～5	—	—	—
	湖水、池水	30	—	—	—
	泥水、泥炭中的水	15～20	—	—	—
	泉水	40～50	—	—	—
	地下水	20～70	—	—	—
	溪水	50～100	—	—	—
	河水	30～280	—	—	—
	污秽的水	300	—	—	—
	蒸馏水	1000000	—	—	—

18. 雷电和地区、季节和气候条件密切相关。因此，防雷措施也随着不同地区、不同气候条件，有着极大的关系，有许多装置的参数要根据当地的气象资料来确定。

不同海拔高度的气压值和全国主要城市气象参数资料，见表1-42和表1-43。

不同海拔高度处的气压值　　　　**表 1-42**

海拔高度(m)	−2000（矿井中）	0	1000	2000	3000	4000	5000
年平均气压（mmHg）	960	760	675	600	529	465	409
最低气压（mmHg）	—	—	656	581	510	450	394

全国主要城市气象资料数据 **表 1-43**

地名	海拔高度（m）	累年最热月（7月）温度（℃）		极端最高温度（℃）	极端最低温度（℃）	雷暴日数（日/年）	最热月地面下0.8m处土壤平均温度（℃）
		平均	平均最高				
北京市							
北京	30.5	26.0	31.1	40.6	−27.4	36.7	25.0
密云	73.0	25.7	30.5	40.0	−27.3	45.3	
天津市							
天津	5.2	26.4	30.6	39.7	−22.9	26.8	24.5
塘沽	6.6	26.4	29.2	39.9	−18.3	25.3	
河北省							
石家庄	82.3	26.7	32.2	42.7	−26.5	27.9	27.3
围场	843.5	20.8	26.6	38.9	−28.7	44.0	
丰宁	659.7	22.1	28.1	37.8	−28.6	50.8	
承德	371.5	24.4	29.8	41.5	−23.3	41.9	23.3
张家口	714.0	23.2	29.1	40.9	−26.2	45.4	21.0
怀来	538.5	24.1	30.1	42.2	−23.3	44.3	
遵化	55.7	25.4	30.5	40.3	−25.7	51.2	
蔚县	911.1	22.2	28.6	38.6	−34.7	50.6	
秦皇岛	2.6	24.5(8月)	28.5	39.9	−21.5	35.9	
昌黎	17.3	25.1	29.5	40.3	−20.9	24.7	
唐山	27.4	25.5	30.1	38.9	−21.0	29.8	
涞源	852.1	21.9	27.8	38.3	−30.6	37.0	
保定	18.9	26.7	32.0	43.3	−23.7	32.0	24.5
定县	57.1	26.7	31.9	42.4	−20.3	31.7	
沧县	11.4	26.6	31.6	42.9	−20.6	33.1	
衡水	22.6	27.1	32.4	42.7	−22.5	27.3	
邢台	78.0	26.8	32.3	41.8	−22.4	30.4	
邯郸	59.5	27.2	32.6	42.5	−19.0	28.8	
山西省							
太原	779.3	23.7	29.9	39.4	−25.5	37.1	24.7
大同	1069.0	21.8	28.2	37.7	−29.1	47.7	23.0
山阴	1053.3	22.3	28.6	37.9	−31.6	41.6	
五台山	2895.8	9.6	12.9	20.0	−44.8	43.8	
临汾	450.0	26.3	32.4	41.9	−25.6	31.1	
阳泉	691.6	24.3	29.9	40.2	−19.1	42.7	
离石	951.1	23.2	29.7	38.9	−24.4	38.5	
和顺	1265.1	20.0	26.3	34.4	−30.6	39.4	
介休	750.0	24.1	30.3	38.6	−24.5	39.0	
沁县	962.0	23.1	28.8	36.8	−26.2	39.3	

续表

地　　名	海拔高度(m)	累年最热月(7月)温度(℃)		极端最高温度(℃)	极端最低温度(℃)	雷暴日数(日/年)	最热月地面下0.8m处土壤平均温度(℃)
		平　均	平均最高				
长　治	927.5	22.9	28.7	37.6	－29.3	35.0	
侯　马	434.4	26.4	32.3	42.0	－20.1		
河　津	461.9	26.8	32.4	42.5	－19.8	24.7	
晋　城	744.0	24.2	29.4	38.6	－22.8	32.0	
运　城	368.8	27.4	32.8	42.7	－18.5	23.0	
内蒙古自治区							
呼和浩特	1063.0	21.8	28.0	37.3	－32.8	39.5	20.1
包头麻池	1045.5	22.8	29.6	38.4	－31.4	37.7	22.6
化　德	1482.5	18.6	24.6	35.5	－35.9	43.6	
集　宁	1416.5	19.2	25.4	35.7	－33.8	47.3	
海拉尔	614.0	19.4	25.4	36.7	－48.5	31.6	14.0
乌兰浩特	274.9	22.5	27.5	39.9	－33.9	29.8	21.7
通　辽	179.8	23.8	29.3	39.1	－30.9	27.5	
开　鲁	241.0	23.6	29.3	39.2	－30.2	32.0	
赤　峰	571.1	23.4	29.3	42.5	－31.4	35.3	
满洲里	666.8	19.2	25.4	37.4	－42.7		
二连浩特	964.8	22.8	29.7	39.6	－40.2		
锡林浩特	989.5	20.7	27.2	38.3	－42.4		
正蓝旗	1300.1	18.5	25.0	33.6	－35.4		
白云鄂博	1612.3	19.5	25.6	34.3	－34.5		
五　原	1023.0	22.7	29.2	36.4	－36.7		
乌　达	1120.8	24.8	31.3	38.4	－25.8		
商　都	1385.5	19.0	25.5	35.9	－33.3		
额济纳旗	956.0	26.4	33.7	41.0	－35.3		
辽宁省							
沈　阳	43.3	24.6	29.3	33.3	－30.6	31.5	21.7
彰　武	82.7	24.1	29.1	37.4	－30.4	39.3	
阜　新	157.2	24.2	29.6	40.6	－28.4	27.7	
抚　顺	119.2	24.1	29.2	36.9	－35.2	28.3	
朝　阳	170.0	24.7	30.3	40.6	－31.1	36.9	
建　平	422.5	22.3	27.5	38.2	－33.3	36.4	
本　溪	214.0	24.4	28.8	37.3	－32.3	38.0	
锦　州	70.2	24.4	28.9	37.3	－24.7	28.7	22.1
鞍　山	22.6	24.8	29.6	36.9	－30.4	26.3	
营　口	4.4	24.8	28.6	35.3	－27.3	30.0	

续表

地　　名	海拔高度(m)	累年最热月(7月)温度(℃)		极端最高温度(℃)	极端最低温度(℃)	雷暴日数(日/年)	最热月地面下0.8m处土壤平均温度(℃)
		平　均	平均最高				
丹　东	15.1	23.4(8月)	27.6	34.3	-28.0	27.3	
大　连	93.5	24.1(8月)	27.2	35.3	-21.1		
吉林省							
长　春	215.7	22.9	27.9	38.0	-36.5	35.8	19.3
白　城	163.0	23.2	28.7	40.6	-36.0	29.9	
长　岭	193.2	23.0	28.2	36.2	-33.9	37.1	
双　辽	116.1	23.6	28.9	36.7	-35.0	35.1	
四　平	165.4	23.5	28.4	36.6	-34.6	34.1	
延　吉	178.2	21.3(8月)	27.0	37.1	-32.2	22.8	
海　龙	340.6	22.3	27.4	36.1	-38.4	40.5	
通　化	402.9	22.1	27.0	35.0	-36.3	36.2	
黑龙江省							
哈尔滨	146.6	22.7	27.7	36.4	-38.1	28.9	18.4
齐齐哈尔	149.0	22.6	27.8	39.9	-39.5	24.1	
佳木斯	82.2	21.7	27.0	35.4	-41.1	33.1	
安　达	151.3	22.8	27.9	38.2	-37.3	32.5	
尚　志	191.0	21.4	26.8	34.2	-41.0	43.6	
上海市							
上　海	5.5	27.9	31.9	38.9	-9.4	32.2	27.2
江苏省							
南　京	12.5	28.2	32.5	40.7	-14.0	34.4	27.7
徐　州	43.7	27.0	31.8	40.6	-23.3	26.3	25.9
沭　阳	8.0	27.0	31.3	39.4	-23.1	32.3	
睢　宁	23.5	27.0	31.7	40.3	-22.9	35.8	
盐　城	2.3	27.2(8月)	29.0	39.1	-14.3	31.9	
东　台	7.4	27.4	31.5	38.7	-11.8	39.0	
高　邮	6.5	27.6	31.5	38.5	-18.5	37.6	
泰　州	6.6	27.8	31.6	39.4	-19.2	32.1	
扬　州	8.7	27.9	32.0	39.1	-17.7	32.9	
镇　江	26.0	28.0	32.4	40.9	-12.0	22.3	
南　通	9.2	27.5	31.2	37.3	-10.8	33.3	
常　州	9.2	28.4	32.2	38.5	-15.5	35.6	
溧　阳	7.0	28.6	32.4	39.2	-17.0	43.5	
无　锡	5.6	28.4	31.8	38.6	-12.5		
苏　州	6.2	28.5	31.8	38.6	-9.8		
连云港	3.0	27.0(7、8月)	31.5	40.0	-18.1		

续表

地　名	海拔高度(m)	累年最热月(7月)温度(℃)		极端最高温度(℃)	极端最低温度(℃)	雷暴日数(日/年)	最热月地面下0.8m处土壤平均温度(℃)
		平　均	平均最高				
浙江省							
杭　州	8.0	28.7	33.9	39.6	−9.6	43.2	27.7
宁　波	4.2	28.3	32.4	38.7	−8.8	47.1	
金　华	63.4	29.6	34.0	41.2	−9.6	61.9	
嘉　兴	4.8	28.4	32.1	39.4	−9.8	40.0	
遂　昌	238.8	27.8	34.0	40.1	−9.7	56.3	
龙　泉	199.6	28.0	34.0	40.7	−8.4	64.9	
温　州	6.9	28.0(8月)	31.6	39.3	−4.5	51.1	
衢　县	66.1	29.1	33.5	40.5	−10.5	56.4	
安徽省							
合　肥	32.3	28.5	32.6	41.0	−20.6	30.4	
蚌　埠	21.0	28.3	32.8	41.3	−19.4	24.7	27.3
宿　县	30.5	27.6	32.5	40.0	−23.2	31.8	26.6
蒙　城	27.7	28.2	32.8	40.3	−23.3	26.5	
六　安	60.0	28.5	33.3	41.0	−18.9	39.4	
芜　湖	20.2	38.9	32.9	39.3	−13.1	37.7	
霍　山	86.3	28.0	33.5	43.3	−15.3	44.7	
铜　陵	37.1	29.2	33.4	40.2	−11.9	32.2	
安　庆	40.9	28.9	33.0	40.6	−12.5	44.0	
屯　溪	145.8	28.3	34.1	41.0	−10.9	57.5	
亳　县	37.1	27.8	32.8	42.1	−20.6	28.0	
福建省							
福　州	92.0	28.7	34.0	39.3	−1.2	63.2	
浦　城	283.4	27.9	33.8	39.9	−0.8	72.9	
崇　武	21.7	27.3(8月)	30.4	37.0	2.2		
建　阳	185.9	28.2	34.7	41.3	−8.2	65.5	
泰　宁	252.4	27.0	33.6	38.9	−9.5	70.6	
南　平	128.7	28.6	34.9	41.0	−5.8	64.5	
永　安	206.7	28.1	34.9	40.5	−7.6	75.5	
长　汀	318.4	27.4	33.2	39.4	−6.5	79.5	
龙　岩	341.0	27.1	33.0	38.1	−5.6	67.4	
上　杭	205.4	27.8	33.6	39.7	−4.8	81.5	
厦　门	23.8	28.2(8月)	32.1	38.4	2.0	45.8	
江西省							
南　昌	49.9	29.7	34.0	40.6	−9.3	58.4	29.9
九　江	30.5	29.4	33.7	40.2	−9.7	48.0	28.9

续表

地名	海拔高度(m)	累年最热月(7月)温度(℃)		极端最高温度(℃)	极端最低温度(℃)	雷暴日数(日/年)	最热月地面下0.8m处土壤平均温度(℃)
		平均	平均最高				
彭泽	18.1	29.2	33.2	40.0	−13.9	57.2	
庐山	1164.0	22.6	25.9	32.0	−16.9	48.3	
景德镇	48.0	28.8	34.0	41.8	−10.9	59.8	
修水	117.7	28.4	34.9	44.9	−11.6	67.8	
玉山	109.9	29.2	34.3	43.3	−8.9	65.7	
贵溪	51.2	30.2	34.8	41.0	−7.5		
宜春	125.4	28.8	34.0	41.6	−9.2	67.5	
萍乡	96.6	29.1	34.3	38.8	−8.6	68.7	
南城	80.9	29.2	33.9	41.5	−7.8	71.1	
乐安	184.8	28.5	33.8	39.3	−9.7	65.0	
吉安	76.9	29.6	34.6	40.3	−8.0	71.6	27.8
广昌	144.0	28.8	34.3	39.5	−9.8	69.4	
遂川	111.8	29.7	34.6	39.7	6.6	69.7	
赣州	124.7	29.5	34.4	41.2	−6.0	63.6	
大余	225.0	27.7	33.6	39.8	−7.1	74.5	
寻乌	297.8	27.3	32.9	38.2	−5.5	84.6	
山东省							
济南	57.8	27.6	32.3	42.5	−19.7	25.0	28.7
潍坊	62.8	25.9(7、8月)	31.7	40.5	−21.4	27.5	
龙口	3.5	25.4	29.7	38.3	−18.6	29.8	
烟台	40.9	25.2(8月)	28.1	37.2	−13.1	25.0	
惠民	12.2	26.4	31.7	42.2	−22.4	29.1	
德州	22.1	27.1	32.7	43.4	−27.0	29.2	
禹城	20.6	27.0	31.9	42.2	−25.0	21.0	
临清	36.7	26.9	32.2	41.4	−21.3	22.0	
淄博	39.1	27.1	32.5	42.1	−21.8	28.3	
益都	80.6	26.4	31.3	40.9	−19.3	24.0	
冠县	41.5	26.9	31.9	41.8	−21.6	23.3	
泰山	1533.7	17.9	20.7	28.6	−27.5	29.6	
泰安	130.1	26.3	31.5	40.7	−22.4	31.3	
莱阳	30.5	25.0	29.9	38.9	−24.0		
青岛	76.8	25.4(8月)	29.3	36.9	−17.2	20.7	27.3
兖州	47.7	27.0	32.0	41.0	−19.0	26.9	
菏泽	51.0	27.2	32.2	42.3	−20.4	30.6	
莒县	107.4	25.6	30.3	39.4	−25.6		

续表

地名	海拔高度(m)	累年最热月(7月)温度(℃)		极端最高温度(℃)	极端最低温度(℃)	雷暴日数(日/年)	最热月地面下0.8m处土壤平均温度(℃)
		平均	平均最高				
临湖	76.5	26.3	30.9	40.0	-16.5	28.2	
河南省							
郑州	111.4	27.5	33.2	43.0	-17.9	21.0	26.3
开封	75.0	27.4	33.0	42.9	-14.7	28.2	26.8
安阳	75.5	27.0	32.7	41.7	-21.7	31.0	
濮阳	54.1	27.2	32.7	42.2	-18.9	28.0	
新乡	73.3	27.3	32.7	42.7	-21.3	24.1	
三门峡	389.9	27.0	32.5	4.32	-16.5	30.8	
焦作	109.5	28.1	33.4	4.32	-16.9		
洛阳	138.8	27.7	33.1	44.2	-18.2	28.3	27.1
商丘	50.3	27.3	32.7	43.0	-18.9	25.0	
许昌	72.8	27.8	33.3	41.9	-17.4	25.5	26.1
卢氏	569.9	25.8	31.8	42.1	-19.1	25.4	
栾川	751.5	24.4	30.3	40.2	-20.0	25.2	
鲁山	129.2	27.8	33.4	42.4	-18.1	31.1	
平顶山	84.7	27.9	33.4	42.6	-18.8	28.9	
淮阳	46.9	27.7	32.8	42.5	-21.0	24.1	
西峡	250.3	27.6	32.9	42.0	-11.5	40.0	
汝南	48.6	27.9	33.1	41.2	-20.7	28.9	
南阳	125.1	27.6	32.8	40.8	-21.2	30.6	
驻马店	79.9	27.8	32.9	41.9	-17.4	31.4	
泌阳	142.8	27.9	33.7	40.4	-17.6	32.3	
固始	57.5	28.2	32.6	41.5	-20.9	36.3	
信阳	79.1	27.9	32.8	40.9	-20.0	28.1	
湖北省							
汉口	23.3	28.1	33.8	39.4	-17.3	36.7	
郧西	252.5	28.1	33.1	41.9	-11.9	39.0	
郧阳	201.9	28.9	34.4	42.7	-9.4	31.0	
光化	91.1	28.0	33.2	41.0	-15.7	28.1	28.3
竹溪	446.2	26.7	32.0	40.0	-12.2	38.7	
宜城	68.1	28.2	32.8	40.0	-14.1	28.5	
随县	98.2	28.3	33.0	41.1	-16.3	34.8	
钟祥	66.2	28.0	32.3	39.7	-14.4	42.0	
巴东	298.9	28.3	34.4	41.4	-5.3	35.6	
襄阳	68.7	28.3	32.9	42.5	-13.1		
英山	125.9	28.7	34.3	41.3	-13.5	54.8	

续表

地　名	海拔高度(m)	累年最热月(7月)温度(℃)		极端最高温度(℃)	极端最低温度(℃)	雷暴日数(日/年)	最热月地面下0.8m处土壤平均温度(℃)
		平　均	平均最高				
宜　昌	69.7	28.3	34.5	41.4	−8.9	45.4	27.2
天　门	30.0	28.6	32.8	38.7	−17.2	43.6	
江　陵	34.7	28.1	33.0	38.6	−14.8	47.7	
恩　施	438.2	27.2	33.1	41.2	−6.5	44.3	
黄　石	22.2	29.5	34.4	40.3	−11.0	52.2	27.6
五　峰	902.0	24.3	29.3	35.7	−11.9	51.0	
来　凤	460.4	26.7	31.7	38.9	−5.7	61.6	
崇　阳	60.4	28.8	34.1	40.7	−14.9	51.8	
湖南省							
长　沙	81.3	29.4	34.1	40.6	−11.3	48.7	29.1
岳　阳	51.6	29.2	32.8	39.3	−11.8	45.0	
常　德	36.7	29.0	33.9	40.1	−11.2	54.3	
沅　江	36.8	29.1	33.2	39.4	−9.5	48.8	
安　化	131.1	28.0	34.7	41.8	−9.3	57.2	
沅　陵	144.4	28.0	33.5	40.3	−7.3	63.6	
花　垣	341.2	27.2	32.2	39.3	−7.0	53.8	
溆　浦	162.6	28.3	33.6	40.5	−7.6	56.7	
株　洲	55.7	29.6	34.8	40.5	−8.0	52.3	
新　化	213.4	28.3	33.4	39.4	−7.8	53.3	
芷　江	267.9	27.6	32.6	39.9	−7.7	66.4	
邵　阳	300.0	28.5	33.5	39.5	−7.7	58.4	
衡　阳	68.5	29.8	33.3	40.8	−7.9	54.3	
湘　潭	40.6	29.5	33.9	40.4	−8.5		
武　冈	340.6	27.5	32.5	39.3	−7.6	63.6	
怀　化	254.1	27.8	33.0	39.6	−8.5		
零　陵	170.0	29.2	33.8	43.7	−9.0	64.1	
涟　源	150.9	28.6	33.7	40.1	−8.0		
郴　州	184.9	29.2	34.5	41.3	−9.0		
广东省							
广　州	7.3	28.3	32.0	38.7	0.0	87.6	30.4
南　雄	125.3	28.5	34.1	38.4	−6.2	84.7	
韶　关	69.3	29.1	34.2	42.0	−4.3	77.7	
连　县	97.6	28.5	34.0	39.8	−6.9	71.8	
阳　江	23.3	28.2	31.5	37.0	−1.4		
德　庆	21.9	28.6	33.5	38.6	−2.2		
梅　县	77.5	28.6	34.1	39.3	−7.3	83.1	

续表

地　名	海拔高度(m)	累年最热月(7月)温度(℃)		极端最高温度(℃)	极端最低温度(℃)	雷暴日数(日/年)	最热月地面下0.8m处土壤平均温度(℃)
		平　均	平均最高				
揭　阳	3.6	28.5	32.5	38.0	−2.7	77.3	
惠　阳	15.7	28.3	32.8	38.9	−1.9	87.1	
汕　头	3.5	28.3	31.5	37.9	0.4	54.0	29.4
高　要	12.2	28.6	32.8	37.9	−1.0	105.7	
汕　尾	5.9	28.2	30.9	37.0	1.6	52.9	
宝　安	18.5	28.2	31.5	36.7	0.2	68.4	
信　宜	83.9	28.1	31.1	37.3	0.5	108.9	
台　山	36.1	28.1	32.2	37.2	−0.1	87.8	
茂　名	27.2	28.5	32.6	37.8	1.7	80.0	
电　白	11.8	28.5	31.5	37.2	3.4		
湛　江	25.2	28.9	32.4	38.1	2.8	95.6	30.9
徐　闻	67.9	28.4	33.2	38.8	2.2	98.8	
海　口	14.1	28.4	33.0	38.9	2.8	113.8	
儋　县	168.7	27.4	32.6	40.0	0.4	121.0	
琼　海	23.5	28.3	33.0	39.8	5.0	105.5	
琼　中	251.3	26.6	32.4	38.2	0.9	108.4	
西　沙	4.9	28.9	31.0	34.9	15.3	29.7	
广西壮族自治区							
南　宁	72.2	28.3	33.5	40.4	−2.1	88.6	
全　州	186.9	28.5	33.6	40.4	−6.6	62.0	
桂　林	167.5	28.3	33.5	39.4	−4.9	76.2	
融　安	120.6	27.9	33.3	38.6	−5.5	80.8	
金城江	214.3	27.8	33.2	39.7	−2.0	63.7	
贺　县	108.4	28.7	34.1	39.7	−4.0	91.5	
蒙　山	145.1	27.8	32.9	38.5	−4.5	89.1	
都　安	172.1	28.2	32.3	38.9	0.4	79.9	
百　色	128.8	28.7	34.2	42.5	−2.0	71.2	
田　东	112.0	28.3	33.3	42.0	−1.7	78.1	
梧　州	120.5	28.3	34.4	39.2	−3.0	97.5	
桂　平	44.0	28.6	32.9	39.2	−3.3	100.8	
靖　西	740.0	24.9	29.1	36.6	−1.9	72.5	
柳　州	96.9	29.0	34.0	39.2	−3.8		
玉　林	81.9	28.4	33.0	38.0	−2.1	102.6	
钦　州	4.0	28.3	31.8	37.5	−1.8	96.5	
四川省							

续表

地　名	海拔高度(m)	累年最热月(7月)温度(℃)		极端最高温度(℃)	极端最低温度(℃)	雷暴日数(日/年)	最热月地面下0.8m处土壤平均温度(℃)
		平　均	平均最高				
成　都	507.4	25.8	29.9	37.3	-5.9	36.9	26.7
阿　坝	3271.0	12.7	19.9	27.8	-33.9	90.0	
松　潘	2827.6	14.6	22.2	31.3	-21.1	54.9	
广　元	488.5	26.1	31.2	38.5	-8.2	28.4	25.4
平　武	877.4	24.3	29.9	37.0	-7.3	32.0	24.1
万　源	674.0	25.4	31.0	39.2	-9.4	30.4	
江　油	533.4	25.9	30.1	36.7	-6.8		
巴　中	358.7	27.6	32.4	40.3	-5.3	37.1	
德　格	3204.5	14.6	22.9	31.2	-20.7	75.8	
茂　汶	1591.8	21.0	25.9	31.3	-11.6	24.9	
马尔康	3464.2	16.5	25.1	34.8	-17.5	65.7	
甘　孜	3398.2	14.1	21.1	31.7	-28.7	81.5	19.5
绵　阳	472.3	26.2	30.5	37.0	-7.3	38.3	26.1
炉　霍	3250.0	14.9	22.0	30.4	-21.2	78.3	
达　县	310.1	28.0	33.1	42.3	-4.7	38.2	
德　阳	499.4	26.0	30.0	36.5	-6.7		
奉　节	607.3	27.6	32.1	39.8	-5.3	43.8	
小　金	2369.8	19.9	27.6	36.7	-11.7	51.7	
灌　县	707.8	24.8	28.5	34.0	-4.6	41.8	
南　充	298.6	27.8	32.5	41.3	-2.6	40.1	28.8
万　县	183.4	28.7	34.1	42.1	-3.7	47.2	
梁　平	455.5	27.3	32.2	40.1	-4.4	46.1	
乾　宁	3452.4	12.7	19.9	28.3	-25.6	96.6	
遂　宁	279.5	27.4	32.1	39.3	-3.8	41.9	
简　阳	421.4	26.7	30.8	38.7	-5.4	48.4	27.0
巴　塘	2589.1	19.5	27.4	36.0	-12.8	78.4	
康　定	2617.0	15.8	20.5	28.9	-14.7	57.1	
理　塘	3948.9	10.7	16.6	25.6	-25.8	87.1	
雅　安	629.4	25.4	29.8	37.7	-3.9	35.7	
涪　陵	273.0	28.7	34.2	42.2	-2.7	48.5	
内　江	350.8	27.1	31.6	40.0	-3.4	41.2	
大　足	401.7	27.6	32.0	40.2	-2.9		
重庆沙坪坝	260.6	28.6	33.9	42.2	-1.8	40.1	
峨眉山	3047.4	11.9	15.5	23.4	-20.9	42.2	
乐　山	387.0	26.0	30.3	38.1	-4.3	43.5	

续表

地名	海拔高度(m)	累年最热月(7月)温度(℃)		极端最高温度(℃)	极端最低温度(℃)	雷暴日数(日/年)	最热月地面下0.8m处土壤平均温度(℃)
		平均	平均最高				
汉源	795.9	26.0	31.9	40.3	-3.3	48.5	
重庆	260.6	27.8	32.7	40.2	-1.8	58.0	28.2
自贡	354.6	27.1	31.5	40.0	-2.8	43.8	
彭水	314.4	28.0	33.8	44.1	-2.9	42.5	
九龙	2950.0	15.3	21.4	31.0	-14.9	67.6	
泸州	334.8	27.3	32.1	40.3	-0.8	40.9	27.8
宜宾	286.0	27.0	31.6	39.5	-3.0	39.3	27.8
酉阳	664.9	25.5	30.4	38.1	-8.4	47.9	
綦江	250.6	29.5	34.5	42.2	-1.7	42.5	
马边	542.0	25.7	30.4	37.5	-3.8	46.0	
越西	1663.1	21.7	27.4	35.2	-7.9	75.3	
雷波	1435.0	21.5	25.9	33.7	-8.9	52.7	
西昌	1596.8	22.7	27.6	36.5	-3.4	75.6	24.9
盐源	2439.4	18.4	23.7	32.2	-9.7	88.0	
会理	1790.0	21.1	26.0	34.7	-5.8	74.9	
渡口	1108.0	26.6(5月)	33.7	40.4	-1.3		
贵州省							
贵阳	1071.2	23.8	28.5	37.5	-7.8	48.9	24.1
六枝	1359.5	22.0	26.1	34.1	-5.5		
沿河	316.1	28.0	33.7	41.6	-5.4	47.5	
桐梓	972.0	24.6	29.5	37.5	-6.9	46.7	
赤水	291.8	28.0	33.0	41.3	-1.9	45.3	
思南	422.0	27.9	33.1	40.7	-5.5	54.2	
铜仁	278.7	27.8	33.7	42.5	-9.2	57.0	
遵义	844.9	25.2	30.7	38.7	-7.1	51.6	25.0
黔西	1217.6	23.0	27.9	35.4	-10.4	61.5	
镇远	465.3	26.6	32.4	40.4	-9.9	51.5	
威宁	2235.4	17.6	22.4	32.3	-15.3	68.5	
锦屏	343.9	26.6	32.4	38.3	-8.4	43.1	
安顺	1394.1	21.9	25.9	34.3	-7.6	63.1	
榕江	325.1	26.8	32.8	39.5	-5.8	62.0	28.5
独山	970.2	23.2	27.5	34.4	-8.0	53.1	
罗甸	443.1	26.8	32.7	40.5	-3.5	72.9	
云南省							
昆明	1892.5	19.9	23.9	31.5	-5.4	62.8	22.9
中甸	3277.1	13.3	19.2	25.1	-25.4	45.7	

续表

地　名	海拔高度(m)	累年最热月(7月)温度(℃)		极端最高温度(℃)	极端最低温度(℃)	雷暴日数(日/年)	最热月地面下0.8m处土壤平均温度(℃)
		平　均	平均最高				
德　钦	3590.6	11.9	17.1	23.1	−13.1	20.6	
镇　雄	1667.2	20.6	25.8	33.4	−11.9	64.0	
昭　通	1950.0	19.9	25.2	33.5	−13.3	58.4	20.8
华　坪	1242.0	24.8	30.5	39.8	−2.1	87.0	
会　泽	2110.0	19.0	23.8	31.4	−16.2	60.6	
东川汤丹	1252.5	18.1	22.9	31.4	−9.7	48.2	
宾　川	1439.1	23.6	28.9	38.2	−6.2	58.5	
元　谋	1119.7	26.5	31.8	42.0	−0.1	82.0	
大　理	1991.7	20.2	24.5	34.0	−3.0	60.3	
楚　雄	1774.6	20.8	25.3	33.4	−4.8	64.5	
丘　北	1451.5	21.6	26.8	35.7	−7.6	78.0	
临　沧	1463.5	21.1	25.5	34.6	−1.3	82.3	
开　远	1052.9	24.2	28.8	38.2	−2.5	77.7	
元　江	396.6	28.5	33.8	42.3	2.8	71.7	
耿马勐定	511.4	25.4	30.3	41.4	2.2	98.6	
澜　沧	1054.4	22.6	28.6	37.2	−1.0	97.9	
江　城	1120.8	22.1	26.2	34.5	−0.7	71.3	
思　茅	1302.1	21.5	26.1	34.9	−3.4	97.4	
河　口	137.9	27.5	32.5	40.9	1.9	108.0	
允景洪	552.7	25.1	29.9	41.0	2.7	116.4	
勐　腊	639.1	24.4	29.6	38.1	3.2	111.5	
西藏自治区							
拉　萨	3659.4	15.5(6月)	21.8	29.4	−16.5	75.4	
丁　青	3874.0	12.0	19.2	25.7	−25.0	76.5	
昌　都	3176.4	16.3	24.3	32.7	−19.3	54.4	
申　扎	4670.0	9.3	15.8	24.2	−31.1		
当　雄	4200.0	10.6	17.4	23.2	−35.9		
林　芝	3000.0	15.5	22.1	30.2	−15.3	47.5	
泽　当	3501.0	15.7(6月)	22.6	29.0	−17.6	57.3	
日喀则	3837.0	14.7(6月)	21.0	27.5	−25.1	80.4	
江　孜	4041.0	13.0(6月)	20.1	25.8	−22.6	75.0	
陕西省							
西　安	396.8	26.7	32.5	41.7	−20.6	15.4	
宝　鸡	616.3	25.5	30.9	41.4	−16.7	19.6	
绥　德	928.5	24.2	30.4	38.3	−25.4	39.0	24.8
延　安	958.7	22.9	30.0	39.7	−25.4	33.0	24.3

续表

地　　名	海拔高度(m)	累年最热月(7月)温度(℃)		极端最高温度(℃)	极端最低温度(℃)	雷暴日数(日/年)	最热月地面下0.8m处土壤平均温度(℃)
		平　均	平均最高				
洛　川	1159.1	22.2	27.9	36.2	−22.0	32.3	
铜　川	978.7	23.5	29.1	37.7	−18.2	25.7	
渭　南	348.4	27.5	33.2	42.2	−15.8		
华　山	2064.9	17.7	20.8	27.7	−25.3	27.3	
武　功	506.1	26.2	31.6	42.0	−18.7	20.1	
商　县	743.8	25.1	30.7	39.8	−14.3	31.3	
佛　坪	1791.8	22.4	28.4	36.4	−12.9	35.5	
凤　县	970.0	22.9	29.2	37.3	−15.5		
镇　安	983.5	23.7	29.2	37.4	−12.6	36.3	
略　阳	797.8	24.1	30.0	36.4	−9.8	21.9	
宁　陕	900.0	28.5	29.7	36.0	−12.8	36.0	
汉　中	509.1	25.9	30.5	38.0	−10.1	29.2	
甘肃省							
兰　州	1518.3	22.4	29.0	39.1	−21.7	25.1	21.5
安　西	1178.5	25.3	33.0	42.8	−29.3	7.1	
玉门镇	2312.4	21.9	28.6	36.7	−27.7	8.6	
敦　煌	1139.8	25.2	33.2	43.6	−27.6	3.5	
酒　泉	1478.2	22.2	28.5	38.4	−31.6	12.6	24.7/0.5m
高　台	1332.9	22.3	30.4	38.5	−28.3	12.5	
张　掖	1469.0	21.7	29.4	38.1	−28.7	11.9	22.3
祁连山	3022.5	12.1	16.6	32.1	−27.0	20.1	
武　威	1531.4	22.3	29.6	38.5	−29.5	13.7	
环　县	1295.0	20.6	28.1	37.5	−23.2	28.3	
榆　中	1874.9	19.2	26.0	34.5	−25.7	36.6	
临　夏	1900.0	18.4	25.8	36.2	−27.8	39.9	
武　都	1079.1	25.0	30.4	39.9	−6.3		
平　凉	1347.8	21.1	26.9	35.0	−22.5	32.8	
临　洮	1887.8	18.8	26.0	34.6	−29.6	35.5	
武　山	1464.7	21.4	27.4	35.6	−17.5		
天　水	1131.7	22.7	28.6	37.2	−19.2	19.3	
青海省							
西　宁	2296.3	17.2	24.5	33.5	−26.6	39.1	17.4
祁连托勒	3360.3	10.2	17.6	28.0	−36.3	41.8	
祁连	2788.3	12.9	20.5	30.5	−31.3	56.0	
互助却藏滩	2871.3	12.7	19.2	27.4	−29.9	75.6	
民　和	1813.9	20.2	26.9	34.7	−21.7		

续表

地　　名	海拔高度(m)	累年最热月(7月)温度(℃)		极端最高温度(℃)	极端最低温度(℃)	雷暴日数(日/年)	最热月地面下0.8m处土壤平均温度(℃)
		平　均	平均最高				
玛多(黄河沿)	4222.0	7.6	13.9	22.9	-42.7	46.8	
格尔木	2807.7	17.6	24.9	33.1	-33.6		
玉　树	3703.6	12.6	20.0	28.7	-26.1	69.4	
同仁隆务	2488.6	16.1	23.5	32.0	-22.9	60.7	
宁夏回族自治区							
银　川	1113.1	23.5	29.4	39.3	-30.6	23.2	21.5
石嘴山	1093.3	23.6	30.3	37.0	-28.4	27.3	
陶　乐	1101.6	23.7	30.2	37.7	-27.8		
盐　池	1349.4	22.2	29	38.1	-29.6	26.4	
中　宁	1186.0	23.6	30.0	38.5	-26.7	15.4	
同　心	1345.0	22.8	30.5	37.9	-27.3	25.0	
同　原	1753.2	19.0	24.9	34.6	-26.9	34.8	
新疆维吾尔自治区							
乌鲁木齐	654.0	25.7	32.3	40.9	-32.0	9.4	22.1
石河子	443.7	24.7	31.8	40.0	-39.8	19.4	
巴里坤	1639.3	16.9	24.4	32.1	-43.6	19.8	
吐鲁番	24.0	33.0	40.0	47.6	-28.0	8.7	31.7
鄯　善	419.7	29.3	37.0	43.9	-28.7	7.2	
库　车	1100.0	26.3	32.3	41.5	-27.4	26.5	
喀　什	1290.7	25.8	32.2	40.1	-24.4	16.9	
麦盖提	1179.4	25.6	33.0	42.1	-22.4	6.7	
且　末	1247.5	24.8	32.5	41.3	-26.4	4.6	
库尔勒	3093.7	26.1	32.3	39.0	-28.1	11.0	
和　田	1374.7	25.5	32.5	40.5	-21.6	2.8	
于　田	1427.9	25.1	32.8	41.2	-24.3	3.6	
台湾省							
台　北	9.0	23.4		37.0	-2.0		

第二章　接地与接零

第一节　概　　述

一、接地、接零的类型及其作用

为保证人身和设备的安全，电力设备宜接地或接零。

接地，一般是指电气装置为达到安全和功能的目的，采用包括接地极、接地母线、接地线的接地系统与大地做电气连接，即接大地；或是电气装置与某一基准电位点做电气连接，即接基准地。接地的类型可分为功能性接地、保护性接地，以及功能性与保护性合一的接地。或按其不同的作用，分为工作接地、保护接地、重复接地、接零、过电压保护接地、防静电接地、屏蔽接地等。

1．工作接地

在正常或事故情况下，为保证电气设备的可靠运行，必须在电力系统中某一点进行接地，称为工作接地。此种接地可直接接地或经特殊装置接地，见图 2-1。

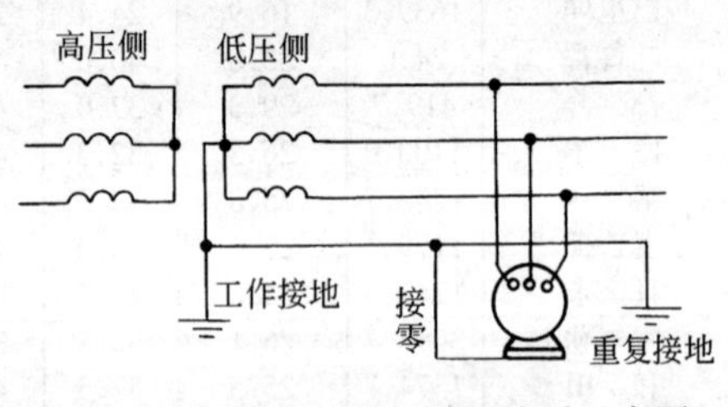

图 2-1　工作接地、重复接地、接零示意图

工作接地的作用：保证电气设备能可靠地运行；降低人体的接触电压；迅速切断故障设备；降低电气设备或送、配电线路的绝缘水平。

2．保护接地

为防止因绝缘破坏而遭到触电的危险，将与电气设备带电部分相绝缘的金属外壳或架构同接地体之间做良好的连接，称为保护接地，见图 2-2。这种接地一般在中性点不接地的系统中采用。

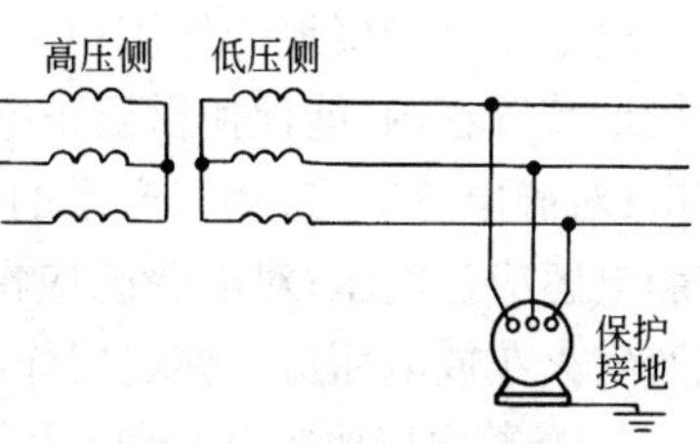

图 2-2　保护接地示意图

保护接地的作用：若设有接地装置，当绝缘破坏外壳带电时，接地短路电流将同时沿着接地装置和人体两条通路流过。流过每一条通路的电流值将与其电阻的大小成反比。通常人体的电阻比接地体电阻大几百倍（一般在 1000Ω 以上），所以当接地装置电阻很小时，流经人体的电流几乎等于零，因而，人体就避免了触电的危险，见图 2-3。

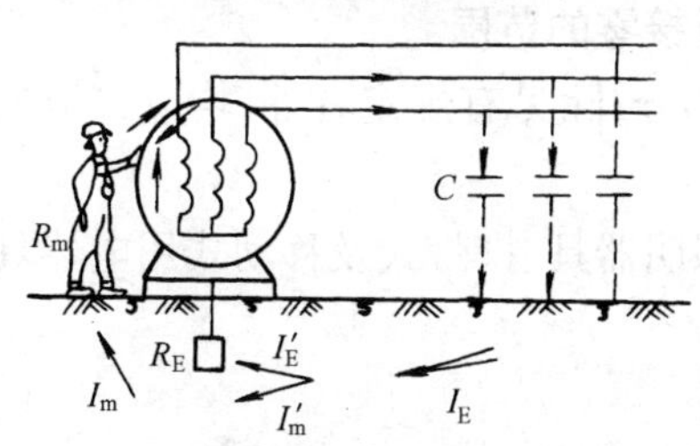

图 2-3　设有接地装置后人体触及绝缘损坏的电机外壳时电流的通路

3. 重复接地

将零线上的一点或多点与地再次做金属的连接，称为重复接地，见图 2-1。

重复接地的作用：当系统中发生碰壳或接地短路时，可以降低零线的对地电压；当零线发生断线时，可以使故障的程度减轻。

4. 接零

将与带电部分相绝缘的电气设备的金属外壳或架构，与中性点直接接地系统中的零线相连接，称为接零，见图 2-1。

接零的作用：当电气设备发生碰壳短路时，即形成单相短路，使保护设备能迅速动作断开故障设备，避免人体触电危险。因此，在中性点直接接地的 1kV 以下系统中，必须采用接零保护。

5. 过电压保护接地

过电压保护装置或设备的金属结构，为消除过电压危险影响而做的接地，称为过电压保护接地。

过电压保护接地的作用:对直击雷,避雷装置(包括过电压保护接地装置在内)能促使雷云正电荷和地面感应负电荷中和,以防雷击;对静电感应雷,感应产生的静电荷能迅速的被导入地中,以防静电感应过电压;对电磁感应雷,防止感应出非常高的电势,以免产生火花放电而造成燃烧爆炸的危险。

6. 防静电接地　为了消除生产过程中产生的静电而设的接地。

7. 屏蔽接地　为了防止电磁感应而对电力设备的金属外壳、屏蔽罩、屏蔽线的外皮或建筑物金属屏蔽体等进行的接地。

二、保护接地、工作接地及接零的范围

1. 电力设备的下列金属部分,除另有规定者外,均应接地或接零

(1) 电机、变压器、电器、照明器具、携带式及移动式用电器具等的底座和外壳;

(2) 电机设备的传动装置;

(3) 互感器的二次接线;

(4) 配电屏与控制屏的框架;

(5) 屋内外配电装置的金属架构和钢筋混凝土架构以及靠近带电部分的金属围栏和金属门;

(6)交、直流电力电缆接线盒、终端盒的外壳和电缆的外皮、穿线钢管等;

(7) 在非沥青地面的居民区内,无避雷线小接地短路电流架空电力线路的金属杆塔和钢筋混凝土杆塔;

(8) 装在配电线路杆上的开关设备、电容器等电力设备;

(9) 控制电缆的外皮。

2. 电力设备的下列金属部分,除另有规定者外,可不接地或接零

(1) 在木质、沥青等不良导电地面的房间内,交流额定电压380V及以下,直流额定电压440V及以下的电力设备外壳,但当维护人员可能同时触及电力设备外壳和接地物件时除外;

(2) 在干燥场所,交流额定电压127V及以下,直流额定电压

110V 及以下的电力设备外壳，但爆炸危险场所除外；

(3) 安装在配电屏、控制屏和配电装置上的电气测量仪表、继电器和其他低压电器等的外壳，以及当发生绝缘损坏时，在支持物上不会引起危险电压的绝缘子金属底座等；

(4) 安装在已接地的金属架构上的设备（应保证电气接触良好）如套管等，但有爆炸危险的场所除外；

(5) 额定电压 220V 及以下的蓄电池室内支架；

(6) 与已接地的机床底座之间有可靠电气接触的电动机和电器的外壳，但爆炸危险场所除外。

3．工作接地的范围

(1) 变压器、发电机、静电电容器组的中心点，在变压器中性点绝缘的系统中，经击穿熔断器接地。

(2) 电流互感器、避雷针、避雷线、避雷网、保护间隙等。

4．保护接地、接零范围

电气设备接地或接零的范围见表 2-1。

电气设备接地或接零范围 **表 2-1**

序号	对地电压	房屋特征			
		无高度危险	高度危险	特别危险包括有着火危险及室外装置	有爆炸危险的
	1	2	3	4	5
I	65V 以下	不需要接地或接零 （在固定式 36V 或 12V 低压装置中，常将线路的一相接地作为变压器绝缘击穿和一次电压窜入二次绕组的保护装置）			为了防止静电荷可能引起的火花，在 Q-1 级及 Q-2 级房屋中，应将保存易燃体的金属容器（已用沥青及涂松香的黄麻绝缘除外）或含有这些液体器械，运送这些液体的管子，过滤这些液体的过滤器，以及液体流过时与金属包皮摩擦的部分，予以接地

续表

序号	对地电压	房屋特征			
		无高度危险	高度危险	特别危险包括有着火危险及室外装置	有爆炸危险的
	1	2	3	4	5
Ⅱ	65V到150V	不需要接地或接零	手柄、飞轮以及与机床有金属连接的电动机外壳	在正常情况下，与带电部分绝缘的器械，电机及配电屏的金属外壳及架构，电缆接头盒，中间接线盒的金属外壳，电缆的金属包皮及金属保护管等	同序号Ⅰ-5及Ⅱ-4中的元件
Ⅲ	150V到1000V	同序号Ⅱ-4中的元件			同序号Ⅰ-5及Ⅱ-4中的元件
Ⅳ	1000V以上	在正常情况下，与带电部分绝缘的金属部分，电气设备的支架和围栅结构的所有金属部分，以及房架、平台和可能带电，而人能接触的结构部分			同序号Ⅰ-5、Ⅱ-3及Ⅱ-4中的元件

三、接地系统的构成

接地系统由接地体和接地线构成。

1．接地体。埋入地中并直接与大地接触的金属导体称为接地体，也称接地极，包括：

(1) 自然接地体。是指兼作接地体用的直接与大地接触的各种金属构件、金属井管、钢筋混凝土建筑物基础内的钢管、金属管道和设备。

(2) 人工接地体。是指人为的埋入地中的金属件，如人为埋入大地的钢管、角钢、扁钢、圆钢等。

2．接地线。电气设备、杆塔的接地螺栓与接地体或零线连接用的在正常情况下不载流的金属导体，称为接地线。

3．接地装置。接地体和接地线的总和，称为接地装置。

4．集中接地装置。在避雷针附近装设的垂直接地体（接地体分为水平接地体和垂直接地体两种）。

人工接地体的最小规格，不应小于表 2-2 所列数值。

人工接地体规格表 **表 2-2**

材　料	规　格	
圆　钢	直径 10mm	
角　钢	厚度 4mm	
钢　管	壁厚 3.5mm	
扁　钢	截　面	$100mm^2$
	厚　度	4mm

型钢的等效直径见表 2-3。

型钢的等效直径 **表 2-3**

种　类	圆　钢	钢　管	扁　钢	角　钢
简　图	 d	 d	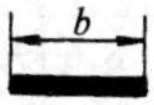 b	 b_1, b_2
d	d	d'	$\frac{b}{2}$	等边 $d=0.84b$ 不等边 $d=0.71\sqrt{b_1b_2(b_1^2+b_2^2)}$

水平接地体的形状系数 A 值见表 2-4。

水平接地体的形状系数 A 值 **表 2-4**

形　状	 —	L	 人	 +	 ✕	 ✳	□	○
A值	0	0.378	0.867	2.14	5.27	8.81	1.69	0.48

单根垂直接地体的简化计算系数 K 值见表 2-5。

单根垂直接地体的简化计算系数 K 值　　　　表 2-5

材　料	规　格	直径或等效直径(m)	K 值
钢　管	ϕ50	0.06	0.30
	ϕ40	0.048	0.32
角　钢	40×40×4	0.0336	0.34
	50×50×5	0.042	0.32
	63×63×5	0.053	0.31
	70×70×5	0.059	0.30
	75×75×5	0.063	0.30
圆　钢	ϕ20	0.02	0.37
	ϕ15	0.015	0.39

注：表中 K 值按垂直接地体长 2.5m、顶端埋深 0.8m 计算。

单根直线水平接地体的接地电阻值见表 2-6。

单根直线水平接地体的接地电阻值(Ω)　　　　表 2-6

接地体材料及尺寸(mm)		接地体长度(m)											
		5	10	15	20	25	30	35	40	50	60	80	100
扁钢	40×4	23.4	13.9	10.1	8.1	6.74	5.8	5.1	4.58	3.8	3.26	2.54	2.12
	25×4	24.9	14.6	10.6	8.42	7.02	6.04	5.33	4.76	3.95	3.39	2.65	2.20
圆钢	ϕ8	26.3	15.3	11.1	8.78	7.3	6.28	5.52	4.94	4.10	3.47	2.74	2.27
	ϕ10	25.6	15.0	10.9	8.6	7.16	6.16	5.44	4.85	4.02	3.45	2.70	2.23
	ϕ12	25.0	14.7	10.7	8.46	7.04	6.08	5.34	4.78	3.96	3.40	2.66	2.20
	ϕ15	24.3	14.4	10.4	8.28	6.91	5.95	5.24	4.69	3.89	3.34	2.62	2.17

注：按土壤电阻率为 100Ω·m、埋深为 0.8m 计算。

直埋铠装电缆金属外皮的接地电阻值见表 2-7。

直埋铠装电缆金属外皮的接地电阻值　　　　表 2-7

电缆长度(m)	20	50	100	150
接地电阻值(Ω)	22	9	4.5	3

注：1. 本表编制条件为：土壤电阻率 ρ 为 100Ω·m，2～10kV，3×(70～185)mm^2 铠装电缆，埋深 0.7m 时。

2. 当 ρ 不是 100Ω·m 时，表中电阻值应乘以换算系数：50Ω·m 时为 0.7；250Ω·m 时为 1.65；500Ω·m 时为 2.35。

3. 当 n 根截面相近的电缆埋设在同一壕沟中时，如单根电缆的接地电阻为 R_0，则总接地电阻为 $R_0/\sqrt{n}$。

直埋金属水管的接地电阻见表 2-8。

直埋金属水管的接地电阻值(Ω) **表 2-8**

长　度(m)		20	50	100	150
公称口径	25～50mm	7.5	3.6	2	1.4
	70～100mm	7.0	3.4	1.9	1.4

注：本表编制条件为：土壤电阻率 ρ 为 100Ω·m，埋深 0.7m。

交流接地装置的保护线的截面可按表 2-9 所列数值选择。

保护线的最小截面(mm^2) **表 2-9**

装置的相线截面 S	接地线及保护线最小截面
$S \leqslant 16$	S
$16 < S \leqslant 35$	16
$S > 35$	$S/2$

埋入土内的接地线的最小截面见表 2-10。

埋入土内的接地线的最小截面(mm^2) **表 2-10**

有　无　保　护	有机械保护的	无机械保护的
有防腐保护的	按 PE 线最小截面的要求	铜 16
无防腐保护的	铜 25	钢 50

电子设备接地母线采用薄铜排，可按电子设备工作频率 f 来选择其规格，接地母线薄铜排规格见表 2-11。

接地母线薄铜排规格 **表 2-11**

工作频率 f(MHz)	规格(mm^2)	工作频率 f(MHz)	规格(mm^2)
$f \geqslant 1$	0.35×120	$f < 1$	0.35×80

电子设备信号地的接地线采用薄铜排，其薄铜排宽度选择见表 2-12。

信号地接地线薄铜排(厚 0.35～0.5mm)宽度选择表　　表 2-12

电子设备灵敏度 (μV)	接地线长度 (m)	适用于电子设备的工作频率(MHz)	薄铜排宽度 (mm)
1	<1	>0.5	120
1	1～2		200
10～100	1～5		100
10～100	5～10		240
100～1000	1～5		80
100～1000	5～10		160

第二节　接地装置的设计

一、接地装置的要求

1. 对接地系统的总要求

(1) 在使用期限内,接地系统的性能和接地电阻应满足电气装置对工作接地、保护接地、防雷接地及防静电接地的要求。

(2) 接地设施应具有足够的机械强度或设置附加的机械保护,以能适应外界的影响。

(3) 接地系统应有防腐蚀措施,以保证在使用期限内保持符合要求的接地电阻值。

在设计接地系统时,建议作如下处理:

1) 一般情况下应取当地的运行经验,按当地接地体或接地线腐蚀数据进行处理。

2) 当无当地数据时,可采取加大接地体和接地线的截面、热镀锌等措施。埋入土壤中的接地体和接地线年平均最大腐蚀厚度(总厚度),圆钢为 0.2～0.3mm、扁钢 0.1～0.2mm、热镀锌扁钢为 0.065mm;当土壤电阻率大于 300Ω·m 时,年最大腐蚀厚度分别为 0.07～0.2mm、0.07～0.1mm、0.065mm。

3) 接地系统的寿命,一般按 25～30 年考虑。设计中可按防腐蚀要求选择接地体或接地线截面。

(4) 构成接地系统的导体应能承受接地故障电流和对地泄露电流,并满足热稳定的要求。

(5) 接地线与接地体的连接应牢固,并应保证电气连续性符合要求。

(6) 当使用夹具连接接地线和接地极时,夹具在连接处应不损伤接地体或接地线。

(7) 接地线的连接还应符合下列要求:

1) 钢接地线处应焊接。如采用搭接焊其搭接长度必须不小于扁钢宽度的 2 倍或圆钢直径的 6 倍。

2) 接地体与接地线的连接,可采用焊接。用螺栓连接时应设防松螺帽或防松垫片。

3) 接地线与管道等伸长接地极的连接处应焊接。如焊接有困难,可用管卡,但应保证电气连续性符合要求。连接处应选择在人员便于接近处。

当管道等因检修而可能断开时,应使接地系统的接地电阻值仍能满足要求。

管道上的表计和阀门等连接处均应设置符合要求的跨接线。

(8) 电力设备每个接地部分应以独立的接地线与接地干线相连接。严禁在一条接地线上穿接几个需要接地的部分。

(9) 当利用钢筋混凝土体中的钢筋作为接地系统时,各钢筋体之间必须连接成电气通路并保证其电气连续性符合要求。

当其用于电气装置的工作和保护接地时,各连接点应按规定焊接。

当其用于防雷接地时,进出各钢筋混凝土体的导体与其内部的钢筋体的第一连接点必须焊接,且还需与其主钢筋焊接;其内部的钢筋体中的连接点可绑扎或焊接。

2. 接地体

(1) 当自然接地体的接地电阻值和连续性符合交流要求时,一般可不另设人工接地体,但不能仅仅利用给水管作为接地体,另有规定者除外。

(2) 当人工接地体和自然接地体并用时，应使两者的连接处便于分开，以便测量各自的接地电阻值。

(3) 当采用人工接地体和外引接地体并利用自然接地体时，应采用至少两根埋地导体在不同地点与人工接地网相连，但电力线路和其他另有规定除外。

(4) 由于裸铝导体易腐蚀，所以在地下不得采用裸铝导体作为接地体或接地线。

3. 接地线

(1) 对于敷设在屋内或地面上的接地线，一般均应采取防腐措施：镀锌、镀锡，或涂防腐漆，但对于埋于电缆沟或潮湿地区接地线，应按埋于地下条件考虑。

(2) 接地线截面必须符合关于保护线最小截面的全部要求。

(3) 埋在大地中的接地线的最小截面应符合要求。

4. 移动式低压电气设备的接地线和三相四线制的照明电缆，以及用钢接地线在结构上有困难时，可用铜或铝接地线，但其截面需满足表 2-13 中数据。

低压电气设备铜或铝接地线的最小截面　　表 2-13

材料型式	最小截面(mm^2)	
	铜	铝
明设的裸导体	4	6
绝缘线	1.5	2.5
电缆的接地芯线或与相线包在同一保护外壳内的多芯导线的接地芯线	1	1.5

5. 携带式电气设备的接地线一般用多股软铜线。检修用的携带式接地线也不能使用钢材，应采用裸铜软绞线，这两种接地线的最小截面见表 2-14。

携带式接地线和携带式电气设备接地线　　表 2-14

接地线种类	携带式接地线(裸铜软绞线总面积)	携带式电气设备接地线(多股铜线总面积)
最小截面(mm^2)	2.5	1.5

6. 固定式交流电力设备的接地线,应尽量利用金属构件普通钢筋混凝土构件的钢筋穿线的钢管和电缆(通讯电缆除外)的金属外皮。

7. 直接接地或经消弧线圈接地的主变压器、旋转电机的中性点与接地体或接地干线连接时,应采用单独的接地线。

8. 不得使用蛇皮管、保温管的金属网或外皮以及照明网络的导线铅皮作为接地线。在电力设备需要接地的房间,这些金属外皮应接地,并应保证其电气连续性符合要求。接地线应与这些金属外皮用螺栓连接或焊接。

9. 为了测量接地系统的接地电阻,应在接地线上方便之处设置断接装置。此装置应能方便地与接地母线连接。此连接处应只有用工具才能断开,并应具有牢固的机械强度,且能保证电气连续性符合要求。

10. 接地线穿越楼板、墙壁、基础、道路及与其他管线交叉时,应穿钢管保护。

二、接地装置的计算步骤

接地装置的计算步骤为:

1. 按所需设置的接地装置的要求,确定接地装置的电阻值。

2. 确定安装接地装置地区的土壤电阻率。

3. 确定可供利用的自然接地体的接地电阻。

4. 计算按要求确定的接地电阻值,考虑了可利用的自然接地装置的电阻,以及为达到此要求的人工接地装置的安装型式、布置方式、接地体的数目及连接形式等。

三、接地电阻允许值

接地装置的接地电阻应满足规定的要求。

各种常用接地装置的冲击接地电阻允许值见表 2-15。

各种常用接地装置的工频接地电阻(或接地电阻)允许值见表 2-16。

四、接地电阻计算

(一)工频接地电阻的计算

冲击接地电阻允许值　　表 2-15

<table>
<tr><th>名　称</th><th colspan="2">接地装置特性</th><th>接地电阻(Ω)</th></tr>
<tr><td rowspan="3">独立避雷针</td><td colspan="2">一般电阻率地区</td><td>$R_{sh}\leqslant 10$</td></tr>
<tr><td rowspan="2">高电阻率地区</td><td>接地装置不与主接地网连接</td><td>不作规定,但应满足
$S_a\geqslant 0.3R_{sh}+0.1h$
$S_e\geqslant 0.3R_{sh}$</td></tr>
<tr><td>接地装置与主接地网连接</td><td>R_{sh}不作规定,但至 35kV 及以下设备接地点的接地体长度不得小于 15m</td></tr>
<tr><td>配电装置构架上的避雷器</td><td colspan="2">符合设计技术要求</td><td>R_{sh}不作规定,但与主接地网连接处应埋设集中接地装置,至变压器接地点的接地体长度不得小于 15m</td></tr>
<tr><td>避雷器</td><td colspan="2"></td><td>R_{sh}不作规定,但与主接地网连接处应埋集中接地装置</td></tr>
</table>

各种常用接地装置的工频接地电阻
(简称接地电阻)允许值　　表 2-16

<table>
<tr><th colspan="2">类　型</th><th>接地装置使用条件</th><th>允许的工频接地电阻值(Ω)</th><th>备　注</th></tr>
<tr><td rowspan="5">电力设备的接地</td><td rowspan="3">1kV及以上的设备</td><td rowspan="2">大接地短路电流系统</td><td>一般应符合 $R\leqslant 2\,000/I$</td><td rowspan="2">高土壤电阻率地区,接地电阻允许提高,但不应超过 5Ω</td></tr>
<tr><td>当 $I>4\,000$A 时,可取 $R\leqslant 0.5$</td></tr>
<tr><td>小接地短路电流系统:高低压设备共用接地仅用于高压设备的接地</td><td>$R\leqslant 120/I$, $R\leqslant 250/I$ } 但一般不应大于 10</td><td>高土壤电阻率地区,R 允许提高,但不应超过:发电厂、变电所 15Ω,其余 30Ω</td></tr>
<tr><td rowspan="2">低压设备</td><td>中性点直接接地与非直接接地时:
并联运行电气设备的总容量为 100kV·A 以上时</td><td>一般不应大于 4</td><td rowspan="2">高土壤电阻率地区,R 允许提高,但不应超过 30Ω</td></tr>
<tr><td>并联运行电气设备的总容量不超过 100kV·A 时</td><td>可不大于 10</td></tr>
</table>

续表

类型		接地装置使用条件	允许的工频接地电阻值(Ω)	备注
电力设备的接地	利用大地作导线的电气设备	利用大地作相线、回线或零线时： 永久性工作接地 临时性工作接地 线路分相带电作业时作业区段两侧临时接地(3kV及以上线路)	 应符合 $R\leqslant 50/I$ 应符合 $R\leqslant 100/I$ 每侧最好不大于5Ω，最大不应超过10Ω	低压电网(1kV以下)禁止使用大地作导线或零线
建(构)筑物防雷装置的接地	一般建筑物	建筑物上的避雷针、避雷带和避雷线 独立的或沿树干、旗杆等装设的避雷针及避雷线	不大于20～30	
	人员密集的公共建筑物	建筑物上的避雷针、避雷带和避雷线 独立的或沿树干、旗杆等装设的避雷针及避雷线	不大于10	
	有易燃易爆物的建筑物、构筑物	防护直击雷、感应雷的接地与电气设备保护接地连在一起	不应大于10	
		低压线和通信线的引入线绝缘子铁脚接地、保护电缆段的阀式避雷器的接地及电缆外皮的接地连在一起	不应大于10	
		30雷暴日以下地区，低压线、通信线直接引入时： 进户处阀式避雷器或保护间隙的接地与进户线绝缘子铁脚接地和电气设备的保护接地连在一起	不应大于5	

续表

<table>
<tr><th colspan="3">类　型</th><th>接地装置
使用条件</th><th>允许的工频接地
电阻值(Ω)</th><th>备　注</th></tr>
<tr><td rowspan="3">建(构)筑物防雷装置的接地</td><td colspan="2" rowspan="3">有易燃易爆物的建筑物、构筑物</td><td>靠近建筑物第1根电杆绝缘子铁脚的接地</td><td>不应大于10</td><td></td></tr>
<tr><td>靠近建筑物的第2、3根电杆绝缘子铁脚的接地</td><td>不应大于20</td><td></td></tr>
<tr><td>架空和埋入地下的金属管道、电缆等距建筑物约25m处的接地</td><td>不应大于10</td><td></td></tr>
<tr><td rowspan="4">架空电力线路的接地</td><td rowspan="2">35kV及以上有避雷线的一般线路</td><td rowspan="2">土壤电阻率(Ω·m)</td><td>100及以下
100以上至500
500以上至1 000
1 000以上至2 000</td><td>一般不应超过:10
15
20
25</td><td></td></tr>
<tr><td>2 000以上</td><td>30Ω;或敷设6～8根射线(总长不超过500m),或连续伸长接地,电阻值不作规定</td><td></td></tr>
<tr><td colspan="2">大跨越档</td><td>有避雷线线路的杆塔和管型避雷器或间隙
无避雷线线路的管型避雷器或间隙</td><td>不应超过一般线路接地电阻值的50%,在高土壤电阻率地区,也不宜超过20</td><td></td></tr>
<tr><td colspan="2">无避雷线线路的一般杆塔</td><td>35kV及以上小接地短路电流系统中,无避雷线线路的钢筋混凝土杆、金属杆塔及木杆线路中的铁横担接地</td><td>年平均雷暴日在40以上地区一般不应超过30($\rho \leqslant 100\Omega \cdot m$的地区,钢筋混凝土杆、金属杆塔,可不另作接地)</td><td>运行经验证明,雷击跳闸及断线事故不多的地区,以及40雷暴日及以下的地区,电阻值不规定,或不设人工接地装置</td></tr>
</table>

续表

类型		接地装置使用条件	允许的工频接地电阻值(Ω)	备注
架空电力线路的接地	无避雷线线路的一般杆塔	3kV及以上小接地短路电流系统中,居民区的钢筋混凝土行、金属杆塔	一般不超过30	有运行经验,未发生触电事故的地区以及沥青路面上的杆塔,可不接地
		小接地短路电流系统中,低压线路的钢筋混凝土杆和金属杆塔	一般不超过50	1. 大接地短路电流系统中的金属杆塔、混凝土杆的钢筋、铁横担,只与零线连接即可; 2. 凡属上栏备注情况可不接地或不与零线连接
		低压架空线路零线的每一重复接地(其并列运行电气设备的总容量为100kV·A以上)	不应大于10	
		低压架空线路零线的每一重复接地(重复接地不少于3处,且并列运行电气设备总容量为100kV·A及以下)	不应大于30	
		低压接户线的绝缘子铁脚接地	一般不大于30($\rho \leqslant 100\Omega \cdot m$的地区,钢筋混凝土杆、金属杆塔,可不另做人工接地)	年平均雷暴日不超过30的地区,低压线路受建筑物等屏蔽的地区,以及接户线距低压干线接地点不超过50m的地方,绝缘子铁脚都可不接地

1. 基础资料

(1) 土壤和水的电阻率。土壤电阻率是计算接地电阻和设计接地装置的基本数据,通常应在设计前实测定出。如设计时缺乏实测数据，表 2-17 所列数据可供参考。

土壤和水的电阻率参考值 **表 2-17**

类别	名称	电阻率近似值(Ω·m)	不同情况下电阻率的变化范围(Ω·m)		
			较湿时(一般地区、多雨区)	较干时(少雨区、沙漠区)	地下水含盐碱时
土	陶黏土	10	5～20	10～100	3～10
	泥炭、泥灰岩、沼泽地	20	10～30	50～300	3～30
	捣碎的木炭	40	—	—	—
	黑土、园田土、陶土、白垩土	50	30～100	50～300	10～30
	黏土	60			
	砂质黏土	100	30～300	80～1 000	10～30
	黄土	200	100～200	250	30
	含砂黏土、砂土	300	100～1 000	1 000 以上	30～100
	河滩中的砂	—	300	—	—
	煤	—	350	—	—
	多石土壤	400	—	—	—
	上层红色风化黏土，下层红色页岩	500 (30%湿度)	—	—	—
	表层土夹石，下层砾石	600 (15%湿度)	—	—	—
砂	砂、砂砾	1 000	250～1 000	1 000～2 500	—
	砂层深度大于 10m，地下水较深的草原，地面黏土深度不大于 1.5m，底层多岩石	1 000	—	—	—
岩石	砾石、碎石	5 000	—	—	—
	多岩山地	5 000	—	—	—
	花岗岩	200 000	—	—	—

续表

类别	名　　称	电阻率近似值(Ω·m)	不同情况下电阻率的变化范围(Ω·m)		
			较湿时(一般地区、多雨区)	较干时(少雨区、沙漠区)	地下水含盐碱时
混凝土	在水中	40～55	—	—	—
	在湿土中	100～200	—	—	—
	在干土中	500～1 300	—	—	—
	在干燥的大气中	12 000～18 000	—	—	—
矿	金属矿石	0.01～1	—	—	—
水	海水	1～5	—	—	—
	湖水、池水	30	—	—	—
	泥水、泥炭中的水	15～20	—	—	—
	泉水	40～50	—	—	—
	地下水	20～70	—	—	—
	溪水	50～100	—	—	—
	河水	30～280	—	—	—
	污秽的水	300	—	—	—
	蒸馏水	1 000 000	—	—	—

(2) 季节系数。土壤电阻率主要与土壤中所含水分及电解质有关。而一年中土壤中所含水分和电解质是变化的，所以设计所采用的电阻率计算值应是考虑季节变化影响的实际值，即：

$$\rho=\rho_0\varphi$$

式中　ρ——电阻率的计算值(Ω·m)；

ρ_0——实测的电阻率(Ω·m)；

φ——季节系数，见表 2-18。

但对于计算防雷接地系统的冲击接地电阻时，只考虑在雷雨季节大地处于干燥状态时的影响。

2. 工频接地电阻的计算

根据土壤性质决定的季节系数　　表 2-18

土壤性质	深度(m)	φ_1	φ_2	φ_3
黏　土	0.5~0.8	3	2	1.5
黏　土	0.8~3	2	1.5	1.4
陶　土	0~2	2.4	1.36	1.2
砂砾盖于陶土	0~2	1.8	1.2	1.1
园　地	0~3	—	1.32	1.2
黄　沙	0~2	2.4	1.56	1.2
杂以黄沙的砂砾	0~2	1.5	1.3	1.2
泥　炭	0~2	1.4	1.1	1.0
石灰石	0~2	2.5	1.51	1.2

(1) 采用计算公式求工频接地电阻。

1）自然接地体接地电阻的估算。

对于架空避雷线。

当 $n<20$

$$R_g=\sqrt{R\cdot r}\,\mathrm{cth}\left(\sqrt{\frac{r}{R}}n\right)$$

当 $n\geqslant 20$

$$R_g=\sqrt{R\cdot r}$$

式中　n——带避雷线的杆塔数；

R——带避雷线的每基杆塔接地电阻(Ω)；

r——一档避雷线的电阻(Ω)，其值为 $r=\rho\dfrac{L}{S}$；

ρ——避雷线的电阻率，钢线：$\rho=150\Omega\cdot\mathrm{m}$；

S——避雷线的截面积(mm^2)；

L——档距长度(m)；

$\mathrm{cth}\sqrt{\dfrac{r}{R}}\cdot n$——双曲线函数的余切，$\mathrm{cth}(x)=\dfrac{e^x+e^{-x}}{e^x-e^{-x}}$。

2）电缆外皮。

$$R_{cs}=\sqrt{r_e r_s}\operatorname{cth}\left(\sqrt{\frac{r_s}{r_e}}\cdot L\right)K_s$$

式中 r_e——沿电缆直线方向每米土壤的接地电阻(Ω/m),该值一般 1.69ρ(ρ 为土壤电阻率);

r_s——沿电缆直线方向每米电缆外皮的电阻(Ω/m);

L——埋入大地电缆的有效长度(m);

K_s——考试到电缆外皮麻层对接地电阻的影响系数。

n 根同截面的电缆,其总接地电阻为:

$$R'=\frac{R}{\sqrt{n}}$$

式中 R——单根电缆外皮的接地电阻(Ω);

n——敷设在一处的电缆根数。

3) 埋地管道

当管道系统长度大于 2km 时,其接地电阻计算式与电缆外皮相同。

当管道系统长度小于 2km 时,其接地电阻的计算公式为:

$$R_p=0.366\frac{\rho}{L}\lg\frac{L^2}{2rh}$$

式中 ρ——土壤电阻率(Ω·m);

L——管道长度(m);

r——管道半径(m);

h——埋设深度(m)。

4) 建、构筑物地下金属结构

利用建、构筑物基础中的钢筋作为接地体,其接地电阻最好经过实测,也可以利用下式估算:

$$R_b=\frac{c(\rho_2-\rho_1)}{2bL}+\frac{0.366\rho_1}{L}\lg\frac{2L^2}{bh}$$

式中 R_b——钢筋混凝土基础的接地电阻(Ω);

c——基础底层钢筋网到基础顶层表面的高度(m);

b——基础底层钢筋网宽度(m);

h——基础底层钢筋网距离地面深度(m);

ρ_1——土壤的电阻率(Ω·m);

ρ_2——混凝土的电阻率(Ω·m),见表2-19。

钢筋混凝土的电阻率 ρ_2 **表 2-19**

土壤潮湿情况	电阻率范围(Ω·m)	备　注
非常潮湿	75~100	
中等潮湿	100~200	
较 干 燥	200~400	
特别干燥	$\rho_2=\rho_1$	钢筋混凝土与所在土壤电阻率相同

5) 各种杆塔型式接地电阻简易计算式见表2-20。

各种杆塔型式接地电阻简易计算式 **表 2-20**

接地装置型式	杆　塔　型　式	接地电阻简易计算式
n 根水平射线 ($n\leqslant12$;每根长约60m)	各型杆塔	$R\approx\frac{0.062\rho}{n+1.2}$
沿装配式基础周围敷设的深埋式接地体	铁塔	$R\approx0.07\rho$
	门型杆塔	$R\approx0.04\rho$
	V型拉线的门型杆塔	$R\approx0.045\rho$
装配式基础的自然接地体	铁塔	$R\approx0.1\rho$
	门型杆塔	$R\approx0.06\rho$
	V型拉线的门型杆塔	$R\approx0.09\rho$
钢筋混凝土杆的自然接地体	单杆	$R\approx0.3\rho$
	双杆	$R\approx0.2\rho$
	拉线单、双杆	$R\approx0.1\rho$
	一个拉线盘	$R\approx0.28\rho$
深埋式接地与装配式基础自然接地的综合	铁塔	$R\approx0.05\rho$
	门型杆塔	$R\approx0.03\rho$
	V型拉线的门型杆塔	$R\approx0.04\rho$

注:表中 ρ 为土壤电阻率(Ω·m)。

(2) 人工接地体工频接地电阻计算。在利用了自然接地体后,尚不能满足接地电阻要求时,应装设人工接地体,此时人工接地体的接地电阻可由下式确定:

$$R_a = \frac{R_w \cdot R}{R_w - R}$$

式中 R_a——人工接地体电阻(Ω);

R——自然接地体电阻(Ω);

R_w——接地电阻要求值(Ω)。

1) 垂直接地体接地电阻的计算。

单根垂直接地体的接地电阻按下式计算:

$$R_v = \frac{\rho}{2\pi L}\ln\frac{4L}{d}$$

式中 ρ——土壤电阻率(Ω·m);

L——垂直接地体的长度(m);

d——接地体的直径(m),对于扁钢 $d = b/2$, b 为扁钢宽度,对于角钢 $d = 0.71 \times \sqrt[4]{b_1 b_2 (b_1{}^2 + b_2{}^2)}$, b_1、b_2 为角钢边长。

n 根垂直接地体的总接地电阻按下式计算:

$$R_\Sigma = \frac{R_v}{n\eta_e}$$

式中 R_v——单根垂直接地体的接地电阻(Ω);

n——垂直接地体数目;

η_e——接地体的利用系数,主要考虑多根接地体之间的屏蔽作用,见图 2-4。

2) 不同形状水平接地体的接地电阻按下式计算:

$$R_h = \frac{\rho}{2\pi L}\left(\ln\frac{L^2}{hd} + A\right)(\Omega)$$

式中 L——水平接地体的总长度(m);

h——水平接地体的埋设深度(m);

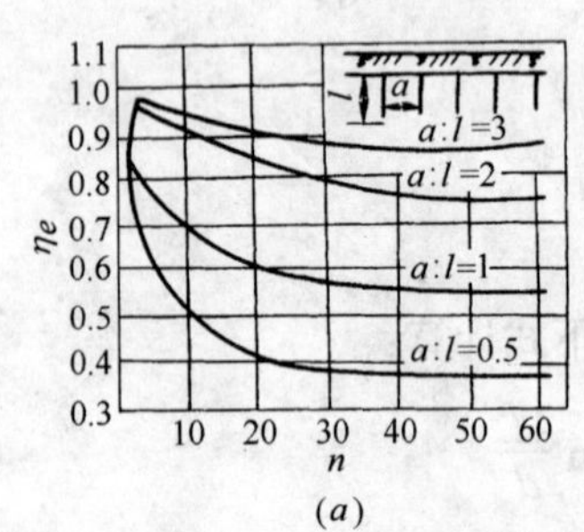

(a)

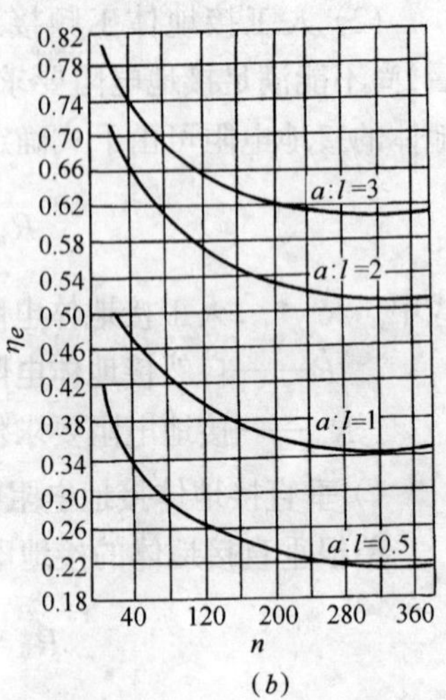

(b)

图 2-4　n 根钢管的总电阻

(a) 排列成行的接地棒的利用系数；(b)环行排列的接地棒的利用系数

d——水平接地体的直线或等效直径(m)；

A——水平接地体的形状系数。

3) 以水平接地体为主,且边缘闭合的复合接地体的接地电阻为:

$$R_{\mathrm{c}}=\frac{\sqrt{\pi}}{4}\frac{\rho}{\sqrt{S}}+\frac{\rho}{2\pi L}\ln\frac{2L^2}{\pi hd10^4}$$

式中　S——接地体的总面积(m^2)；

L——接地体的总长度(m),且包括垂直接地体长度；

d——水平接地体的直径或等效直径(m)；

h——水平接地体的埋设深度(m)。

4) 人工接地体工频接地电阻的估算式可参见表 2-21。

人工接地体工频接地电阻的估算式　　　**表 2-21**

接地体型式	估　算　式	备　　注
单根垂直式	$R\approx0.3\rho$	长度 3m 左右的接地体
单根水平式	$R\approx0.03\rho$	长度 60m 左右的接地体

续表

接地体型式	估算式	备注
复合式	$R\approx 0.5\frac{\rho}{\sqrt{S}}=0.28\frac{\rho}{6}$或 $R\approx\frac{\sqrt{\pi}}{4}\frac{\rho}{\sqrt{S}}+\frac{\rho}{L}=\frac{\rho}{4r}+\frac{\rho}{L}$	1. $S>100m^2$ 的闭合接地网 2. r 为与接地网面积 S 等值的圆半径(m) 3. 为 L 接地体总长度

(3) 利用系数计算接地电阻。

1) 单根接地体的接地电阻。实际人工接地体常采用直径为 38mm 或 50mm、长度为 2 000mm 或 2 500mm 的钢管。为了减少外界温度变化对接地电阻的影响,管顶一般离开地面 500～700mm。接地体的长度及埋深符合上述要求时,各种垂直接地体接地电阻的计算公式也可简化为:

$$R_c = K\rho$$

式中 ρ——土壤电阻率(Ω·m);

K——各种接地体的简化计算系数。

2) n 根接地体的总接地电阻:

$$R_{\Sigma c}=\frac{R_c}{n_{\eta c}}$$

式中 R_c——单根钢管(或钢棒)的接地电阻(Ω),见图 2-5;

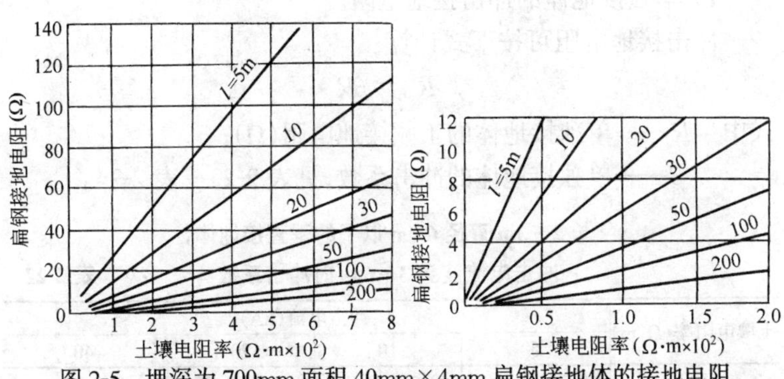

图 2-5 埋深为 700mm 面积 40mm×4mm 扁钢接地体的接地电阻

η_c——接地体的利用系数;

n——接地体数目。

3）在水平埋设接地体上连有棒形接地体时，水平接地体的接地电阻：

$$R'_s=\frac{R_s}{\eta_s}$$

式中　R_s——单根钢管（或钢棒）的接地电阻；

η_s——水平接地的利用系数，见图 2-6。

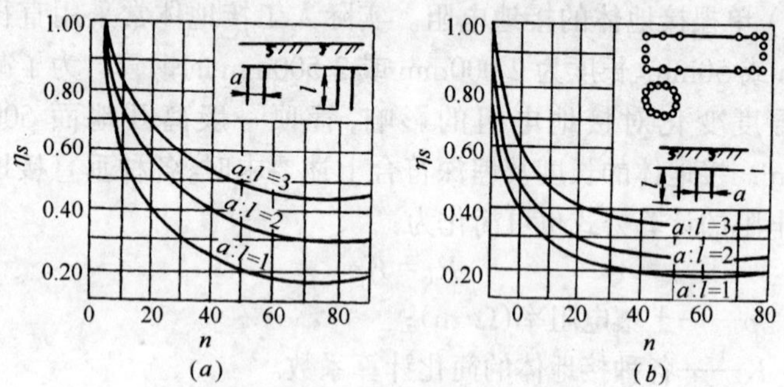

图 2-6　水平接地体的利用系数

（a）排列成行的接地棒的水平接地体的利用系数

（b）环形安装的接地棒的水平接地体的利用系数

（二）冲击接地电阻计算

1．单独接地体的冲击接地电阻。

冲击接地电阻可按下式计算：

$$R_{sh}=\beta R$$

式中　R——单独接地体的工频接地电阻（Ω）；

β——单独接地体的冲击系数，见表 2-22～表 2-24。

长 2～3m 直径 6 cm 以下的垂直接地体，

冲击电流波头 3～6μs 时冲击系数　　表 2-22

土壤电阻率（Ω·m）	冲击电流（kA）			
	5	10	20	40
100	0.85～0.90	0.75～0.85	0.6～0.75	0.5～0.6
500	0.60～0.7	0.5～0.6	0.35～0.45	0.25～0.30
100	0.45～0.55	0.35～0.45	0.25～0.30	

注：表中较大值用于 3m 长的接地体，较小值用于 2m 长的接地体。

宽 2～4cm 扁钢或直径 1～2cm 圆钢水平接地体由一端引入雷电流，冲击电流波头 3～6μs 时冲击系数 表 2-23

土壤电阻率(Ω·m)	长度(m)	冲击电流(kA)			
		5	10	20	40
100	5	0.80	0.75	0.65	0.55
	10	1.05	1.00	0.90	0.88
	20	1.20	1.15	1.05	0.95
500	5	0.6	0.55	0.45	0.30
	10	0.8	0.75	0.60	0.45
	20	0.95	0.90	0.75	0.60
	30	1.05	1.00	0.90	0.80
1000	10	0.60	0.55	0.45	0.35
	20	0.80	0.75	0.60	0.50
	40	1.00	0.95	0.85	0.75
	60	1.20	1.15	1.10	0.95
2000	20	0.65	0.6	0.5	0.40
	40	0.80	0.75	0.65	0.55
	60	0.95	0.90	0.8	0.75
	80	1.10	1.05	0.95	0.90
	100	1.25	1.20	0.10	1.05

宽 2～4cm 扁钢或直径 1～2 cm 圆钢水平接地体，由环心引入雷电流，引入处与环有 3～4 个连线，冲击电流波头 3～6μs 时冲击系数 表 2-24

土壤电阻率(Ω·m)	100			500			1000		
冲击电流(kA)	20	40	80	20	40	80	20	40	80
环直径 4m	0.6	0.45	0.35	0.5	0.4	0.25	0.35	0.25	0.2
环直径 8m	0.75	0.65	0.55	0.55	0.45	0.30	0.40	0.30	0.25
环直径 12m	0.80	0.70	0.60	0.60	0.50	0.35	0.45	0.4	0.30

注：在计算环形接地装置的冲击接地电阻时，其工频接地电阻 R 可按稳态公式计算，计算时不考虑连线的对地电导。

接地体的冲击系数也可按下式计算：

$$\beta=\frac{1}{\frac{0.9+a(\rho I_{sh})^{m}}{L^{p}}}$$

式中 I_{sh}——通过接地体的雷电冲击电流值(kA)；

ρ——土壤电阻率(Ω·m)；

L——垂直接地体的长度、水平带形接地体的长度、水平环形接地体的直径(m)；

a、m、p——与接地体形状有关的系数。对垂直接地体 $a=0.9, m=0.8, p=1.2$；对水平带形和环型接地体 $a=2.2, m=0.8, p=1.2$。

在 $\rho\leqslant 300\Omega\cdot m$ 的地区，对钢筋混凝土杆、钢筋混凝土桩、装配式钢筋混凝土基础、拉线盘的冲击系数可简化为：

$$\beta=\frac{1}{0.9+a' I_{sh}^{1.5}}$$

式中 a'——系数，钢筋混凝土杆的基础桩为0.035，装配式基础和拉线盘为0.025。冲击系数也可由表12-25查得。

$\rho<300\Omega\cdot m$ 地区，钢筋混凝土杆、装配式钢筋混凝土基础，在冲击电流波头为3～6μs时的冲击系数　　表2-25

自然接地体的型式	冲击电流(kA)		
	5	10	40
钢筋混凝土杆(桩)	0.7	0.5	0.3
装配式钢筋混凝土基础的一个塔脚	0.9	0.6	0.3
拉线盘(带拉线棒)	0.9	0.6	0.3

计算中所用土壤电阻率应取雷季中最大可能的数值，即：

$$\rho=\rho_0\varphi$$

式中 ρ_0——雷季中无雨水时测量土壤的电阻率(Ω·m)；

φ——考虑土壤干燥所取得的季节系数，见表2-26。

防雷接地装置的季节系数　　表 2-26

埋深（m）	φ值	
	水平接地体	2～3m垂直接地体
0.5	1.4～1.8	1.2～1.4
0.8～1.0	1.25～1.45	1.15～1.3
2.5～3.0	1.0～1.1	1.0～1.1

注：测定土壤电阻率时，若土壤较干燥，则取表中较小值；若土壤较潮湿，则应取较大值。

2. 复合接地体的冲击接地电阻。

(1) n 根等长水平放射形接地体组成的接地装置的冲击接地电阻为：

$$R_{sh}=\frac{R'_{sh}}{n}\cdot\frac{1}{\eta_{sh}}$$

式中　R'_{sh}——每根水平放射形接地体的冲击接地电阻(Ω)；

η_{sh}——接地体的冲击利用系数，见表 2-27。

接地体的冲击利用系数　　表 2-27

接地体型式	接地体的根数	冲击利用系数	备注
n 根水平射线（每根长 10～80m）	2	0.83～1.0	较小值用于较短的射线
	3	0.75～0.90	
	4～6	0.65～0.80	
与水平接地体连接的垂直接地体	2	0.80～0.85	$\frac{D(垂直接地体间距)}{l(垂直接地体长度)}=2\sim3$，较小值用于 $D/l=2$ 时
	3	0.70～0.80	
	4	0.70～0.75	
	6	0.65～0.70	
沿装配式基础周围敷设的深埋式接地体	一个基础的各接地体之间	0.7	
	铁塔的各基础间	0.4	
	门型、拉线门型杆塔的各基础间	0.8	

续表

接地体型式	接地体的根数	冲击利用系数	备注
自然接地体	拉线棒与拉线盘间	0.6	
	铁塔的各基础间	0.4~0.5	
	门型、各种拉线杆塔的各基础间	0.7	
深埋式接地体与装配式基础间	各型杆塔	0.75~0.80	
深埋式接地体与射线间	各型杆塔	0.80~0.85	

（2）由水平接地体连接的 n 根垂直接地体组成的接地装置的冲击接地电阻为：

$$R_{sh\Sigma}=\frac{R_{shv}R_{shh}}{R_{shv}+nR_{shh}}\cdot\frac{1}{\eta_{sh}}$$

式中 R_{shv}——每根垂直接地体的冲击接地电阻(Ω)；

R_{shh}——水平接地体的冲击接地电阻(Ω)；

η_{sh}——接地体的冲击利用系数，见表 2-27。

五、接地线截面的热稳定校验

对于 1000V 及以下的接地装置，凡根据接地要求装设的接地线，因已考虑到不致产生过大的电流，因此不必检验其热稳定。

对于 1000V 以上的系统，一般要根据单相短路电流校验其热稳定。根据热稳定条件、接地线的最小截面应符合下式要求

$$S_{min}\geqslant I_K^{(1)}\frac{\sqrt{t_{ima}}}{C}$$

式中 S_{min}——考虑到热稳定的最小截面(mm^2)；

$I_K^{(1)}$——单相短路电流(A)；

t_{ima}——短路电流作用的假想时间(s)；

C——接地线材料的热稳定系数，根据材料的种类、性能

及最高允许温度和短路前接地线的初始温度确定。

校验接地线热稳定时，$I_K^{(1)}$、t_{ima}、C 应采用表2-28所列数值。接地线的初始温度一般取40℃。在爆炸危险场所除外。

校验接地线热稳定用的 $I_K^{(1)}$、t_{ima} 及 C 值　　表2-28

参　数		大接地短路电流系统中的接地线	中性点直接接地的低压电力网的接地线和零线	各种电力网中用的携带式接地线
$I_K^{(1)}$		单相接地、两相接地短路时，流过接地线的短路电流	导电部分与被接地部分或零线间发生短路时，流过接地线的短路电流	发生各种类型短路时，流过接地线的短路电流
t_{ima}		相当于继电保护主保护动作的等效持续时间	相当于继电保护主保护动作的等效持续时间	相当于继电保护主保护动作的等效持续时间，一般可按电力网中，各设备继电保护主保护的最大整定时间确定
C	钢	70	90 (61)	—
	铝	120	155 (100)	—
	铜	210	270 (180)	(250)

注：括号中数值用于架空接地线和零线。

六、接触电压、跨步电压和计算方法及其降低的措施

(一) 接触电压和跨步电压

1. 接触电压

当接地短路电流流过接地装置时，大地表面形成分布电位，在地面上离设备水平距离为0.8m处与沿设备外壳、架构墙壁离地面的垂直距离为1.8m处两点间的电位差，称为接触电势。人体

接触该两点时所承受的电压,称为接触电压,见图 2-7。

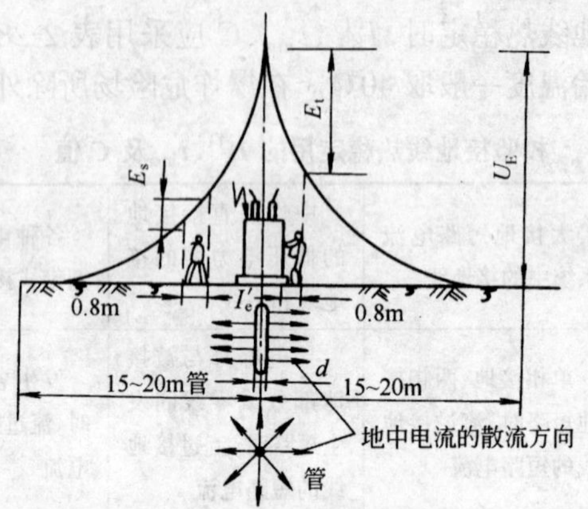

图 2-7 接触电压和跨步电压

2. 跨步电压

水平距离为 0.8m 的两点间的电位差,称为跨步电势,人体两脚接触该两点时所承受的电压,称为跨步电压,见图 2-8。

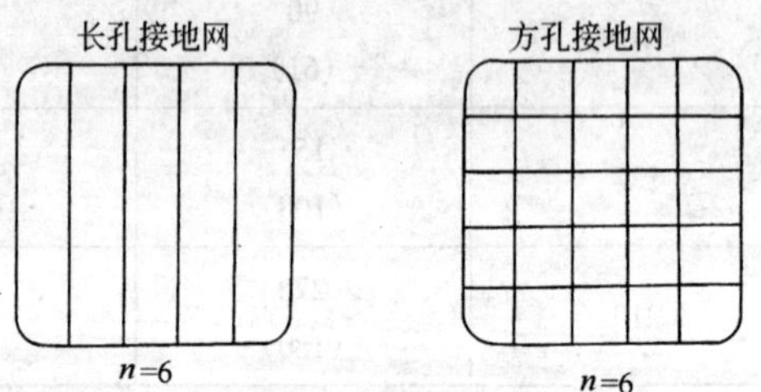

图 2-8 接地网平面图

(二) 接触电压、跨步电压的计算方法

在确定发电厂、变电所接地装置的型式和布置时,应考虑尽可能地降低接触电势和跨步电势。

1. 大接地短路电流系统的允许值的计算

接触电势:

$$E_t = \frac{250 + 0.25\rho_s}{\sqrt{t}}$$

跨步电势：

$$E_s = \frac{250 + \rho_s}{\sqrt{t}}$$

式中 E_t——接触电势(V)；

E_s——跨步电势(V)；

ρ_s——人脚站立处地表面的土壤电阻率(Ω·m)；

t——接地短路电流持续时间(s)。

E_t、E_s 值也可由表 2-25 中查出。

2. 小接地短路电流系统的允许值的计算

接触电势：

$$E_t = 50 + 0.05\rho_s \text{(V)}$$

跨步电势：

$$E_s = 50 + 0.2\rho_s \text{(V)}$$

在条件特别恶劣的场所，如矿井井下和水田中，接触电势和跨步电势的允许值宜适当降低。

3. 发电厂、变电所接地装置的入地短路电流及电位

(1) 在厂、变电所内发生接地短路时，流经接地装置的电流按下式计算：

$$I'_E = (I_{Km} - I_{nm})(1 - K_g)$$

(2) 在厂、变电所外发生接地短路时，流经接地装置的电流按下式计算：

$$I'_E = (1 - K_g) I_{nm}$$

式中 I'_E——入地短路电流(A)；

I_{Km}——接地短路时的最大接地短路电流(A)；

I_{nm}——发生最大接地短路电流时，流经发电厂、变电所接

地中性点的最大接地短路电流(A);

K_g——避雷线的工频分流系数。

计算用入地短路电流取两式中较大的 I'_E 值。

(3) 在发生接地故障时接地装置的电位、接触电势和跨步电势的计算:

1) 接地装置的电位按下式计算:

$$E_E = I'_E R_E$$

式中 E_E——接地装置电位(V);

I'_E——计算用入地短路电流(A);

R_E——接地装置(包括人工接地网及与其连接的所有其他自然接地体)的接地电阻(Ω)。

2) 发生接地短路时,接地网表面的最大接触电势(即网孔中心对接地网接地体)按下式计算:

$$E_{tm} = K_t E_E$$

式中 E_{tm}——最大接触电势(V);

K_t——接触系数。

当接地体埋设深度 $h = 0.6 \sim 0.8\text{m}$ 时,K_t 按下式计算:

$$K_t = K_n K_d K_A$$

当包括接地网外围 4 根在内的均压带总根数在 18 根及以下时,宜采用长孔接地网。

系数 K_n、K_d、K_A 的数值见表 2-29。

K_n、K_d、K_A 系数值 表 2-29

系数 \ 接地网型式	长孔接地网	方孔接地网	备 注
均压带根数影响系数 K	$\frac{0.97}{n}+0.096$	$\frac{1.03}{n}+0.047$	当 $n \leqslant 9$ 时(单方向计算根数 n,按图 12-22 选取)
	$\frac{0.545}{n}+0.137$	$\frac{0.55}{n}+0.105$	当 $n \geqslant 10$ 时(n 的取法同上)

续表

系数 \ 接地网型式	长孔接地网	方孔接地网	备注
均压带直径影响系数 K_d	1.0①	$1.2-10d$	各种接地体的等效直径 d(m),应同式(12-8)中 d 的取值
接地网面积影响系数 K_A	$1.23-0.23\frac{40}{\sqrt{S}}$		当 $\sqrt{S}\geqslant 16$ 时 S 为接地网的面积(m^2)

① 均压带一般采用直径 20mm 的圆钢或宽 40mm 的扁钢;在 $n\leqslant 9$ 的方孔接地网中,可采用较小截面的钢材。

3) 发生接地短路时,接地网外的地表面最大跨步电势按下式计算:

$$E_{Sm}=K_S E_E$$

式中 E_{Sm}——最大跨步电势(V);

K_S——跨步系数。

$$K_S=1.28\left\{\frac{L-L_1}{L}\frac{2}{\pi}\left[\mathrm{tg}^{-1}\sqrt{\frac{\sqrt{\frac{S}{\pi}}}{(h-0.4)+\sqrt{h^2+(h-0.4)^2}}}-\mathrm{tg}^{-1}\sqrt{\frac{\sqrt{\frac{S}{\pi}}}{(h+0.4)+\sqrt{h^2+(h+0.4)^2}}}\right]+\frac{L_1}{L}\frac{\ln\sqrt{\frac{h^2+(h+0.4)^2}{h^2+(h-0.4)^2}}}{\ln\frac{16\sqrt{S}}{\sqrt{\pi}d}}\right\}$$

当埋深 $h=0.6$m 时,简化为

$$K_S=1.28\left(\frac{L-L_1}{L}\frac{0.477}{S^{0.25}}+\frac{L_1}{L}\frac{0.61}{\ln\frac{9.02\sqrt{S}}{d}}\right)$$

当埋深 $h=0.8$m 时,简化为

接地短路电流系统的接触电势 E_t 和跨步电势 E_s **表 2-30**

类别	地表面名称	电阻率近似值 ρ (Ω·m)	大接地短路电流系统的允许值,V																		小接地短路电流系统的允许值(V)	
			接触电势 E_t									跨步电势 E_s									接触电势 E_t	跨步电势 E_s
			接地短路电流的持续时间(s)									接地短路电流的持续时间(s)										
			0.1	0.2	0.5	1	1.5	2	3	4	5	0.1	0.2	0.5	1	1.5	2	3	4	5		
土	陶黏土	10	798	565	357	253	206	179	146	126	113	822	581	368	260	212	184	150	130	116	50.5	52
	泥炭、泥灰岩、沼泽地	20	806	570	361	255	208	180	147	128	114	854	604	382	270	220	191	156	135	121	51.0	54
	捣碎、木炭	40	822	581	368	260	212	184	150	130	116	917	648	410	290	237	205	167	145	130	52.0	58
	黑土、园田土、陶土	50	830	587	371	263	214	186	152	131	117	949	671	424	300	245	212	173	150	134	52.5	60
	黏土	60	838	593	375	265	216	187	153	136	119	980	693	438	310	253	219	179	155	139	53.0	62
	砂质黏土	100	870	615	389	275	225	194	159	138	123	1107	783	495	350	286	247	202	175	157	55.0	70
	黄土	200	949	671	424	300	245	212	173	150	134	1423	1006	636	450	367	318	260	225	201	60.0	90
	含砂黏土、砂土	300	1028	727	460	325	265	230	188	163	145	1740	1230	778	550	449	389	318	275	246	65.0	110
	河滩中的砂	300	1028	727	460	325	265	230	188	163	145	1740	1230	778	550	449	389	318	275	246	65.0	110
	煤	350	1067	755	477	338	276	239	195	169	151	1897	1342	849	600	490	424	346	300	268	68.0	120
	多石土壤	400	1107	783	495	350	286	247	202	175	157	2055	1453	919	650	531	460	375	325	291	70.0	130

续表

类别	地表面名称	电阻率近似值 ρ (Ω·m)	大接地短路电流系统的允许值,V																		小接地短路电流系统的允许值(V)	
			接触电势 E_t									跨步电势 E_s									接触电势 E_t	跨步电势 E_s
			接地短路电流的持续时间(s)									接地短路电流的持续时间(s)										
			0.1	0.2	0.5	1	1.5	2	3	4	5	0.1	0.2	0.5	1	1.5	2	3	4	5		
砂	砂、砂砾	1000	1581	1118	707	500	408	354	289	250	224	3953	2795	1768	1250	1021	884	722	625	559	100	250
岩石	砾石、碎石	5000	4743	3354	2121	1500	1225	1061	866	750	671	16602	11739	7425	5250	4287	3712	3031	2625	2348	300	1050
	多岩山地	5000	4743	3354	2121	1500	1225	1061	866	750	671	16602	11739	7425	5250	4287	3712	3031	2625	2348	300	1050
	花岗岩	200000	162067	112362	71064	50250	41029	35532	29012	25125	22472	633246	447773	283196	200250	163503	141598	115614	100125	89555	10050	40050
混凝土	在水中	40~50	834	590	373	264	215	186	152	132	118	964	682	431	305	249	216	176	153	136	52.8	61
	在干燥大气中	12000~18000	15021	10621	6718	4750	3878	3359	2742	2375	2124	57712	40808	25809	18250	14901	12905	10537	9125	8162	950	3650
矿	金属矿石	0.01~1	791	560	354	250	204	177	144	125	112	794	561	355	251	205	177	145	126	112	50.1	50.2
水	湖水、池水	30	814	576	364	258	210	182	149	129	115	885	626	356	280	229	198	162	140	125	51.5	56
	泥水、泥炭中水	15~20	806	570	361	255	208	180	147	128	114	854	604	382	270	220	191	156	135	121	51	54
	污秽水	300	1028	727	460	325	265	230	188	163	145	1740	1230	778	550	449	389	318	275	246	65	110

注：混凝土、矿、水等电阻率取较大值计算得表中数值。

$$K_S=1.28\left(\frac{L-L_1}{L}\frac{0.41}{S^{0.25}}+\frac{L_1}{L}\frac{0.476}{\ln\frac{9.02\sqrt{S}}{d}}\right)$$

式中 L——接地网中接地体的总长度(m)；

L_1——接地网的外缘边线总长度(m)；

S——接地网的面积(m^2)；

h——接地网水平均压带的埋设深度(m)；

d——接地网水平均压带的直径(m)。

接地短路电流系统的接触电势 E_t 和跨步电势 E_s 的数值见表 2-30。

接地网的平面图及计算接地网外地表面最大跨步电势所用跨步系数 K_S 与接地网面积 S 的关系见图 2-8 和图 2-9。

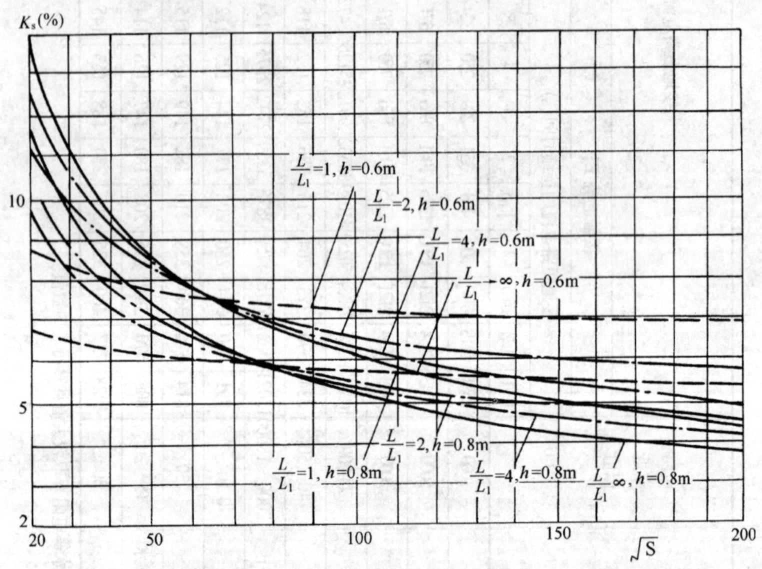

图 2-9　计算接地网外地表面最大跨步电势所用跨步系数 K_S 与接地网面积 S 的关系(均压带直径 $d=20$mm)

（三）降低接触电压和跨步电压的措施

降低接触电压及跨步电压的措施，是在布置接地网时，使其电压分布均匀，宜将接地装置布置成环形，并在环内加设均压带，其间距一般为4～5m。接地网外缘各角应做成圆弧形，圆弧的半径不宜小于均压带间距的一半，接地网边缘经常有人出入的走道处，应铺设砾石、沥青路面或在地下装设两条与接地网相连的“帽檐式”均压带。

七、高土壤电阻率地区的降低接地电阻的措施

降低接地电阻的措施有：换土、对土壤进行化学处理、利用长效降阻剂、深埋接地体、污水引入、深井接地、利用水和水接触的钢筋混凝土作为流散介质等。

(一) 换土

换土是较彻底的而且简单的方法，这种方法是：

用电阻率较低的土壤(如黏土、黑土等)替换电阻率较高的土壤，做法见图2-10和图2-11所示。

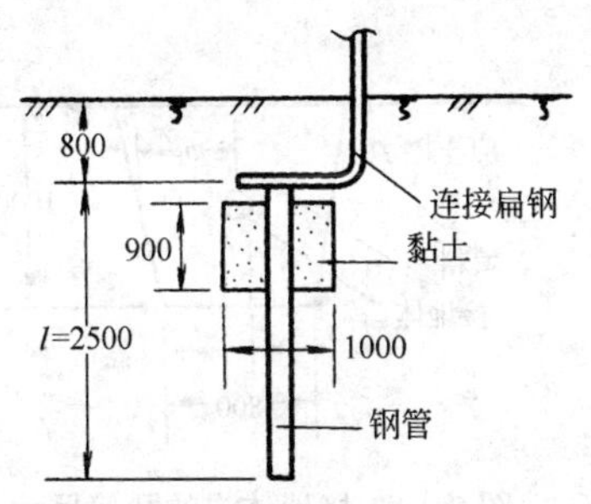

图2-10 在埋设垂直接地体的坑内换土

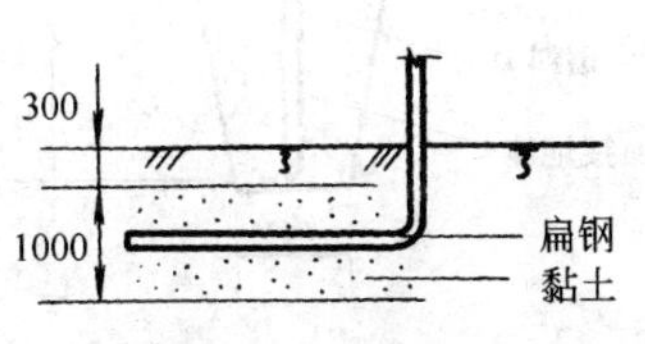

图2-11 在埋设水平接地体的沟内换土

(二) 对土壤进行化学处理

这种方法中所需的化学物往往带有腐蚀性，且易流失，一般只是在不得已时才采用。常用的化学物有炉渣、木炭、氮肥渣、电石渣、石灰、食盐等。

1. 垂直接地体

将化学物和土壤混合后填入坑内夯实，做法见图2-12，坑的几何尺寸见图2-13。

根据计算和试验，最大电位梯度发生在离接地体表面0.5～

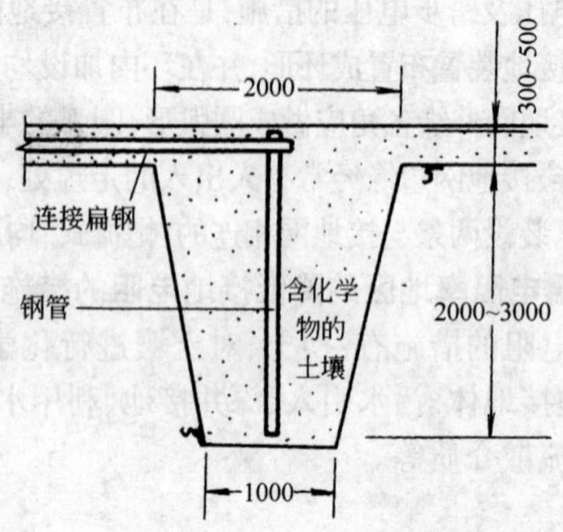

图 2-12　接地体坑内土壤化学处理

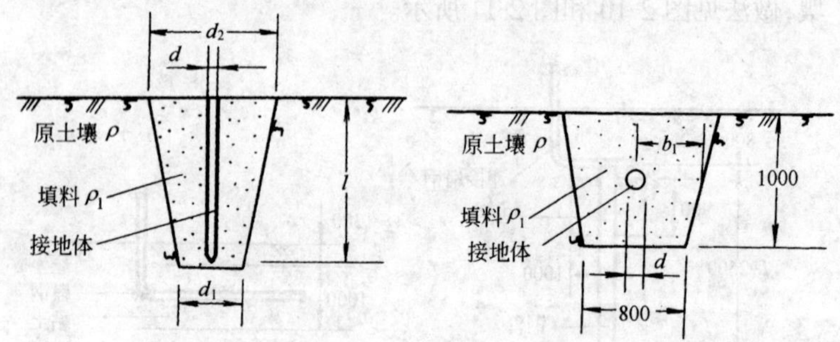

图 2-13　接地体坑的几何尺寸　　　　图 2-14　接地体沟的几何尺寸

1.0m 处，故埋设垂直接地体的坑的直径无需过大，一般可取坑底直径 d_1 为 1m，坑口直径 d_2 为 2m，垂直接地体长 l 为 2～3m。如垂直接地体直径为 d(m)，则接地电阻可按下式计算：

$$R_E = \frac{\rho_1}{2\pi l}\ln\frac{d_1}{d} + \frac{\rho}{2\pi l}\ln\frac{4l}{d_1}$$

式中　ρ、ρ_1——原土壤及填料的电阻率，(Ω·m)。

2. 水平接地体

埋设水平接地体地沟的几何尺寸见图 2-14，其中水平接地体

与沟壁的水平间距 b_1 可取 0.5m。水平接地体的接地电阻按下式确定:

当为圆钢时, $$R_E = \frac{\rho_1}{2\pi l}\ln\frac{l}{d} + \frac{\rho}{2\pi l}\ln\frac{l}{b_1}$$

当为扁钢时, $$R_E = \frac{\rho_1}{2\pi l}\ln\frac{2l}{b} + \frac{\rho}{2\pi l}\ln\frac{l}{b_1}$$

式中 l——水平接地体长度,(m);

d——圆钢直径,(m);

b——扁钢宽度,(m)。

(三)利用长效降阻剂

长效降阻剂是由几种物质配制而成的化学降阻剂,具有导电性能良好的强电解质和水分。这些强电解质和水分被网状胶体所包围,网状胶体的空格又被部分水解的胶体所填充,使它不至于随地下水和雨水而流失,因而能长期保持良好的导电作用。

1. 长效降阻剂配方

第一种:a 剂,氯化钾 1.5kg、氯化镁 1.5kg;b 剂,水硫酸氢钠 0.4kg;c 剂,尿醛树脂 4kg;d 剂,尿素 0.8kg、聚乙烯醇 0.5kg、水 2.7kg。以上四剂混合后使用。

第二种:a 剂,氯化钾 0.8kg,氯化镁 1.0kg,这两种材料也可用氯化钠 1.8kg 代用;b 剂,硫酸氢钠 0.4kg;c 剂,尿醛树脂 4kg,醛尿比为 22∶1(克分子比),外观为白色粘稠透明液体,相对密度 1.77、pH 值 70;d 剂,聚乙烯醇 440g,水浴法加热溶解后,加尿素 880g。

第三种:a 剂,聚乙烯酰胺 2.6kg,用二倍水水浴法溶解;b 剂,溶于水的聚丙烯酰胺在热溶状态时,将氯化钠 3kg 溶入;c 剂,漂白粉 160g,加 10倍水泡好;d 剂,土 16kg,不要砂,不带腐蚀性。

第四种:a 剂,水 30kg;b 剂,丙烯酰胺(单体)1.5kg,倒入水内溶解;c 剂,氯化钠 3kg 溶入;d 剂,NN'-甲撑双丙烯酰胺 150g;

e 剂，三乙醇胺 150g；*f* 剂，过硫酸铵 30g。

2．长效降阻剂的施工方法

使用长效降阻剂时，接地体通常采用板状和棒状两种，第一、二种长效降阻剂应采用铜接地体。

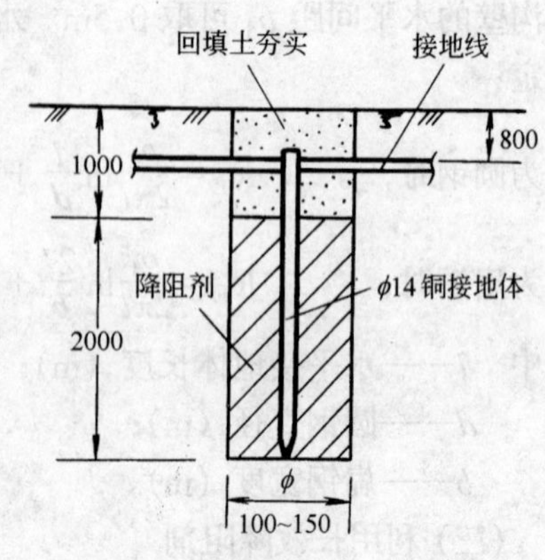

图 2-15　在敷设棒状接地体的洞内充填降阻剂

棒状接地体的坑内充填降阻剂施工方法见图 2-15。用钻机或洞铲挖出直径为 0.1～0.15m、深约 3m 的圆柱形孔，将 ϕ14mm 的铜接地体放在孔的中央，压紧放直，然后将搅拌好的降阻剂倒入洞内，待降阻剂硬化后填土夯实。

板状接地体为 500mm × 500mm × 1mm 铜板，坑内充填降阻剂，施工时首先在坑底平敷 50mm 厚降阻剂，放入铜板，再敷 50mm 厚降阻剂，最后回填土夯实，见图 2-16。

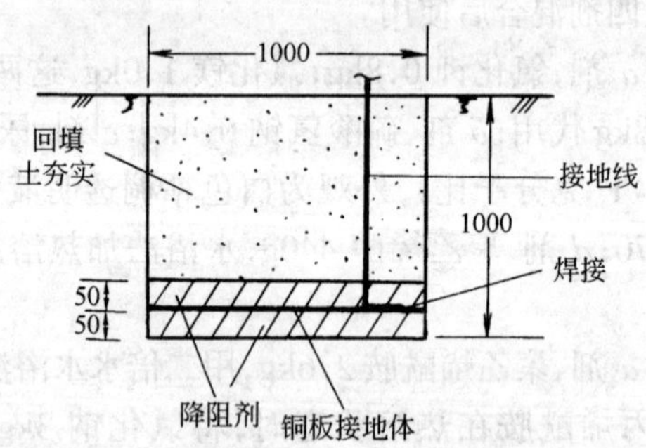

图 2-16　在敷设板状接地体的坑内充填降阻剂

第三、四两种长效降阻剂为中性降阻剂，可用 ϕ14mm 圆钢作为水平接地体，沟内充填降阻剂施工方法见图 2-17。

在大中型接地网中使用降阻剂时，一般是在接地网内或其附近开挖一些抗，填入降阻剂，经分析和现场经验证实，其效果并不很大。例如，有一个 50m×200m 的地网，原来的接地电阻为 3.05Ω，加上敷了化学降阻剂的 8 个垂直接地体之后，其接地电阻只不过降为 2.83Ω。

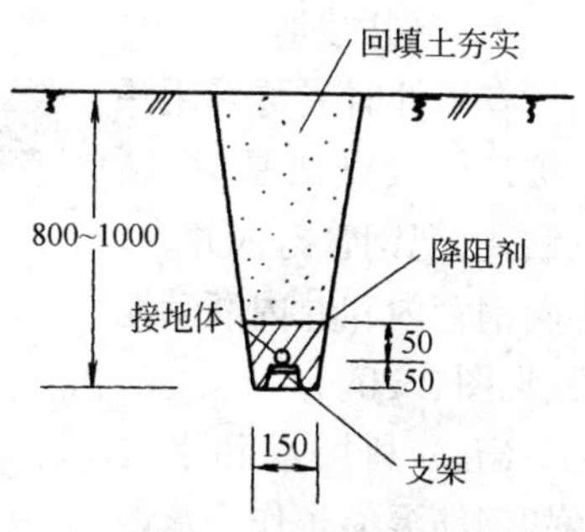

图 2-17　在敷设水平接地体的沟内充填降阻剂

(四) 深埋接地体、污水引入、深井接地

深埋接地体、污水引入、深井接地等方法也都比较简单，而且效果也比较好。

1. 深埋接地体

当地下深处的土壤或水电阻率较低时，可采用深埋接地体来降低接地电阻值，其做法见图 2-18。

2. 污水引入

为了降低接地体周围土壤的电阻率，可将无腐蚀性的污水引到埋设接地体处。接地体采用钢管，在钢管上每隔 20cm 钻一个直径 5mm 的小孔，使水渗入土壤中，见图 2-19。

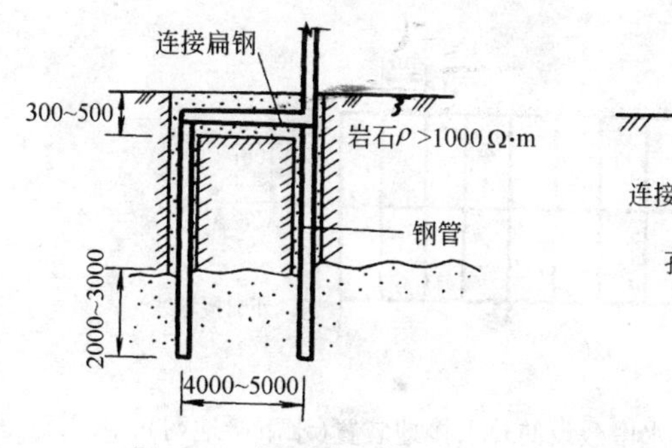

图 2-18　深埋接地体

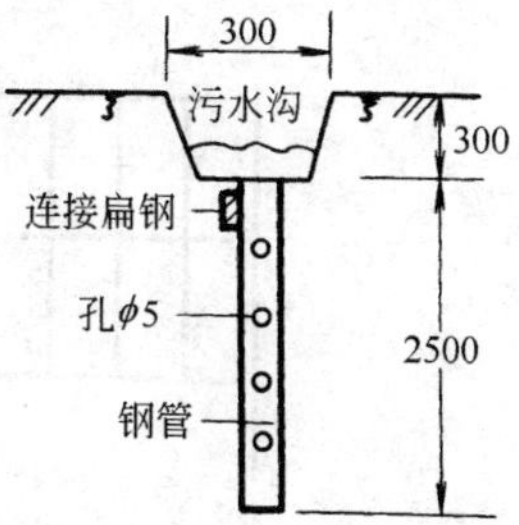

图 2-19　污水引入接地体处

3. 深井接地

有条件时尚可采用深井接地。其做法是:用钻机钻孔,把钢管打入井内,再向钢管内和井内灌满泥浆,见图 2-20。

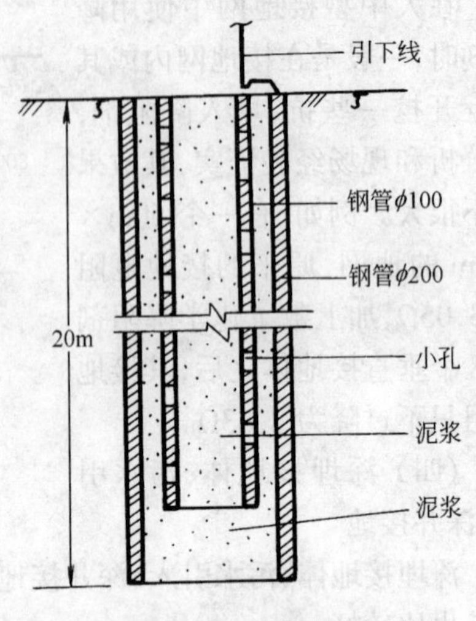

图 2-20 深井接地示意图

(五) 利用水和水接触的钢筋混凝土作为流散介质

充分利用水工建筑物(水井、水池等)以及其他与水接触的金属部分作为自然接地体,可在水下钢筋混凝土结构物内绑扎成的许多钢筋网中,选择一些纵横交叉点加以焊接,并与接地网连接起来。

当利用水工建筑物作为自然接地体仍不能满足要求时,或者利用水工建筑物作为自然接地体有困难时,应优先在就近的水中(河水、池水等)敷设外引(人工)接地装置(水下接地网),见图 2-21。接地装置应敷设在水的流速不大之处或静水中,并要回填一些大石块加以固定。水下接地网的接地电阻值可按下式计算:

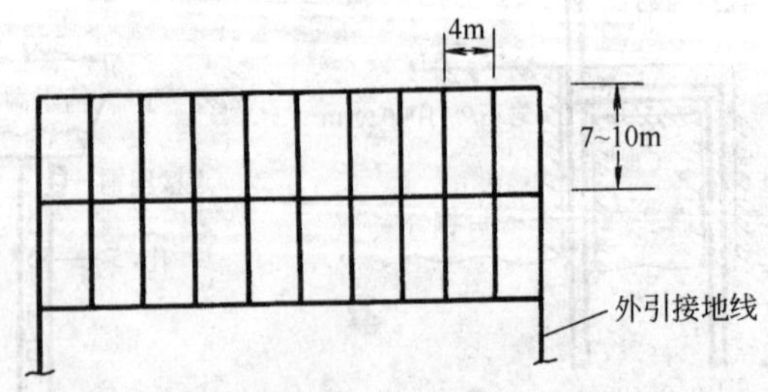

图 2-21 水中敷设的外引接地装置(水下接地网)

$$R_E = 0.025\rho_s K$$

式中　ρ_s——水的电阻率，(Ω·m)；

K——接地电阻计算系数，由图 2-22 中查得。

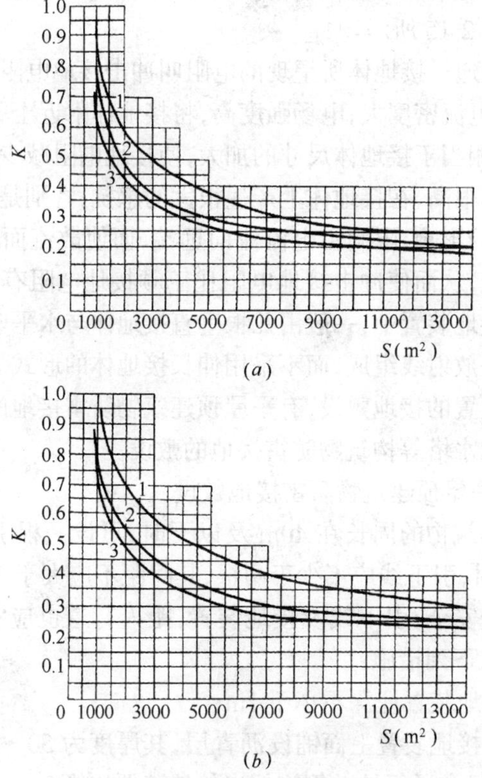

图 2-22　水下接地网接地电阻计算系数曲线

(a) 河床为卵石层；(b) 河床为岩石层

1—水深 10m；2—水深 20m；3—水深 30m；

K—接地电阻计算系数；S—接地网面积

八、防雷装置的接地

为了使雷电流能畅通地泄漏入地，所有防雷设备都必须有良好的接地，才能起到应有的效果。接地电阻的大小是衡量接地好坏的参数。

各种防雷保护对接地电阻值(工频值)有不同的要求。一、二类建筑物防直击雷的接地电阻。不大于10Ω;三类建筑及烟囱,不大于30Ω;3kV及以上的架空线路,接地电阻为10～30Ω;对低压线路瓷瓶铁脚螺丝的接地电阻,应不大于20Ω;其他防雷设备的接地电阻如表2-15所示。

雷电流通过接地体所呈现的电阻叫冲击接地电阻。由于雷电流幅值大,电流密度大,电场强度高,将接地体附近土壤击穿,产生火花放电,相当于接地体尺寸的加大,使接地电阻减少。另一方面雷电流频率很高,在接地体上产生很大的感抗,特别是对伸长接地体,因感抗的影响,限制雷电流流向远端,而使散流面积比工频电流有所降低,从而使冲击接地电阻比工频接地电阻有所增加。因此在防雷接地装置中,一般由几根垂直接地体与水平联线组成,或由几根水平放射线组成,而不采用伸长接地体的形式。

防雷装置的接地敷设,有平屋顶建筑物防雷接地的敷设,以及井架、烟囱、水塔等构筑物防雷接地的敷设。

(一) 平屋顶建筑物防雷接地敷设

一般建筑物的周长在40m及以下时,可设一根引下线,周长超过40m时,引下线应不少于两根,其间距不应大于30～40m,为了保证人身安全,引下线及接地装置,距人行道也应在3m以上,否则应采取下列措施:

(1) 接地装置埋深不小于1m;

(2) 在接地装置上面铺设沥青层,其厚度为50～80mm;铺设范围,在人经常通行的一侧应超出接地装置边缘2m。

平屋顶建筑物防雷接地敷设见图2-23。

(二) 构筑物防雷接地敷设

1. 井架

矿井井架分金属、钢筋混凝土及砖结构等材料建成,因此对材料不同的井架,采用不同的防雷接地方式,见图2-24。

(1) 金属结构

当井架全部为金属结构时,且天轮顶棚也为金属,可以顶棚作

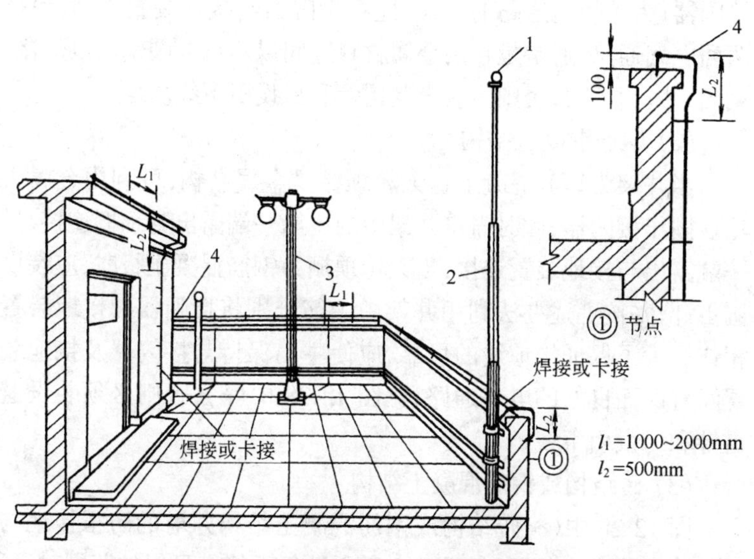

图 2-23 平屋顶建筑物防雷接地敷设

1—镀锌金属球;2—金属旗杆;3—金属灯柱;4—ϕ8 镀锌圆钢

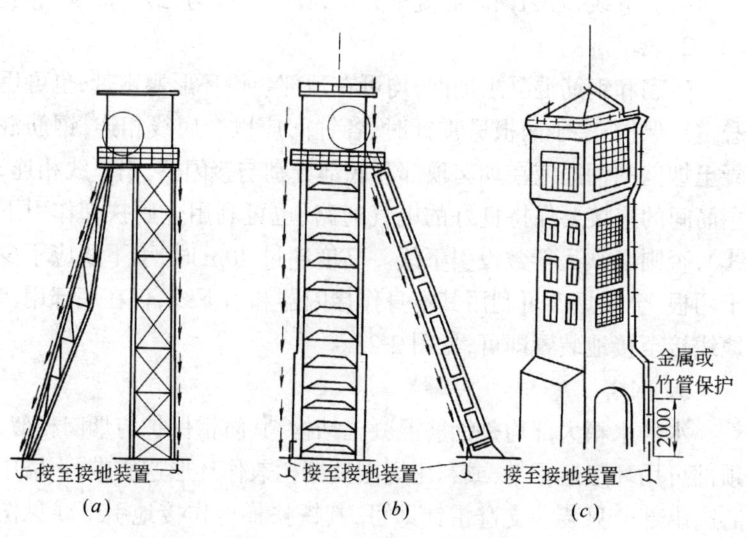

图 2-24 矿井井架防雷接地

(*a*)金属结构;(*b*)钢筋混凝土结构;(*c*)砖结构或钢筋混凝土结构

接闪器，为了接地通路的可靠，应在接闪器与接地装置之间，保持两回电气通路，通常是在两金属材料缝间以扁钢或圆钢加以焊接，见图 2-28 中(a)，否则需装设避雷针和另设引下线。

(2) 钢筋混凝土结构

当井架为钢筋混凝土且天轮顶棚是金属结构，可利用金属天轮顶棚作接闪器，此时需将井架中的主筋一端露出与顶棚连接，另一端露出与接地装置连接；当天轮顶棚为钢筋混凝土板时，应装设避雷针，并按上述办法利用井架中主筋分别将接闪器和接地装置相连。为了保证接地线的可靠，应使主筋保持与接闪器及接地装置间有四面良好的电气通路，见图 12-28 中(b)，否则必须装设避雷针和另设引下线。

(3) 砖结构或钢筋混凝土结构

图 12-28 中(c)砖结构或钢筋混凝土结构井塔的防雷接地与一般建筑物基本相同，如设独立避雷针仍不能满足保护范围时，可沿井塔顶周围另敷设带型接闪器，当井塔高度超过 40m 时，应敷设两根引下线，若为钢筋混凝土井塔，其引下线与(2)中敷设相同。

2. 烟囱

砖砌和钢筋混凝土烟囱，均可在顶部装设环形避雷带，也可用避雷针保护，多于两根避雷针时，各针间应以金属线相连，钢筋混凝土烟囱的钢筋应在烟囱顶部和底部分别与接闪器、引下线相连，主筋间的连接要保持良好的电气通路(也可利用金属扶梯作引下线)，否则必须另行敷设引下线。高度超过 40m 时，引下线应不少于两根，金属烟囱可利用其本身作接闪器和引下线，仅在底部用接地线接至接地装置即可，见图 2-25。

3. 水塔

水塔水箱大部均是钢筋混凝土结构，其防雷保护与烟囱相似，顶部可用环形避雷带，或利用周围铁栅栏兼作环形避雷带，水塔中心高出部分只装一支避雷针即可，其铁扶梯可作接地引下线见图 2-26。

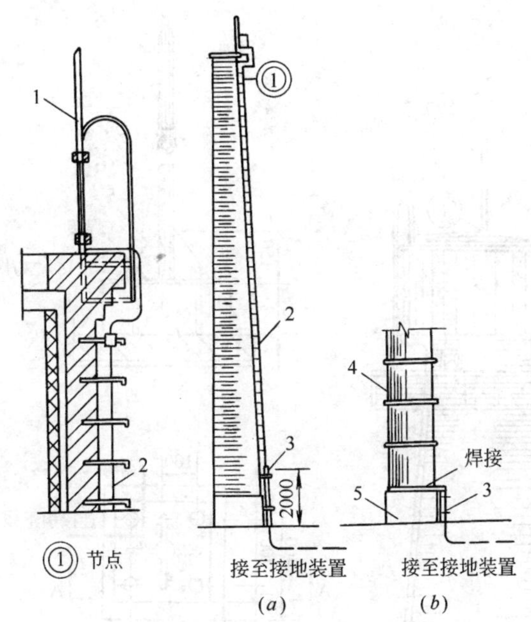

图 2-25　烟囱防雷接地
(a)砖烟囱;(b)金属烟囱
1—避雷针;2—引下线;3—竹管保护;4—金属烟囱;5—烟囱座

九、照明系统的接地

随着照明系统的发展,数量和用电量的增加、分布面的广泛,各个行业和各个单位,甚至于住宅,都离不开照明系统,而且人们对照明系统的要求日趋提高。所以,照明系统的安全、可靠性要求越来越高,这样,照明系统的接地问题也越来越被人们重视。随着三相四线制过渡到三相五线制,照明系统的接地方式也越来越规范化、标准化,传统的系统较为混乱,也逐步地在得到改造。为人们创造一个一个舒适、明亮、美丽的环境,更是安全、可靠的系统,而逐步成为一个新的系统、新的装置,和营造一个新的现代化的环境。

(一) 照明系统接地保护与接零保护的几种接线方式

照明系统的接地和低压配电系统一样,按其保护接地的形式不同,也分为:IT 系统、TT 系统和 TN 系统。

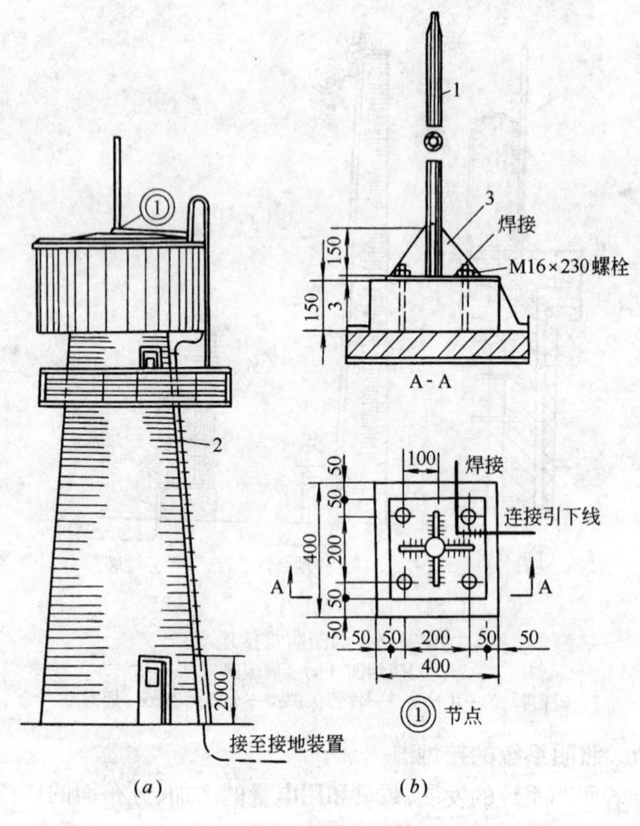

图 2-26 水塔防雷接地

1—ϕ25mm 镀锌圆钢;2—引下线;3—钢板

1. IT 系统

IT 系统的电源中性点是对地绝缘的或经高阻抗接地，而用电设备的金属外壳直接接地。

对于 IT 系统，若设备外壳没有接地，在发生单相碰壳故障时，设备外壳就带上了相电压，此时若有人触摸外壳，就会有相当危险的电流流经人身与电网和土地之间的分布电容构成的回路。而设备外壳如有了保护接地后，由于人体电阻远比接地装置的接地电阻大，流经人体的电流很小，从而对人身安全起了保护作用。

IT 系统适用于环境条件不良,易发生单相接地故障的场所,以及易燃、易爆的场所。

2. TT 系统

TT 系统的电源中性点直接接地,用电设备的金属外壳亦直接接地,与电源中性点的接地无关。

TT 系统中,当发生单相碰壳故障时,接地电流经保护接地的接地装置和电源的工作接地装置所构成的回路流过。此时如果有人触摸带电的外壳,因保护接地装置的电阻远小于人体的电阻,大部分接地电流被接地装置分流,从而对人身起保护作用。但 TT 系统在确保安全用电方面存在如下一些问题:

(1) 在电气设备发生单相碰壳故障时,接地电流并不很大,往往不能连接地保护装置动作,这导致线路长期带故障运行。此时,熔断器常不能熔断。自动开关又不能跳闸,同时,电流中性点的电位发生偏移时,使非故障相的电压升高,对人身安全和设备正常运行不利。

(2) 当用电设备只是由于绝缘不良引起漏电时,因漏电电流只有 mA 级,不可能使线路的保护装置动作,这也导致漏电设备的长期带电,增加了人身触电的危险。

因此,TT 系统应加装漏电保护(残余电流保护)装置通过残余电流。正常工作时,残余电流值为零,当设备绝缘损坏或人接触到带电体时,呈现残余电流。这样才能成为完善的保护系统。目前,TT 系统广泛应用于城镇、居民区、工业企业和公用变压器供电的民用建筑中。

(3) TN 系统

在变压器或发电机中性点直接接地的 380/220V 三相四线低压电网中,将正常运行时不带电的用电设备(包括照明设备)的金属外壳经公共的保护线与电源的中性点直接电气连接。

在 TN 系统中,当电气设备(包括照明设备)发生单相碰壳时,故障电流经设备的金属外壳形成相线对保护线的单相短路,这样将产生较大的短路电流,使线路上的保护装置立即动作,迅速切除故障,保护人身安全和设备安全及其他线路、设备的正常运行。

TN 系统的电源中性点直接接地,并有中性线引出。按其保护线的形式,可分为三种:

① TN-C 系统(三相四线制),整个系统的中性线(N)和保护线(PE)是合一的,该线又称为保护中性线(PEN)。优点是节省了一条导线,但在三相负载不平衡或保护中性线段,开始会使所有用电设备的金属外壳都带上危险电压。在一般情况下,如果扩充装置和导线选择适当,TN-C 系统可以满足要求。

② TN-S 系统 (三相五线制),整个系统的中性线(N)和保护线(PE)是分开的。优点是 PE 线在正常情况下没有电流通过,不会对接在 PE 线上的其他设备产生电磁干扰。由于 N 线和 PE 线分开,N 线断线也不会影响 PE 线的保护作用。但是它的缺点是投资大,耗材多。

③ TN-C-S 系统(三相四线与三相五线混合系统)。系统中有一部分中性线和保护线是合一的,有一部分是分开的。它兼有 TN-C 系统和 TN-S 系统的特点。

以上三种系统中,为确保保护线(PE)或保护中性线(PEN)安全可靠,除在电源中性点进行工作接地外,对 PE 线和 PEN 线需进行必要的重复接地,而且在线路上不应装设熔断器和开关。

应注意的是,在同一供电和照明系统中,不能同时采用 TT 系统和 TN 系统保护。如在采用 TT 系统保护的设备发生碰壳时,接地电流经接地电阻形成回路,若接地电流较小、保护装置没有动作,这将使中性线的电位升高,则采用 TN 系统保护的设备金属外壳都带上了电压,接触这些设备的人就会有触电的危险。

(二) 灯具接零情况的分析

灯具接零有三种情况如下:

① 当接灯具线使用明敷无保护绝缘时,接地线从灯具最近的固定支座或接线盒处引出。

② 在无爆炸危险的房间中,当采用电缆或穿管导线接到照明灯具时,零线在灯具内和金属外壳连接。

③ 如果灯具用插座配电,接地线接在插座上。

在施工时,每个灯具的外壳都应以单独的接地支线与接地干线相连,不应将几个灯具的外壳用接地支线串连,避免在首端灯具外壳的接地支线断路或发生其他故障时,后面的灯具均失去保护作用,造成触电的危险。

正常情况下以交流电源供电而在事故时以直流操作电源供电的应急照明线路,不允许利用其中性线来作接零线,应急灯具及其设备应采用单独的接零线与附近照明线路的中性线连接。

当中性线被利用作接零时,中性线的末端应重复接地。为此,中性线的末端可与不同照明配电箱或不同分支线的中性线相连或与其他接地体连接。在照明配电箱处,中性线应与照明配电箱一起与接地网连接。

在用作接零的中性线上不应装设熔断器和开关。但允许安装能同时将相线和中性线断开的开关。如中性线被其他回路和设备用作接零时(如应急灯具接零),仍不应装设断开中性线的开关设备。

在中性点直接接地的电气装置中,为了保证自动切断故障段,接地导体应这样选择:当相线和接地体间短路(单相短路)时,无论它是发生在网络的哪一点,所产生的短路电流至少应超过附近熔断器额定电流的 4 倍,或该线路自动空气开关过电流自动脱扣器整定电流的 1.5 倍。对于有爆炸危险的厂房和屋外装置,上述短路电流倍数应更大一些。

在单相照明分支线路中,可不考虑变压器的阻抗,单相短路电流按下式计算:

$$I_d^{(1)} = \frac{U_P}{\sqrt{(R + R_0)^2 + X^2}}$$

式中 $I_d^{(1)}$——单相短路电流(A);

U_P——相电压(V);

R、R_0——相线电阻和零线电阻(Ω);

X——相零回路的电抗(Ω)。

单相线路相零回路的电抗 X,计算式如下:

$$X=0.289\lg\frac{L}{r}+0.0314\mu$$

式中 X——相零回路的电抗(Ω);

L——导线间距离(mm);

r——导线半径(mm);

μ——导线相对导磁率(H/m)。

需要指出,在同一照明电路中,不应将一部分设备接地,而另一部分设备接零。因为这种施工方式,造成当接地的设备绝缘破坏时,一般接地电流不能使保护熔断器熔体熔断,此时零线对地电压升高,使所有与接零设备接触的人都有触电的危险。

第三节 接地装置的安装和施工

接地装置的安装和施工应按设计进行,它是保证接地装置能达到预想目的的重要程序,正确安装和施工的重要性是显而易见的。

一、接地装置的敷设

接地装置的安装和敷设有如下规定:

1. 接地体顶面埋设深度应符合设计规定。当无规定时,不应小于0.6m。角钢及钢管接地体应垂直配置。除接地体外,接地体引出线的垂直部分和接地装置焊接部位应作防腐处理;在作防腐处理前,表面必须除锈并去除焊接处残留的焊药。

2. 垂直接地体的间距不宜小于其长度的2倍。水平接地体的间距应符合设计规定。当无设计规定时,不应小于5m。

3. 接地线应防止发生机械损伤和化学腐蚀。在与公路、铁路或管道等交叉及其他可能使接地线遭受损伤处,均应用管子或角钢等加以保护。接地线在穿过墙壁、楼板和地坪处应加装钢管或其他坚固的保护套,有化学腐蚀的部位应采取防腐措施。

4. 接地干线应在不同的两点及以上与接地网相连接。自然接地体应在不同的两点及以上与接地干线或接地网相连接。

5. 每个电气装置的接地应以单独的接地线与接地干线相连接,不应在一个接地线中串接几个需要接地的电气装置。

6. 接地体敷设完后的土沟其回填土内不应夹有石块和建筑垃圾等;外取的土壤不应有较强的腐蚀性;在回填土时应分层夯实。

7. 明敷接地线的安装应符合的要求如下:

① 应便于检查。

② 敷设位置不应妨碍设备的拆卸与检修。

③ 支持件间的距离,在水平直线部分应为0.5~1.5m;垂直部分应为1.5~3m;转弯部分应为0.3~0.5m。

④ 接地线应按水平或垂直敷设,亦可与建筑物倾斜结构平行敷设;在直线段上,不应有高低起伏及弯曲等情况。

⑤ 接地线沿建筑物墙壁水平敷设时,离地面距离应为250~300mm;接地线与建筑物墙壁间的间隙应为10~15mm。

⑥ 在接地线跨越建筑物伸缩缝、沉降缝处时,应设置补偿器。补偿器可用接地线本身弯成弧状代替。

8. 明敷接地线的表面应涂以用15~100mm宽度相等的绿色和黄色相间的条纹。在每个导体的全部长度上或只在每个区间或每个可接触到的部位上应做出标志。当使用胶带时,应使用双色胶带。中性线应涂淡蓝色标志。

9. 在接地线引向建筑物的入口处和在检修用临时接地点处,均应刷白色底漆并标以黑色记号,其符号为"⏚"。进行检修时,在断路器室、配电间、母线分段处、发电机引出线等需临时接地的地方,应引入接地干线,并应设有专供连接临时接地线使用的接线板和螺栓。

10. 当电缆穿过零序电流互感器时,电缆头的接地线应通过零序电流互感器后接地;由电缆头至穿过零序电流互感器的一段电缆金属护层和接地线应对地绝缘。直接接地或经消弧线圈接地的变压器、旋转电机的中性点与接地体或接地干线的连接,应采用单独的接地线。变电所、配电所的避雷器应用最短的接地线与主接地网连接。全封闭组合电器的外壳应按制造厂规定接地；法兰片间应采用跨接线连接，并应保证良好的电气通路。高压配电间隙和静止补偿装置的栅栏门绞链处应用软铜线连接，以保持良好接地。高频感应电热装置的屏蔽网、滤波器、电源装置的金属屏蔽外壳，高频回路中外露导体和电气设备的所有屏蔽部分和与其连接的金属管道，均应接地，并应与接地干线连接。

11. 接地装置由多个分接地装置部分组成时，应按设计要求设置便于分开的断接卡。自然接地体与人工接地体连接处应有便于分开的断接卡。断接卡应有保护措施。

二、接地体(线)的连接

1. 接地体(线)的连接应采用焊接，焊接必须牢固无虚焊。接至电气设备上的接地线，应用镀锌螺栓连接；有色金属接地线不能采用焊接时，可用螺栓连接。螺栓连接处的接触面应按现行国家标准《电气装置安装工程母线装置施工及验收规范》的规定处理。

2. 接地体(线)的焊接应采用搭接焊，其搭接长度应符合下列规定：

① 扁钢为其宽度的2倍(且至少3个棱边焊接)。

② 圆钢为其直径的6倍。

③ 圆钢与扁钢连接时，其长度为圆钢直径的6倍。

④ 扁钢与钢管、扁钢与角钢焊接时，为了连接可靠，除应在其接触部位两侧进行焊接外，并应焊以由钢带弯成的弧形(或直角形)卡子或直接由钢带本身弯成弧形(或直角形)与钢管(或角钢)焊接。

3. 利用各种金属构件、金属管道等作为接地线时，应保证其全长为完好的电气通路。利用串联的金属构件、金属管道作接地线时，应在其串接部位焊接金属跨接线。

三、避雷针(线、带、网)的接地

1. 避雷针(线、带、网)的接地除符合一般接地的规定外，还应符合下列规定：

① 避雷针(带)与引下线之间的连接应采用焊接。避雷针(带)的引下线及接地装置使用的紧固件均应使用镀锌制品。当采用没有镀针的地脚螺栓时应采取防腐措施。建筑物上的防雷设施采用多根引下线时,应在各引下线距地面的1.5～1.8m处设置断接卡,断接卡应加保护措施。

② 装有避雷针的金属筒体,当其厚度不小于4mm时,可作避雷针的引下线。筒体底部应有两处与接地体对称连接。独立避雷针及其接地装置与道路或建筑物的出入口等的距离应大于3m。当小于3m时,应采取均压措施或铺设卵石或沥青地面。

③ 独立避雷针(线)应设置独立的集中接地装置。当有困难时,该接地装置可与接地网连接,但避雷针与主接地网的地下连接点至35kV及以下设备与主接地网的地下连接点,沿接地体的长度不得小于15m。独立避雷针的接地装置与接地网的地中距离不应小于3m。配电装置的架构或屋顶上的避雷针应与接地网连接,并应在其附近装设集中接地装置。

2. 建筑物上的避雷针或防雷金属网应和建筑物顶部的其他金属物体连接成一个整体。装有避雷针和避雷线的构架上的照明灯电源线,必须采用直埋于土壤中的带金属护层的电缆或穿入金属管的导线。电缆的金属护层或金属管必须接地,埋入土壤中的长度应在10m以上,方可与配电装置的接地网相连或与电源线、低压配电装置相连接。发电厂和变电所的避雷线档内不应有接头。避雷针(网、带)及其接地装置,应采取自下而上的施工程序。首先安装集中接地装置,后安装引下线,最后安装接闪器。

四、携带式和移动式电气设备的接地

1. 携带式电气设备应用专用芯线接地,严禁利用其他用电设备的零线接地;零线和接地线应分别与接地装置相连接。携带式电气设备的接地线应采用软铜绞线,其截面不小于1.5mm^2。由固定的电源或由移动式发电设备供电的移动式机械的金属外壳或底座,应和这些供电电源的接地装置有金属的连接;在中性点不接地的电网中,可在移动式机械附近装设接地装置,以代替敷设接地线，并应首先利用附近的自然接地体。

2. 移动式电气设备和机械的接地应符合固定式电气设备接地的规定，但下列两种情况可以不接地：

① 移动式机械自用的发电设备直接放在机械的同一金属框架上，又不供给其他设备用电。

② 当机械由专用的移动式发电设备供电，机械数量不超过2台，机械距移动式发电设备不超过50m，且发电设备和机械的外壳之间有可靠的金属连接。

五、变电所接地网

1. 变电所屋外接地网

变电所屋外接地网平面布置见图2-27。

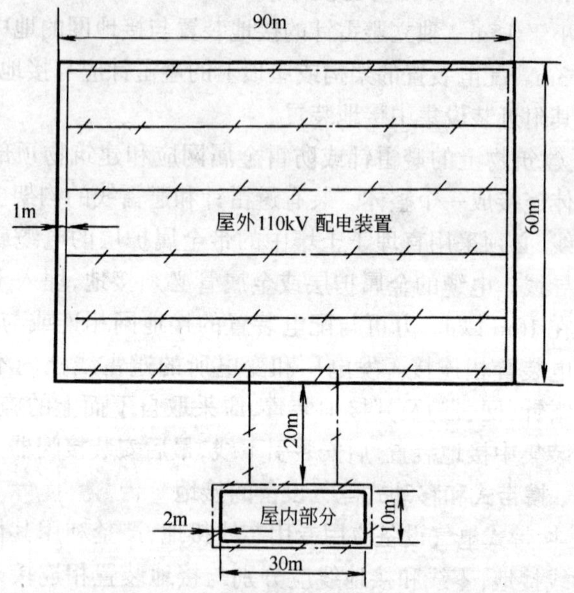

图2-27 变电所屋外接地网平面布置图

接地网的布置尽量使所在范围内电位分布均匀，以减少接触电压和跨步电压，当接地网布置成环形时，在环形内加设相互平行的均压带，如均压带扁钢宽度小于20mm时，宜改用圆钢，在电气设备周围加装局部接地回路,人员经常出入口处,加装帽檐式均压带。

2. 变电所屋内接地网

变电所屋内接地网平面布置见图 2-28。

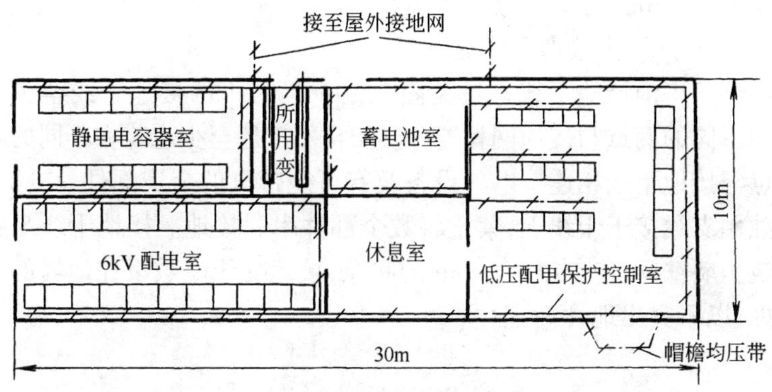

图 2-28 变电所屋内接地网平面布置图

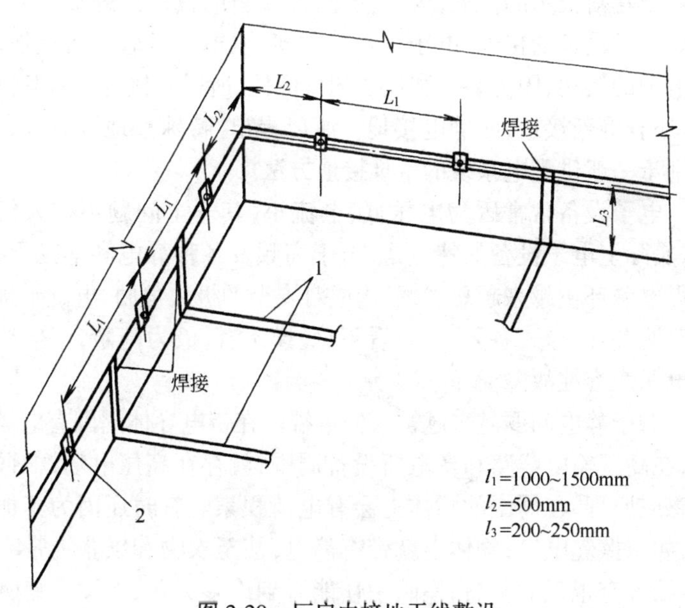

图 2-29 厂房内接地干线敷设

1—电气设备的接地支线;2—支持卡子

屋内接地干线的敷设,首先应考虑各种电气设备外壳接地方便,易于检修,并尽量利用自然材料当做接地线,如固定配电装置的各种金属底座、衬垫等钢材,屋内接地干线一般敷设距地坪200～250mm的墙上为宜。

3. 厂房内接地干线敷设

厂房内接地干线敷设见图2-29。厂房内的接地干线至少应在不同的两点与接地网相连,同样,自然接地至少也应在不同的两点与接地干线相连。电气设备及有可能带电的金属部件,均应单独用支线接于干线上,禁止将数个部件串联接地。接地干线与建筑物墙壁间应有10～15mm的间隙,接地支线应敷设在地坪的槽内,以不突出地坪为宜。

第四节　特 殊 接 地

随着新技术的发展,为了安全,许多新的接地问题提出来了。例如电子设备的接地、电子计算机的接地、电气试验设备接地、高频电炉的接地,因为装置和设备的特殊性,所以其接地也有其特殊性;还有屏蔽接地,防静电接地。所以提出"特殊接地"的提法,以区别于一般供配电系统的常规接地方法。

电子设备常常因为电压低、电流小,其安全问题不被人们重视,实际上电子设备的特点是,由于高频及各种静电和电磁干扰,使得电磁环境越来越恶劣,已构成对安全的极大危胁,电磁干扰效应普遍存在、形式各异、有时看不见、摸不着,极为隐蔽,产生严重的电磁兼容性故障。

对于静电问题越来越被人们重视。在带电导体周围有电场产生,在高压输电线路和变电所设备周围,就存在高压电场,根据静电感应原理,在周围的物体上会有电荷积累。有时还因为其他原因,如摩擦起电等,物体上就带有静电,甚至衣物和纸张上带有静电,给人有很强的刺激,黑暗中还能看到许多火花,并发出噼叭的声响,带静电的纸张还像一把锋利的刀子,将人体特别是手指割破。人体接触带静电荷的物体，电荷向人体移动，有时像一个电容器对电阻放电，有时像一个电容器向一个电容充电，对人体产生电击的感觉。静电电荷的瞬时电击对人体的安全极限，尚没有统一的标准，虽然尚未发现静电电击危及人的生命安全，但近年静电的发生频繁，静电感应的现象繁多，值得人们重视。所以，防静电接地，就有其重要的意义。

对于电子设备、电子计算机、电气试验设备、高频电炉等设备的接地种类、接地型式和方法，以及对屏蔽接地和防静电接地等分别进行叙述。

一、电子设备接地

（一）电子设备接地的种类

1. 信号地。为了使电子设备在工作时有一个统一的公共参考电位（即基准电位），不至于因浮动而引起信号量的误差，并防止其内外的有害电磁场的干扰，使电子设备稳定可靠地工作，实现其固有的功能，电子设备中的信号电路应接地，这种接地称为信号接地，简称信号地。属于电子设备的功能性接地。

这个“地”，可以是大地，也可以是接地母线、总接地端子等，总之只要是一个等电位点或等电位面即可。

2. 安全地。当电子设备由 TN（或 TT）系统供电的交流线路引入时，为了保证人身和电子设备本身的安全，防止在发生接地故障时其外露导电部分上出现超过限值的危险的接触电压，电子设备的外露导电部分应接保护线或接大地，这种接地称为安全接地，简称安全地，即电子设备的保护性接地。

（二）信号地的接地型式

1. 一点接地。各电子设备的信号地或电子设备中各部分电路均以总接地端子为基准电位点，再由总接地端子引出接地线与接地极相连接的接地方式。

这种接地型式适用于低频（f<1MHz）电子设备。

这种接地型式可分为串联式一点接地和并联式一点接地，见图 2-30 所示。

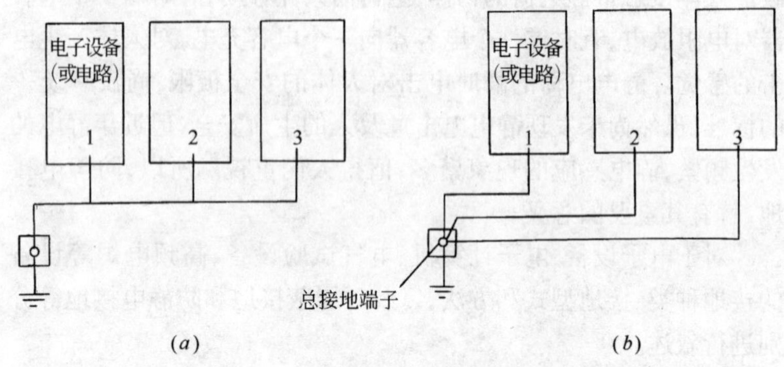

图 2-30　电子设备信号地一点接地示意图

(a)串联式一点接地;(b)并联式一点接地

串联式一点接地因部分设备或电路间存在共用的接地线(即公共阻抗),所以其信号可能会互相影响。特别是当其电平相差较大时,高电平设备或电路的较大的地电流将会对低电平的设备或电路产生较大干扰。但这种接地型式简便易行,仍可用于电平相近的各低频电子设备或电路。不过应注意将其中电平最低者置于距接地端子最近处。

并联式一点接地避免了串联式一点接地的缺点,但因接地线数量较多而使布线复杂化。

2. 多点接地,见图 2-31。各电子设备的信号地或电子设备中的各部分信号电路,分别以最短的接地线接至接地母线(以此为基准电位)上,以降低各接地线的阻抗,减小各接地线之间的电感耦合及因存在分布电容而形成的电容耦合。由接地母线至接地极的接地线应采取适当的屏蔽措施,以免其接收或辐射干扰信号。

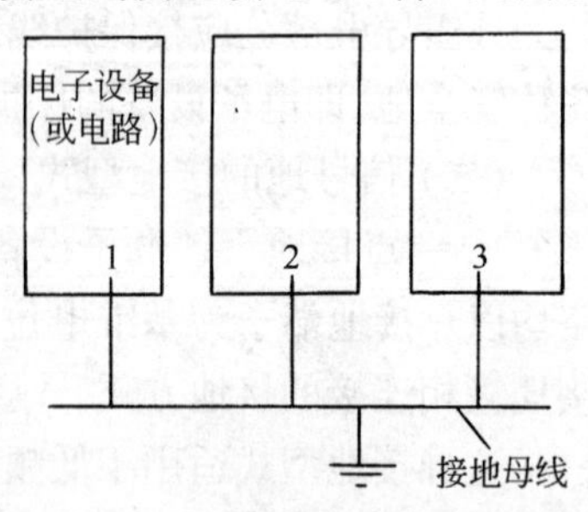

图 2-31　电子设备信号地多点接地示意图

这种接地型式适用于高频(f>10MHz)电子设备。

3. 混合式接地,见图 2-32。

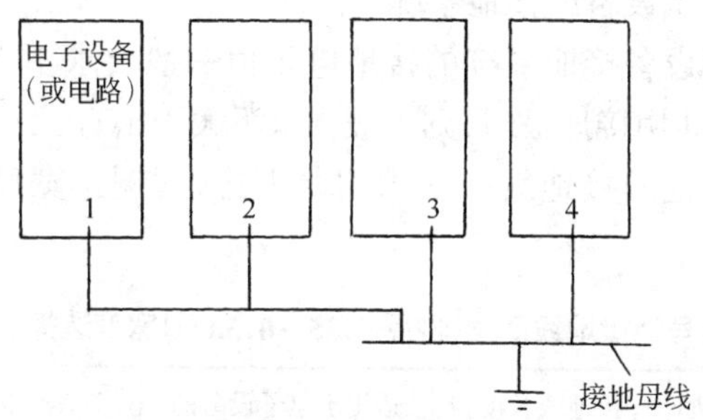

图 2-32　电子设备信号地混合式接地示意图

即一点接地和多点接地混合的接地型式。

这种接地型式适用于低频与高频之间的电子设备。

（三）信号地接地型式的选择

由电子设备信号地接地端子经接地母线至接地极的接地线，当接地线和接地母线长度 l 为电子设备工作波长 λ 的$\frac{1}{4}$或其奇数倍时，即当 $l=\frac{\lambda}{4}n(n=1、3、5、\cdots\cdots)$时，其阻抗为无穷大。此时它相当于一根天线，可接收或辐射干扰信号，故应避免采用这个长度。

在实际工作中，可根据电子设备的工作频率查图 2-33 来选择信号地的接地型式。

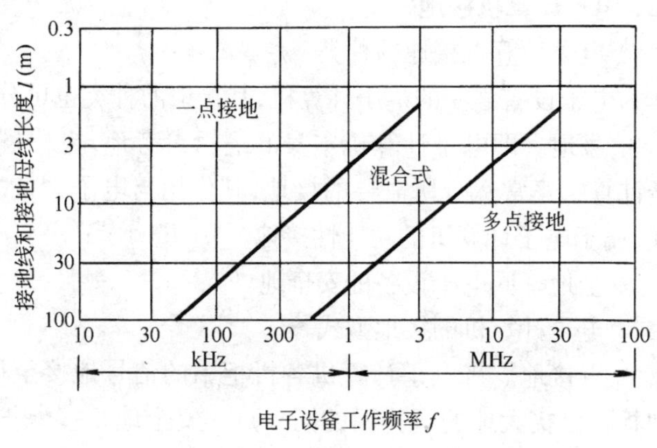

图 2-33　电子设备信号地接地型式选择图

(四) 电子设备的接地系统

1. 电子设备接地系统的接地电阻值一般要求不大于 4Ω,若与防雷接地共用接地极时,则一般要求不大于 1Ω。

2. 信号地的接地线一般采用薄铜排,薄铜排宽度选择见表 2-31。

信号地接地线薄铜排(厚 0.35～0.5mm)宽度选择表　表 2-31

电子设备灵敏度 (μV)	接地线长度 (m)	适用于电子设备的工作频率(MHz)	薄铜排宽度 (mm)
1	<1	>0.5	120
1	1～2		200
10～100	1～5		100
10～100	5～10		240
100～1000	1～5		80
100～1000	5～10		160

3. 接地母线一般也采用薄铜排,可按电子设备工作频率 f 来选择其规格。

当 $f \geqslant 1$MHz 时为 $0.35 \times 120(mm^2)$;

当 $f < 1$MHz 时为 $0.35 \times 80(mm^2)$。

二、电子计算机接地

(一) 电子计算机接地的种类

作为电子设备之一的电子计算机,其接地的种类也可分为:

1. 信号地。即电子计算机本身的逻辑参考地,也称逻辑地,是电子计算机正常运行所需要的接地,其作用与电子设备的信号地相同,属于电子计算机的功能性接地。

2. 安全地。同电子设备的安全地。

(二) 电子计算机的接地型式

1. 一点接地。将电子计算机各机柜中的信号地接至机房内活动地板下已接大地的铜排网的同一点。安全地则接保护线 PE 或接总接地端子再接至铜排网的接地点,见图 2-34。

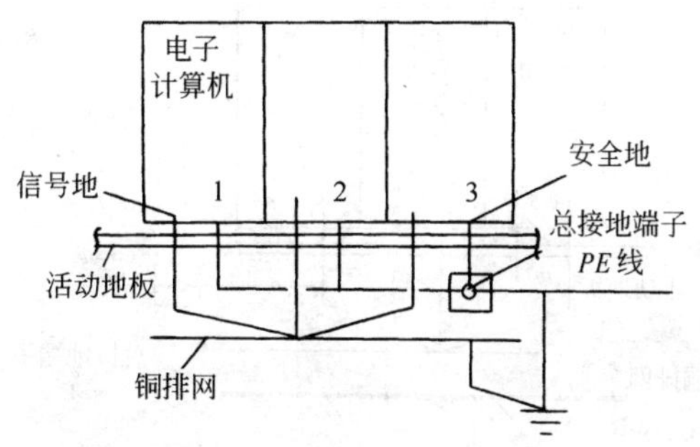

图 2-34　电子计算机信号地一点接地示意图

2．悬浮地。可分为以下两种：

(1) 悬浮地型式之一：电子计算机内各部分电路之间只依靠磁场耦合（如变压器）来传递信号，整个电子计算机包括外壳都与大地绝缘（即悬浮），见图 2-35。

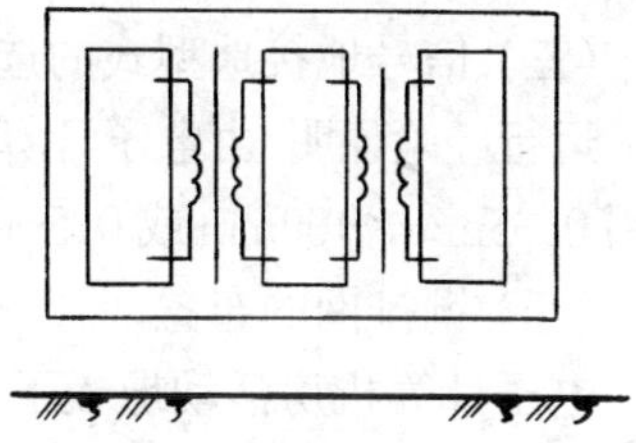

图 2-35　悬浮地型式之一

这种悬浮地适用于以机壳为电子计算机电路的地母线，并在绝缘环境里操作的小型电子计算机。大型电子计算机难以满足足够高的绝缘性能要求，故不能保证真正的悬浮。

在这种接地型式中，计算机内部因故障而出现的较高电压将存在于被悬浮的电路与邻近的其他电路之间，可能对计算机的正常运行产生干扰。若这个电压超过接触电压的限值而出现在机壳上，则将危及人身安全，所以现在已较少采用这种悬浮地。

(2) 悬浮地型式之二：电子计算机内各信号地接至机房活动地板下与大地绝缘的铜排网上的同一点，安全地则接至总接地端子或保护线 PE，见图 2-36。

以上不同的接地型式，适用于相应的电子计算机。但对于某一确定的电子计算机来说，它的接地型式及接地要求在做产品硬

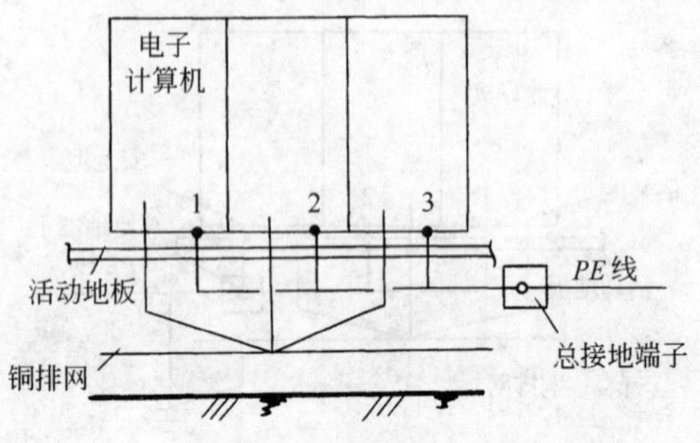

图 2-36　悬浮地型式之二

件设计时就已被确定了，因此应根据其说明书的具体要求来决定其接地型式。

（三）信号地接地型式的选择

运行经验证明，由电子计算机至铜排网的这一段接地线，一般采用 0.35mm×100mm 或 0.5mm×100mm 的薄铜排较合适。

（四）铜排网的布置

电子计算机房活动地板下的铜排网，一般按活动地板的尺寸采用 0.6m×0.6m 的网格，也可按电子计算机机柜布置的位置来敷设，这样可以减小接地线的长度，具体做法见图 2-37。

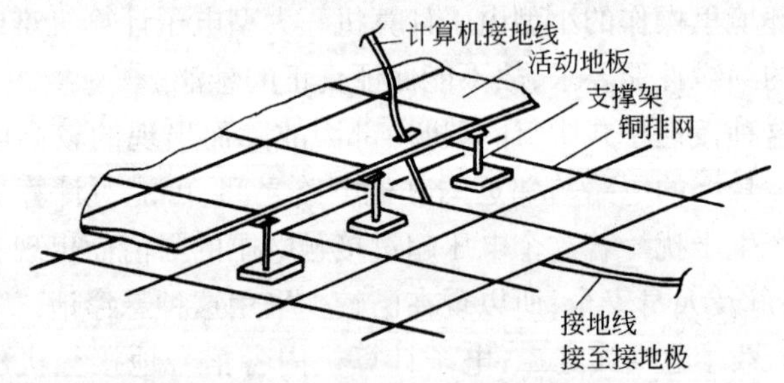

图 2-37　电子计算机房铜排网敷设示意图

三、高频电炉接地

为了防止高频电炉工作时向外辐射的高频电磁波对工作人员

的有害影响，防止其对电气设备特别是较灵敏的电子设备造成干扰，应对高频电炉工作间进行屏蔽(即将高频电炉设在屏蔽室中)，或对高频电炉本身进行屏蔽，并将屏蔽体接总接地端子或接保护线，其接地系统的接地电阻值一般要求不大于4Ω。若与其他接地合用，则应接至同一接地极，其接地电阻值应符合其中最小值的要求。

容量在30kW及以上的高频电炉，一般应安装在屏蔽室内。在电源线进入屏蔽室入口处应装设电源滤波器，并应在此处将屏蔽室的屏蔽体和电源滤波器进行一点接地，见图2-38。

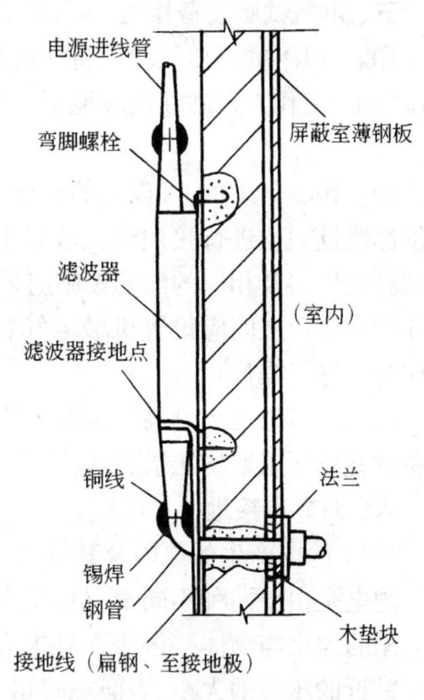

图2-38 高频电炉接地示意图

容量在30kW以下的高频电炉是否需要设置在屏蔽室中，应根据高频电炉所在工厂中电子设备设置的情况和当地公安、民航、驻军等有关部门的要求而定。不论是否设置在屏蔽室中，高频电炉的外露导电部分(如金属外壳)均应与总接地端子或PE线连接。

当高频电炉周围一定距离内的电磁场强度超过关于高频辐射的工业卫生标准而可能危害操作人员时，还应对高频电炉本身进行屏蔽，并将屏蔽体接总接地端子或接PE线。如屏蔽体由几部分组成，则应将各部分做电气连接后再接总接地端子或接PE线。

四、X 光设备接地

X 光设备应接地，其接地电阻不大于 4Ω，可与车间接地干线相连接。如高压发生器在 X 光设备内，则将 X 光设备的外壳接地。如高压发生器与 X 光设备分开设置，则高压发生器的接地端子应首先与 X 光设备的外壳相连接，然后再接到接地干线或接地极上。X 光管的外包金属体和金属支架均应接地。

五、电气试验设备接地

10kV 以下的高压试验设备一般是携带式或台式，可直接放在工作台上，工作人员站在绝缘地板上并戴绝缘手套操作，故可不接地。

10～100kV、10kVA 以下的高压试验变压器，应将需要接地的部位都通过一点进行接地。一般要求其接地电阻不大于 4Ω。高压试验变压器及相应的配套设施应采用栅栏围护。栅栏的门和栅栏外的操作台之间应设置机械电气联锁，以便使工作人员只能在操作台上进行操作。

100kV 以上的大型高压试验设备，要求的接地电阻较小，而且需在试验场所采取均压措施。

六、防静电接地

(一) 静电产生的原因及其特点

静电是由于两种不同物质相互接触、分离、摩擦而产生的。静电电压的大小与物体接触表面处电介质的性质和状态、表面之间相互贴近的压力的大小、表面之间相互摩擦的速度、物体周围介质的温、湿度有关。静电电压可能高达数千伏甚至上百千伏，而电流却可能小于 1μA，故当电阻小于 1MΩ 时就可能发生静电短路而泄放静电能量。静电放电的火花能引起爆炸和火灾，也是生产人员工伤的原因之一。

(二) 防静电危害的主要方法——接地

当因静电危害而对有关人员、工艺过程或产品质量发生不良影响时，应采取防止静电危害的措施，其主要措施就是接地。

但应注意，在许多情况下，金属器具、贮罐和管道的表面或内壁会出现沉淀的非导电物质(如胶质物、薄膜、沉渣等)。这种物质不但使接地失去作用,反而会使人产生“静电危害已被消除”的错觉。对于搪瓷或其他有绝缘层的金属器具等,接地不能防止静电危害。

(三) 防静电接地的范围和做法

1. 所有设置在户外(在栈桥或地沟中)和车间内的有可能发生静电危害的管道和设备,均应连接成连续的电气通路并接地。车间内管道系统的接地点应不少于两处。采用金属法兰连接的设备和金属管道的连接处可不设跨接线,但若还需防雷则应设跨接线。

2. 所有容积大于 $50m^3$ 和直径大于 2.5m 的贮罐,接地点不应少于两处,并应沿设备外围均匀布置,其间距不应大于 30m。

3. 铁路油罐车在灌注油液的时间内,栈桥、油罐车和铁轨之间应有良好的电气连接并可靠接地。油罐车、油船在灌注或排放可燃性液体和液化气时同样应接地。

4. 当润滑油的电阻大于 $10^6\Omega$ 时,设备的旋转部分必须接地,否则应采用接触电刷或导电润滑剂。

5. 移动的导电容器或器具有可能产生静电危害时应接地。当利用与导电地板、导电工作台和其他接地物体相连接的方法不能确保其可靠接地时,必须采用可挠的铜线将其直接接地。利用工具操作或检修这类设备时,工具也应可靠接地。

6. 洁净室、计算机房、手术室等房间一般采用接地的导静电地板。当其与大地之间的电阻在 $10^6\Omega$ 以下时,则可防止静电危害,其接地见图 2-39。

在有可能发生静电危害的房间里,工作人员应穿导静电鞋(例如皮底或导静电橡胶底鞋),并应使导静电鞋与导静电地板之间的电阻保持在 $10^4 \sim 10^6\Omega$ 以下。

7. 为了防止静电危害,在某些特殊场所,工作人员不应穿丝绸或某些合成纤维(例如尼龙、贝纶等)衣服,并应在手腕戴接地环以确保接地。从事带静电作业的人员(如汽油、橡胶溶液的操作人

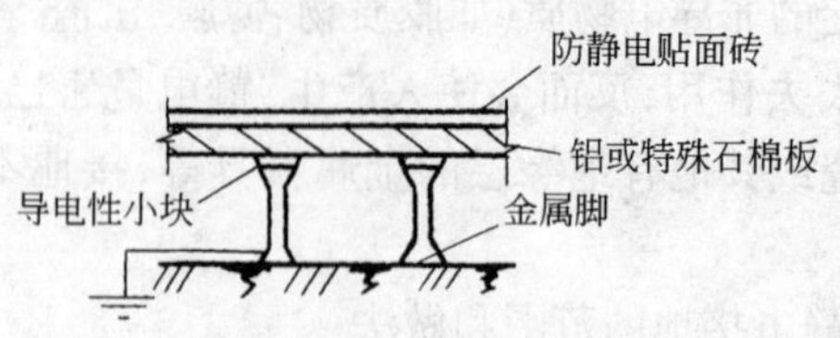

图 2-39　防静电导电地板接地示意图

员等)不应戴金属戒指和手镯。这些特殊场所的门把手和门栓也应接地。

（四）防静电接地的接地电阻值

专门用于防止静电危害的接地系统,其接地电阻值宜不大于100Ω。但如与其他接地共用接地系统时,则其接地电阻值应符合其中最小值的要求。

（五）防静电接地的接地线及其连接

由于防静电接地系统所要求的接地电阻值较大而接地电流(或泄漏电流)很小(微安级),所以其接地线主要按机械强度来选择,其最小截面为 $6mm^2$。一般采用绝缘导线,对移动设备则采用可挠导线。

对于固定式装置的防静电接地,接地线应与其焊接(如电焊、气焊、锡焊);对于移动式装置的防静电接地,接地线应与其可靠连接,防止松动或断线。

当采用橡皮软管灌注油类时,应在管头安装金属管口,并应在金属管口处设置与其有电气连接且已接地的盛油的金属槽。当从一个金属容器往另一个金属容器灌注油类时,应预先把两个容器进行电气连接并接地。

油罐车在行驶时,防静电接地的一般做法是将接在车体上的金属链直接垂到路面上。

七、屏蔽接地

电气装置为了防止其内部或外部电磁感应或静电感应的干扰而对屏蔽体进行的接地,称为屏蔽接地。例如某些电气设备的金属外壳、电子设备的屏蔽罩或屏蔽线缆的接地就属屏蔽接地。依此类推,某些建筑物或建筑物中某些房间的金属屏蔽体的接地也可称为屏蔽接地。屏蔽接地有以下几种:

① 静电屏蔽体的接地。其目的是为了把金属屏蔽体上感应的静电干扰信号直接导入地中,同时减小分布电容的寄生耦合,保证人身安全。一般要求其接地电阻不大于 4Ω。

② 电磁屏蔽体的接地。其目的是为了减小电磁感应的干扰和静电耦合,保证人身安全。一般要求其接地电阻不大于 4Ω。

③ 磁屏蔽体的接地。其目的是为了防止形成环路产生环流而发生磁干扰。磁屏蔽体的接地主要应考虑接地点的位置以避免产生接地环流。一般要求其接地电阻不大于 4Ω。

④ 屏蔽室的接地。其屏蔽体应在电源滤波器处,即在进线口处一点接地,见图 2-40。

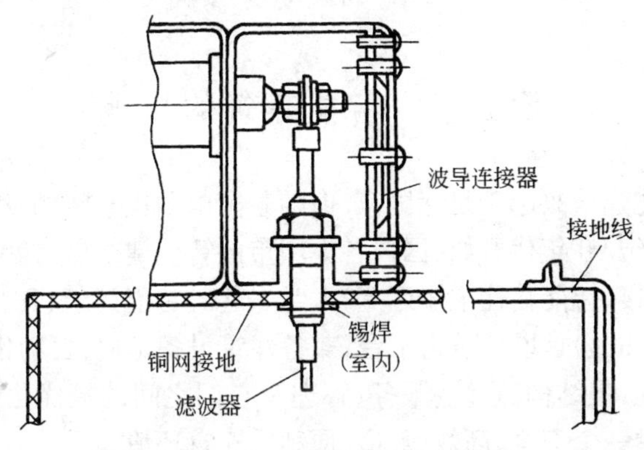

图 2-40 屏蔽室接地示意图

⑤ 屏蔽线缆的接地。当电子设备之间采用多芯线缆连接,且工作频率 $f \leqslant 1\text{MHz}$,其长度 L 与波长 λ 之比 $\frac{L}{\lambda} \leqslant 0.15$ 时,其屏蔽层应采用一点接地(又称单端接地)。

当 $f > 1\text{MHz}$、$\frac{L}{\lambda} > 0.15$ 时,应采用多点接地,并应使接地点

间距离 $S \leqslant 0.2\lambda$，见图 2-41。

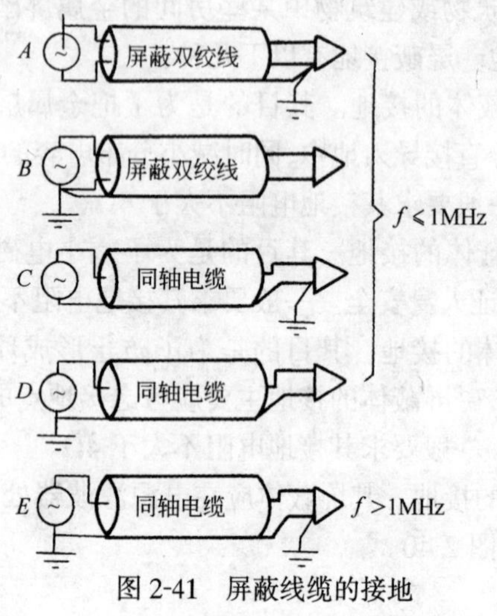

图 2-41 屏蔽线缆的接地

第五节 智能建筑的接地

智能建筑兴起于发达国家，但随着国内国民经济的发展，特别是 20 世纪 90 年代开始，国内各大城市的智能建筑（包括智能办公楼、综合楼、智能化住宅小区等）大堂兴起。智能建筑（IB）（Intelligent Building）是以建筑为平台，兼备建筑设备、办公自动化及通信网络系统，集结构、系统、服务、管理及它们之间的最优化组合，向人们提供一个安全、高效、舒适、便利的建筑环境。

智能建筑标识为“3A”或“5A”，其“5A”是指：通信自动化（CA）、办公自动化（OA）、建筑管理自动化（BA），火灾消防自动化（FA）、综合维护自动化（MA）。智能建筑，顾名思义要实现智能化。所谓智能化、智能控制，有人提出：控制器具有智能行为的系统称为智能控制系统，不仅仅是提高计算机的运算速度和存贮容量，而且要接近人脑的智力行为；曾经有模糊控制、模糊逻辑、神经控制和智能控制论、神经网络、神经计算机、电脑，总之是为了无限接近人脑的智力行为的计算和控制。尽管,目前的智能建筑,还只是初级的智能化。但是毕竟智能建筑中新技术应用多,科技含量高,投资大,设备复杂、成本高。所以智能建筑的安全问题非常重要,智能建筑防雷和接地也特别重要,智能建筑的接地装置要求高、要求严,并且有其特点。

一、智能建筑接地的一般规定

智能化系统设备的接地应做到安全可靠、经济合理、技术先进。并且,应采用总等电位联结,各楼层的智能化系统设备机房、楼层弱电间、楼层配电间等的接地应采用局部等电位联结。接地极当采用联合接地体时,接地电阻不应大于 1Ω;当采用单独接地体时,接地电阻不应大于 4Ω。在智能化系统设备和电气设备的选择及线路敷设时应考虑电磁兼容问题。

智能建筑的接地除了其他相关标准有更严格的规定外,接地方法必须符合 NEC 要求。接地系统一般是商业建筑楼内保护专用信号或通信及综合布线系统不受干扰的一个完整部分。为了保护强电环境中的人员和设备,接地系统必须减少对通信及综合布线系统的电磁干扰的影响。不正确的接地装置会产生感应电压,破坏其通信电路。

在符合电气标准的同时,还必须遵守设备厂家的接地规程和要求。专用数据和通信网的接地标准要求可能比国内的有关要求高。

设计智能建筑的接地系统,应考虑下列因素:

① 保证安装符合正确的操作规程。

② 保证管理区、设备室和入楼设备有正确的接地入口。

③ 保证接地适用于跳接箱、插接架、电话和数据设备以及维修和测试设备。

网络接地点是本地通信部门的通信设备和用户终端的通信布线及设备之间的连接点。从物理接地点角度,通信部门提供业务的接地方式是标准中记录的转换装置或工业标准中规定的方式。为了系统的安装,确定准确的接地点要同业务提供者或厂商协商。

对于网络接地点的位置，在单一用户的大楼中，接地点在保护装置的12英寸范围内或无保护装置的地方，它们一般在通信部门设备到大楼的12英寸范围内，在多用户大楼中，通信部门要为接地点限定起码的几个点的接入法规，否则，大楼的房主可自行规定接地点的位置，可以设置一个单独的接地点，也可以在每个用户的办公地点设一个分界点。这样，从布线到用户办公地点就会超过12英寸。在EIA/TIA 569(REFB1.3)中规定了网络的实际标准。

对于智能建筑系统接地方式的选择，统一(联合)接地系统，智能建筑的接地系统，智能建筑的防雷接地，是智能建筑接地的重要内容。

二、智能建筑系统接地方式的选择

智能建筑系统接地方式的选择应根据智能型建筑对接地系统的要求，建筑物供电的环境，以及各种接地系统的特点，才能正确地进行智能建筑系统接地方式的选择。

(一) TN-C系统

TN-C接地系统线路简单，成本低，中性线N与变压器中性点接地后再与保护接地线PE合二为一，通称为PEN。系统安装施工方便，接地故障灵敏度高，对切除故障设备电源快速，对减少接地故障电击有利，但对负荷中含有较多的单相负荷供电系统中，中性线N会带电，而且带电情况非常复杂，随时随地都会变化。原因是单相负荷供电的设备，N线作为电流的回路而带电，线路中存在高次谐波，尤其是在A、B、C相的三次谐波，它们在N线中不能互相抵消，相反，是互相叠加的，这样，使N线中的电流增大，回路中单相负荷比重大时，三相不平衡，中性点漂移，N线中存在不平衡电流。

所以，TN-C系统适用于一般工业厂房内三相负荷比较平衡的动力负荷。由于PEN线上流过的不平衡电流比相电流还是小得多，PEN线的截面可以小于相线截面，并可节省一条专用保护接地PE线。在采用过电流保护时，因故障回路阻抗相对较小，故障电流相对较大,因此保护动作灵敏度高。但 TN-C 系统的安全水平较低,不适用于有爆炸和火灾危险厂房内,也不适用于有大量单相负荷存在的民用建筑内。

TN-C 系统尽管它简单、经济,但不能满足智能型建筑物的要求,由于 N 线带电被接在外壳时,不仅危险,而且会对电子设备干扰,找不到一个基准地电位点。因此,智能型建筑不能采用 TN-C 系统。

(二) TN-S 和 TN-C-S 系统

TN-S 系统的特点是,中性线 N 与保护接地线 PE 在变压器中性点共同接地后,N 线与 PE 线直接分开,没有 PEN 线。这一系统,由于多了 PE 线,而且对 PE 线的截面也有要求,增加了设计和施工的工作量,和 TN-C 系统相比,造价成本有所提高。但是由于 PE 线作为专用保护接地线,增加了防电击的安全性,并可采用四极开关在分断相线时,同时将带电的 N 线也分断,减少了碰触 N 线时引起的电击火灾和爆炸的危险。

TN-C-S 系统的特点是,供电线路进户前采用三相四线制,即采用 TN-C 系统,施工方便,成本低廉;进户后采用三相四线制加 PE 线制,即 TN-S 系统,将中性线 N 与保护接地线 PE 分开。中性线带电,而保护接地线在正常运作时不带电,对防止人身电击,引起火灾等极为有利。施工时,将 TN-C 系统的 N 线在入户时重复接地,并在接地点另外引出 PE 线,在该点以后 N 线与 PE 线不应有任何电气连接,这样在户内便成为 TN-S 系统。

TN-S、TN-C-S 系统适用于民用建筑及科研试验单位。因这类场所单相负荷较多,并含有晶闸管、荧光灯等负荷,电路中三次谐波电流较大,又有不平衡电流,使中性线带有较大的电流。采用 TN-S、TN-C-S 系统后,有专用不带电的保护接地线 PE 线,显然比采用 TN-C 系统,大大提高了安全性。

由区域变电所单独供电的民用建筑,采用 TN-C-S 系统比较适合。附设有变电所的高层建筑,采用 TN-S 系统可方便地自变压器中性点引出 PE 线,只要接地良好,PE 线的对地电位很低,提高了安全性。精密电子设备和电子计算机使用的场所,对接地方式往往有不同要求,应视其要求选用相应的接地方式。若无特殊技术要求时,也常采用 TN-S 系统。

正因为 TN-C-S 和 TN-S 系统,都具备了中性线 N 与保护接地线 PE,设备外壳接在不带电的 PE 线上,既安全,设备又无电磁干扰。尽管中性线 N 带电,可能引起接地电位有些波动,但由于 PE 线、N 线、直流接地线采用同一点接地,这一点的地电位始终相同,这就是智能建筑所需要的基准工作电位,因此,对于由区域变电所供电的智能建筑可采用 TN-C-S 系统;对于有自设变电所的智能建筑,可采用 TN-S 系统。

(三) TT 系统和 IT 系统

TT 系统也有保护接地线 PE,其特点是工作接地与保护接地不采用共同接地体,即中性线 N 与保护接地线 PE 没有任何电气连接。这个系统的缺点是接地故障灵敏度不高,设备外壳虽有接地保护,由于不能及时切断电源,也可能会引起电击等危险,因此 TT 系统必须装有漏电保护器,以提高切除故障设备电源的灵敏度。设计和施工都有相当的工作量,投资与 TN-S 系统相当,而比 TN-C 系统高。但 TT 系统在正常运行时地电位稳定,没有干扰电流侵入。

IT 系统的特点是没有中性线 N,只有线电压(如 380V),没有相电压(如 220V)。供电线路简单,节约大量线材,成本低,接地故障时能延续一般时间供电,供电连续性好,保护接地线 PE 不带电,和 TT 系统一样,接地电位稳定。IT 系统的缺点是不适用于具有大量 220V 的单相用电设备的供电,否则,需要采用 380/220V 的变压器,给设计、施工、使用带来不便。

对于 TT 系统,同样有中性线 N 和保护接地线 PE,并且没有一点电气连接,接地点电位更稳定,只要将 PE 线与直流接地线同一点接地线作为基准电位,可以防止干扰。TT 系统仅对一些取不到区域变电所单独供电的智能建筑适用,也就是供电是来自公共电网的建筑物。但由于公共电网的供电可靠性和供电质量都不很高。为了保证电子设备和电子计算机的正常准确运行,还必须作一些技术性措施。

IT 系统显然也能找到电子设备所需要的基准电位,保护接地亦比较安全,但由于现在大量单相用电设备都是 220V,因此在该系统中要增加变电设备,才能使建筑物运作起来。所以,只有少量或特殊的智能建筑才使用 IT 系统。IT 系统也适用于某些不间断供电要求较高的场所,但不适用于有大量三相及单相用电设备混合使用的场所,因为 IT 系统中不能配出中性线 N。

城市公用低压线路供电的民用建筑和工厂规定采用 TT 系统。对于负荷分散、线路长的场所,应就地设置接地极,采用 TT 系统。

TT、IT、TN-S 系统适用于有爆炸和火灾危险的厂房内。IT、TT 系统更为安全,尤以 IT 安全性最好。但是在民用建筑中很难做到相线对地绝对绝缘,将会使接地故障信息经常出现,使之无法使用。

目前最适合于智能建筑的接地系统是 TN-S 系统。TN-S 的接地系统接线图见图 2-42。

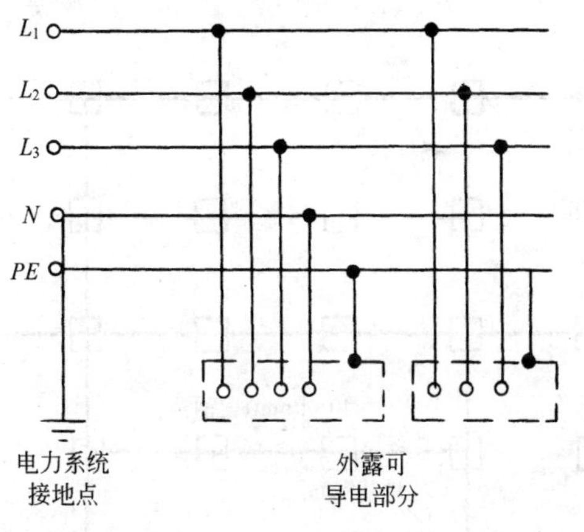

图 2-42　TN-S 系统

智能建筑,有大量的强电设备,更有大量的弱电设备,如电子计算机和其他电子设备,为了使这些设备能正常、精确地运行,常采用直流接地,俗称信息接地或逻辑接地。直流接地应有比较稳定的基准地电位,而且这些设备还要防止一切外来的电磁干扰,所以还应采用屏蔽接地与抗静电接地，设备外壳也必须有接地保护。除了以上电子设备本身对接地系统的要求外，另外还必须考虑建筑物所处的供电环境。

为了保护人身安全和保证设备的正常运行，除了正确选择接地方式外，还应做许多设计、施工的工作。

三、统一接地系统

统一接地是将各种接地系统，统一在一个完整的接地系统中。统一接地的内容是将复杂多样的智能建筑的接地系统设计进行归纳、使设计更为合理。

(一) 统一接地体的构成

利用智能建筑地基钢筋，作为自然接地体，将外圈地基钢筋用40mm×4mm 镀锌扁钢或 ϕ12mm 钢筋闭环连成一体，使地基和闭环可靠的连接。地基钢筋平面连接图见图 2-43。

统一接地体特别适用于三相五线制供电系统，也即零、地分开的系统。

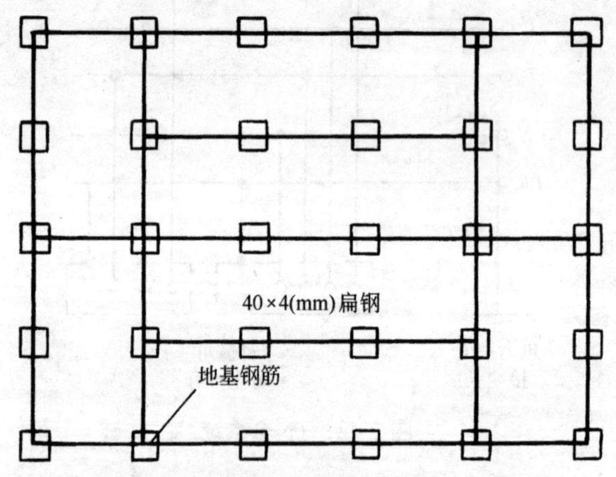

图 2-43　地基钢筋平面连接图(统一接地体)

(二) 统一接地体的电阻值

智能建筑内有各种各样的电子设备，它们对接地电阻有不同要求;同一种电子设备,由于各种接地功能不同,它们对接地电阻值也有不同要求。在一个接地系统中,通常按最小的接地电阻值来确定系统的接地电阻值。接地系统采用分散接地或采用统一接地,对接地电阻值要求也不相同,一般分散接地电阻值可以大些,如一般规定所介绍的,可以取 4Ω。若采用统一接地方式,则接地电阻值规定为≤1Ω。这一阻值要比各种分散接地体的电阻值严格得多,这主要是为了使各种接地带来的干扰电流能迅速地泄入大地,而不产生地电位值有较大的波动,导致电子设备和电子计算机系统等受到干扰,而不能正常和精确的运行。标准和规范规定,采用统一接地体时,应利用智能建筑的地基(或称桩基)作自然接地体,若接地电阻值达不到≤1Ω 时,规定应增加人工接地体或采取降阻措施。但实际上利用智能建筑地基钢筋作为自然接地体时电阻值均可达到≤1Ω,实测的统计数字表明,这时的电阻值通常<0.3Ω。这一结果对智能建筑非常有利,它已成为统一接地的基础,在智能建筑,甚至于高层各种民用建筑中,得到广泛的采用。

智能建筑的设备和装备是较为先进的,涉及的技术领域广泛,而且随着现代化的进展,日新月异的发生变化,就是专业人员也必须努力学习,不断的知识更新才能跟上智能建筑的科技进步,况且一个人毕生的精力有限,全面精通实践经验非常丰富,知识面宽的人才较少,所以智能建筑的设计和施工,必须有一个大协作,如对智能建筑的供配电系统、通信系统、电梯系统、空调制冷系统、广播电视监控系统、消防系统、保安和楼宇自控系统、管理和办公自动化系统、照明和显示系统、计算机和综合布线系统,俗称为“高低压、强弱电十个系统”,都要和接地系统发生连接,本来每一个系统都有大量的专业内容,这样智能建筑的接地系统就远不是一种两种的专业知识所能考虑周全的。在实际工作中,统一接地系统施工,如果等大楼盖起来再进行,那就晚了。这就不同于传统的建筑接地装置,在地基在挖掘过程中,施工者大多是非电气专业人员在操作,他们不可能掌握那么多专业知识,所以,电气工作者必须及早做技术交底,全面的向施工人员介绍智能建筑的接地系统的设计、安装和施工的规定与要求，以免返工和不能保证质量。

对于统一接地系统中的中性线、保护接地线、辅助等电位铜排、直流接地线、总等电位铜排及接地线、变电所接地网络、接地体、网络接地线，防雷接地系统等都必须严格按规定要求执行，以有效地提高智能建筑的安全水平。统一接地系统的示意见图 2-44。

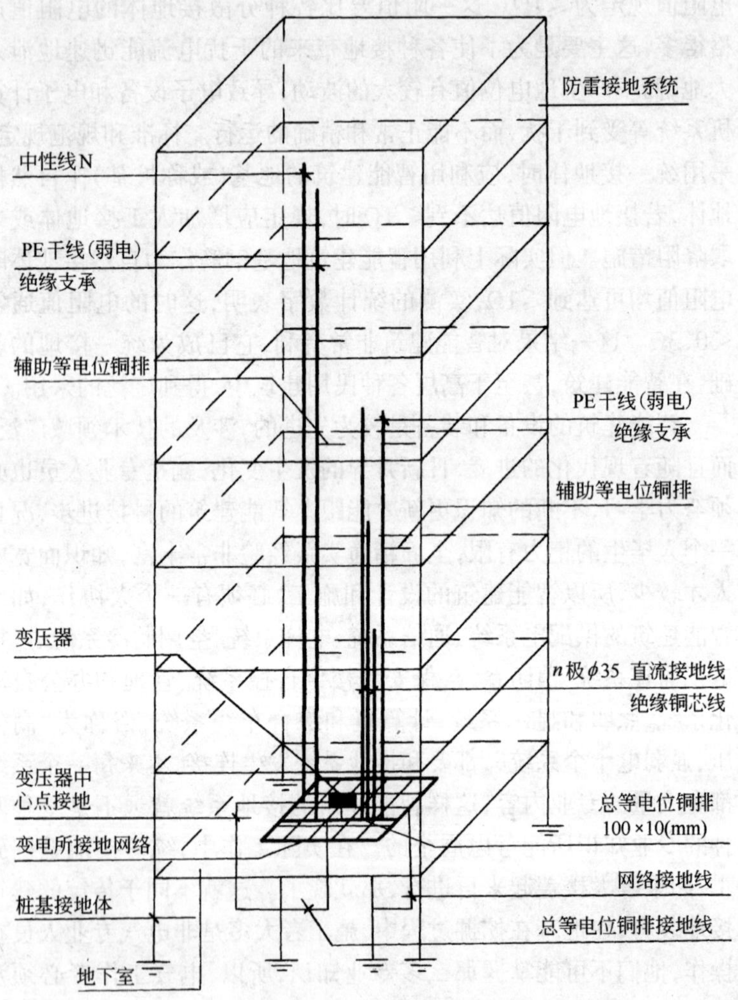

图 2-44　统一接地系统示意图

四、智能建筑接地系统的设计、安装和施工

智能建筑中要接地的设备与构件很多,而且接地功能要求也不相同,如防雷接地、工作接地、保护接地、直流接地(信号接地、逻辑接地)、屏蔽接地和防静电接地,在电子设备、计算机接地系统中,还有功率接地。

智能建筑的接地系统应遵循总等电位、辅助等电位及局部等电位的原则。要分清哪些接地可以混接,哪些接地不能混接。对于电子设备、计算机系统及其综合布线系统,应注意防止电磁干扰效应和电磁兼容性故障。电磁干扰分传导干扰和辐射干扰,传导干扰有电耦合、磁耦合及电磁耦合;辐射干扰有近区场感应耦合及远区场辐射耦合。电磁干扰来自于电磁干扰源,通过传输通道,传到对干扰能量敏感的接收器而形成。所以,智能建筑中的设备和布线应尽可能避开电磁干扰源及传输通道。周密而有效地完成电磁屏接地及抗静电接地。并以接地电阻≤1Ω 的统一接地方式来实现各类接地系统的设计、安装和施工。从而实现智能建筑的安全、可靠、最终发挥其各种功能的目的。

(一) 各种功能接地线和总等电位铜排

① 在 TN-S 系统中,中性线 N 与变压器中性点一起接地,也可以接在总等电位铜排上,此外,N 线不应与任何“地”有电气连接,中性线 N 是各种设备的功率接地线(功率接地是电子设备的一种接地系统)。

② 交流设备的保护接地,应设置 PE 干线,采用裸铜排,其截面积的规定见表 2-32。

裸铜排的截面积 **表 2-32**

相导线的截面积 $S(\mathrm{mm}^2)$	相应保护导体的最小截面积 $S_p(\mathrm{mm}^2)$	相导线的截面积 $S(\mathrm{mm}^2)$	相应保护导体的最小截面积 $S_p(\mathrm{mm}^2)$
$S \leqslant 16$	S	$400 < S \leqslant 800$	200
$16 < S \leqslant 35$	16	$S < 800$	$S/4$
$35 < S \leqslant 400$	$S/2$		

交流设备的 PE 干线敷设在强电竖井中，引到各个楼层，在每一楼层，接近用电设备的地方，设置一辅助等电位铜排，应用绝缘子支承铜排，与防雷系统隔离。设备外壳及其附近非带电导体，用 ϕ6mm 及以上铜芯黄绿色绝缘线连接到辅助等电位铜排上。PE 干线下端与总等电位铜排连接。

电子设备的保护接地，另设置 PE 干线，按照交流设备 PE 干线同样制作，敷设在弱电竖井中，引到需要的楼面，接近电子设备的地方设置一辅助等电位铜排，供电子设备外壳及附近的非带电导体保护接地用。单台设备，或距离较远设备，可用五芯电缆解决 PE 接地线。

③ 屏蔽层接地，抗静电接地，都可以就近接在 PE 线上或辅助等电位铜排上。

④ 电子设备的直流接地引线，应用 ϕ35mm 铜芯绝缘线，各自从总等电位铜排上，分别引接到各类设备的直流接地极。不应与其他接地系统混接。敷设施工时，应穿金属管、槽，暗敷或在弱电竖井中明敷。金属管、槽必须有接地连续性措施，两端与 PE 线连接。

⑤ 各种接地引线，要有明确区别标志，特别要注意中性线 N，保护接地线 PE（黄绿双色绝缘）和直流接地线的区别。

在智能建筑中应设置总等电位铜排。铜排设置在变配电所便于接引线的位置，变压器中性点、附近接地体、变配电所内接地网格等至少三处与接地体可靠连接，确保总等电位铜排的电位是地电位，并且要求接地电阻≤1Ω，若不能满足这一要求，应增加与接地体的连接。施工时，铜排的设置是利用 100mm×10mm 长 1m，每隔 50mm 钻 ϕ12mm 孔，以便接引线。

（二）交流工作接地

智能化建筑若有附近区域变电所供电时，它的交流工作接地已在区域变电所内完成。从区域变电所引来的输电线路，进入建筑物前，中性线 N 应重复接地（接在自然接地体上），进入智能建筑的配电间后，必须再与总等电位铜排相连接。从连接点起，引出的中性线 N 采用绝缘铜导线，不应再与任何“地”作电气连接，也不允许与保护接地线 PE 有任何连接。这也是 TN-C-S 接地系统的工作接地的原则。

智能建筑内自备独立变配电所，其交流工作接地在变配电所内完成，施工时，将变压器中性点、中性线 N 和总等电位铜排连接在一起，直接接在自然接地体上。并从接地点引出的中性线 N 采用绝缘铜导线，不允许再与任何“地”作电气连接。也不应与保护接地线 PE 有任何电气连接。这就是 TN-S 接地系统的工作接地的原则。

工作接地除直接与智能建筑接地体连接外，还应与变电所接地网格及总等电位铜排相连，使工作接地更为可靠。工作接地电阻值，规定为：采用分散接地时，电阻值≤4Ω；采用统一接地时，其电阻值应保证≤1Ω。

（三）保护接地系统

保护接地系统，有防雷保护接地与防电击保护接地两类。对于防电击保护接地，包括：变电所内防跨步电压接地、总等电位铜排、PE 干线、辅助等电位铜排的设计、安装和施工。

1．变电所内防跨步电压接地

变电所内防跨步电压接地的规定是：在变电所内，采用 25mm×4mm 的镀锌扁钢，组成 1.5m×1.5m 网格，敷设在变（配）电所地坪 0.5m 下，网格与接地体直接连接，再与变压器中性点和总等电位铜排连接，并沿变（配）电所内墙的适当位置，多处设置接地端子，供所内设备外壳外金属构件保护接地。

2．总等电位铜排

总等电位铜排的设置规定为：在变电所内接地引线方便的位置，采用 100mm×10mm 长约 1m 铜排，每隔 50mm 钻 ϕ13mm 的孔约 20 个，供各种接地引线连接使用。总等电位铜排直接与接地体连接，再与变压器中性点及接地网格连接。应使总等电位铜排的接地电位与接地体的电位一致，即总等电位铜排的接地电阻值应保证≤1Ω。若达不到此规定数值，必须增加与接地体的连接点数。

3．PE 干线

保护接地线 PE 的干线设置，可以避免 PE 线都从总等电位铜排上引出，可以大大方便智能建筑内设备的保护接地。其设置方式有如下两种：

① 采用五芯电缆或五芯封闭母线槽，其中一芯作为 PE 干线。这种方式的优点是 PE 线的接地电阻较小，对接地故障保护灵敏度有提高；缺点是成本高，且 PE 线难以做到与防雷系统绝缘隔离，引线较为不便。这种方式适用在 PE 线无分支要求的场所。

② 在四芯电缆或四芯封闭母线槽附近单独设置 PE 干线，这种方式比较经济，分支 PE 线连接方便，而且在敷设时，易做到与防雷接地系统绝缘隔离。施工时，PE 干线采用镀锡铜排，下端与总等电位铜排连接，每隔 0.5m 钻 ϕ12mm 的孔，作为分支 PE 线连接之用。这种方式得到广泛使用。

对于电子设备外壳保护接地 PE 干线，宜采用镀锡铜排，截面宜按最大用电电子设备的传输相导体截面来选择 PE 干线；PE 干线下端与总等电位铜排连接后应设置在弱电竖井中，再引到电子设备的楼层。

4．辅助等电位铜排

辅助等电位铜排常设置在每一楼层的竖井中或配置在配电箱内，用放射式保护接地引线，从辅助等电位铜排上，引至各个需要保护接地的房间，供房间内的设备外壳及附近的金属管道与构件保护接地使用。这样，使房间内的设备外壳与金属构件万一带电时都处于等电位状态，以保证人身和设备的安全。

辅助等电位铜排的截面按 PE 干线来选择，长度根据配电箱的体积来考虑，施工时，辅助等电位铜排上要有一定数量的孔，以连接引线。等电位系统情况见图 2-45。

5．保护接地线 PE 的施工方法

(1) 将 PE 干线两端均与防雷系统连接，使 PE 干线与防雷系统等电位。这样，可以防止雷电对 PE 线的反击和感应。但是有时也有可能雷击时，雷电流通过 PE 干线上端接点侵入 PE 线上，

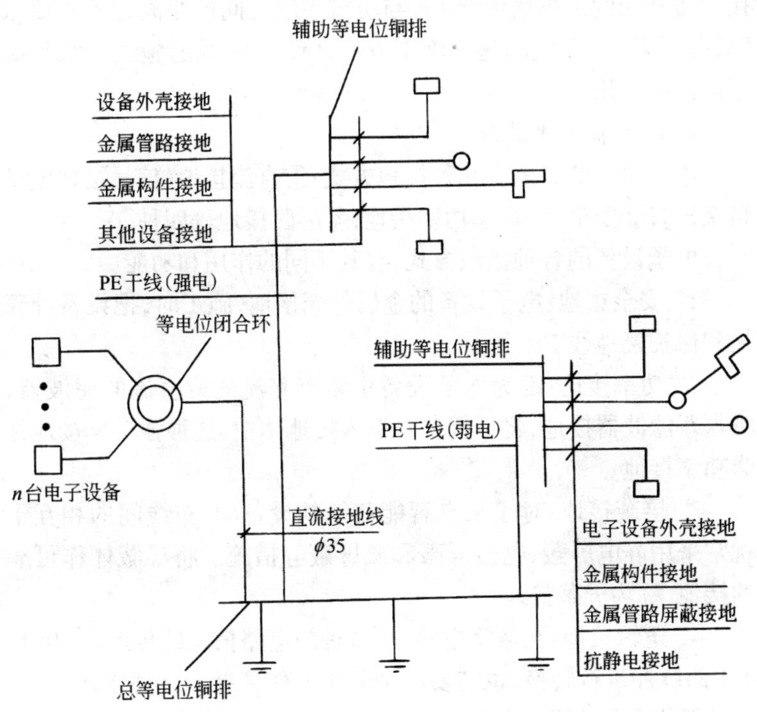

图 2-45　等电位系统图

对设备带电体形成反击。

(2) 作为用电设备外壳保护接地的 PE 线系统，除了下端与总等电位铜排连接后，尽可能远离防雷接地系统，裸铜排辅助等电位铜排用绝缘子支承，PE 引接线用绝缘铜芯线，与防雷系统采用隔离，是为了防止在雷击时，PE 线直接带有雷击高电位对设备带电体造成反击，而引起损坏。防雷系统在雷击时，对设备带电体经保护接地线 PE 产生的反击或感应，实际上其危害程度较轻。这样，在这种情况下，保护接地线 PE 就相当于设备带电体的屏蔽线，起到了防雷感应侵入的屏蔽作用。

(3) 对于智能建筑物，其大部分金属物，如钢筋、钢结构等，与被利用的部分连成整体时，它的距离可以不受限制。因此，即使连接设备外壳的保护接地线 PE 与防雷系统之间的距离达不到要求时，并不影响 PE 线的这种施工方法，所以 PE 线的施工方法得到了广泛的应用。

（四）直流接地系统

电子设备的接地有几种接地方式：①直流接地（信号接地或逻辑接地）；②安全接地；③功率接地；④屏蔽接地等四种。

电子设备的各种接地方式，有其不同的作用和功能。

1. 安全接地：电子设备的金属外壳接地，施工时，把设备外壳接到保护接地线 PE 上。

2. 功率接地：因为电子设备中装有交流的或直流的滤波器，将这些滤波器接地，将干扰信号泄入接地体中，这种强功率接地称为功率接地。

3. 屏蔽接地：对于来自智能建筑的设备间、布线间的相互干扰常采用静电屏蔽、电磁屏蔽和磁屏蔽等措施。将屏蔽体作可靠的接地，称为屏蔽接地。

4. 逻辑接地：在数字电路中，各种门电路信息的传递，从 0、1、0、1 的脉冲进行转换，也需要一个等位面作基准。这种接地方式，在计算机中称为逻辑接地。

5. 信号接地：在电子设备中，为了在电路中传输信息、转换能量、放大信号、输出指示，使其准确性高、稳定性好，就必须使信号电路的某一电位为基准电位。特别是当电子电路级数较多时，就更需要一个统一的基准电位，以使衡量信息的有无、放大倍数的高低等。例如，图 2-46 是一个简单放大电路，其 A 点为信号基准点，输出信号的大小以 A 点作比较，在 A 点接地称之为信号接地。图 2-47 为多级放大电路，以 AO 线作等位面，并以它的电位作为基准电位，其放大倍数都以 AO 面的基准电位为准。若是 1、2 点不是等电位，则两

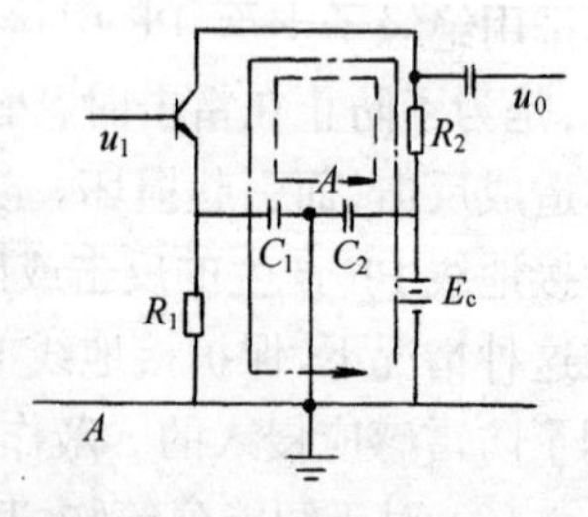

图 2-46　单级放大器接地点

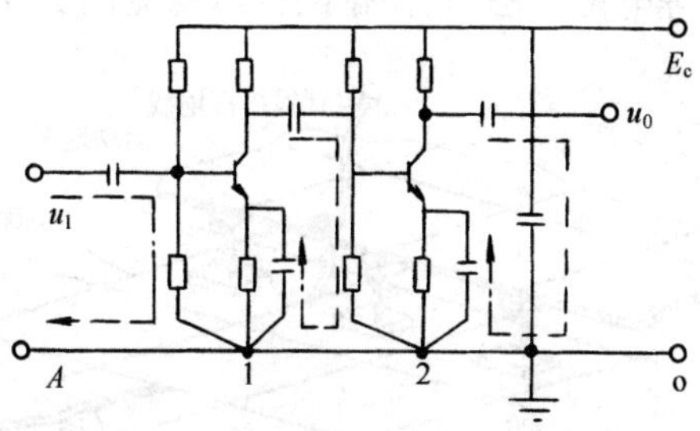

图 2-47　多级放大器接地点

级放大电路的放大倍数不好衡量比较,因此要有一个等位面。这种接地即为信号接地。

6. 直流接地

直流接地系统是智能建筑中极为重要的接地系统。因为电子设备都是在较低电位的状态下工作,若在接地通道中,即便是很小的扰动电压,也会影响电子设备的正常工作,所以要求良好的直流接地系统应具有两个条件:

① 与其他接地系统分离;

② 要求有较小的接地电阻,保证接地电阻值≤1Ω。

实际工作中,要把直流接地系统与其他接地系统完全分离是很困难的。所以,应采取如下一系列措施:

① 接地体离开其他接地体的距离,不得小于 20m。

② 接地引线距其他接地引线不得小于 2m。

③ 直流接地引线应独立采用 ϕ35mm 铜芯绝缘线;穿钢管或封闭线槽直接引至设备附近,只作直流接地使用,钢管或封闭线槽应可靠接地。

④ 若在一个房间内需要直流接地的设备较多,可采用辅助等电位的方法。施工时,在房间设备下面,采用 0.6cm×0.6cm 的铜排网格或一个与其他接地系统绝缘隔离的闭合铜排环,设备直流接地引线可从辅助等电位铜排上就近接地。辅助等电位铜排的电位,应尽量接近总等电位铜排的电位。

采用辅助等电位方法，其铜排网格示意见图 2-48。

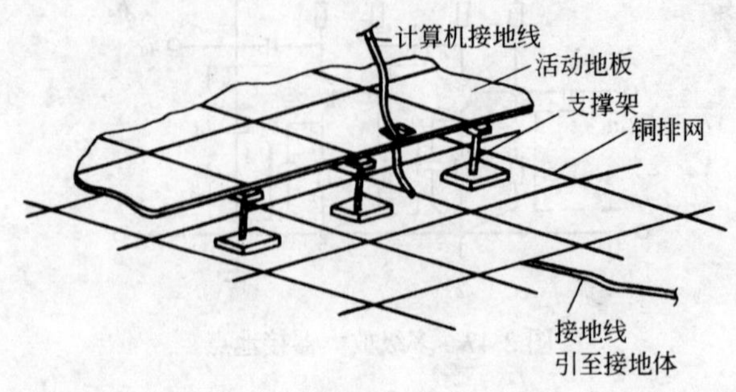

图 2-48　计算机铜排网示意图

⑤ 应尽可能缩短直流接地线长度或采用大于 ϕ35mm 的铜芯绝缘导线，并保证接地电阻≤1Ω。

信号接地与逻辑接地也常统称为直流接地。

(五) 屏蔽接地及防静电接地

电磁干扰对人身和设备带来的危害越来越被人们重视，静电的危害也使人们极大的关注。电磁干扰产生的原因有：

① 电子设备的干扰源，有闪电雷击、高压输电线、广播电视发射的电磁波、大电流设备、主干电力线、高频炉、高频传输导线，荧光灯起辉、各种开关及接触器继电器的分合等等。

② 各种电子设备有交直流电源引进，各种频率的干扰电压就会通过交直流电源线引进，称为传导干扰。

③ 智能建筑中设备之间、布线之间也产生相互干扰。

④ 两个电路之间分布电容耦合产生干扰。

⑤ 静电的产生也会对电子设备产生干扰。

对消除电磁和静电干扰，最有效的办法是屏蔽。屏蔽是指减弱和防止静电及电磁相互干扰的措施。有静电屏蔽、电磁屏蔽和磁屏蔽。所以智能建筑要进行电磁兼容设计。尽管对于闪电、雷击、外来的电磁波干扰，由于智能建筑物的钢筋，组成了一个多层屏蔽的良好的防雷接地体系，同时电子设备及其布线都配置在建筑物的底部楼面的较中心位置，基本能做到抗外来干扰；一般电子设备又装有交流电源滤波器、隔离变压器、直流滤波器等，已经将交直流电源传导来的干扰信号或耦合信号消除了许多。但是，在智能建筑中为了消除各种干扰，使智能建筑物有更安全的电磁环境，还必须进行静电屏蔽及防静电接地、电磁屏蔽及其接地。

1. 静电屏蔽及防静电接地

为了防止静电场对信号回路的影响，消除两个电路间分布电容耦合产生的干扰，所以必须采取静电屏蔽措施，静电屏蔽在设备本身已经具备，因此，只要把静电屏蔽体作良好的接地就可以。

施工时，应将通信设备房、电子计算机房（即容易产生静电，以及静电对这些电子设备容易产生干扰的机房），其地坪应采用防静电地板（即导电地板）架设，导电地板间应有接地连续性措施，甚至房间门窗上的金属手把、门栓及所有金属构件都应可靠接地。

2. 电磁屏蔽及接地

为了防止外来电磁场及综合布线间直接电磁耦合对电子设备产生的电磁干扰，应采取电磁屏蔽措施。和静电屏蔽一样，通常电子设备本身已具备屏蔽体（有时与静电屏蔽体合用），所以只要将屏蔽体作可靠的接地就行。

施工方法如下：

① 为了信息保密或防窃听，应将整个房间屏蔽起来，门、窗、通风等开孔处及接缝，应采取有效的屏蔽措施。

② 整个屏蔽层组合间，应有接地连续性措施，并具备可靠的接地措施。

③ 为了防止来自综合布线间的相互干扰，电子设备的信号传输线、接地线等应尽量远离产生强磁场的场所，布线应尽量避免相互干扰的线路平行敷设，布线路径并应尽量短。

④ 传输线直流接地线应采用屏蔽线式穿钢管或金属线槽敷设，屏蔽层和金属管、槽两端应可靠接地。

⑤ 屏蔽接地引线应直接与保护接地线 PE 连接，或与辅助等电位铜排相连接，并应采用 $6mm^2$ 以上的铜芯绝缘线，且引线长度

不得超过 6m。

(六) 电子设备及其布线系统的接地

电子设备及其布线系统的接地,是智能建筑的功能接地的重要组成部分,也是分为信号接地或逻辑接地、功率接地,包括布线系统的屏蔽接地和安全接地四种。

1. 信号接地或逻辑接地

在智能建筑的电子设备中,为了在电路中传输信息、转换能量、放大信号、输出指示及控制对象,使其稳定性好,准确性高,就需求信号电路有一个基准电位或称为基准电位面。这个基准电位就是智能建筑接地体的电位,地电位可以在总等电位铜排上取到,这种接地方式称为信号接地。

在数字电路中,各种门电路信息的传递,以 0、1、0、1 的脉冲进行转换,也必须有一个基准等位面,或者说是基准电位,这也是智能建筑接地体的地电位,和信号接地一样,它也是从总等电位铜排上取得,这种接地方式称之为逻辑接地。

信号接地和逻辑接地通常合称为直流接地,其接地系统称为直流接地系统。

2. 功率接地

在智能建筑的电子设备中,有交直流电源引进,各种频率的干扰电压,也随着交直流电源线侵入,干扰低电平的信号电路工作,有的电路内部也会产生干扰信号,智能建筑中装有交直流滤波器,在电子设备内部起到抑制干扰的作用,但这些滤波器,必须良好的接地,使干扰信号泄入接地体中,这种接地方式称为功率接地。

在智能建筑中,还有一些产生高次谐波的强电设备,它们会在电路中产生干扰信号,也会串入电子设备中,影响各种电子设备正常工作。所以也必须接地,也将干扰信号汇入到接地体。这种接地方式也称为功率接地。

3. 屏蔽接地

在智能建筑的电子设备中,为了防止外来的电磁场对其干扰,又为了防止电气回路间因直接电磁耦合而产生的相互干扰,应将电子设备的屏蔽壳体，设备内外的屏蔽线或穿的金属管、槽进行可靠地接地，要求高的场合，还应将电子设备的房间进行屏蔽接地。这种接地方式称为屏蔽接地，其接地系统称之为屏蔽接地系统。

4. 安全接地

电子设备在正常或故障情况时，其金属外壳可能会带电，对人身和设备产生电击的危险，因此电子设备的金属外壳必须可靠地接地，这种接地方式称为安全接地。

智能建筑中的电子设备及其布线系统设置信号接地、逻辑接地、功率接地、屏蔽接地、安全接地后，使其抗干扰的能力大大提高，从而提高了智能建筑的安全可靠性。

（七）自动控制设备的接地

智能建筑常见的必备的自动控制设备和系统有：通信自动化系统，办公自动化系统，物业管理包括能量与环境管理自动化系统，自动消防系统等。这些系统在设计、安装、施工时必须可靠地接地，消除各种干扰，保证这些自动化系统安全、正常的工作，并保证人身的安全。

1. 通信自动化系统

通信系统在智能建筑中，占有极为重要的地位，每栋智能化大楼常设通信系统，如电话的机房，综合布线和终端。现代通信内容广泛，有多媒体通信，计算机网络通信、个人通信、数字图像通信、移动卫星通信、程控交换、信息高速公路、语言信箱、电子信箱、互联网络通信等。这些都是容易受到干扰的系统，致使不能正常工作，或者干扰其他设备的工作。

对于机房的接地，其重要性是显然的，一般通信设备自身有接地设计。通常应采用直流接地、安全接地、功率接地、屏蔽接地等。

通信自动化系统接地的施工方法如下：

① 直流接地　用 ϕ35mm 铜芯绝缘线，从总等电位铜排上引出，不允许与任何“地”作连接。在弱电竖井中穿金属管或槽直接引至机房供信号接地用。

②安全接地　用绝缘铜芯线，其截面选择方法应高于表 2-33 所示数据。

额定工作电流与连接导线的最小横截面的关系　　表 2-33

额定工作电流 I_e(A)	连接导线的最小横截面(mm^2)	额定工作电流 I_e(A)	连接导线的最小横截面(mm^2)
$I_e \leqslant 20$	S	$32 < I_e \leqslant 63$	6
$20 < I_e \leqslant 25$	2.5	$63 < I_e$	10
$25 < I_e \leqslant 32$	4		

注：S：相导体的横截面(mm^2)。

例如 $20 < I_e \leqslant 25$ 时，表中规定选取绝缘铜芯线的截面为 $2.5mm^2$，则在设计时应选 $4mm^2$，但是在实际施工时，应一律选 $6mm^2$ 以上为好。

接地引线，应从最近的楼层保护接地的辅助等电位铜排上引接。对于洁净、干燥的机房地坪应采用抗静电地板，其接地应与保护接地线相连接。

③功率接地　采用和相导体相同截面的绝缘铜芯线，从楼层配电箱与相导体一起引出来，在 TN-S 系统中，这就是中性线 N。这个 N 线除了在变压器中性点接地后，不应与任何"地"有电气连接，这就是功率接地的特点。

④屏蔽接地　在通信自动化系统中的金属管、槽、设备外壳，都应连接到保护接地线 PE 上。机房内应作等电位接地，即在施工时，将机房内的其他金属构件与保护接地线 PE 连成一体。

2. 管理自动化系统

管理自动化系统，将智能建筑内的各种能量自动控制，各种功能的自动化仪表，即各种不同的控制对象，应用计算机进行自动控制，这是构成智能建筑的重要组成部分。

管理自动化系统的接地。同样，通常采用直流接地、安全接地、功率接地等接地方式。

① 直流接地　施工时采用 $\phi35mm$ 铜芯绝缘线，穿金属管、

槽、敷设在弱电竖井中，一端与总等电位铜排连接，另一端与设备的直流接地极连接，不允许再与任何“地”连接。金属管、槽应与保护接线 PE 连接。

② 安全接地　施工时采用 ϕ6mm 及以上铜芯黄绿双色绝缘线，从最近的楼层保护接地辅助等电位铜排上引出，接到管理自动化系统的设备外壳，以及附近的非带电导体。构成安全接地。

③ 功率接地　在 TN-S 接地系统中，施工时采用与相导体相等截面的绝缘铜芯线，作为中性线 N，在变压器中性点相连并接地，中性线 N 不允许再与任何“地”作电气连接。但屏蔽与抗静电接地可以接在保护接地的装置上。这样构成管理自动化系统的功率接地。

3. 办公自动化系统

办公自动系统是智能建筑中功能广泛、非常重要的组成部分。使用的设备通常有：个人计算机、文字处理机、办公用计算机、单用户和多用户终端工作站、调制解调器、网络传输设备、传真机、多功能电话机、专用电话交换机系统（PBX）、文体资料存档设备等，多数是计算机技术的应用或是采用微机发展而成。因此，这些设备的接地要求基本上和电子计算机的接地要求相同。常采用的接地方式有直流接地、安全接地、功率接地、屏蔽接地、抗静电接地等。

① 直流接地　施工时采用 ϕ35mm 的铜芯绝缘线，穿钢管或金属线槽，敷设在弱电竖井中，一端与总等电位铜排作可靠电气连接，另一端与办公自动化系统的设备的直流接地极可靠连接，不允许再与任何“地”作电气连接。钢管与金属线槽也应可靠接地，并且钢管与金属线槽之间采取接地连续性措施，构成可靠的直流接地系统。

② 安全接地　施工时采用 $6mm^2$ 及以上的黄绿双色铜芯绝缘线，从最近楼层保护接地的辅助等电位铜排上引接到各种设备的外壳上。同时设备机房（间）内的其他金属构件与设备外壳作等电位连接，构成办公自动化系统的安全接地系统。

③ 功率接地　在智能建筑的 TN-S 接地系统中，功率接地的

施工方法是:采用与相导体相等截面的中性线 N,与变压器中性点连接并可靠接地,不允许再与任何“地”作电气连接。构成办公自动化系统的功率接地。

④ 屏蔽接地　施工时将金属管、槽以及各种设备外壳可靠地接地,和直流接地与安全接地时同时完成,起到设备的屏蔽接地作用。

⑤ 抗静电接地　办公自动化系统的防静电接地的主要施工方法是:电子设备的机房内的地坪采用导电地板,导电地板以及被绝缘支承的门把手等金属构件,都一起连接到保护接地装置上,起到防静电干扰的作用。

4. 消防联动控制系统

自动消防系统有三部分组成,一是温感、烟感、红外等探测装置,二是自动报警系统,三是消防联动控制系统,由消防中心监视、通信广播和控制,通过计算机来实现自动控制。为了保证自动消防系统的正常运行,该系统必须有良好的接地系统。和其他自动控制相似,常采用的接地方式有:直流接地、安全接地和功率接地等。

① 直流接地　施工时采用 ϕ35mm 铜芯绝缘线,穿金属管、槽,敷设在弱电竖井中,其一端与总等电位铜排可靠连接,另一端与自动消防系统设备的逻辑接地相连接,并且不应再与任何“地”有电气连接,构成自动消防系统的直流接地。

② 安全接地　施工时采用 ϕ6mm 及以上的双色铜芯绝缘线,从最近楼层保护接地辅助等电位铜排上引出,接至自动消防系统设备的外壳,其周围的非带电导体互相连接后,接到保护接地装置上,构成自动消防系统的安全接地系统。

③ 功率接地　在智能建筑的 TN-S 接地系统中,施工时采用与相导体等截面的铜芯绝缘线作为中性线 N,与变压器的中性点相连并可靠接地,不允许再与任何“地”有电气连接。屏蔽接地和防静电接地也在以上这些接地施工时同时完成。

对于智能建筑中的电梯系统、智能保安系统、停车自动化系统、空调制冷系统，广播电视监控系统等，为了保证系统的安全、可靠地运行，也必须设计、安装和施工良好的接地系统，其接地方式和施工方法，和上述典型的智能建筑的几个系统类似，对各个系统也必须设置各种接地系统，对于该系统若有特殊要求，应按设备要求进行。

（八）智能建筑的防雷接地系统

智能建筑的防雷接地系统是非常重要的，因为电子设备，特别是精密电子设备重要性高，但其绝缘水平极低。如各种大规模集成电路的芯片、绝缘水平等级只有几十伏，甚至有的只有几伏。而来自雷电的电压瞬时会高达几万伏，甚至几十万伏，即使来自雷电的反击或感应电压，也足以造成自动化、智能化系统的电子设备的损坏和严重破坏，轻者也会造成电子设备的严重干扰，使自动化、智能化系统不能正常工作，使得智能建筑的功能不能发挥，甚至造成瘫痪。在防雷标准和防雷规范中，把建筑物分成一类、二类、三类防雷保护，由于智能建筑通常都是重要建筑物，所以智能建筑物大部分应按照一类防雷保护设计，那也应具备相应的防雷接地系统。

对于智能建筑的防雷接地系统，应特别注意对设备的隔离，使电子设备尽量远离防雷系统，建筑物应设计成均压、等电位和有多层次的防雷屏蔽层结构。对于防雷接地的一般规定以及防雷接地体、防雷接地引下线、防雷接闪器、等位面与均压环的设计、安装和施工分别叙述如下：

1. 防雷接地的一般规定

① 为了防止雷电波的侵入，所以进入建筑物的各种线路及金属管道应采用全线埋入的方法，并在入口端将电缆的金属外皮、钢管及金属管道与接地装置可靠地连接。若采用部分直接埋地引入时，电缆长度不应小于15m，其入户端电缆的金属外皮或钢管应与接地装置良好连接；在电缆与架空线连接处，还应装设避雷器，并与电缆的金属外皮或钢管及绝缘子铁脚连在一起接地，其冲击接地电阻不应大于10Ω。

② 进出建筑物的各种金属管道及电子、电气设备的接地装置,应在进出处与防雷接地装置作可靠连接。

③ 在有条件的情况下,应将防雷装置的接闪器和引下线与智能建筑物内的金属导电物体隔离,金属物体至引下线的距离,应符合公式:

当 $L_x \geqslant 5R_i$ 时:

$$S_{a1} \geqslant 0.075K_c(R_i + L_x)$$

当 $L_x < 5R_i$ 时:

$$S_{a1} \geqslant 0.3K_c(R_i + 0.1L_x)$$

$$S_{a2} \geqslant 0.075K_cL_x$$

地下各种金属管道及其他各种接地装置距防雷接地装置的距离应符合公式:

$$S_{ed} \geqslant 0.3K_cR_i$$

以上各式中 S_{a1}——当金属管道的埋地部分未与防雷接地装置连接时,引下线与金属物体之间的空气中距离(m);

S_{a2}——当金属管道的埋地部分已与防雷接地装置连接时,引下线与金属物体之间的空气中距离(m);

L_x——引下线计算点到地面长度(m);

S_{ed}——防雷接地装置与各种接地装置或埋地各种电缆和金属管道间的地下距离(m);

K_c——系数,单根引下线时 $K_c = 1$,两根引下线及接闪器,不成闭合环的多根引下线时 $K_c = 0.66$,接闪器成闭合环或网状的多根引下线时 $K_c = 0.44$。

这个计算距离不能小于 2m,如达不到要求时,应采取相互连接的措施,连接导线的最小截面。在流过大部分雷电流的连接导线的最小截面,见表 2-34。

流过大部分雷电流的连接导线的最小截面积　　表 2-34

防雷类别	材料	截面积 (mm^2)
一、二、三类	Cu(铜)	16
	Al(铝)	25
	Fe(铁)	50

在流过很小部分雷电流的连接导线的最小截面,见表 2-35。

流过很小部分雷电流的连接导线的最小截面积　　表 2-35

防雷类别	材料	截面积(mm^2)
一、二、三类	Cu(铜)	6
	Al(铝)	10
	Fe(铁)	16

④ 智能建筑物内的各种竖向金属管道每三层与圈梁或均压环的钢筋连接一次。底部必须与防雷装置相连接。

⑤ 为了防侧击雷,应将 30m 及以上部分外墙上的栏杆、金属门窗等较大金属物直接或通过金属门窗埋铁,并与防雷装置良好地连接。

⑥ 延伸至屋顶外的金属管道与构件,除保证其在接闪器保护范围内外,还应在户内、户外与防雷装置可靠地连接。

⑦ 对于一些有特殊防雷要求的系统及设备,如电视的共用天线,应按照相应的有关标准、规范所规定的进行设计、安装和施工。

2. 防雷接地体

智能建筑的地基是较理想的自然接地体。通常地基上端的钢筋已与承台面内的钢筋连接在一起。若未做到如此的地基,施工时可采用 40mm×4mm 的镀锌扁钢将未连成的钢筋连成一体,这样,也完成地基的整体连接,显然,这是一个非常理想的自然接地体系统。设计时根据这样的规定,绘制地基连接的平面图,并提出承台面内钢筋连接的要求,施工时按设计图纸要求,进行安装和施工。这样,就构成了防雷接地体。这接地系统的接地电阻,对于智能建筑，应保证小于1Ω。

3. 防雷接地引下线

防雷接地引下线，引下接地的方式有两种：

① 施工时利用柱子内的主钢筋来作为防雷接地引下线，柱子下端钢筋应与承台面内钢筋连成一体，没有连接的应采用40mm×4mm的镀锌扁钢，将其连成一体，并完成与自然接地体连成一体。柱子上端的钢筋应与建筑物顶层内的钢筋连成一体，若没有相连的，可采用40mm×4mm的镀锌扁钢将柱子上端的钢筋连接在一起，用金属丝绑扎或焊接均可。沿外墙柱子的钢筋应与建筑物顶层的防雷接闪器连接在一起。这种就完成了防雷接地的引下线。这种防雷接地引下线的施工方法，雷电泄漏点多，又不损坏建筑物的外观，而且施工比较方便，所以这种施工方法较好。

② 人工防雷接地引下线的施工方法是，采用100mm^{2}裸铜线或30mm×20mm的镀锡铜带，每隔2m作一次固定，引下线间距不大于18m。采用这种人工防雷接地引下线的方法时，应注意建筑物的外观，这种引下线施工方法较适用于平面空间窄小的塔楼建筑。

4. 防雷接闪器

雷电对建筑物及其设备，乃至人身有极大的危害，而且非常复杂，又具突然性，特别是直击雷和侧击雷，对于建筑物的屋脊、屋角、女儿墙与屋檐，都比较容易受到雷击，在建筑物顶上的设备与器具，更是比较容易受到雷击，为了有效地防止雷击，可以采用针带组合接闪器。其施工方法如下：

① 采用25mm×4mm的镀锌扁钢在建筑物顶上组成不大于10m×10m的网格，并延伸到女儿墙上，使墙沿均在避雷带的保护范围内。

② 在建筑物的最高点再设置避雷针，或多处设置避雷针，可用滚球法确定其保护范围。

③ 针带组合接闪器应与外墙柱子作为引下线的钢筋作可靠的连接。

5. 等位面与均压环

等位面与均压环(形成均压空间)可使智能建筑内的电子设备及综合布线更得到有效的保护,所以有其重要的意义。有了均压系统,在发生雷击时,不会造成高压集中向低电位物体反击的现象。

等位面与均压环的施工方法如下:

① 利用楼层内的钢筋与周围柱子的钢筋,将它们连成一体,整个楼面就成了防雷等电位面,这种等位面楼层是很好的防雷屏蔽层。施工方法有两种情况:一种是将等电位楼层在土建施工时自然完成。另一种对于预制式楼板,应在预制楼板内预埋供防雷接地装置连接的扁钢,在土建施工时将这些预埋扁钢与防雷装置作可靠的连接。

② 对于均压环,可将智能建筑30m及以上,每三层利用圈梁的钢筋,与外墙所有柱子的钢筋作可靠的连接,这一连接整体自然构成了均压环。若没有圈梁的建筑物,可在30m及以上每隔三层,采用40mm×4mm的镀锌扁钢或ϕ12mm的圆钢,将建筑物外墙柱子内钢筋连成一体,成为一个闭环,这种均压环能使建筑物内形成一个防雷均压场。保证雷击时,建筑物和其设备以及人身的安全。

从以上叙述,对于智能建筑,它具有一个良好的接地体,多根防雷引下线,多层屏蔽等电位面,以及均压空间,称为法拉第笼结构,电子设备处在法拉第笼内。这样,完成了智能建筑的完善的防雷接地系统。这个系统也是智能建筑接地系统的基础。

第六节　交流高压接地开关

高压接地开关是三相交流电力系统中的接地装置,供高压超高压线路在检修电气设备时接地之用,以确保检修人员和设备的安全。

由于高压接地开关通常是与高压隔离开关配合使用,随着高压隔离开关的发展,高压接地开关的发展与之相适应,品种和技术参数、性能指标不断提高,结构也不断改进,组合方式更为合理,可靠性也得到提高,按照国家标准或 IEC 国际标准研制、开发和生产。目前生产的有 12~550kV 级的各电压等级的接地开关,可以满足实际使用的要求。

JW1-35、60、110G 型接地开关,是近年来在简易变电所和一般非重要线路的变电所中使用较多的一种新型的简易电器。

JW1-220 型接地开关是一种单独安装的户外接地装置。它通常是与 GW6-220G 型单柱隔离开关配合使用,供上层母线接地用,也可以在其他场合用它来接地,以便安全地检修电气设备。

JW1-35、60、110G 配用的 CS1-XG 机构有 5 个脱扣线圈,可由煤气继电器控制的电压线圈,也可由电流互感器供电的瞬时过载脱扣器,因而接地开关不但可以用来保护变压器,而且还可以作线路出线端的故障保护。根据接地开关性能,提出以下几种使用方式:

①JW1-35、60、110G 型接地开关与快分隔离开关 GW5-35、60、110ⅡK 型联合使用,见图 2-49。

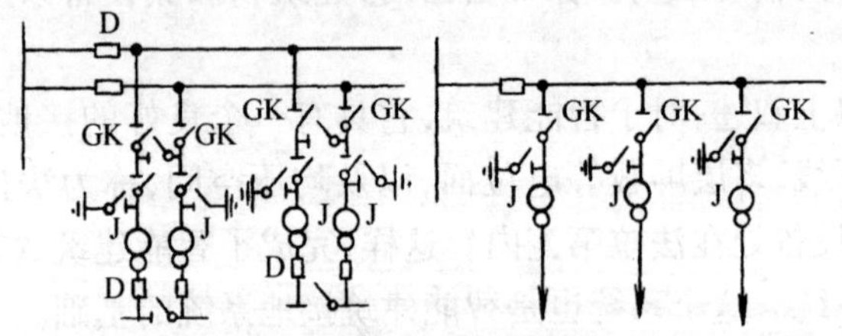

图 2-49　接地开关与快分隔离开关联合使用线路方案

D—断路器　GK—快分隔离开关　J—接地开关

这种方式用在高压线路的分支变电所内,当任一变压器发生故障或支线线路故障时,继电保护使相应的接地开关合闸,此时,上一级断路器分闸,接着快分隔离开关自动急速分闸,随后断路器重新合闸,而其余线路恢复正常供电,由于所有这些动作能在总共不到 1s 的时间内完成,因而对非故障线路的影响是很小的。

② JW1-35、60、110G 型接地开关与 GW5-35、60、110Ⅱ型隔离开关配合使用对于只供电给一个单台变压器的变电所，可以用隔离开关和接地开关配合使用(图 2-50)。

③ 接地开关还可与熔断器联合使用，见图 2-51。

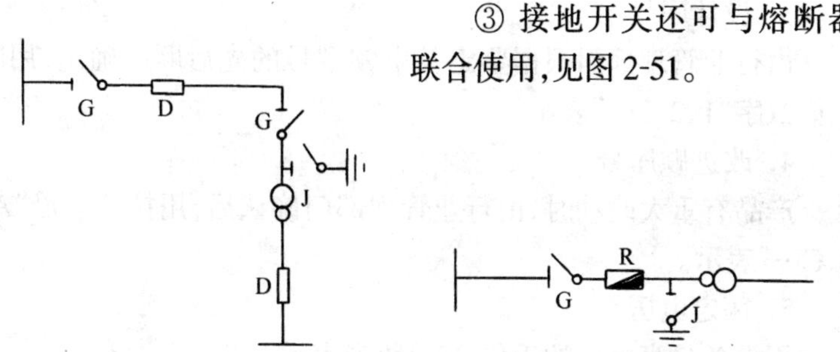

图 2-50 接地开关与隔离开关联合使用线路方案　　图 2-51 接地开关与熔断器联合使用线路方案

一、接地开关型号表示方法及含义

(一) 型号表示方法

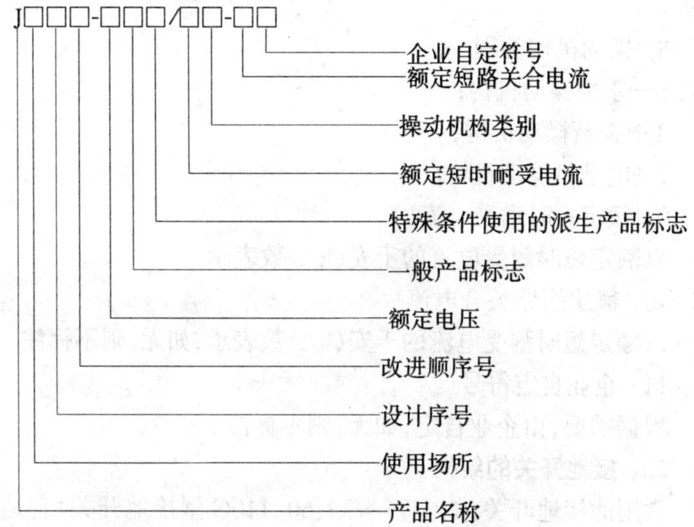

(二) 含义

1. 产品名称

"接地开关"用第一个汉字汉语拼音的第一个字母表示,即"J"。

2. 使用场所

对于户内场所,用"N"表示,对于户外场所,用"W"表示。

3. 设计序号

由行业管理部门根据鉴定及申领型号的先后顺序确定,用阿拉伯数字"1、2、3…"表示。

4. 改进顺序号

产品有重大改动时,由行业管理部门确认后,用拉丁字母"A、B、C…"表示。

5. 额定电压

用设备最高电压的千伏(kV)数来表示。

6. 一般派生产品标志

一般派生产品标志的规定符号见 JB/T8754—1998。

7. 特殊条件使用的派生产品标志

特殊条件使用的派生产品标志的规定符号见 JB/T8754—1998。

8. 操动机构类别

S—手力操动机构;

T—弹簧操动机构;

J—电动机操动机构。

9. 额定短时耐受电流

以额定短时耐受电流的千安(kA)数表示。

10. 额定短路关合电流

以额定短时耐受电流的千安(kA)数表示,如无,则不标注。

11. 企业自定符号

根据需要,由企业自定,如无,则不标注。

二、接地开关的结构

常用的接地开关,如 JW1—35、60、110G 型接地开关,它是由底座、闸刀、支持绝缘子、静触头及合闸缓冲器等部分组成。合闸缓冲器的作用是吸收闸刀合闸时的能量,防止闸刀反跳。这几种接地开关配用 CS1-XG 机构，这种机构用手力操作使开关分闸，借机构掣子使开关保持在分闸位置，当继电保护动作，机构掣子脱扣后，靠开关本体的弹簧力自动合闸。CS1-XG 机构可装 5 个脱扣线圈。JW1-35 型由三个独立的单极组成，中间装有合闸弹簧，配用一台 CS1-XG 机构；JW1-60 型由三个或两个独立单极组成，其中一极装有合闸弹簧，配用一台 CS1-XG 机构；JW1-110G 型由一个单极组成，配用一台 CS1-XG 机构；JW1-220 型配用 CS17-G 型手力操作机构。

三、JW1-35、60、110G、220 型接地开关的技术数据

常用的 JW1-35、60、110G 型接地开关的技术数据，应包括额定电压、最高电压、热稳定电流、峰值合闸电流、工频耐压、雷电冲击耐压、合闸时间及爬电距离等。JW1-35、60、110G 型接地开关的主要技术数据见表 2-36。

JW1-35、60、110G 型接地开关的主要技术数据　　表 2-36

型　号	额定电压(kV)	最高电压(kV)	2s 热稳定电流(kA)	最大合闸电流(峰值)(kA)	1min 工频耐压(kV)	雷电冲击耐压(kV)	接线端静拉力(N)	合闸时间不大于(s)	爬电距离(mm)		重量(kg)
									普通	防污	
JW1-35G	35	40.5	18	30	80	185	500	0.2(三相)	600	875	
JW1-60G	60	69	18	30	140	325	500	0.25(二相)	1075	1600	
JW1-110G	110	126	18	40	230	550	750	0.25	1870	2750	

JW1-220 型接地开关的主要技术数据见表 2-37。

JW1-220 型接地开关主要技术数据　　表 2-37

型　号	额定电压	最高电压	动稳定电流	1s 热稳定电流	1min 工频耐压		雷电冲击耐压	接线端额定静拉力	爬电距离		单极重量
					干试	湿试			普通	防污	
	kV		kA		kV			N	mm		kg
JW1-220	220	252	23	10	470	425	900	1000	3740	5500	195

CS1-XG 型操动机构在接地开关中占有重要位置,而这种操动机构,通常采用电磁铁,则其线圈是必须采用的,又是容易损坏的组件。而采用的线圈有直流电压线圈和交流电压线圈两类,其交流线圈,有的又常采用电流互感器供电。其电压值,合闸功率当然是其重要的参数。CS1-XG 型操动机构的线圈数据和类型,见表 2-38 和表 2-39。

CS1-XG 型操动机构线圈数据　　表 2-38

数据 项目 \ 线圈型号	切断电磁铁							交流过载脱扣电磁铁
	直流电压线圈(V)				交流电压线圈(V)		电流互感器供电的切断电磁铁	
额定值	24	48	110	220	110	220	动作电流为 3.5A	5～10A
合闸功(VA)	≈120	≈120	≈140	≈160	≈200	≈300	≈40	35～40

CS1-XG 操动机构线圈类型　　表 2-39

代号 \ 使用数据 \ 线圈类别	过载脱扣电磁铁	切断电磁铁	
		(T1-4)其动作由电压源供给	(T1-5)其动作由易饱和电流互感器供给
CS1-XG/11114	4	1	
CS1-XG/00114	2	1	
CS1-XG/00455		1	2
CS1-XG/00004		1	

开关与 CS1-XG 型操动机构的装配图见图 2-52。

四、JW2 系列接地开关

JW2 系列接地开关是一种独立安装的户外接地装置,供高压、超高压线路在检修电气设备时,为确保人身安全而进行接地之用。在采用 GW6 系列单柱隔离开关的场所,通常用它满足对上层母线接地的需要。

JW2 系列接地开关为分步动作式结构,具有操作力小,接触可靠和承受短路电流能力强等优点。又分为“交叉联动”、“一列式联动”和“单相操作”三种规格。

JW2 系列接地开关配用 CS9-G 型手力机构操作。JW2-220 型接线端拉力 1000N 的采用抗弯 4kN 绝缘子,2000N 的采用抗弯

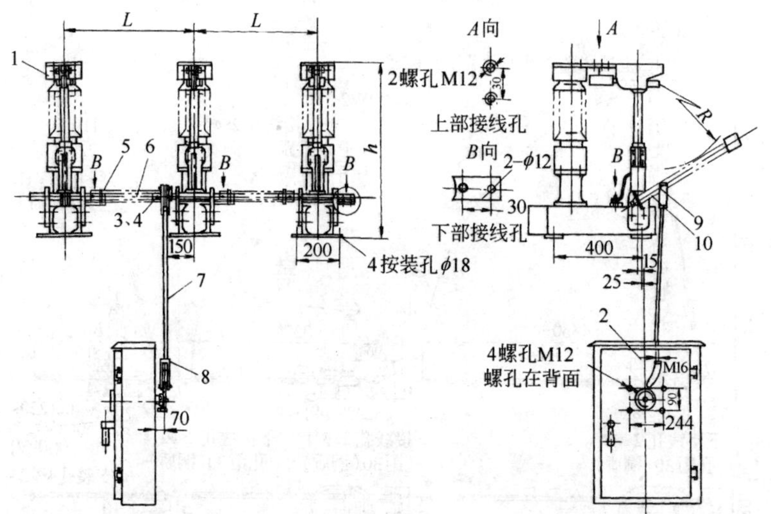

图2-52　JW1-35、60、110G型接地开关与CS1-XG型操动机构联合装配图
1—接地开关；2—CS1-XG型操动机构；3—$\phi12\times50$带孔销；
4—$\phi4\times20$开口销；5—$\phi8\times50$圆锥销；6—1¼in水煤气管；
7—M16连接杆；8—M16螺母；9—接头；10—拐臂

6kN绝缘子，3000N的采用抗弯8kN绝缘子。JW2-35(W)型接地开关为一步动作式结构，兼作支持母线，主要用于无功补偿电容器组接地用，三相联动，并采用CS17-G型手力机构操作。

JW2型接地开关由接地刀杆、静触头、支柱绝缘子和底座组成。其结构见图2-53。

从图中可以看出，JW2型接地开关在合闸过程中接地刀杆先回转一定角度(≈80°)，接着变为上伸运动，使动触头插进静触头中。分闸过程与此相反，接地刀杆先下缩一定距离，使动触头拔出静触头，然后转到分闸终点。

JW2-220接地开关作支持母线用时，其顶端面至底面高度为(A-55)mm。

JW2-220采用12kN高强防污绝缘子，其顶罩安装孔尺寸为4-ϕ18mm，孔距ϕ225mm。

JW2-220(拉力3kN)的重污型(爬距6300mm)顶罩安装孔尺

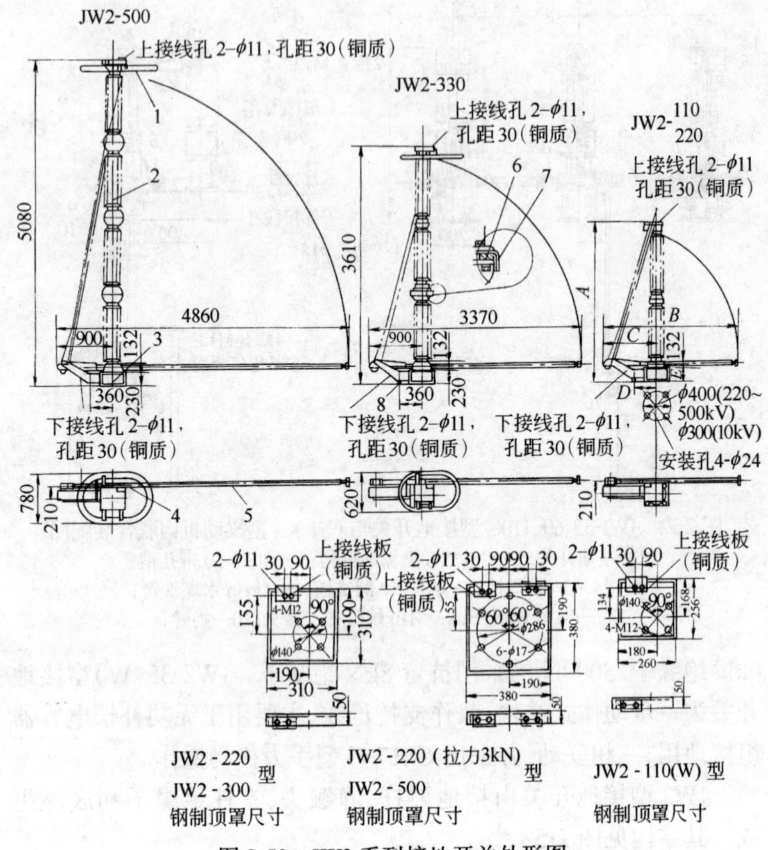

图 2-53 JW2 系列接地开关外形图

1—均压环；2—支柱绝缘子；3—底座；4—静触头；5—接地刀杆；6—连接垫；7—罩；8—操作轴

寸为 4-ϕ20mm，孔距 ϕ250mm。

JW2 型接地开关的技术数据，包括额定电压、最高电压、动稳定电流、热稳定电流、长期通流能力、接线端额定静拉力、工频对地耐压、操作对地冲击耐压，以及爬电距离等。选用时还应注意使用方式，如交叉联动，一列式联动或单相操作等，选用时对手工机构是否是挂装编码锁还是附装电磁锁，以及电磁锁的电压进行选择和说明。JW2 系列接地开关的主要技术数据见表 2-40。

JW2 系列接地开关主要技术参数 **表 2-40**

型号	额定电压	最高电压	动稳定电流	热稳定电流	长期通流能力	接线端额定静拉力	1min 工频耐压对地	雷电冲击耐压对地 1.5/40μs	操作冲击耐压对地 250/2500μs	爬电距离	单极重量	备注
	kV		kA-S		A	N	kV			mm	kg	
JW2-35 (W)	35	40.5	50	20－3		750	95	185	—	1300	70	
JW2-110 (W)	110	126	100	40－3	600	1500	230	550	—	普通 1870 防污 2750 3150	145	可用于海拔 2500m
JW2-220 (W)	220	252	100 125	40－3 50－3	600	1000	395	950	—	普通 3740	230	可用于海拔 2000m
						2000 3000	460	1050	—	防污 5500 6300		可用于海拔 2900m
JW2-330 (W)	330	363 (420)	100	40－2	600	1500	510	1300	950	普通 5610 防污 8180	400	
JW2-500 (W)	500	550	100	40－2	600	1500	湿:680 干:740	1670	湿:1175 干:1240	普通 7480 防污 11600	700	

JW2 系列接地开关的外形,及其与操动机构的联合安装情况见图 2-54。

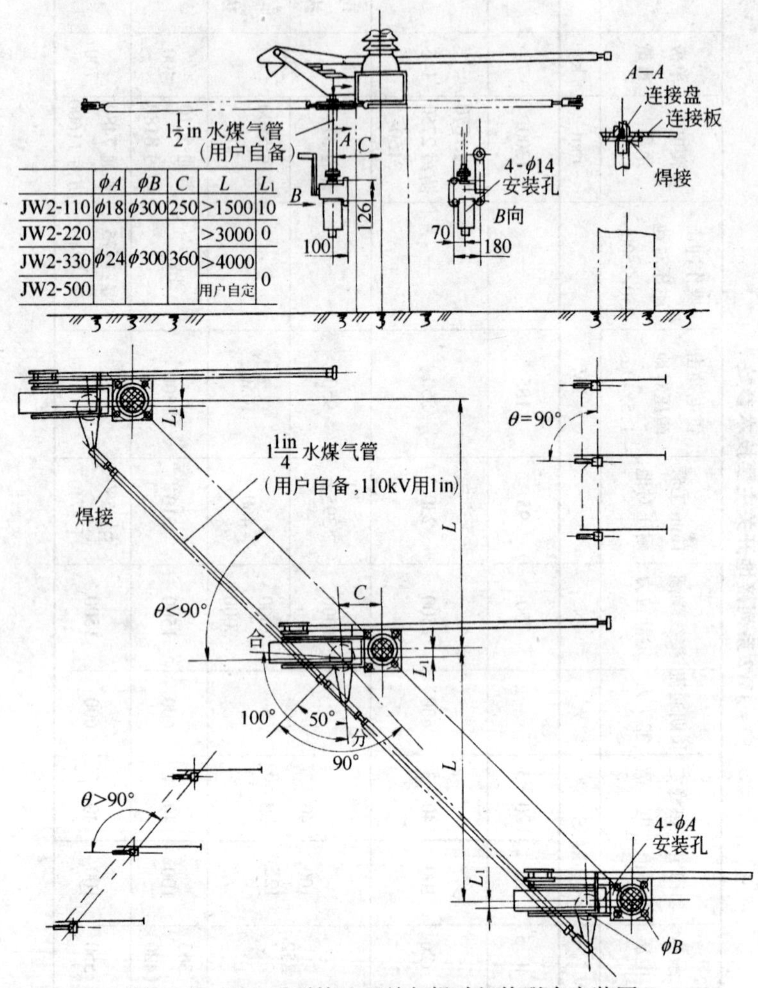

	ϕA	ϕB	C	L	L_1
JW2-110	ϕ18	ϕ300	250	>1500	10
JW2-220				>3000	0
JW2-330	ϕ24	ϕ300	360	>4000	0
JW2-500				用户自定	

图 2-54 JW2 系列接地开关与操动机构联合安装图

图中所示的为交叉式布置,安装时根据实际布置方式在连接极上配钻 ϕ14mm 的孔 4 个,再用螺钉固定,以保证旋转角度。图中所示也可供“单相操作”的联合安装方式参照。对于 110kV 相间连杆，在安装时应准备 1in 水煤气管。

五、JW3-500、JW3-220、330 型户外、高压接地开关

JW3-500 型和 JW3-220、330 型接地开关是三相交流 50Hz 户外高压开关设备，用于额定电压 220～500V 电力系统中，供高压母线接地用。

500kV 级产品配用 CJ6 型电动机操动机构，220V、330kV 级产品配用 CS□型人力操动机构，并附有 DSW3 户外电磁锁。

接地开关按其绝缘支柱的不同可分为普通型、耐污型和加强型三种。耐污型产品爬电比距 2.5cm/kV，加强型产品支柱绝缘子抗弯破坏负荷不小于 8kN，其中耐污型和加强型产品的绝缘强度可适用于海拔 2500m 地区。

JW3-500 型接地开关可耐受地震水平加速度 3.92m/s^2、垂直加速度 1.96m/s^2（相当于 9 级烈度的地震）。

接地开关制成单极形式，由三个单极组成一台三极电器，其动作方式：500kV 为伸缩式，330kV 和 220kV 为分步动作式。具有操作力小，动作可靠及占地面积小等优点。分闸时保证高压母线通过绝缘支柱对地绝缘；合闸时实现高压母线接地。产品结构包括底座、绝缘支柱、传动装置、导电闸刀、静触头、操动机构。

500kV 级产品配用 CJ6 型机构，单极操作，并可装设三相电气汇控柜进行电气联动操作，330kV 级产品配 CS 型人力机构单机操作，220kV 级产品配 CS 型、人力机构三极机械联动操作，也可单极操作。

JW3 系列接地开关的技术数据，有额定电压、最高工作电压、峰值动稳定电流、热稳定电流、支柱绝缘子抗弯破坏负荷、额定频率、无线电干扰水平，以及衡量绝缘水平的，如工频耐压、雷电冲击耐压、操作冲击耐压等。JW3 系列接地开关的主要技术数据见表 2-41。

JW3 系列接地开关主要技术参数　　表 2-41

型　号	JW3-220	JW3-330	JW3-500	JW3-500Ⅰ
额定电压（kV）	220	330	500	500
最高工作电压（kV）	252	363	550	550

续表

型号				JW3-220	JW3-330	JW3-500	JW3-500Ⅰ
额定动稳定电流(峰值)(kA)				100　125	100	100	125
2s 热稳定电流(有效值)(kA)				40　50	40	40	50(3s)
支柱绝缘子抗弯破坏负荷(N)		普通型		4000	4000	5000	5000
		加强型		8500	5000	9800	9800
		耐污型		4000 和 8500	4000	9800	9800
额定绝缘水平	1min 工频耐压(有效值)(kV)	对地	Ⅰ	395	510	790(湿)	680
			Ⅱ	465	600	890(干)	790
	雷电冲击耐压(峰值)(kV)	对地	Ⅰ	950	1175	1675	1675
			Ⅱ	1120	1382	1675	1675
	操作冲击耐压(峰值)(kV)	对地	Ⅰ	—	950	1300(干)	1175
			Ⅱ	—	1120	1240(湿)	1240
额定频率(Hz)				50	50	50	50
无线电干扰水平(μV)				在 1.1 倍最高工作相电压下不大于 2500			

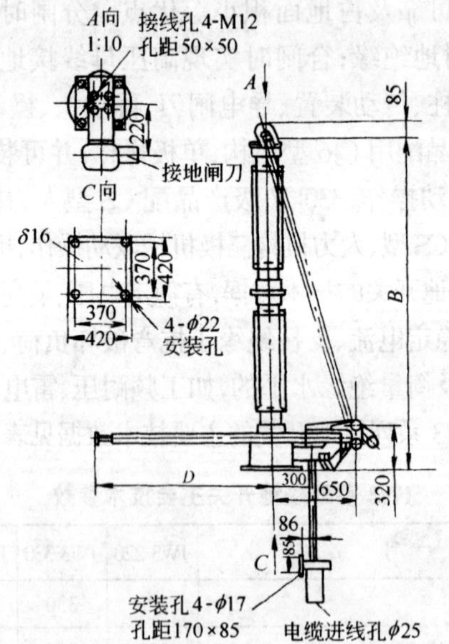

图 2-55　JW3-220 型接地开关外形及安装尺寸图

JW3-200 型接地开关的外形及安装尺寸见图 2-55。

JW3-330 型接地开关的外形及安装尺寸见图 2-56。

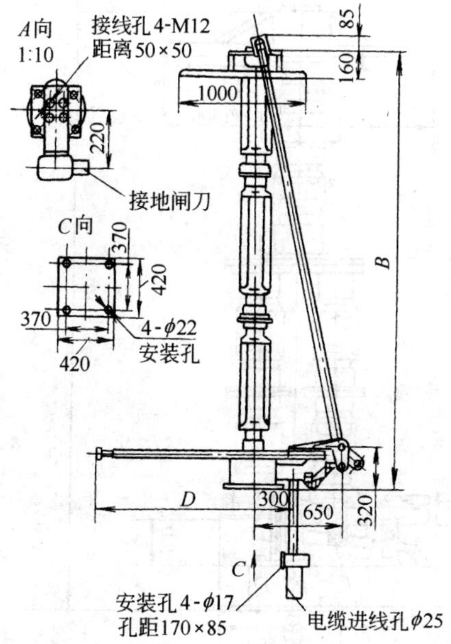

图 2-56 JW3-330 型接地开关及安装尺寸图

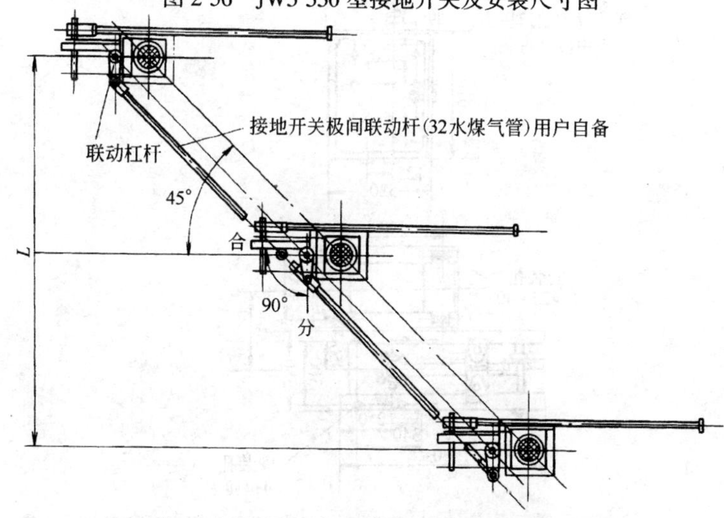

图 2-57 JW3-220、330 型接地开关联合安装图

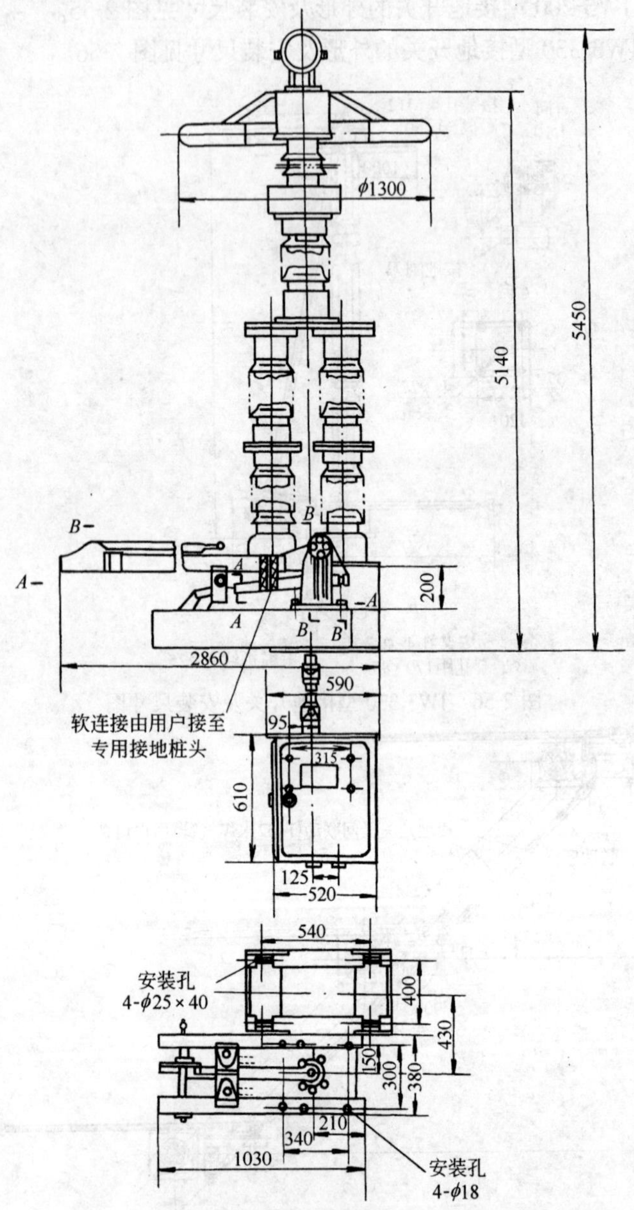

图 2-58 JW3-500 型高压接地开关外形及安装尺寸图

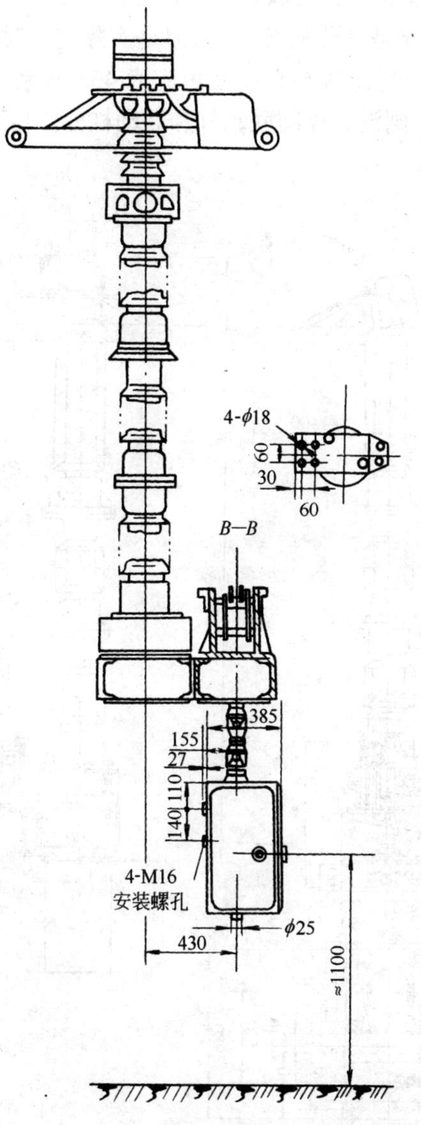

图 2-59　JW3-500 型户外高压接地开关外形及安装尺寸图

JW3-220、330 型接地开关联合安装情况见图 2-57。

图中所示的情况是按分相布置的，但是实际使用时若采用并列布置，则联动杠杆与瓷瓶中心线夹角应为 45°，其余完全相同。在单极操作方式时，则没有极间联动杆和联动杠杆。相间距离 L，

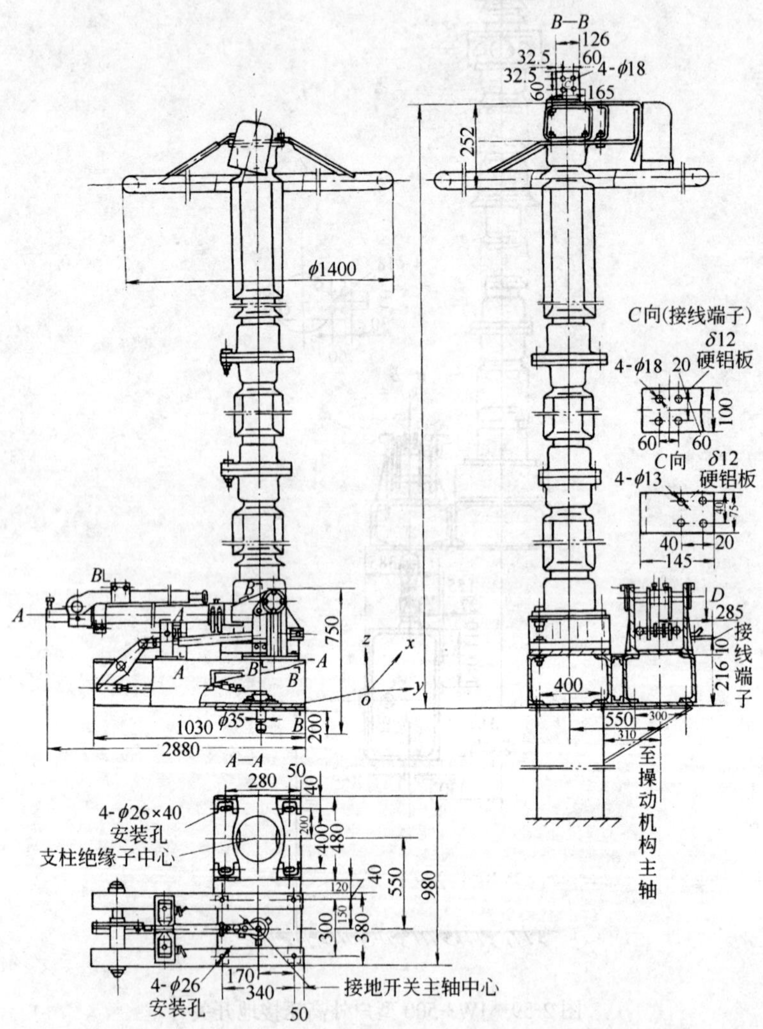

图 2-60　JW3-500 I 型高压接地开关外形及安装尺寸图

通常 220kV≥2800m，而 330kV≥4000m，安装时，根据情况选用。

JW3-500 型高压接地开关的外形及安装尺寸见图 2-58。

JW3-500 型户外高压接地开关的外形及安装尺寸见图 2-59。

JW3-500 Ⅰ型高压接地开关的外形及安装尺寸见图 2-60。

六、JW4-500(W)型接地开关

JW4-500(W)型接地开关是一种独立安装的户外接地装置，供超高压线路在检修电气设备时，为确保人身安全而进行接地之用。在采用 500kV 单柱隔离开关的场所，通常用它来实现对上层母线的接地。它的动触头为折叠式结构，占地面积小，操作轻便，接触可靠，具有较好的动热稳定性能。每相配用一台 CJ2-XG 型电动机操动机构或 CS9-G 型手力操动机构。

JW4-500(W)型接地开关主要由接地动触头、静触头、底座和支柱绝缘子等部分组成。

合闸：当操作轴按顺时针方向转动时，通常转臂和连杆，带动支撑管向上转动。支撑管顶部经连板传动，而使上导电管作向上伸展运动，并使动触头基本上按直线轨迹上升，最终，在支撑管转动 90°后，动触头插进静触头中。

分闸：操作轴按逆时针方向转动。动触头从静触头中拔出，然后继续下落，直至动触头完全折拢。

JW4-500(W)型接地开关的主要技术数据见表 2-42。

JW4-500(W)型接地开关主要技术参数　　表 2-42

<table>
<tr><th rowspan="2">额定电压(kV)</th><th rowspan="2">最高电压(kV)</th><th rowspan="2">动稳定电流(峰值)(kA)</th><th rowspan="2">3s 热稳定电流(有效值)(kA)</th><th rowspan="2">接线端额定静拉力(N)</th><th colspan="2">1min 工频耐压对地(kV)</th><th colspan="2">操作冲击耐压对地 250/2500μs(kV)</th><th rowspan="2">雷电冲击耐压全波 1.2/50μs(kV)</th><th colspan="2">爬电距离(mm)</th><th rowspan="2">单极重量(kg)</th><th rowspan="2">备注</th></tr>
<tr><th>干试</th><th>湿试</th><th>干试</th><th>湿试</th><th>普通</th><th>防污</th></tr>
<tr><td>500</td><td>550</td><td>125</td><td>50</td><td>2000</td><td>890</td><td>790</td><td>1300</td><td>1240</td><td>1675</td><td>8800</td><td>13750</td><td>1200</td><td></td></tr>
</table>

JW4-500(W)型接地开关的外形及安装尺寸见图 2-61。

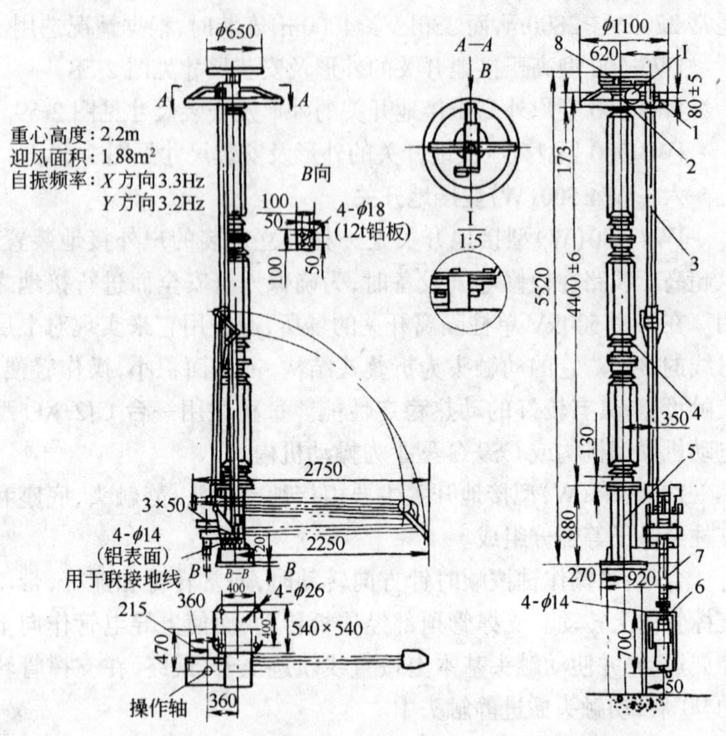

图 2-61　JW4-500(W)型接地开关外形尺寸及安装图

1—静触头；2—均压环；3—接地闸刀；4—支持绝缘子；5—底座；6—CJ2-XG 型电动机构；(或 CS9-G 手力机构)；7—φ60×6 无缝钢管(用户自备)；8—一次接线端子(见 B 向图)

七、JW5、JW6 型户外接地开关和部分户内接地开关

(一) JW5、JW6 型户外接地开关

JW5、JW6 型户外接地开关的技术数据，包括额定电压，峰值动稳定电流、热稳定电流等，见表 2-43。

JW5、JW6 型户外接地开关主要技术参数　　　　**表 4-43**

型　号	JW5-550	JW6-252
额定电压(kV)	550	252

续表

型　　号	JW5-550	JW6-252
动稳定电流(峰值)(kA)	125	125
热稳定电流(kA-s)	50-3	50-3
配　用　机　构	CSA 或 CJ7A	CS17-Ⅱ

(二) 部分户内接地开关

户内接地开关的种类较多,型号规格亦多,常见的有:JN1 系列、JN2 系列、JN12 系列、JN15 系列等。其主要技术数据,包括额定电压、热稳定电流、动稳定电流、峰值关合电流等。部分户内接地开关的数据见表 2-44。

部分户内接地开关主要技术参数　　**表 2-44**

型　　号	JN1-10 (C)Ⅰ	JN1-10 Ⅲ	JN2-10/Ⅰ	JN2-10 (G)(Q) JN2-10/Ⅱ	JN4-10 (G)(Q)
额定电压(kV)	10	10	10	10	10
4s 热稳定电流(kA)	12.5～31.5	12.5～40	20	31.5	31.5,40
动稳定电流(峰)(kA)	32～80	32～100	50	80	80,100
关合电流(峰)(kA)				50	80
额定电压(kV)	35	10	6,10	10	35
4s 热稳定电流(kA)	25	31.5,40	12.5	31.5	20
动稳定电流(峰)(kA)	63	80,100	32	80	50
关合电流(峰)(kA)	63	80,100	32	80	50

八、CJ6、CJ6-Ⅰ型电动机操动机构

CJ6、CJ6-Ⅰ型电动机操动机构属于户外用动力式机构,供 63～500kV 高压隔离开关分、合闸操作用。

机构由交流电动机驱动,通过齿轮、蜗轮、蜗杆减速装置将力

矩传递给机构输出轴。机构配有6常开、6常闭或8常开、8常闭的辅助开关，并设有人力分、合的手动装置。

CJ6-Ⅰ型机构并设有加热器，照明灯、手动闭锁开关等元件。

电动机操动机构的技术数据，包括主轴转角、输出转矩，电动机的功率和电压，分、合闸线圈的电压以及操作时间等。CJ6及CJ6-Ⅰ型电动机操动机构的技术数据见表2-45及表2-46。

CJ6型技术参数 **表2-45**

型号	CJ6-1	CJ6-2	CJ6-3	CJ6-4	备注
主轴转角	180°	90°	180°	90°	
额定输出转矩(Nm)	750	750	500	500	
电动机功率(kW)	0.6	0.6	0.6	0.6	
分、合闸线圈控制电压(V)	AC 220 380	AC 220 380	AC 220 380	AC 220 380	按用户订货供应
电动机电压(V)	AC380	AC380	AC380	AC380	
操作时间(s)	7.5	3.75	3	1.5	
机构重量(kg)	95	95	95	95	

CJ6-Ⅰ型技术参数 **表2-46**

型号	CJ6-Ⅰ1	CJ6-Ⅰ2	CJ6-Ⅰ3	CJ6-Ⅰ4	备注
主轴转角	180°	90°	180°	90°	
额定输出转矩(Nm)	1200	1200	700	700	
电动机功率(kW)	1.1	1.1	1.1	1.1	
分、合闸线圈控制电压(V)	AC380、220 DC220、110	AC380、220 DC220、110	AC380、220 DC220、110	AC380、220 DC220、110	按用户订货供应
电动机电压(V)	AC380	AC380	AC380	AC380	
操作时间(s)	8	4	4	2	
机构重量(kg)	100	100	100	100	

CJ6-Ⅰ型电动机操动机构的结构图如图 2-62。

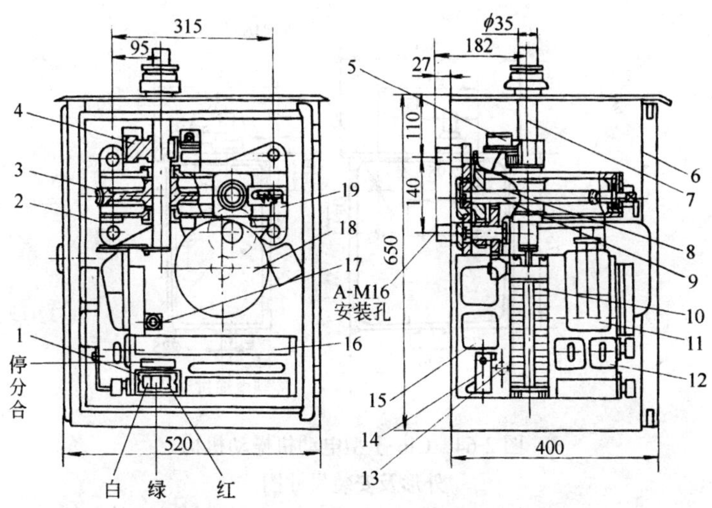

图 2-62 CJ6-Ⅰ型电动机操动机构结构图

1—按钮；2—框架；3—蜗轮；4—定位件；5—行程开关；6—箱；7—主轴；8—齿轮；9—蜗杆；10—辅助开关；11—刀开关；12—组合开关；13—加热器；14—热继电器；15—接触器；16—接线端子；17—照明灯座；18—电动机；19—手动闭锁开关

CJ6 型电动机操动机构的外形及安装尺寸见图 2-63。

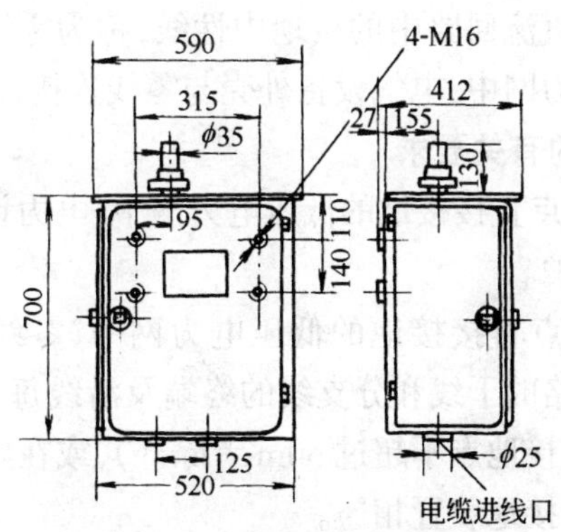

图 2-63 CJ6 型电动机操动机构外形及安装尺寸图

CJ6-Ⅰ型电动机操动机构的外形及安装尺寸见图 2-64。

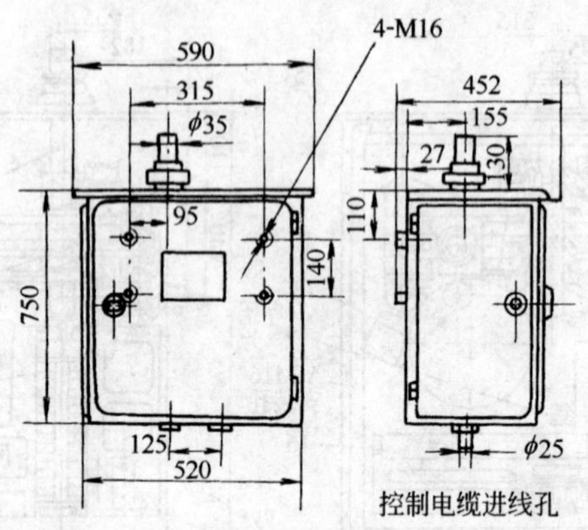

图 2-64　CJ6-Ⅰ型电动机操动机构外形及安装尺寸图

第七节　接　零

一、接零的定义

接零首先涉及零线。与变压器或发电机直接接地的中性点连接的中性线或直流回路中的接地中性线,称为零线。中性点直接接地的低压电力网中,电气设备外壳与零线连接称为接零。

二、接零的有关要求

1. 在中性点直接接地的低压电力网中,电力设备的外壳宜采用低压接零保护。

2. 在中性点直接接地的低压电力网中,零线应在电源处接地。在架空线路的干线和分支线的终端及沿线每 1km 处,零线应重复接地(但距接地点不超过 50m 者除外),或在屋内将零线与配电屏、控制屏的接地装置相连。

零线的重复接地,应充分利用自然接地体。

直流电力网的零线重复接地,应采用人工接地体,并不得与地下金属管道等连接。

3. 配电线路零线每一重复接地装置的接地电阻不得超过10Ω。在电力设备接地装置的接地电阻允许达到10Ω的电力网中，每一重复接地装置的接地电阻不应超过30Ω，但重复接地不应少于三处。

4. 为防止触电危险，在低压电力网中，严禁利用大地作相线或零线。

5. 如用电设备较少、分散，采用接零保护有困难，且土壤电阻率较低时，可采用低压接地保护。但如用电设备漏电，设备外壳和与其有电气连接的金属部分可能带电时，应采取装设自动切除接地故障的继电保护装置，使用绝缘垫、安装围栏或采取均压等安全措施。

由同一台发电机、同一台变压器或同一段母线供电的低压线路，不宜采用接零、接地两种保护方式。

6. 在低压电力网中，全部采用接零保护确有困难时，也可同时采用两种(接零、接地)保护方式。但不接零的电力设备或线段，应装设能自动切除接地故障的继电保护装置。

在城防、人防等潮湿场所或条件特别恶劣场所的供电网中，电力设备的外壳应采用接零保护。

7. 零线上不应装设开关和熔断器；单相开关应装在相线上。

8. 当发生单相短路时，为保证人身和设备安全，其单相短路电流必须能使最近一组保护装置迅速可靠地动作，即应满足下式要求：

$$I_{K}^{(1)} \geqslant K I_{N}$$

式中 $I_{K}^{(1)}$——单相接地短路电流(A)；

I_{N}——熔断器熔体的额定电流，自动开关瞬时或短延时过电流脱扣器的整定电流(A)；

K——动作系数，采用熔断器保护时 $K=4$；采用自动开关保护时 $K=1.25$；对防爆车间 $K=1.5$。

9. 在同时符合下列条件时，照明线路的零线可兼作由另一线路供电的电力设备接地线：

(1) 线路均由在同一接地网接地的变压器供电；

(2) 零线的电导符合要求；

(3) 线路供电时，零线不可能断开。

三、低压配电系统的接地型式

1．低压配电系统的接地型式如表 2-47 所示。

2．各种接地型式的配电系统的适用范围

从技术和安全方面考虑，其适用范围一般可如下划分：

(1) 在一般三相负荷基本平衡，有专职电工负责维护管理电气装置的工业厂房可采用 TN-C 系统。

(2) 在单相试验负荷较大和有可控硅负荷的科研试验单位，宜采用 TN-S 或 TN-C-S 系统。

(3) 附设有或附近有变电所的高层建筑可采用 TN-S 系统。

(4) 电子计算机房、生产和使用电子设备的厂房，当电子计算机和电子设备本身未指定接地型式时，宜采用 TN-S、TN-C-S 或 TT 系统。

(5) 负荷小而分散的农村低压电网宜采用 TT 系统。

(6) 在火灾和爆炸危险厂房中宜采用 TT、IT 或 TN-S 系统。

(7) 由城市公用低压线路供电的民用建筑和工厂，应按供电部门的规定采用 TT 系统；由本单位自设变压器供电和管理的居住区民用建筑，可采用 TN-C-S 系统。

(8) 对不间断供电要求高的某些场所(如矿山、井下等)宜采用 IT 系统。

3．配电系统接地的要求

1) 电气装置的外露导电部分应与保护线连接。

2) 能同时触及的外露导电部分应接至同一接地系统。

3) 建筑物电气装置应在电源进线处作总等电位联结。

(1) TN 系统

1) 电气装置的外露导电部分应采用保护线与电力系统的接地点即中性点连接。

表 2-47

低压配电系统的接地型式

系统名称		系统特点		接地型式电路图
TN系统	TN-C系统	在此系统内，电源有一点与地直接连接，负荷侧电气设备的外露可导电部分则通过PE线与该接地点连接	N线与PE线合用一根导线PEN线	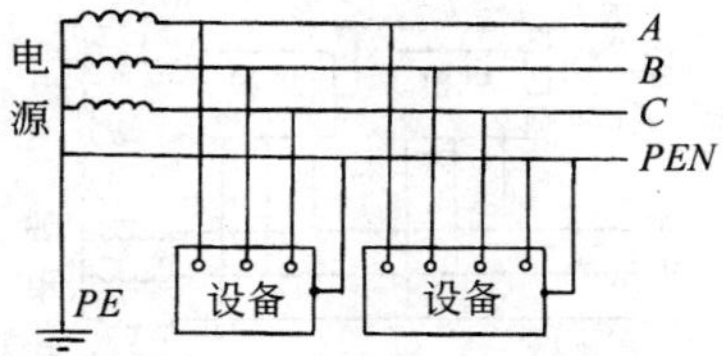 电源 A B C PEN PE 设备 设备
	TN-S系统		N线与PE线分开，各用一根导线	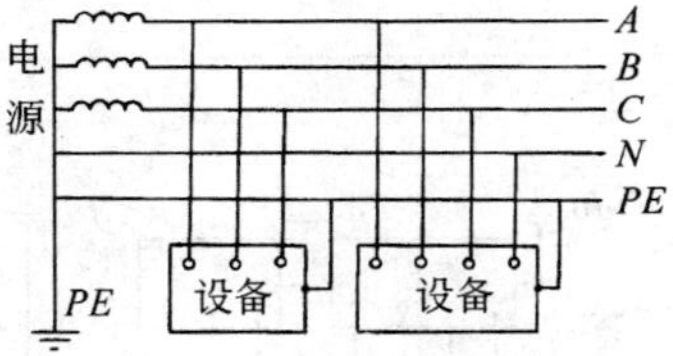 电源 A B C N PE PE 设备 设备
	TN-C-S系统		一部分N线与PE线合用一根导线PEN线，系统后面有一部分N线与PE线分开	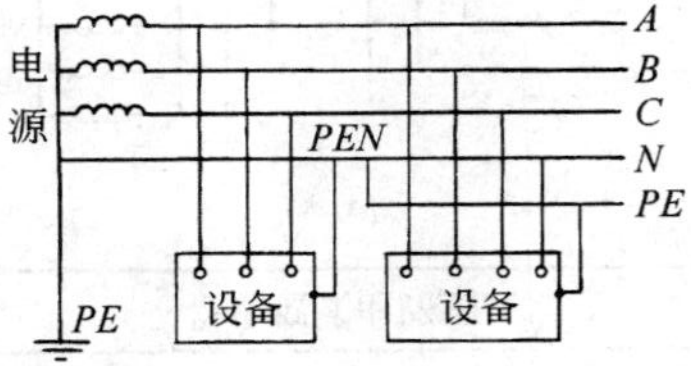 电源 A B C N PE PEN PE 设备 设备

续表

系统名称	系统特点	接地型式电路图
TT 系 统	在此系统内,电源有一点与地直接连接,负荷侧电气设备的外露可导电部分也各自与地连接,电源的接地体与负荷侧的接地体间无电气联系	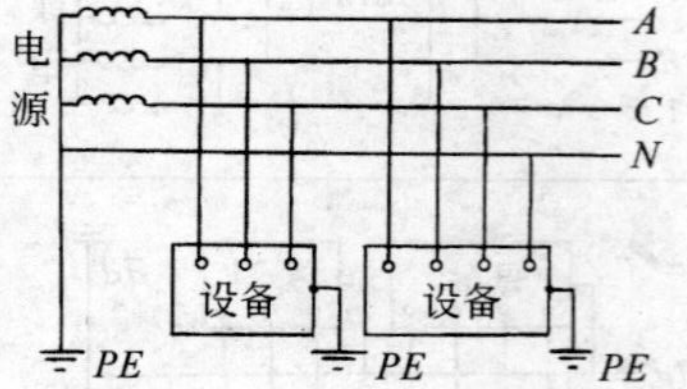 电源 A B C N 设备 设备 PE PE PE
IT 系 统	在此系统内,电源与地没有直接联系,负荷侧电气设备的外露可导电部分则各自接地	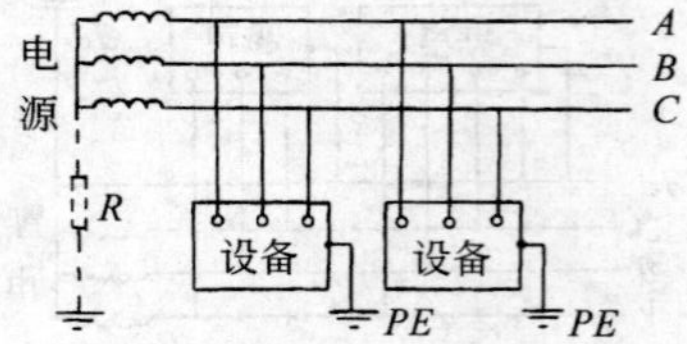 电源 A B C R 设备 设备 PE PE

如果电力系统的中性点不可能得到或不可能达到,则可在变电所将一根相线接地,但严禁将此相线作为保护接地线使用。

2) 保护线应在电气装置的每台电力变压器或发电机的靠近处接地。若有其他有效的接地连接体,应尽量将保护线与其相连,并尽量均匀地作多处接地,则发生接地故障时可使保护线的电位尽量接近地电位。但如在高层建筑等类的大型建筑物中,为保护线增设接地点实际上不可能时,将保护线与装置外导电部分作等电位联结,也具有相同的作用。同理,保护线宜在进入建筑物处重复接地。

3) 应装设能迅速自动切除接地故障的保护电器。

(2) TT 系统

1) 共用同一保护电器保护的所有电气装置的外露导电部分,应采用保护线与这些外露导电部分共用的接地极相互连接。当几套保护电器串联使用时,此要求分别适用于每套保护电器保护的所有电气装置的外露导电部分。

电力系统中性点应接地。若没有中性点,则每台发电机或电力变压器应有一根相线接地。

2) 应装设能迅速自动切除接地故障的保护电器。

(3) IT 系统

1) 电气装置外露导电部分都应单独接地、成组接地或集中接地。

2) 应装设能迅速反应接地故障的信号装置,必要时也可装设自动切除接地故障的电器。

四、低压配电系统接地故障保护的要求

1. 一般要求

(1) 一般正常环境中,实行接地故障保护的电气设备在接地故障时允许持续存在的预期接触电压最大值为 50V。

(2) 潮湿环境及有火灾、爆炸危险的场所,预期接触电压最大值为 25V。

(3) 特别危险场所,预期接触电压最大值为 12V。

2. TN系统、TT系统和IT系统中的接地故障保护有其本身规定的要求

五、零线(N)、保护线(PE)及保护中性线(PEN)的选择

(一) 零线的选择

1. 由变压器中性点引出的接零母线

变压器低压侧出线一般采用放射式及“变压器—干线”式两种。由变压器中性点引出的接零母线也根据低压系统的不同而有所区别。

(1) 低压线路采用放射性系统,从变压器中性点引至低压开关柜上的接零母线应采用表2-48中所列材料及规格。

(2) 当采用“变压器—干线”供电系统时,如低压馈电线的接零干线采用铝、铜线等有色金属,为了施工方便及避免不同金属连接时的过渡阻抗所产生的不良作用,由变压器中性点引出的接零母线,应采用与低压馈电线的接零干线相同材料及截面的导线。

2. 低压架空馈电线的接零干线

(1) 变压器干线式线路的零线

采用这种线路绝大部分是一些较大的车间,且一般都设有行车轨道或采用金属结构,故应尽量采用这些行轨或金属结构自然接地体线路的接地干线。但为了避免互感抗过大,作为零线的自然导体与最近一根相线间的距离不得大于6m。

如果没有适当的自然导体作为零线时,一般应采用电导不小于相线二分之一,且材质相同的导线作为零线。

如根据计算可以降低零线截面时,则应相应的降低。

(2) 敷设在绝缘子上的户内线路

这种线路的配电方式一般均采用电线穿管和电缆敷设直接送到架空线上。采用这种线路的车间也有采用行车钢轨和金属结构的,这些自然导体均可作为零线。如果没有上述自然导体,也可用电导为相线的二分之一,且材质相同的导线作为零线。但这种车间往往较小,经计算通常可以降低截面,因此最好进行计算。

(3) 户外架空线路的零线

户外架空线无自然导体可以利用，而且线路较长，对于相线截面等于或小于 $35mm^2$ 的铝线及 $16mm^2$ 的铜线，由于机构强度的要求，其零线不可能太小，因此选择零线时不必考虑接零要求，仅考虑机械强度就可以满足。如大于上述铜、铝导线截面时，零线截面电导也不应小于相线的二分之一。对于较短的线路，根据计算也可降低零线的截面。

3．电缆线路的零线

应选择带接地芯线的电缆，利用其芯线和金属包皮作为零线。因芯线截面已考虑到接零的要求，所以不必再进行校核。如电缆不带接地芯线时，为了保证电气连接的可靠性和保证接零的安全，必须采用两根电缆的金属包皮作为零线。同时还要进行校验，若不能满足要求，为保证安全，则最好沿电缆敷设一根 20mm×4mm 扁钢作为辅助接地导体。如仅有一根电缆也须平行敷设一根 20mm×4mm 扁钢作为辅助接地导体，以保证安全。

4．穿管线路的零线

对于这种线路，除了有特殊要求的，如防爆车间等外，可采用钢管作为零线。

变压器出线处“相—零”回路材料及规格　　　表 2-48

变压器额定容量(kVA)		100	180	320	560	750	1000
相母线规格	材料规格(mm×mm)	铝母线 30×4 (LJ-50)	铝母线 30×4	铝母线 50×5	铝母线 80×6	铝母线 100×6	铝母线 100×10
零母线规格	材料规格(mm×mm)	扁钢 25×4 (LJ-16)	扁钢 25×4	扁钢 40×4	铝母线 25×4 (钢 80×6)	铝母线 30×4 (钢 100×6)	铝母线 40×4 (钢 100×8)

注：1．表中所列的相母线间距为 350mm；零母线与最近一根相母线间距为 200mm；铝导线的相母线间与相母线和零母线间距 200mm。

2．相母线温度按 70℃考虑，零母线温度按 40℃考虑。

3．零母线截面按经常流过变压器额定电流的 25%来考虑。

5．零线(N 线)截面的选择

(1) 一般三相四线制线路

$$S_0 \geqslant 0.5 S_\varphi$$

(2)3 次谐波电流突出的三相四线制线路

$$S_0 \approx S_\varphi$$

(3)两相三线及单相线路

$$S_0 = S_\varphi$$

式中 S_φ——相线截面,按相线截面 S_φ 的导线允许截流量 L_{al}不得小于通过相线的计算电流 L_{ca}进行选择。

(二) 保护线截面的确定

1. 按机械强度要求,保护线若采用供电电缆或电缆金属外护层构成时,其截面不受限制;若采用绝缘导线或裸导线有机械保护(敷设在套管、线槽等外护物内)时,截面不应小于 2.5mm^2,无机械保护(敷设在绝缘子、瓷夹上)时,不应小于 4mm^2。

2. 按接地故障时热稳定要求,当故障电流作用时间不超过 5s 和不小于 0.1s 时,保护线的最小截面应满足下式要求:

$$S_P = \frac{I\sqrt{t}}{K} \text{mm}^2$$

式中 I——接地故障电流有效值(A);

t——故障电流作用时间(s);

K——计算系数,常用的多芯塑料绝缘电缆或护套线的一根芯线或穿管绝缘电线作保护线时,铝芯为 76,铜芯为 115;将绝缘电线紧贴电缆外皮时,铝线为 95,铜线为 143。

如果采用表 2-49 所列数值,就不需按上式校验,但用于较大截面(≥120mm^2)时数值偏大。

保护线的最小截面 **表 2-49**

相线截面 S(mm^2)	保护线截面 S_P(mm^2)	相线截面 S(mm^2)	保护线截面 S_P(mm^2)
$S \leqslant 16$	S	$S > 35$	$S/2$
$16 < S \leqslant 35$	16		

注:使用本表时应选用最接近标准规格的导线截面;如果保护线的材质与相线不同时,要使其得出的电导相当。

(三) 保护中性线截面的确定

保护中性线截面应首先满足关于保护线截面的所有要求之后再按以下要求确定:

1. 当采用单芯导线作配电干线(建筑物总配电箱的电源进线)的 PEN 线时,铜芯导线截面不应小于 $10mm^2$,铝芯导线截面不应小于 $16mm^2$。

2. 当采用同心中性线型电缆(四川电缆厂等生产)的同心中性线芯作配电干线的 PEN 线,且其全长上所有的接头及端子都是双重持续性连接(芯线的端子连接和芯线靠近端部用金属固定件连接)时,则最小截面可为 $4mm^2$。无此电缆时也可采用多芯电缆的芯线,其最小截面也为 $4mm^2$。

(四) 保护线的电气连续性

1. 严禁开关电器接入保护线,但允许设置供测试用的只有使用工具才能断开的接头。

2. 保护线应适当地加以保护,使之不受机械损伤、化学腐蚀并能耐受电动力。

3. 保护线的接头应便于检查和测试,但注有绝缘膏的或封装的接头除外。

4. 对保护线的接地连续性采用电气监察时,监察电器的动作线圈严禁接入保护线。

(五) 保护线的构成

保护线的构成有下列几种形式:

1. 多芯电缆的芯线;

2. 与带电导线一起在共用外护物内的绝缘导线或裸电线;

3. 固定的裸导线或绝缘导线;

4. 电缆的金属护套、屏蔽体及铠装层等;

5. 导线的金属保护管、金属线槽或金属封闭式母线槽的框架。当其电气连续性得到确实保证且电导符合要求时,可作为相应回路的保护线。

(六) 关于保护线和保护中性线的其他要求

1. 装置外导电部分严禁用作 PEN 线。

2. 保护线必须按可能承受的最高电压选择绝缘(成套设备中的除外),以避免杂散电流。

3. 在 TN-C-S 系统中,保护线和中性线从分开点起不允许再互相连接。

4. 保护线和保护中性线严禁接入开关电器。

5. 保护线和保护中性线应采用黄绿相间的色标。

六、接地、接零保护中应注意的问题

1. 在中性点接地系统中,不允许一些设备接零,而另一些设备接地。

图 2-65 中性点接地系统中,1 号设备接零,2 号设备接地。当 2 号设备绝缘被击穿后,电流 I_E 将通过 R_0、R_E 形成回路。由于电流 I_E 不会太大,线路保护装置可能不动作。这时 1 号设备上的对地电压为 $U_{E1}=\dfrac{R_0}{R_0+R_d}U_\varphi$,超过安全电压。当人触及接零的设备时,就有触电的危险。

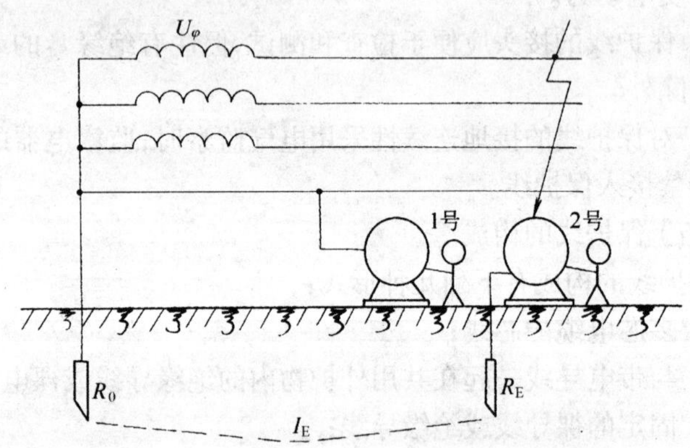

图 2-65　一些设备接地、一些设备接零的危险后果

2. 在中性点不接地的系统中,有电联系的设备保护接地要求连在一起。

在图 2-66 中,当 1 号设备或 2 号设备发生一个击穿时,不会

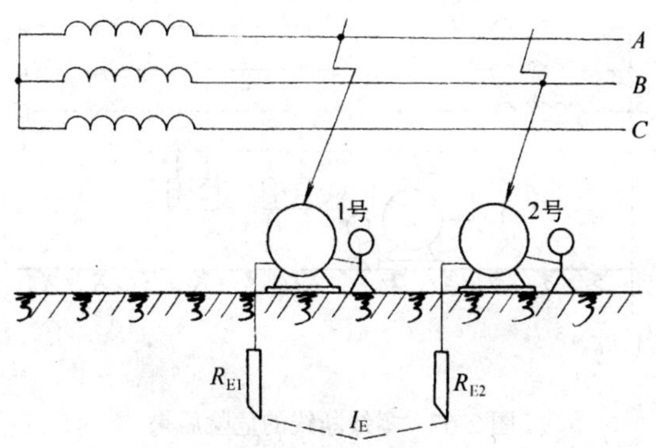

图 2-66 中性点不接地系统中,电气设备保护接地不连在一起的危险后果

产生危险。但当 1 号和 2 号设备都击穿时,1 号和 2 号设备外壳的电压为:

$$U_{E1}=\frac{R_{E1}}{R_{E1}+R_{E2}}U$$

$$U_{E2}=\frac{R_{E2}}{R_{E1}+R_{E2}}U$$

式中 U——线电压(V);

R_{E1},R_{E2}——1 号、2 号设备接地电阻(Ω)。

这两个电压都超过安全电压,且长期存在,不能解除。

如果两个设备保护接地连在一起,当两个设备绝缘都被击穿,则能形成短路回路,使线路保护熔断器熔断。

3. 在中性点接地系统保护中,零线不准断线。

在中性点接地系统中,如果三相负荷不对称,中性线上将存在电压,可能超过安全值。图 2-67 中,如果 OM 段出现故障被切断,则 B 相电压将通过 1 号和 2 号设备加到电机外壳,超过安全电压值。若 A 或 C 相对外壳击穿,那么线电压将加到单相用电设备上,可能引起设备损坏。

4. 保护接零只能用于中性点直接接地系统。

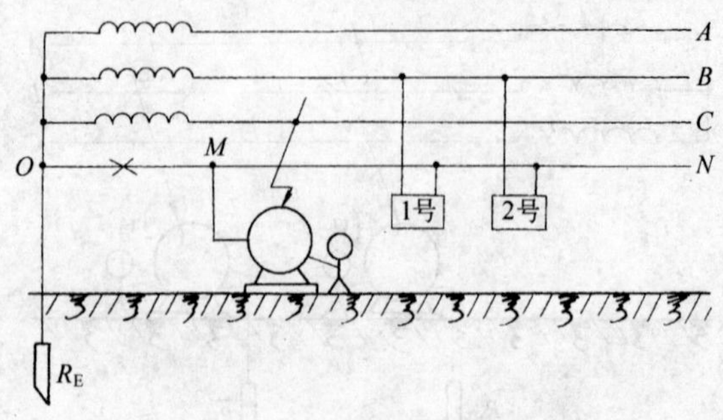

图 2-67　零线断线的危险后果

若在中性点对地绝缘的系统中采用保护接零时，当发生某相接地故障，电流将经过设备和人体回到零线上，此电流不会太大，线路保护不动作。此时人体处于危险状态。

5．不能用保护接地装置作为中性线。

图 2-68 中，电灯接于 C 相和接地体之间。当打开电灯开关时，电机外壳将有电压存在，威胁人体安全。当电机 A 或 B 相击穿时，加在灯上的将是线电压，灯泡会很快损坏。

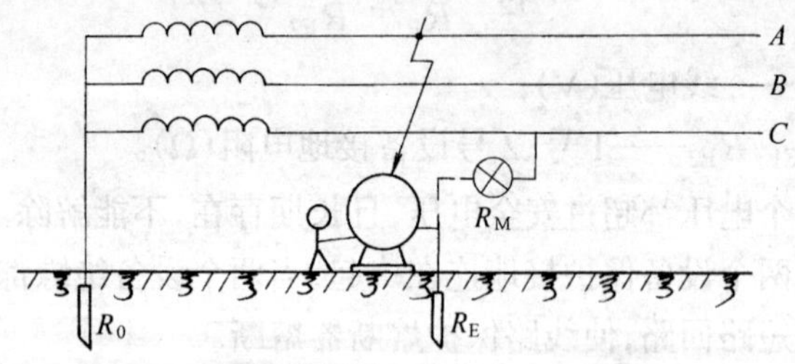

图 2-68　保护接地装置作为中性线的危险后果

第三章　安全用电及特殊环境内的电气安全

第一节　人体通过电流的效应

电能可能对人体构成多种伤害。例如,电流通过人体、人体直接接受电流能量将遭到电击;电能转换为热能作用于人体,致使人受到烧伤或灼伤;人体在电磁场照射下,吸收电磁场的能量也会受到伤害等。诸多伤害中,电击是最基本的形式。本节主要介绍电流通过人体的效应和伤害。

有关电流对人体效应的数据和理论,对于制订防触电技术的标准、鉴定安全型电气设备、设计电气安全措施、分析电气事故、评价电气安全水平等都是必不可少的依据。因此,本节是电气安全工程必备的基础。

电流通过人体或说电磁场对人体影响是万害无益,这不一定完全正确。因为人体通过微电流和电磁场有时能对人起到保健作用,甚至可以治疗疾病,这种研究已经和正在取得巨大的成果。但是电流的热效应会造成人体的电灼伤,电流的化学效应造成电烙印和皮肤金属化,电流产生的电磁场能量对人体的辐射会导致人头晕、乏力和神经衰弱,电流通过人体的头部使人昏迷、睡而不醒,电流通过人体脊髓时会使肢体瘫痪,电流通过中枢神经或某些部位导致中枢神经系统失调,甚至死亡,电流特别是高压电流通过人体心脏会引起心房颤动,心脏即刻停止跳动,即使医生立即解剖做心脏按摩,仍然不能避免死亡的恶果。这类血的教训,举不胜举,万分惨痛。

有的电工说:“有电压就能电人”,这句话是不对的,带电作业、特别是高压带电作业，利用等电位原理，虽有高电压，但是没有电流流过人体，这样，就不会触电，只有电流流过人体，且电流达到一定数值，人体成为电流回路的一部分时，人才会触电。但是，当人体电阻一定时，作用于人体的电压越高，则通过人体的电流就越大，这样就越危险。随着作用于人体的电压升高，人体电阻还会下降，致使触电电流又有增高趋势，对人体的伤害加剧。可见，作用于人体的电压对人体触电的影响。

一、电流对人体作用的机理

与其他一些伤害不同，电流对人体的作用事先没有任何预兆。伤害往往发生在瞬息之间。而且，人体一旦遭受电击后，防卫能力迅速降低。这两个特点都增加了电流伤害的危险性。

（一）作用机理

电流通过人体，会引起麻感、针刺感、压迫感、打击感、痉挛、疼痛乃至呼吸困难并有血压升高、昏迷、心律不齐、心室颤动等症状。人体工频电流试验的典型资料见表 3-1 和表 3-2。

左手—右手电流途径的实验资料(mA) **表 3-1**

感觉情况	被试者百分数		
	5%	50%	95%
手表面有感觉	0.7	1.2	1.7
手表面有麻痹似的连续针刺感	1.0	2.0	3.0
手关节有连续针刺感	1.5	2.5	3.5
手有轻微颤动，关节有受压迫感	2.0	3.2	4.4
上肢有强力压迫的轻度痉挛	2.5	4.0	5.5
上肢有轻度痉挛	3.2	5.2	7.2
手硬直有痉挛，但能伸开，已感到有轻度疼痛	4.2	6.2	8.2
上肢部、手有剧烈痉挛，失去知觉，手的前表面有连续针刺感	4.3	6.6	8.9
手的肌肉直到肩部全面痉挛，还可能摆脱带电体	7.0	11.0	15.0

单手—双脚电流途径的实验资料(mA)　　表 3-2

感 觉 情 况	被试者百分数		
	5%	50%	95%
手表面有感觉	0.9	2.2	3.5
手表面有麻痹似的针刺感	1.8	3.4	5.0
手关节有轻度压迫感,有强度的连续针刺感	2.9	4.8	6.7
前肢有压迫感	4.0	6.0	8.0
前肢有压迫感,足掌开始有连续针刺感	5.3	7.6	10.0
手关节有轻度痉挛,手动作困难	5.5	8.5	11.5
上肢有连续针刺感,腕部,特别是手关节有强度痉挛	6.5	9.5	12.5
肩部以下有强度连续针刺感,肘部以下僵直,还可以摆脱带电体	7.5	11.0	14.5
手指关节、踝骨、足跟有压迫感,手的大拇指(全部)痉挛	8.8	12.3	15.8
只有尽最大努力才可能摆脱带电体	10.0	14.0	18.0

电流对人体的作用主要表现为生物学效应,包括复杂的理化过程。

电流的生物学效应表现为使人体产生刺激和兴奋行为,使人体活的组织发生变异,从一种状态变为另外一种状态。电流通过肌肉组织,引起肌肉收缩。应当指出,电流对机体除直接起作用外,还可能通过中枢神经系统起作用。由于电流引起细胞激动,产生脉冲形式的神经兴奋波,当这兴奋波迅速地传到中枢神经系统后,后者即发生不同的指令,使人体各部位作相应的反应。因此,当人体触及带电体时,有些没有电流通过的部分也可能受到刺激,发生强烈的反应。而且,当中枢神经得到的兴奋波很强烈时,人体可能出现不适当的反应,重要器官的工作可能受到破坏。

在活的机体上,特别是肌肉和神经系统,有微弱的生物电存在。生物电是非常微弱的,如果引入局外电源,生物电的正常工作规律将被破坏,人体也将受到不同程度的伤害。

电流通过人体还有热作用。电流所经过的血管、神经、心脏、大脑等器官可使其热量增加而导致功能障碍。

电流通过人体,还会引起机体内液体物质发生离解、分解而导致破坏。

电流通过人体,还会使机体各种组织产生蒸气,乃至发生剥离、断裂等严重破坏。

(二)电击死亡机理

死亡可分为诊断死亡和生物性死亡。当人处于诊断死亡状态时,生命特征已经消失,即呼吸中止、心脏停止跳动、瞳孔明显放大,而且丧失对光线的调节作用,对强烈刺激没有反应。但是,这一状态并不意味着失去了恢复生命的可能,因为机体组织尚未瓦解。

因为各器官的功能是逐渐消失的。在刚刚进入死亡状态的时候,几乎所有机体组织和细胞都维持着新陈代谢过程,只不过是维持在很低的水平上。如及时采取正确的措施,可能使之复活。

诊断死亡能延续的时间,取决于从心脏、肺部停止工作到大脑皮层缺氧而开始死亡的时间。多数情况这段时间只有4~6min。因意外原因造成诊断死亡者,这段延续时间可达7~8min。而因由心脏、肺部等重要器官疾病引起的诊断死亡,这段时间可能只有几秒钟。

对外在诊断死亡状态的病人,如能及时进行抢救,帮助其呼吸和血液循环,恢复和保持大脑皮层和全身氧的供应,则有可能挽救生命。如延误时间,大脑皮层和全身缺氧状态进一步发展,即导致生物性死亡。应当指出,大脑皮层对缺氧的反应是最灵敏的。一旦大脑皮层细胞发生分裂,遭到不可逆破坏,复活的可能性也随之丧失;即使设法恢复其心脏跳动和呼吸,也可能于数小时后死亡或导致严重的后遗症。

生物性死亡是呼吸、心脏完全停止、对外界刺激没有任何反应的不可逆死亡。

小电流电击(通过人体的电流数十至数百毫安)使人致命的最

危险、最主要的原因是引起心室颤动(心室纤维性颤动)。麻痹和中止呼吸、电休克虽然也可能导致死亡,但其危险性比引起心室颤动要小得多。

心脏工作原理可用图 3-1 说明。心脏正常工作时,收缩与舒张有节奏地交替进行。舒张时,来自头部和躯干、四肢的血液经右心房进入右心室,而来自肺部的血液经左心房进入左心室;收缩时,右心室的血液经动脉管送入肺部,左心室的血液则经动脉管送往全身。心脏这样不停地工作,于是维持血液循环,维持人的生命。

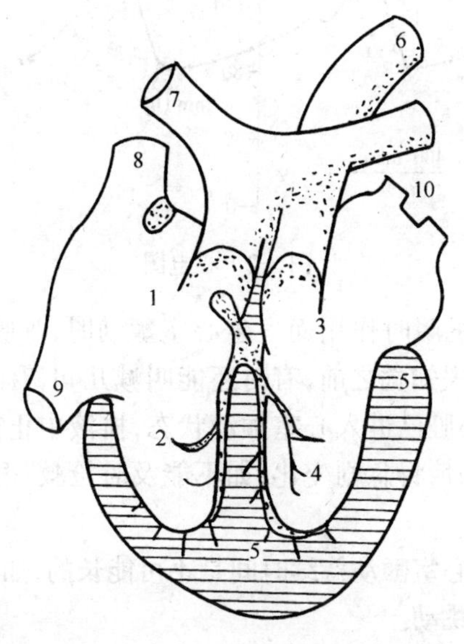

图 3-1　心脏简图

1—右心房;2—右心室;3—左心房;4—左心室;
5—心肌;6—主动脉;7—肺动脉;8—上腔静脉;
9—下腔静脉;10—肺静脉

当人体遭受电击时,如果有电流通过心脏,可能直接作用于心肌,引起心室颤动;如果没有电流通过心脏,亦可能经中枢神经系统反射作用于心肌,引起心室颤动。

发生心室颤动时，每分钟颤动1000次以上，但幅度很小，而且没有规则，血液实际上中止循环。发生心室颤动时心电图和血压图的变化见图3-2。图中左半部是正常时心电图和血压图；右半部是发生心室颤动后的情况。如图所示，心室颤动是在T波前半部发生的。

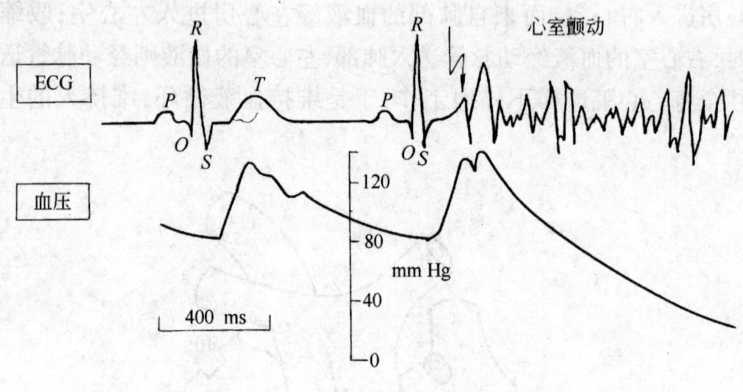

图3-2 心电图

由于电流的瞬时作用而发生心室颤动时，呼吸可能持续2～3min。在其丧失知觉之前，有时还能叫喊几句，有时还能走几步。但是，由于其心脏已进入心室颤动状态，血液中止循环，大脑和全身迅速缺氧，伤情将急剧变化，如不能及时抢救，很快就导致诊断死亡。

心脏发生心室颤动持续时间是不可能长的，如不及时抢救，很快就完全停止跳动。

人体遭受电击时，如有电流作用于胸肌，将使胸肌发生痉挛，使人感到呼吸困难。电流越大，感觉越明显。如作用时间较长，将发生憋气、窒息等呼吸障碍。窒息后，意识、感觉、生理反射相继消失，继而呼吸中止。稍后，即发生心室颤动或心脏停止跳动，导致诊断死亡。在这种情况下，心室颤动或心脏停止跳动不是由电流通过心脏引起的，而是由机体缺氧和中枢神经系统反射引起的。

通过人体数十毫安（一般认为是50mA，有效值）以上的工频交流电流，既可能引起心室颤动或心脏停止跳动，也可能导致呼吸中止。但是，前者的出现比后者早得多，即前者是主要的。如果通过人体的电流只有 20～25mA，一般不能直接引起心室颤动或心脏停止跳动。但如时间较长，仍可导致心脏停止跳动。这时，心室颤动或心脏停止跳动主要是由呼吸中止导致机体缺氧引起的。但当通过人体的电流超过数安时，由于刺激强烈，也可能先使呼吸中止。数安的电流流过人体，还可能导致严重烧伤，甚至死亡。

电休克是机体受到电流的强烈刺激，发生强烈的神经系统反射，使血液循环、呼吸及其他新陈代谢都发生障碍，以致神经系统受到抑制，出现血压急剧下降、脉搏减弱、呼吸衰竭、神志昏迷的现象。电休克状态可以延续数十分钟到数天。其后果可能是得到有效的治疗而痊愈，也可能由于重要生命机能完全消失而死亡。

二、电流伤害种类

电流对人体的伤害就是通常说的触电，是电流的能量直接作用于人体或转换成其他形式的能量作用于人体造成的伤害。

（一）电击

电击是电流通过人体，机体组织受到刺激，肌肉不由自主地发生痉挛性收缩造成的伤害。严重的电击是指人的心脏、肺部、神经系统的正常工作受到破坏，乃至危及生命的伤害。

数十毫安的工频电流即可使人遭到致命的电击。电击致伤的部位主要在人体内部，而在人体外部不留下明显的痕迹。

按照发生电击时电气设备的状态，可分为直接接触电击与间接接触电击。前者是在电气设备正常运行时发生的电击；后者是在设备出现故障（如漏电故障）时发生的电击。因为两者发生条件不同，所以防护技术也不相同。

大部分触电死亡事故都是电击造成的。通常说的触电事故基本上是指电击而言的。

按照人体触及带电体的方式和电流通过人体的途径，触电可分为以下三种情况：

1. 单相触电。单相触电是指人体在地面或其他接地导体上，人体某一部分触及一相带电体的触电事故。大部分触电事故都是单相触电事故。单相触电的危险程度与电网运行方式有关。一般情况下,接地电网里的单相触电比不接地电网里的危险性大。

2. 两相触电。两相触电是指人体两处同时触及两相带电体的触电事故。其危险性一般是比较大的。

3. 跨步电压触电。当带电体接地有电流流入地下时,电流在接地点周围土壤中产生电压降。人在接地点周围,两脚之间出现的电压即跨步电压 。由此引起的触电事故叫跨步电压触电。高压故障接地处,或有大电流流过的接地装置附近都可能出现较高的跨步电压。

(二) 电伤

电伤是由电流的热效应、化学效应、机械效应等对人体造成的伤害。造成电伤的电流都比较大。电伤会在机体表面留下明显的伤痕,但其伤害作用可能深入体内。

与电击相比,电伤属局部性伤害。电伤的危险程度决定于受伤面积、受伤深度、受伤部位等因素。

电伤包括电烧伤、电烙印、皮肤金属化、机械损伤、电光眼等多种伤害。统计资料说明:在触电事故伤亡事故中,纯电伤性质和带有电伤性质的占 75%。其中,电烧伤占总数的 40%,电烙印占 7%,皮肤金属化占 3%,机械损伤占 0.5%,电光眼占 1.5%,综合性的占 23%。

电烧伤是最常见的电伤。大部分触电事故都含有电烧伤成分。电烧伤可分为电流灼伤和电弧烧伤。电流灼伤是人体与带电体接触,电流通过人体由电能转换成热能造成的伤害。电流越大、通电时间越长、电流途径上的电阻越大,则电流灼伤越严重。由于人体与带电体接触的面积一般都不大,加之皮肤电阻又比较高,使得皮肤与带电体的接触部位产生较多的热量,受到比较体内严重得多的灼伤。但当电流较大时,可能灼伤皮下组织。

因为接近高压带电体时会发生击穿放电,所以,电流灼伤一般发生在低压电气设备上。因系低压设备,电流灼伤的电流不会太大。但是,数百毫安的电流即可导致灼伤;数安的电流将造成严重的灼伤。对于高频电流,由于皮肤电容的旁路作用,有可能内部组织严重灼伤而皮肤只有轻度灼伤。

电弧烧伤是由弧光放电引起的烧伤。电弧烧伤分直接电弧烧伤和间接电弧烧伤。前者是带电体与人体之间发生电弧,有电流通过人体的烧伤;后者是电弧发生在人体附近对人体的烧伤,而且包含被熔化金属溅落的烫伤。弧光放电时电流很大,能量也很大,电弧温度高达数千度,可造成大面积、大深度的烧伤,甚至烧焦、烧毁四肢及其他部位。大电流通过人体时,会在人体上产生大量热量,可能将机体组织烘干、烧焦,并以电流入口、出口处最为严重。

高压系统和低压系统都可能发生电弧烧伤。在低压系统,带负荷(特别是感性负荷)拉开裸露的闸刀开关时,电弧可能烧伤人的手部和面部;线路短路,开启式熔断器熔断时,炽热的金属微粒飞溅出来也可能造成灼伤;错误操作引起短路也可能导致电弧烧伤等。在高压系统,由于错误操作,会产生强热的电弧,导致严重的烧伤;人体过分接近带电体,其间距离小于放电距离时,直接产生强烈的电弧,若人当时被打开,虽不一定因电击致死,却可能因电弧烧伤而死亡。

所有电烧伤事故中,大部分发生在电气维修人员身上。

电烙印是电流通过人体后,在接触部位留下的斑痕。斑痕处皮肤硬变,失去原有弹性和色泽,表层坏死,失去知觉。

皮肤金属化是金属微粒渗入皮肤造成的。受伤部位变得粗糙而张紧。皮肤金属化多在弧光放电时发生,而且一般都伤在人体的裸露部位。当然,在发生弧光放电时,与电弧烧伤相比,皮肤金属化不是主要伤害。

当人体长时间与带电体接触时,经过接触部位的理化作用,也可能导致电烙印和皮肤金属化。

机械损伤多数是电流作用于人体,肌肉不由自主地剧烈收缩造成的,包括肌腱、皮肤、血管、神经组织断裂以及关节脱位乃至骨折等伤害。应当注意这里所说的机械伤害与由电流作用引起的坠落、碰撞等伤害是不一样的,后者属于二次伤害。

电光眼表现为角膜和结膜发炎。在弧光放电时,红外线、可见光、紫外线都可能损伤眼睛。对于短暂的照射,紫外线是引起电光眼的主要原因。

在电流伤害引起的死亡事故中,虽然由电击致死的占85%~87%,但其中大部分——占死亡总数的60%~62%带有综合性,即存在电击和电伤两种类型的伤害。

三、电流对人体作用分析

电流通过人体内部,对人体伤害的严重程度与通过人体电流的大小、电流通过人体的持续时间、电流通过人体的途径、电流的种类以及人体的状况等多种因素有关,而且各因素之间,特别是电流大小与通电时间之间有着十分密切的关系。就电流种类而言,虽然工频电流、直流电流、高频电流、特种波形电流、冲击电流都能构成伤害,但伤害程度有较大差别。因此,下面分别予以介绍。

(一) 15~100Hz交流电流的作用

我国工业频率为50Hz。这是电气装置应用最多,也是人们接触最多的频率。由于50Hz对电击来说属于最危险的频率,而有关研究工作又是在这一频率下进行的,因此,下面介绍的一些按工频试验取得的数据对于偏离50Hz(包括60Hz)的频率应当是偏保守的。

1. 电流大小的影响

通过人体的电流越大,人体的生理反应越明显、感觉越强烈,引起心室颤动所需的时间越短,致命的危险就越大。

对于工频交流电,按照通过人体的电流大小不同,人体呈现不同的状态,可将电流划分为以下三个界限:

(1) 感知电流和感知阈值

在一定概率下,通过人体引起人的任何感觉的最小电流(有效值)称为感知电源。感知电流的最小值称为感知阈值。人对电流最初的感觉是轻微麻感和微弱针刺感。大量试验资料表明,对于不同的人,感知电流和感知阈值都不相同。感知电流和感知阈值与个体生理特征、人体与电极的接触面积等因素有关。

感知电流的概率曲线见图 3-3。对应于概率 50%的感知电流成年男子约为 1.1mA，成年女子约为 0.7mA。感知阈值定为 0.5mA，并与时间因素无关。

感知电流一般不会对人体造成伤害，但当电流增大时，感觉增强，反应变大，可能导致坠落等二次事故。

由于感知电流为 1mA 左右，可以建议小型携带式电气设备的最大泄漏电流为 0.5mA；重型移动式电气设备的最大泄漏电流为 0.75mA。

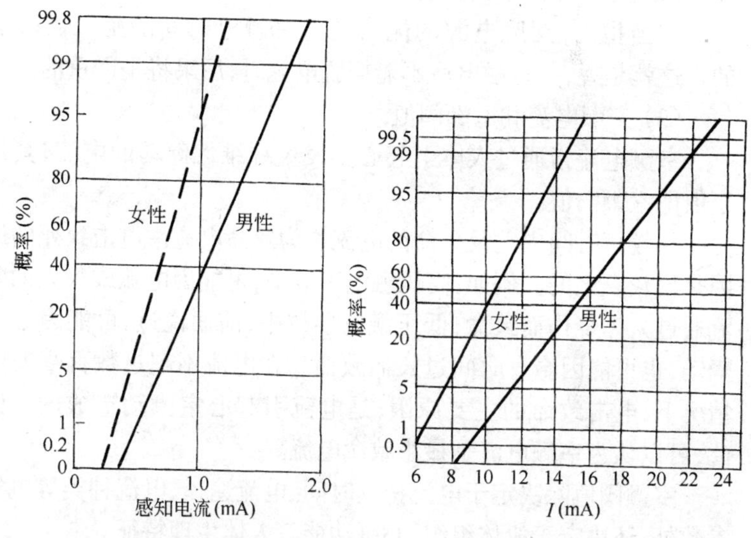

图 3-3 感知电流概率曲线

图 3-4 摆脱电流概率曲线

(2) 摆脱电流和摆脱阈值

通过人体的电流超过感知电流时，肌肉收缩增加，刺痛感觉增强，感觉部位扩展，至电流增大到一定程度，触电者将因肌肉收缩、发生痉挛而紧抓带电体，不能自行摆脱电极。人触电后能自行摆脱电极的最大电流称为摆脱电流。摆脱电流的最小值称为摆脱阈值。对于不同的人，摆脱电流和摆脱阈值也不相同。摆脱电流和摆脱阈值与个体生理特征、电极形状、电极尺寸等因素有关。

摆脱电流的概率曲线如图3-4。对应于概率50%的摆脱电流成年男子约为16mA，成年女子约为10.5mA；对应于摆脱概率99.5%的则分别为9mA和6mA。由此可见，摆脱阈值约为10mA。儿童的摆脱阈值较小。

摆脱电流是人体可以忍受而一般不致造成不良后果的电流。电流超过摆脱电流以后，会感到异常痛苦、恐慌和难以忍受；如时间过长，则可能昏迷、窒息，甚至死亡。也有的事例表明，当电流略大于摆脱电流，触电者中枢神经麻痹、呼吸停止时，立即切断电源，即可恢复呼吸并无不良影响。

应当指出，摆脱电源的能力是随着触电时间的延长而减弱的。这就是说，一旦触电后不能摆脱电源时，后果将是严重的。

(3) 室颤电流和室颤阈值

室颤电流指通过人体引起心室发生纤维性颤动的电流，其最小值即室颤阈值。

在较短时间内危及生命的电流称为致命电流。电击致死的原因是比较复杂的。例如：高压触电事故中，可能因电弧或很大的电流通过人体烧伤而致命；低压触电事故中，前面说过，可能因心室颤动，也可能因窒息时间过长而致命。在电流不超过数百毫安的情况下，电击致命的主要原因，是电流引起心室颤动造成的。因此，可以认为室颤电流是最小致命电流。

室颤阈值除决定于电流持续时间、电流途径、电流种类等电气参数外，还决定于机体组织、心脏功能等人体生理特征。

室颤电流与电流持续时间有密切关系。电流持续时间若超过心脏周期，室颤电流会大大下降，如室颤电流为50mA左右，当电流持续时间比心脏周期短时，室颤电流可达数百毫安，在同样电流下，如电流持续时间超过心脏周期的话，可能导致心脏停止跳动。

由实验得出室颤电流和电流持续时间的关系曲线见图3-5。

电流对人体的作用，还划分带域，带域划分图见图3-6。

从图中可以看出，有四个区：

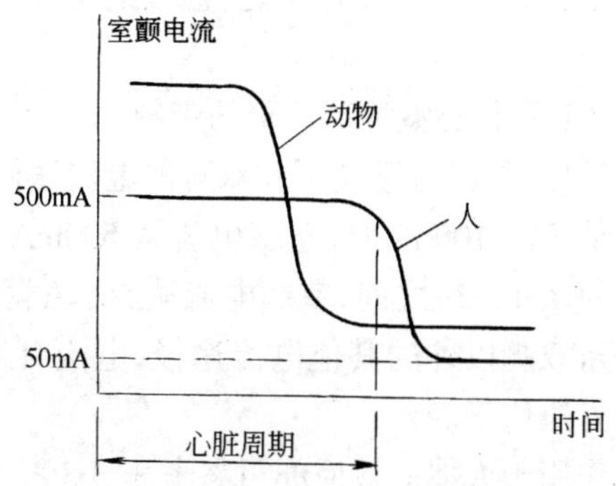

图 3-5 室颤电流－时间曲线

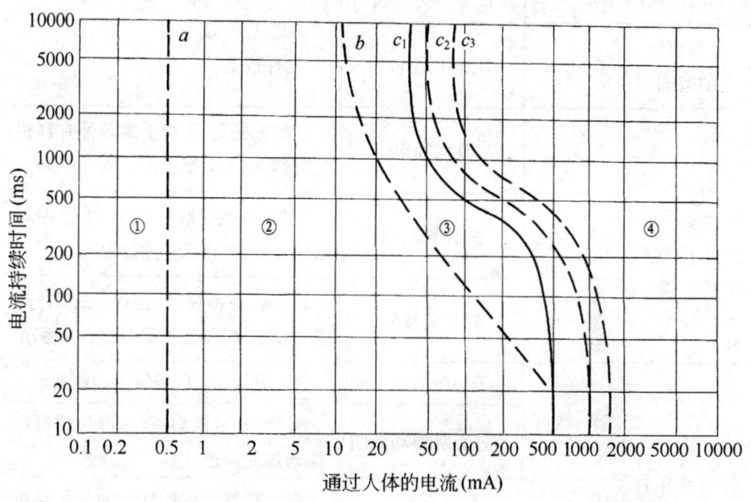

图 3-6 交流电流对人体作用带域划分图

① 通常是无生理效应、没有感觉的带域。(在 a 线以下)。

② b 线与 C_1 线之间，通常是没有机体损伤、不发生心室颤动，但可能引起肌肉收缩和呼吸困难，可能引起心脏组织和心脏脉冲传导障碍，还可能引起心房颤动以及转变为心脏停止跳动等可变性病理效应的带域。

③ a 线与 b 线之间,通常有感觉,但没有有害生理效应的带域。

④ C_3 线以上为有心室颤动危险的带域。

所有这些带域,是以对于左手到双脚的电流途径来考虑的。

电击时间从 10～100ms 时,室颤电流从 500mA 降至 400mA;在电击持续时间从 1～3s 之间,室颤电流从 50mA 降至 40mA。

对于左手至双脚以外的其他电流途径,电流对人体的作用应按后面介绍的方法修正。

工频电流作用于人体的效应亦可参考表 3-3 考虑。

工频电流的生理效应 **表 3-3**

对人体的作用	电流(mA)	电流持续时间	生理效应
没有感觉的范围	0～0.5	连续通电	没有感觉
不引起心室颤动,不致产生严重后果的范围	0.5～5	连续通电	开始有感觉,手指手腕等处有麻感,没有痉挛,可以摆脱带电体
	5～30	数分钟以内	痉挛,不能摆脱带电体,呼吸困难,血压升高,是可忍受的极限
	30～50	数秒到数分	心脏跳动不规则,昏迷,血压升高,强烈痉挛,时间过长即引起心室颤动
容易产生严重后果的范围	50～数百	低于心脏搏动周期	受强烈刺激,但未发生心室颤动
		超过心脏搏动周期	昏迷,心室颤动,接触部位留有电流通过的痕迹
	超过数百	低于心脏搏动周期	在心脏搏动周期特定的相位触电时,发生心室颤动,昏迷,接触部位留有电流通过的痕迹
		超过心脏搏动周期	心脏停止跳动,昏迷,可能致命电灼伤

2. 电流持续时间的影响

电流持续时间越长,越易引起心室颤动,电击危险越大。其原因分析如下：

(1) 能量的影响

电流持续时间愈长，能量积累增加，引起心室颤动的电流减小。根据动物实验和综合分析得出，对于体重50kg的人，当发生心室颤动的概率为0.5%时，引起心室颤动的工频电流与电流持续时间之间的关系可用下式表达：

$$I=\frac{116}{\sqrt{t}}$$

式中 I——心室颤动电流(mA)；

t——电流持续时间(s)。

该式所允许的时间范围是0.01～0.5s。

心室颤动电流与电流持续时间的关系也可用下式表达：

当 $t \geqslant 1s$ 时，$I=50mA$；

当 $t<1s$ 时，$I \cdot t=50mA \cdot s$。

该式所允许的时间范围也是0.1～5s。

(2) 易损期的影响

从心电图中可以看出，约0.2s的T波的时间对电流最敏感，这敏感的特定时间称为易损期。若电流持续时间越长，与易损期重合的可能性越大，电击的危险性越大；当电流持续时间在0.2s以下时，与易损期重合的可能性较小，电击的危险性也较小。

(3) 人体电阻的影响

电流持续时间越长，人体电阻相应降低，导致流过人体的电流进一步增大，电击的危险性也相应加大。

3. 电流途径的影响

电流通过心脏会引起心室颤动。较大的电流还会使心脏停止跳动。这都会使血液循环中断而导致死亡。电流通过中枢神经或有关部位，会引起中枢神经系统强烈失调而导致死亡。电流通过头部会使人昏迷，若电流较大，会对脑产生严重损害，使人不醒而死亡。电流通过脊髓，会使人截瘫等。这些伤害中，以对心脏伤害的危险性最大。因此，流过心脏电流越多、电流路线越短的途径，是电击危险性越大的途径。

心脏电流因数可用于粗略估计不同电流途径心室颤动的危险性。心脏电流因数是表明给定电流途径心脏内电场强度(或电流密度)与电流大小相同、电流途径左手至双脚时心脏内电场强度(或电流密度)之间关系的系数。如通过人体某一电流途径的电流为 I,通过左手至双脚途径的电流为 I_0,且两者引起心室颤动的危险程度相同,则心脏电流因数可按下式计算:

$$K = \frac{I_0}{I}$$

不同电流途径的心脏电流因数见表 3-4。

心脏电流因数 **表 3-4**

序 号	电 流 途 径	心脏电流因数
1	左手－左脚、右脚或双脚	1.0
2	双手－双脚	1.0
3	左手－右手	0.4
4	右手－左脚、右脚或双脚	0.8
5	背－右手	0.3
6	背－左手	0.7
7	胸－右手	1.3
8	胸－左手	1.5
9	臀部－左手、右手或双手	0.7

可以看出,左手至前胸是最危险的电流途径;右手至前胸、单手至单脚、单手至双脚、双手至双脚等也是很危险的电流途径。除外,头至手和头至脚也是很危险的电流途径;左脚至右脚的电流途径也有相当的危险,而且这条途径还可能使人站立不稳而导致电流通过全身,大幅度增加触电的危险性。局部肢体电流途径的危险性较小,但可能引起中枢神经系统失调导致严重后果或可能造成其他的二次事故。

各种电流途径发生的概率也是不一样的。例如,左手至右手的概率为40%,右手至双脚的概率为20%,左手至双脚的概率为17%等。

4. 人体素质的影响

不同的人在同样条件下触电可能出现不同的后果。电流对人体的伤害与人体素质的关系有以下几点应当注意:

(1) 性别和年龄。电流对人体的作用,女性较男性为敏感。小孩遭受电击较成人危险。

(2) 健康与疾病。身体健康、肌肉发达者摆脱电流较大;体重大者,一般心脏也较大,室颤电流也较大。患有心脏病、肺病、神经系统疾病的人触电的后果往往比较严重。

此外,精神状态和心理因素也对触电的后果有一定影响。

(二) 直流电流的作用

直流电击事故很少。其一方面的原因是直流电流的应用比交流电流的应用少得多;另一方面的原因是发生直流电击时比较容易摆脱带电体,室颤阈值也比较高。

直流电流对人体的刺激作用是同电流的变化、特别是同电流的接通和断开联系在一起的。对于同样的刺激效应,直流电流约为交流电流的2~4倍。

直流感知电流和感知阈值决定于接触面积、接触条件、电流持续时间和个体生理特征。直流感知阈值约2mA。与交流不同的是,直流电流只在接通和断开时才会引起人的感觉,而在通过不变的相应于感知阈值的电流时是不会引起感觉的。

与交流不同,对于300mA以下直接电流,没有可确定的摆脱阈值,而仅仅在电流接通和断开时导致疼痛和肌肉紧缩。大约300mA以上的直流电流,将导致不能摆脱或数秒至数分钟以后才能摆脱。

直流室颤阈值也决定于电气参数和生理特征。

电击持续时间超过心脏周期时,直流室颤阈值为交流的数倍;电击持续时间200ms以下时,直流室颤阈值大致与交流相同。显然,对于高压直流,其电击危险性并不低于交流的危险性。

直流电流对人体作用的带域划分见图 3-7。

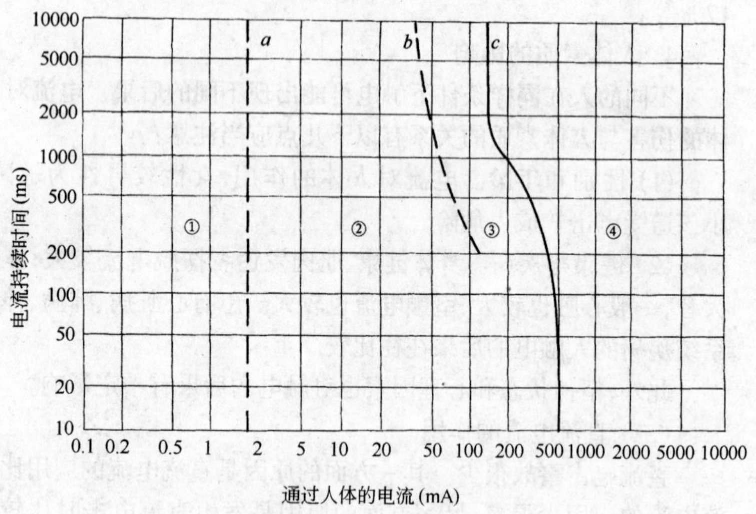

图 3-7　直流电流对人体作用带域划分图

在带域划分图中,分成四个区:

① a 线以下,通常是没有生理反应的带域。

② a 线与 b 线之间,通常是没有有害生理反应的带域。

③ b 线与 c 线之间,通常是没有机体损伤,但随着电流增大和时间加长,可能引起心脏脉动功能和传导障碍等可变性病理效应的带域。

④ c 线以右的,是随着电流的增加和时间的加长,除表现有带域③的病理效应外,还可能有室颤危险及严重烧伤等病理效应的带域。

带域划分的条件是在沿双脚到左手的上升电流。

直流电流引起生理效应的统计资料见表 3-5。

直流电流以及电流途径对人体的生理效应的试验资料,见表 3-6。

直流电流统计资料 **表 3-5**

生 理 效 应	被试者百分数		
	5%	50%	95%
手表面及手指尖稍有连续针刺感	6	7	8
手表面发热,有剧烈连续针刺感,手关节有轻度压迫感	10	12	15
手关节及手表面有针刺似的强烈压迫感	18	21	25
前肢部有连续针刺感,手关节有压痛,手有刺痛,强烈的灼热感	25	27	30
手关节有强烈压痛,直到肩部有连续针刺感	30	32	35
手关节有剧烈压痛,手上似针刺般疼痛	30	35	40

直流电流对人体的生理效应 **表 3-6**

电 流	生 理 效 应
300mA 以下	四肢末端有热的感觉
300mA 随着持续时间延长和电流增加	引起心脏节奏加快、有电流痕迹、烧伤、晕眩,甚至昏迷
超过 300mA	很快就引起昏迷

(三) 100Hz 以上交流电流的作用

由于有皮肤电容存在,高频电流通过人体时,皮肤阻抗将明显下降,随着频率的升高,这种趋势越明显,甚至其等效阻抗可以忽略不计,所以,高频电流对人体作用的危险性是可以估计的。

为了评价高频电流的危险性,用频率因数的概念来描写。频率因数是某频率与工频有相应生理效应时的电流阈值之比。感知、摆脱、室颤频率因数是各不相同的。高频时,感知阈值和摆脱阈值都比工频时高。

频率 100～1000Hz 电流的感知阈值和摆脱阈值见图 3-8。

频率 100～1000Hz,对于电击持续时间超过心脏周期、从手到双脚纵向流过人体的电流,室颤阈值见图 3-9。

频率 1～10kHz 电流的感知阈值和摆脱阈值见图 3-10。

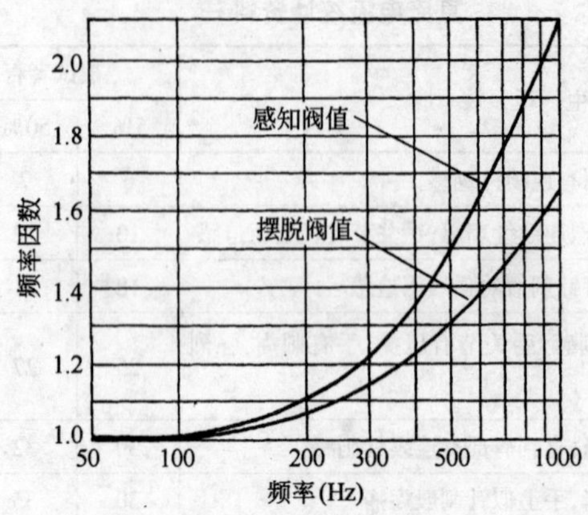

图 3-8　100～1000Hz 交流的感知阈值和摆脱阈值曲线

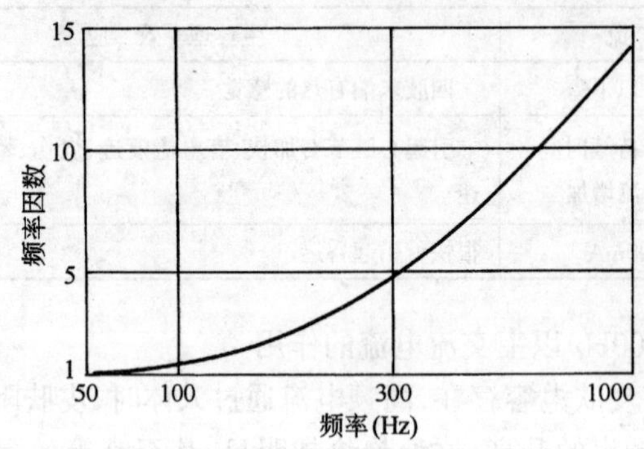

图 3-9　100～1000Hz 交流的室颤阈值曲线

对于频率 10～100kHz 的电流,感知阈值约从 10mA 上升到 100mA;频率 100kHz 以上,数百毫安的电流不是引起像低频那样刺痛的感觉,而是引起热的感觉;100kHz 以上,安培级的电流可能引起灼伤,伤害程度与电流持续时间有关。

不同频率的电流对人体的作用显然是不同的,这可以从摆脱电流－频率曲线中看出,摆脱电流－频率曲线见图 3-11。

在图中有 6 条曲线,其表明的内容如下:

① 曲线 1—表示感知阈值;

②曲线 2—感知概率为50%的感知电流线；

③曲线 3—感知概率为99.5%的感知电流线；

④曲线 4—摆脱概率为99.5%的摆脱电流线；

⑤曲线 5—摆脱概率为50%的摆脱电流线；

⑥曲线 6—摆脱概率为0.5%的摆脱电流线。

(四) 特殊波形电流的作用

特殊波形电流是指直流和常见正弦波形以外的波形电流。如在电子设备中的方波、尖波、脉冲波、锯齿波、振荡波形等。

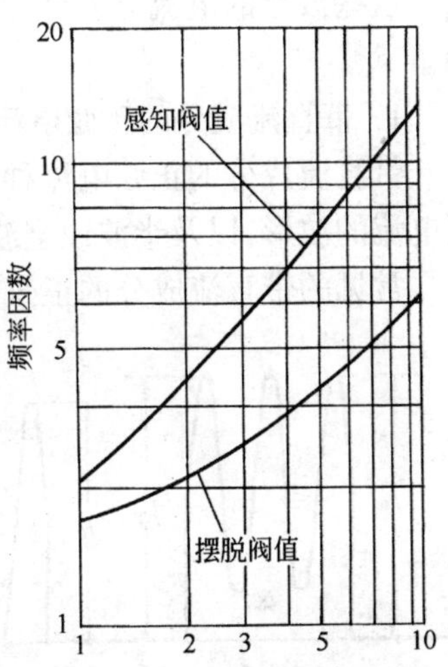

图 3-10 1～10kHz 交流的感知阈值和摆脱阈值曲线

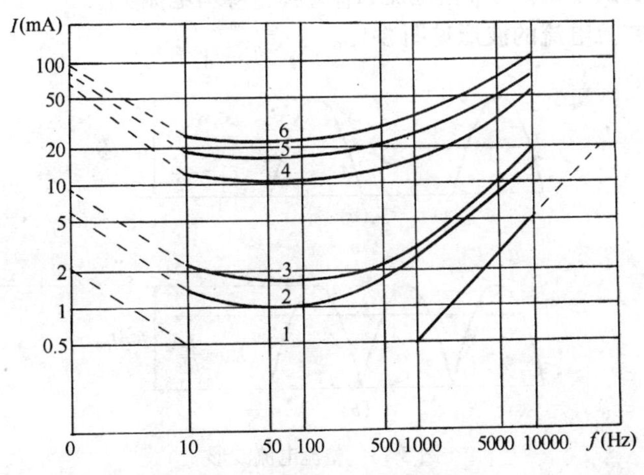

图 3-11 摆脱电流－频率曲线

因此，特殊波形电流种类繁多。现以带直流成分的正弦电流、相控电流和多周控制电流来进行说明。

这些波形的电流对人体的作用，介于交流电流和直流电流之间。

1．带直流成分的正弦电流

带直流成分的正弦电流种类很多，如带有峰－峰值电流及峰值电流的波形，以及半波或全波整流电流的波形。

常见的带直流成分的正弦交变电流波形见图 3-12。

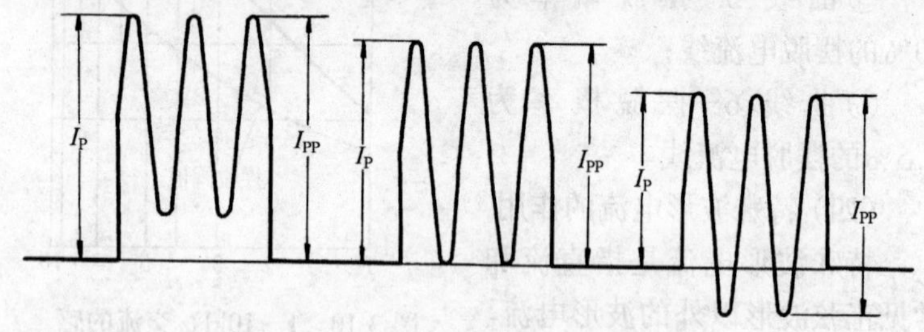

图 3-12　带有直流成分的交流电流波形

在图中，I_P 为峰值电流，I_{PP}为峰－峰值电流。

整流电流的波形见图 3-13。

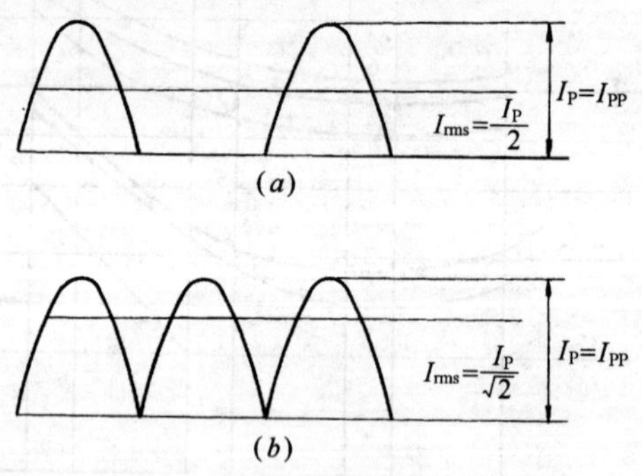

图 3-13　整流电流波形

在图中，I_{rms}是相应波形电流的有效值。

对于带直流成分的正弦交流电对人体的作用，可采用等效电流来衡量其对心室颤动的危险性。其等效电流是与该波形电流室颤危险性相同的正弦电流的有效值。对于带有直流成分的交流电流波形图中所示的波形电流，当电击持续时间约超过心脏周期的 1.5 倍时，等效电流 I_{ev}，可用下式计算：

$$I_{ev}=\frac{I_{PP}}{2\sqrt{2}}$$

式中　I_{ev}——等效电流；

I_{PP}——峰 - 峰值电流。

当电击延续时间约为心脏周期的 0.75 倍以下时，等效电流的计算式为：

$$I_{ev}=\frac{I_{P}}{\sqrt{2}}$$

式中　I_{P}——峰值电流。

当电击持续时间为心脏周期的 0.75～1.5 倍时，等效电流在上列两计算式所得数值范围之间变化。若当持续时间很短，不超过 0.1s 时，直流室颤电流与交流室颤电流相近，不宜采用以上两个计算式来进行数值的确定。

对于半波整流电流波形，它的峰 - 峰值电流和峰值电流相等，当电击延续时间超过心脏周期的 1.5 倍时，等效电流的计算式为：

$$I_{ev}=\frac{I_{PP}}{2\sqrt{2}}=\frac{I_{P}}{2\sqrt{2}}=\frac{I_{rms}}{\sqrt{2}}$$

式中　I_{ev}——等效电流；

I_{PP}——峰 - 峰值电流；

I_{P}——峰值电流；

I_{rms}——半波电流的有效值。

对于全波整流电流波形，和半波一样，其峰值电流和峰 - 峰值电流必是相等的。当电击延续时间超过心脏周期的 1.5 倍时，其等效电流 I_{ev}则和全波电流的有效值 I_{rms}相等。

对于电流持续时间为心脏周期的 0.75 倍以下时，对于半波整流电流的等效电流 I_{ev}的计算式为：

$$I_{ev}=\frac{I_{PP}}{\sqrt{2}}=\frac{I_P}{\sqrt{2}}=\sqrt{2}I_{rms}$$

而对于全波整流电流，等效电流 I_{ev} 仍然和有效值 I_{rms} 相等。

虽然 100Hz 以上交流电流对人体作用确定起来比较困难，情况也比较复杂。但通等效电流的计算，对于带直流成分的交流电流所引起的危险性就可以估计出来，复杂情况的分析可以得到大大的简化。

2. 相控电流

相控电流分对称相控电流和不对称相控电流。其波形如图 3-14所示，图中，a 称相控角。

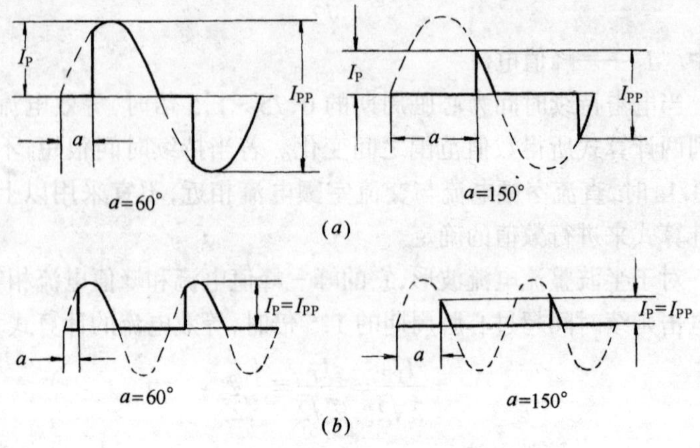

图 3-14 相控电流波形

(a)对称相控；(b)不对称相控

相控电流的感知阈值和摆脱阈值也决定于接触面积、接触条件、电极形状和尺寸以及个体生理特征等很多因素。相控电流的感知电流和摆脱电流与同样峰值的交流电流大致相同；当相控角超过 120°时，由于电流持续时间缩短，与之对应的交流电流的峰值应有所增加。

相控电流引起心室颤动的危险性也可用等效电流来衡量。

对于对称相控电流，当电击持续时间超过心脏周期的 1.5 倍时，等效电流等于波形与其相应的电流的有效值；当电击持续时间不超过心脏周期的 0.75 倍时，等效电流等于波形与其相应的电流的峰值。当相控角超过 120°时，室颤阈值上升。当电击持续时间为心脏周期的 0.75～1.5 倍时，等效电流在相应电流的峰值至有效值之间变化。

对于不对称相控电流，如电流持续时间不超过心脏周期的 0.75 倍，等效电流也等于相应电流的峰值；相控角超过 120°时，室颤阈值也上升。此外，应注意不对称相控电流还包含有直流成分，必要时应予考虑。

3．多周控制电流

多周控制电流引起的心室颤动的危险性与电击延续时间和控制度有关，等于或低于同样持续时间和同样电流大小的持续正弦交流的危险性。

多周控制电流有两种有效值，一个为异通时间内有效值，另一个为工作时间内有效值，其波形见图 3-15。

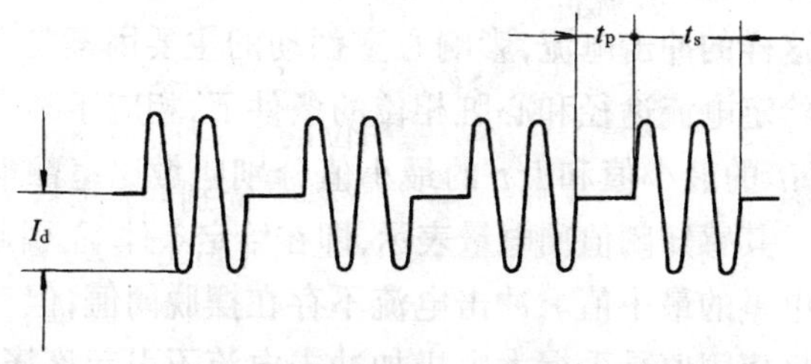

图 3-15 多周控制电流波形

在图中，t_s 为导通时间，t_p 为不导通时间，两者之和为工作时间，其控制度为 $p=\frac{t_s}{t_s+t_p}$。

导通时间内有效值的计算式为

$$I_{1rms}=\frac{I_P}{\sqrt{2}}$$

式中 I_{1rms}——导通时间内有效值；

I_P——峰值电流。

工作时间内有效值的计算式为

$$I_{2rms}=I_{1rms}\sqrt{P}$$

式中 I_{2rms}——工作时间内有效值；

P——控制度。

当电击持续时间超过心脏周期的1.5倍时，室颤阈值决定于控制度。当控制度接近于1时，室颤阈值与相同持续时间正弦交流电流的一样；当控制度接近0.1时，按导通时间内电流的有效值考虑室颤阈值。当控制度为0.1与1之间的中间值时，室颤阈值应比交流电流对人体作用带域划分图中0.1s以下的指示值相应提高。当电击持续时间在心脏周期的0.75倍以下时，也按导通时间内电流的有效值考虑室颤阈值。

（五）冲击电流的作用

冲击电流是指作用时间0.1～10ms的短时不定向脉冲电流，包括方脉冲、正弦脉冲和电容放电脉冲。

对于这样的冲击电流，影响心室颤动的主要因素是 It 和 I^2t 的值。在给定电流途径和心脏相位的条件下，相应于某一心室颤动概率的 It 的最小值和 I^2t 的最小值分别叫做比室颤电量和比室颤能量。其感知阈值用电量表示，即在给定条件下，引起人的任何感觉的电量的最小值。冲击电流不存在摆脱阈值，但有一个疼痛阈值。疼痛阈值是手握大电极加冲击电流不引起疼痛时，比电量 It 或比能量 I^2t 的最大值。这里所说的疼痛是人不愿意再次接受的痛苦。当冲击电流超过疼痛阈值时，会产生蜜蜂刺痛或烟头灼痛式的痛苦。

冲击电流的波形见图3-16。

方脉冲、正弦脉冲、电容放电脉冲的比能量是估计冲击电流的危险性重要因数。比能量的强弱和脉冲持续时间有关，对于方脉冲的比能量还与方脉冲电流幅值成正比；对于正弦脉冲比能量与正弦脉冲电流峰值有效值的平方成正比；对于电容放电脉冲的比

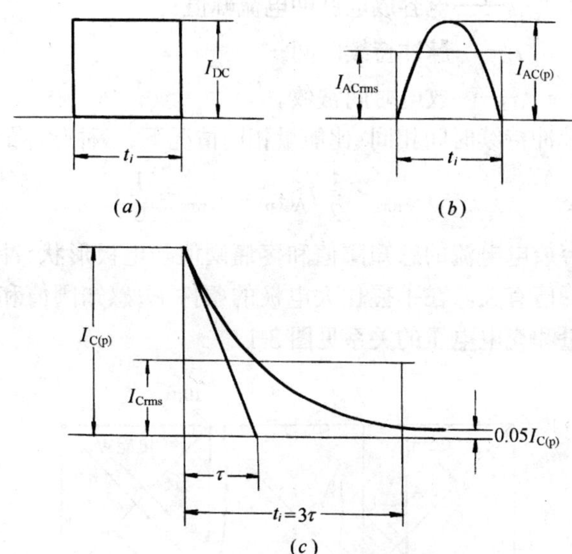

图 3-16 冲击电流波形

(*a*)方脉冲;(*b*)正弦脉冲;(*c*)电容放电脉冲

能量与电容放电脉冲电流有效值的平方成正比。比能量的计算式如下:

$$F_{eDC}=I_{DC}^2t_i$$

$$F_{eAC}=I_{Acrms}^2=\frac{1}{2}I_{AC(p)}^2t_i$$

$$F_{eC}=I_{crms}^2t_i=\frac{1}{2}I_{C(p)}^2\tau$$

三式中 F_{eDC}——方脉冲的比能量;

F_{eAC}——正弦脉冲的比能量;

F_{eC}——电容放电脉冲的比能量;

I_{DC}——方脉冲电流幅值;

I_{Acrms}——正弦脉冲电流峰值有效值;

$I_{AC(p)}$——正弦脉冲电流峰值;

I_{crms}——电容放电脉冲电流有效值;

$I_{c(p)}$——电容放电脉冲电流峰值；

t_i——脉冲持续时间；

τ——放电时间常数。

在脉冲持续时间相同、比能量相同情况下，三种脉冲的关系为

$$I_{DC}=I_{Acrms}=\frac{1}{2}I_{AC(p)}=I_{crms}=\frac{1}{6}I_{C(p)}$$

电容放电电流的感知阈值和疼痛阈值与电极形状、冲击电量和电流峰值有关。在手握住大电极的条件下，感知阈值和疼痛阈值与电量和充电电压的关系见图 3-17。

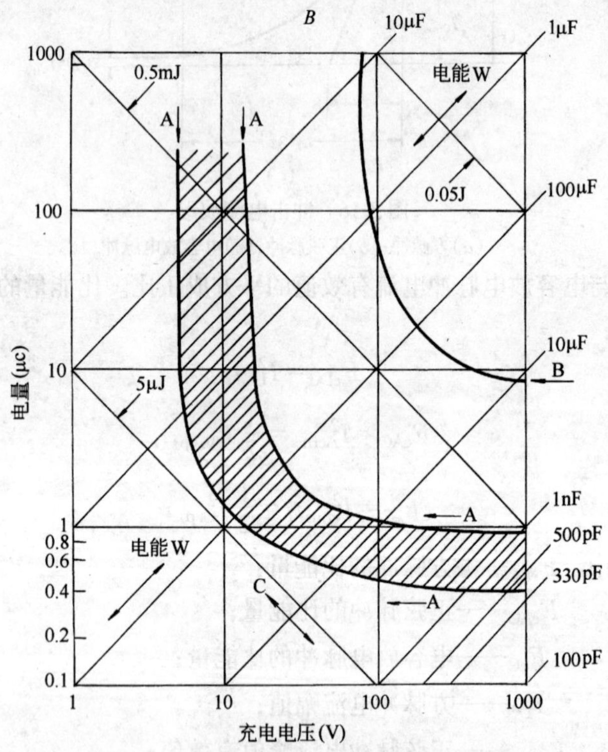

图 3-17　电容放电的感知阈值和疼痛阈值

A—感知阈值；*B*—典型的疼痛阈值

在图中,两组斜线分别是电容和能量的分度线。只要已知任意两个有关参数,如电量和充电电压,即可在图上找到一个相应的点,并判断是否可能产生感知或疼痛效应。

从比能量的观点考虑,在电流流经四肢、接触面积较大的条件下,疼痛阈值为 $50\times10^{-6}\sim100\times10^{-6}A^2\cdot s$。

室颤阈值决定于冲击电流波形、电流延续时间、电流大小、脉冲发生时的心脏相位、人体内电流途径和个体生理特征。

对于短脉冲,通常只在脉冲与心脏易损期重合的情况下发生心室颤动;对于 10ms 以下的短脉冲是由比室颤电量和比室颤能量激发心室颤动的。室颤阈值可以由人体电流和脉冲时间的关系曲线中看出,见图 3-18。

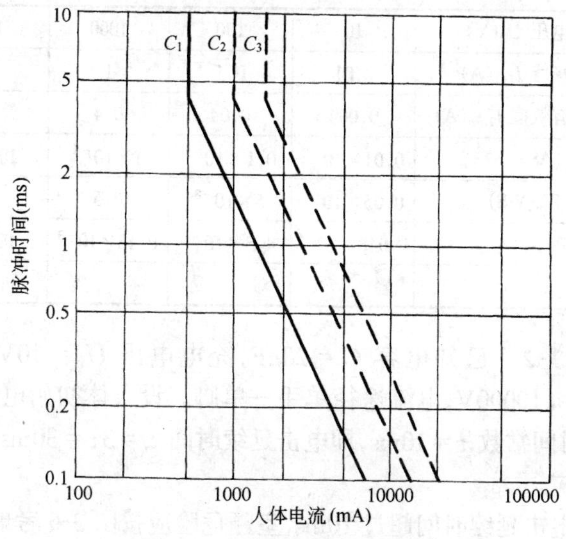

图 3-18　脉冲电流室颤阈值

在图中,有三条曲线,即 C_1、C_2 和 C_3,该图相应于左手—双脚的电流途径的条件,共分四个区域:

① C_1 线以下:不发生室颤的区域。

② C_1 线和 C_2 线之间:低度室颤阈值,概率 5%以下的区域。

③ C_2 线和 C_3 线之间:中等室颤危险的区域,概率 50%以下。

④ C_3 线以上:为高度室颤危险的区域,概率在50%以上。

对于其他电流途径,就需要进行修正。

在图中还可以看出,对于50%的室颤概率,比电量约0.005 A·S;当脉冲持续时间从4ms至1ms时,比能量大约从0.01A^2·S上升到0.02A^2·S。

下面列举两个例子。

例 3-1 已知电容 $C=1\mu F$,充电电压 $U_c=10V$、100V、1000V和10000V,电流途径为单手—单脚。设人体初始电阻1000Ω,时间常数 $\tau=1ms$,即电击持续时间 $t_i=3\tau=3ms$,求对人体的效应。

为简明起见,按表3-7逐次计算即可得出电流对人体的效应。

例 3-1 计算表 **表 3-7**

充电电压 U_c(V)	10	100	1000	10000
放电电流峰值 $I_{(p)}$(A)	0.01	0.1	1	10
放电电流有效值 I_{crms}(A)	0.004	0.04	0.4	4
比电量 F_q(AS)	0.01×10^{-3}	0.1×10^{-3}	1×10^{-3}	10×10^{-3}
放电能量 W_c(WS)	0.05×10^{-3}	5×10^{-3}	0.5	50
比室颤能量 $Fe(A^2S)$	0.048×10^{-6}	4.8×10^{-6}	0.48×10^{-3}	48×10^{-3}
生理效应	轻　微	难　受	疼　痛	可能室颤

例 3-2 已知电容 $C=20\mu F$,充电电压 $U_c=10V$、100V、1000V和10000V,电流途径单手—单脚。设人体初始电阻 $R_i=500\Omega$,时间常数 $\tau=10ms$,即电击延续时间 $t_i=3\tau=30ms$,求对人体的效应。

因电击延续时间超过10ms,室颤危险应按图3-6考虑。为简明起见,按表3-8逐次计算电流对人体的效应。

例 3-2 计算表 **表 3-8**

充电电压 U_c(V)	10	100	1 000	10 000
放电电流峰值 $I_{c(p)}$(A)	0.02	0.2	2	20
放电电流有效值 I_{crms}(A)	0.008	0.08	0.8	8

续表

充电电压 U_c(V)	10	100	1 000	10 000
比电量 F_q(AS)	0.2×10^{-3}	2×10^{-3}	20×10^{-3}	200×10^{-3}
放电能量 W_c(WS)	1×10^{-3}	0.1	10	1 000
生理效应	轻　　微	疼　　痛	危险，但不可能室颤	危险，可能室颤

四、人体阻抗及其测定

人体触电时，当接触的电压一定时，流过人体的电流大小就决定于人体电阻的大小。人体电阻越小，流过人体的电流就越大，也就越危险。

人体电阻主要由两部分组成，即人体内部电阻和皮肤表面电阻。前者与接触电压和外界条件无关，一般在 500Ω 左右；而后者随皮肤表面的干湿程度、有无破伤，以及接触电压的大小而变化。

不同情况的人，皮肤表面的电阻差异很大，因而使人体电阻差异也很大。但一般情况人体电阻可按 1000～2000Ω 考虑。

不同条件的人体电阻见表 3-9。

不同条件下的人体电阻　　　　表 3-9

接触电压(V)	人体电阻(Ω)			
	皮肤干燥①	皮肤潮湿②	皮肤湿润③	皮肤浸入水中④
10	7000	3500	1200	600
25	5000	2500	1000	500
50	4000	2000	875	440
100	3000	1500	770	375
250	1500	1000	650	325

① 干燥场所的皮肤，电流途径为单手至双脚。

② 潮湿场所的皮肤，电流途径为单手至双脚。

③ 有水蒸气，特别潮湿场所的皮肤，电流途径为双手至双脚。

④ 游泳池或浴池中的情况，基本为体内电阻。

此外，作用于人体的电压，必会影响人体电阻，随着电压的升高，人体电阻还会下降，致使电流增大，对人体的伤害加剧。随着电压而变化的人体电阻，见表 3-10。

随电压而变化的人体电阻　　表 3-10

电压 U(V)	12.5	31.3	62.5	125	220	250	380	500	1000
人体电阻 R(Ω)	16500	11000	6240	3530	2222	2000	1417	1130	640
电流 I(mA)	0.8	2.84	10	35.2	99	125	268	1430	1560

人体阻抗是确定和限制人体电流的参数之一。因此，它是处理很多电气安全问题必须考虑的基本因素。

人体导电与金属导电不同，人体体内有大量的水，主要依靠离子导电，而不是依靠自由电子导电。另一方面，由于机体组织细胞之间电子激发产生能量迁移，也表现出导电性。这种导电性类似半导体的导电作用。

（一）人体阻抗的分析

1. 人体阻抗的组成和特征

对于电流来说，人体皮肤、血液、肌肉、细胞组织及其结合部所构成的是含有电阻和电容的阻抗。

人体各组成部分的电阻率是不相同的。根据测定，干燥皮肤的电阻率为 $3\times10^3\sim2\times10^4\Omega\cdot m$，骨骼（不包括骨膜）的为 $1\times10^4\sim2\times10^6\Omega\cdot m$，脂肪组织的为 $30\sim60\Omega\cdot m$，肌肉组织的为 $1.5\sim3\Omega\cdot m$，血液的为 $1\sim2\Omega\cdot m$，脑髓的为 $0.5\sim0.6\Omega\cdot m$ 等。显然，皮肤电阻在人体阻抗中占有很大的比例。人体阻抗包括皮肤阻抗和体内阻抗，为了便于人体阻抗的分析，引出人体阻抗的等值电路的分析方法，人体阻抗的等值电路见图 3-19。

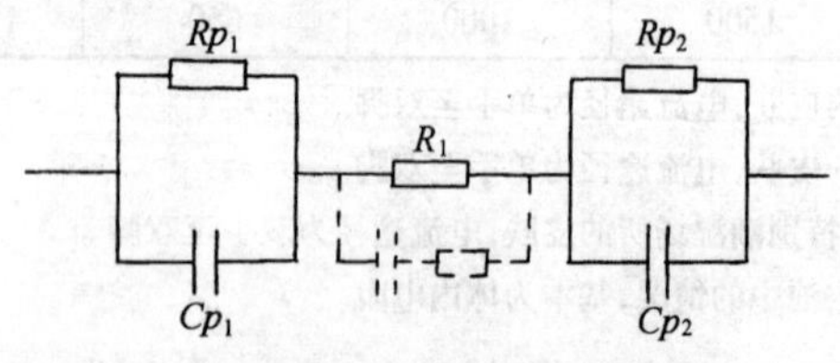

图 3-19　人体阻抗等值电路

在图中，R_{p1}、R_{p2}为皮肤电阻，C_{p1}、C_{p2}为皮肤电容，R_i 及与其并联的虚线支路为体内阻抗。

皮肤由外层的表皮和表皮下面的真皮组成。表皮最外层的角质层是由鳞状死细胞紧密排列成的膜状物，厚度一般不超过0.05～0.2mm。角质层的电阻很大，在干燥和干净的状态下，其电阻率可达 $1\times10^5\sim1\times10^6\Omega\cdot m$。表皮其他层的电阻也比较大。皮肤阻抗指的是表皮阻抗，即皮肤上电极与真皮之间的电阻抗。真皮是活组织，其阻抗比表皮阻抗小得多，通常并入体内阻抗考虑。应当指出，皮肤不是一张完全的膜，它有很多微孔保持内外相通。表皮电阻虽然可达数万欧，但应用时必须考虑表皮破损或状态变化的可能。皮肤电容系指皮肤外面的电极与真皮之间的电容，一般只有数微微法至数微法之间。

皮肤阻抗决定于接触电压、频率、电流持续时间、接触面积、接触压力、皮肤潮湿程度和温度等。接触电压大致在 50V 以下时，皮肤阻抗随接触电压、温度、呼吸条件虽有较大变化，但其值还是比较高的；当接触电压大致在 50～100V 的范围时，皮肤阻抗明显下降，而且在皮肤击穿时可以忽略不计。

体内阻抗是除去表皮之后的人体阻抗。体内阻抗虽然也包括电容，但其电容很小(图 3-19 中虚线支路上电容小而电阻大)，可以忽略不计。因此，体内阻抗基本上可当作纯电阻考虑。体内阻抗主要决定于电流途径和接触面积。在接触面积仅数平方毫米的情况下，体内阻抗增加。体内阻抗和电流途径的关系见图 3-20。

图中的数值是百分数。括号外数值为单手至所考虑部分的数值，括号内数值为双手至相应部位的数值。如电流途径为单手至双脚，数值应减为图上所标明的 75%；如电流途径为双手—双脚，数值应减为图上所标明的 50%。这些数值可用来确定人体阻抗的近似值。

人体阻抗是皮肤阻抗与体内阻抗的几何和。接触电压大致在 50V 以下时，由于皮肤阻抗的变化，人体阻抗也在较大范围内变化；而在接触电压较高时，人体阻抗与皮肤阻抗关系不大，而且在

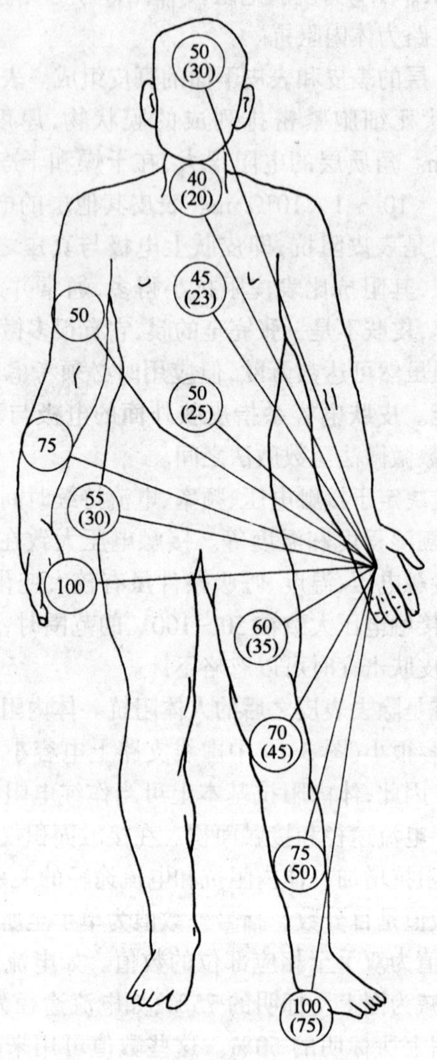

图 3-20　人体体内阻抗分布

皮肤击穿后，近似等于体内阻抗。由于存在皮肤电容，人体的直流电阻高于交流阻抗。

通电瞬间的人体电阻叫做人体初始电阻。在这一瞬间，人体各部电容没有充电，相当于短路状态。因此，人体初始电阻近似等于体内阻抗。人体初始电阻主要决定于电流途径，其次才是接触面积。人体初始电阻的大小限制瞬间冲击电流的峰值。

2．人体阻抗的数值及变动范围

人体阻抗和接触电压有关，当接触电压低时，人体呈现的阻抗数值大，随着接触电压的增高，人体阻抗下降。在干燥条件时，电流途径为左手到右手、接触面积 50～100cm^2 时，人体阻抗对应于不同的接触电压的参考数值见表 3-11。

人体阻抗(Ω) **表 3-11**

接触电压(V)	最低百分数		
	5%	50%	95%
25	1750	3250	6100
50	1450	2625	4375
75	1250	2200	3500
100	1200	1875	3200
125	1125	1625	2875
220	1000	1350	2125
700	750	1100	1550
1000	700	1050	1500
渐进值	650	750	850

接触电压在 5000V 以下的人体阻抗曲线见图 3-21。

图中所示的条件是在电流途径从左手到右手，或单手到单脚。若在大面积条件时，相应于 5%概率的人体初始电阻为 500Ω。

皮肤状态对人体阻抗的影响很大。例如，当电压在 50V 以下时，如将皮肤与电极的接触表面用干净的水浸湿后测量，所得人体阻抗比干燥条件下的低 15%～25%；如改用导电性溶液浸湿，则人体阻抗锐减为干燥时的一半；如皮肤长时间湿润，则角质层变得松软而饱含水分，皮肤阻抗几乎完全消失。当然，如大量出汗，皮

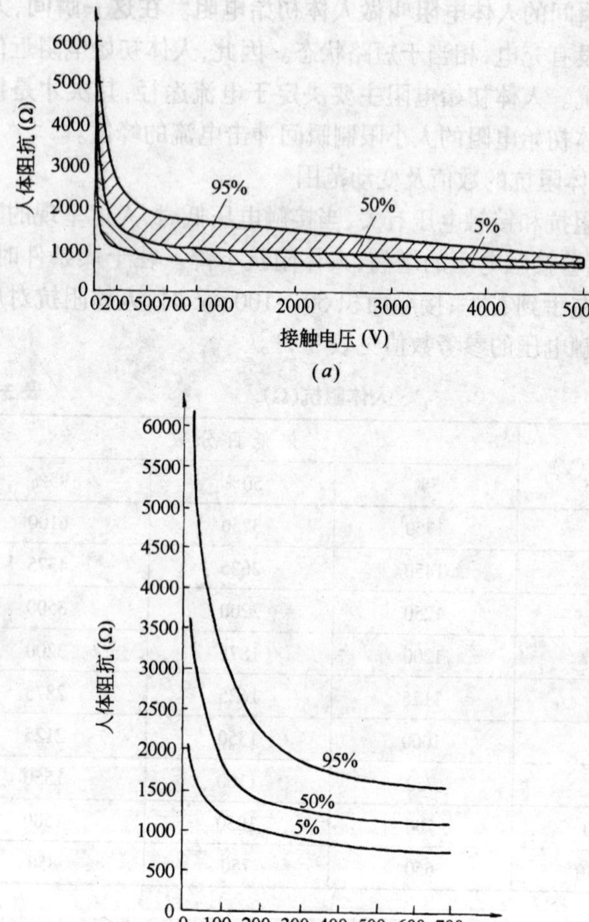

图 3-21　人体阻抗

肤阻抗也将明显下降。

表皮破损或角质层破损，也会明显降低人体阻抗，严重的还会降低为体内阻抗。

金属粉、煤粉等导电性物质污染皮肤，乃至渗入汗腺也会大大降低人体阻抗。

因为人体阻抗中有电容成分，所以直流电阻比交流阻抗大，而且交流阻抗与频率有关，频率越高，阻抗越小，又随着接触面积的变化而变化，接触面积增大时，人体阻抗值相应降低。人体阻抗与频率的关系曲线见图 3-22。

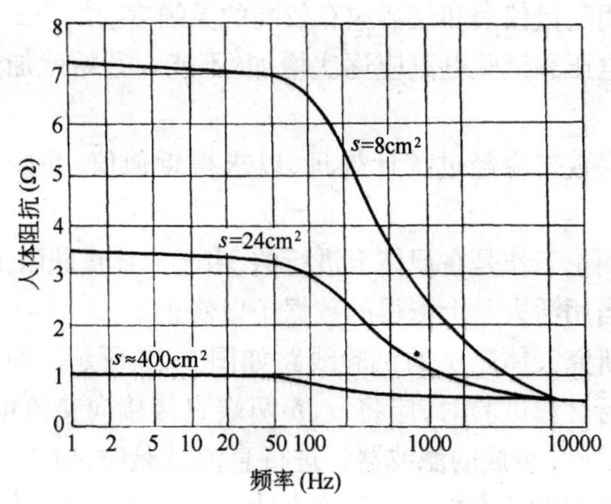

图 3-22 人体阻抗与频率的关系

人体阻抗还与电流持续时间和接触压力有关。通常是电流持续时间越长，特别是电流持续 1～2min 后，人体阻抗下降；接触压力增加时，自然人体阻抗变小。人体阻抗还因人而异，如长期体力劳动者，手的皮肤电阻很大，女子的人体阻抗男子小，儿童的人体阻抗通常比成年人小。人体遭受突然生理刺激时，当时所呈现的人体阻抗有明显的降低。又环境温度高时，人体阻抗也会下降。所以，影响人体阻抗大小的因素非常多，这对人体阻抗的分析带来一定的困难。

(二) 人体阻抗的测定

人体阻抗数值是通过试验得到的。必须保证试验的绝对安全。试验结果应力求符合实际情况。

应选择白身条件(年龄、性别、体态等)、工作条件(工种、环境等)有代表性的被试者。被试者不能太少。每一被试者可在不同条件下接受多次测试。应当注意患有心脏病、肺病、神经系统疾病的人不得进行试验。患有其他疾病，而且正在病中的人也不得进行试验。

为了测量结果可靠，应尽量在接近真实情况的条件下试验。

试验电源回路中，应装有防止意外触电事故的快速动作保护装置。所用测量仪表和仪器应有较高的灵敏度。

试验电压和试验电流应逐次增加，不能一开始就加到最大试验值。

所测得数据应经过统计处理，以求得近似值，并按百分比分类。

如果测量工作是在尸体上进行的，由于尸体皮肤阻抗偏高，所得数值应当用活人身上测得的数据予以修正。

一种研究人体阻抗的试验线路如图 3-23 所示。图中，EP 是电极。进行交流试验时，应将 a、b 两端直接接向交流电源，并去掉由 C_1、L、C_2 组成的滤波器。进行直流试验时，应去掉功率表，并将电压表和电流表均改用直流表计。合上 SA_1 指示灯 HL_1 亮。合上 SA_2 试验，当试验电流超过额定电流时，继电器 KA_2 动作，其常开接点迅速闭合，指示灯 HL_2 亮；中间继电器 KA_1 被接通，其常开接点闭合，实现自保，其常闭接点打开以切断试验电路和指示灯 HL_1。图中，R 是限流电阻，SB 是复位按钮。为了便于观察和测量，可以接装示波器或记录仪。

本节没有论述人体允许电流（或人身安全电流）。人体允许电

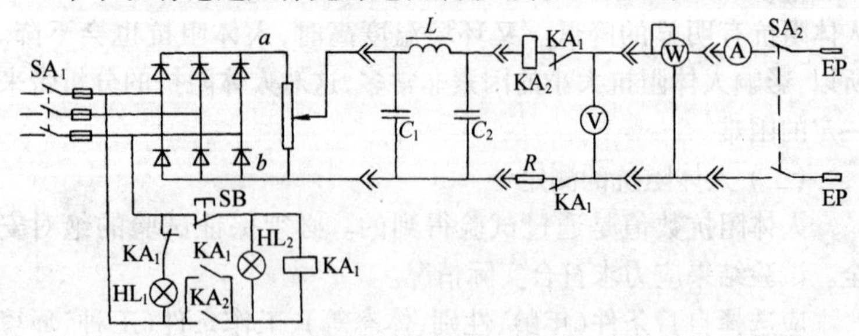

图 3-23　人体阻抗试验线路

流还不是一个完全成熟的概念。一般情况下，只能理解为在可能的持续时间内不直接或间接引起严重危险的电流。因此，这个电流除决定于上述影响人体电流效应的诸因素外，还与工作位置、使用场所、周围条件、保护设计等诸多因素有关。简单地确定某一限值是不妥当的。正因为如此，很多国家都不提安全电流，有的资料虽提到安全电流，也持极为慎重的态度。

第二节　电气安全与触电防护

电能广泛应用于国民经济的各个部门和人们日常生活中，电气化和现代化关系密切。现代工业、农业、国防和科学技术研究及人民生活都离不开电。电，造福于人类，但如果不掌握它，它又会给人类构成威胁。违反规程、电气设备设计、安装、维修、使用不当，不但是设备损坏，还会造成人身触电伤亡。

电气事故总是不能杜绝，其原因是多方面的。除设备先天缺陷外，还由于人们的思想、情绪有问题，或是专业知识不足，对规程规范、规章制度没有严格执行，结果造成电气事故，甚至触电伤亡。所以，必须对电气安全做到思想重视，严格按标准、规范、规程设计、施工和操作，提高电气安全的专业水平，采用先进技术，严格按章操作，加强管理，从而杜绝电气事故，防止人身触电。电气安全和触电防护是极其重要的。

一、电气事故类型与人体触电形式

最常见的电气事故是短路事故，以及电气设备爆炸、火灾事故，还有电气误操作事故。人体触电形式有：与带电体直接接触触电、跨步电压触电、接触电压触电等几种形式。

(一) 常见电气事故类型

1. 短路事故

“短路”是指供电系统中相线与相线短接或相线碰到中性线、相线接地(中性点直接接地系统)。三根相线短接称为三相短路，两相短接称为两相短路，相线与中性线短接称为单相短路，在中性点直接接地的电力系统中一根相线接地就构成单相接地短路，若两相接地则构成两相接地短路。无论哪种类型短路，由于负载被短接，从电源到短路点阻抗很小，所以电路中将会出现很大的短路电流，其数值为额定电流的几倍到几十倍甚至上百倍，发生这样大的电流的短路事故，而造成严重后果。

短路电流会使电气设备导体严重发热，严重时甚至会使导体烧红、熔化，使绝缘损坏，使电气设备严重破坏，甚至起火燃烧。短路电流的导体间产生极大的电动力，使设备机械变形，甚至使设备破坏，并且电源到短路点间电压突然降低，电动机有可能停止转动，严重时破坏电力网的运行稳定性，甚至使电力系统发生解列，造成大面积的停电事故。短路事故(包括单相接地短路)会严重干扰广播电视、通信、计算机系统，使这些电子设备不能正常运行。

造成短路事故的原因很多，归纳起来有如下几个方面：

① 绝缘损坏，如电气设备长期过负荷运行，加剧绝缘老化；机械原因损伤绝缘，过电压和雷击使绝缘损坏，以及短路电流过大而烧坏绝缘。

② 误操作而引起短路事故。误操作经常引起事故。

③ 高压导体间绝缘距离不够，引起空气击穿，造成短路事故。

④ 导电物，包括导线错误短接，引起短路事故。

⑤ 小动物或飞禽跨接裸导体而引起短路。

2．电气设备爆炸及电气火灾

电气设备发生爆炸和电气火灾是常见的电气事故。除设计、制造和施工的原因外，在运行中电气设备过热、发生电火花或电弧是引起电气火灾和爆炸的根源，而周围再有易燃、助燃和易爆物质，则加剧和加速了事故的发生。短路故障和电气接触不良和接触处打火，产生明火是引起火灾和爆炸的很重要的直接原因，各种电炉等加热电器具、装置和设备因采取的措施不够。而造成的火灾和爆炸事故比例也很高。

目前的消防系统，包括智能建筑的消防联动系统，尽管有烟感、温感、监控等很自动化的技术措施，有消防中心，有报警，消防泵会自动启动,防火墙能自动下落进行区域隔离,喷淋装置可以自动喷水,但是这还都是事后的措施,即使做到智能化,也是火灾发生以后再来进行消除。从源头就进行预测和预防的措施和研究尚大大的不足。

有资料表明,可以预测漏电流,来预防电气火灾,因为漏电流带来的人身触电事故较为常见,而电气火灾通常是由于高温、电火花、电弧甚至是火球而引起,所以在防止短路、接触打火、高温高热、雷击等方面加强防范措施,才能真正做到电气防火。

当然,这是对漏电流作狭义的理解,假如从广义上理解漏电流,认为一切不符合规定而流动的电流,都是漏电流,那么引起电气火灾或爆炸的电流,都可以认为是漏电流,则这种漏电流的测量和电气火灾的预防,其覆盖含义是极为广泛的,但是通常的漏电流是比较容易预测和预防,而广义的漏电流的预测和预防,仍然是比较复杂,也是比较困难的。

3. 电气误操作

常见的电气误操作事故有:

① 带负荷拉合隔离开关;

② 带电挂接地线;

③ 带接地线合闸;

④ 误入带电间隔;

⑤ 误拉合开关。

在带负荷拉合隔离开关时,产生强大的电弧,甚至发生弧光短路,引起电气设备损坏,致使人被烧伤,甚至引起人身死亡和大面积停电现象,带来极其重大的损失。

带电挂接地线时,或带接地线合闸会引起接地短路。

误入带电间隔会引起人身触电和停电事故。

误拉合开关,造成不应有的停电事故或发生触电和设备损坏。

在此,应强调的是,应从设计上采取措施。应设计的产品具有的特性是:在误操作时只是达不到原有的目的,而不应有事故发生。这一点在弱电装置中设计得比较有效,强电产品的防误操作设计应予以高度重视。

(二) 人体触电形式

人体触电的形式有：与带电体直接接触触电、跨步电压触电、接触电压触电等。

1．人体与带电导体直接接触触电

人体直接接触带电导体后造成的触电，称之为直接接触触电。对于高压系统，在与带电导体的距离小于该电压的放电距离造成对人体放电，也属于直接接触触电的范畴。其中包括单相触电、两相触电、三相触电等几种类型。

设备不停电的安全距离，与电压等级有关，见表 3-12。

设备不停电时的安全距离 **表 3-12**

电压等级(kV)	安全距离(m)	电压等级(kV)	安全距离(m)
10 及以下	0.70	220	3.00
20～35	1.00	330	4.00
60～110	1.50	550	5.00

2．跨步电压触电

由跨步电压的产生而引起的人体触电，称为跨步电压触电。跨步电压的大小决定于人体离接地点的距离和人体两脚之间的距离。离接地点越近、两脚距离越大，跨步电压的数值就越大。高压导体发生接地时，室内离故障点必须大于 4m，室外应大于 8m。

3．接触电压触电

电气设备的金属外壳带电时，人若碰到带电外壳，造成触电，这种触电称之为接触电压触电。

接触电压是指人站在带电金属外壳旁，人手触及外壳时，其手、脚之间承受的电位差。

有时触电摔跌，更甚者是从高空摔跌，会引起更严重的后果，这种事故时有发生。

二、电气设备的安全

电气设备的安全是一个很广泛的内容，例如变压器的安全、电动机安全、高压开关安全、互感器安全、电力电容器安全、低压电器的安全、携带式及移动式电气设备安全，起重机械电气设备安全、电焊机使用安全、电气照明装置安全、供电系统的安全、电力内外线安全、室内配线安全、高层建筑及公用、民用建筑电气安全、建筑施工现场用电安全、家用电器安全。特别是随着科学技术的进步、现代化的装备、电子设备的安全是一个突出的问题，就以高层建筑、宾馆、饭店、写字楼等其通信系统、电梯系统、消防系统、空调制冷系统、保安系统，办公自动化系统、计算机网络系统，大量的电子设备，安全问题内容特别广泛。

从广义上说，电气设备的安全，不仅是电气设备的损坏属于电气安全，其运行的质量问题，一切和可靠性有关的问题，均存在着安全的隐患。所以电气安全问题讨论起来确实非常复杂。多学科、多专业、多门类，有人说需要全民动员、全社会重视，采取科学的有效的措施，才能杜绝电气安全事故带来的损害。

三、触电防护

（一）正常条件下的触电防护

1．利用遮栏或外壳的完全防护

遮栏或外壳用来将带电部分与外部完全隔开，以避免从经常接近的方向或任何方向直接触及带电部分。采用这种防护应考虑如下问题：

(1) 选取相应的防护等级

外壳具有防止人触及货接近内部带电部分及运动部件；防止固体异物进入及防止水进内部达到有害程度的功能。本章只涉及触电防护方面，它的防护等级的选取取决于电气设备和装置的环境和应用条件、电压区段、带电部分所处的操作区域和部位。

操作区域可分为：正常操作区域——操作人员在此区域完成系统或设备的操作，所以防护等级较高；电气操作区域——只有专业人员才能进入，且需打开或移去遮栏才能进入，所以防护等级较正常操作区域低；封闭的电气操作区域——只有专业人员且需使用工具、钥匙等才能进入或实现了连锁的区域，防护等级很低。后两种区域应当配设危险警告标志。

在选择包括外壳防护等级在内的触电防护措施时，设备或设施的标称（或额定）电压值是应当考虑的因素之一。

常常将1kV及以下的标称电压值划分为两个区段。交流电压区段的划分见表3-13。

交流电压区段（V）　　表3-13

区　段	接　地　系　统		不接地或不有效接地
	相—地	相—相	相　间
Ⅰ	$U \leqslant 50$	$U \leqslant 50$	$U \leqslant 50$
Ⅱ	$50 < U \leqslant 600$	$50 < U \leqslant 1000$	$50 < U \leqslant 1000$

直流区段的划分见表3-14。

直流电压区段（V）　　表3-14

区　段	接　地　系　统		不接地或不有效接地系统
	极—地	极—极	极　间
Ⅰ	$U \leqslant 120$	$U \leqslant 120$	$U \leqslant 120$
Ⅱ	$120 < U \leqslant 900$	$120 < U \leqslant 1\,500$	$120 < U \leqslant 1\,500$

遮栏和外壳防护等级的最低要求见表3-15。

用遮栏或外壳对带电部分作直接接触防护时的最低防护等级要求　　表3-15

电压范围（交流）	操作区域内	电气操作区域内	封闭的电气操作区域内
$50\text{V} < U \leqslant 1\text{kV}$	对易触及的遮栏，外壳或顶表面实行防护等级为IP2X或IP4X的完全防护。这种防护特别适用于外壳上可能用作站立表面的那些部分[②]	当$U \leqslant 660$V或在伸臂范围内可同时触及的带电部分没有压差时，实行防护等级为IP1X的部分防护 当$U > 660$V，实行防护等级为IP2X的完全防护 对易触及的遮栏，外壳的顶表面，当$U > 660$V时实行防护等级为IP4X的完全防护 这种防护特别适用于外壳上可能用作站立表面的那些部分	当$U \leqslant 660$V时，不设保护，防护等级为IP0X 当$U > 660$V或在伸臂范围内可同时触及的带电部分没有压差时，实行防护等级为IP1X的部分防护

续表

电压范围（交流）	操作区域内	电气操作区域内	封闭的电气操作区域内
$U>1$kV	伸臂范围内实行防护等级为IP5X的完全防护 伸臂范围外实行防等级为IP2X的部分保护	伸臂范围内实行防护等级为IP5X的完全防护 伸臂范围外实行防护等级为IP1X的部分防护	实行防护等级为IP1X的部分防护

(2) 遮栏和外壳的强度及稳定性

遮栏和外壳应紧固到位；其材料、尺寸及结构必须具有足够的稳定性和耐久性，以承受在正常使用中可能出现的机械压力、碰撞和不当操作引起的应力应变；在遮栏、外壳与带电部分之间应根据正常工作条件及预计的外界影响确定相应的距离。

(3) 遮栏或外壳的开启或拆卸

遮栏、外壳及其部件(例如门、盖)的开启和拆卸必须满足如下条件之一：

1) 使用钥匙或工具；

2) 采用联锁装置，以使开启或拆卸遮栏、外壳及其部件时自动切断内部带电部分的供电，而且只有在遮栏、外壳及其部件恢复原位时才能自动或手动恢复供电；

3) 内部插入网罩。在带电部位与遮栏、外壳之间插入中间隔离网罩，使得开启和拆卸遮栏、外壳及其部件时不会触及到带电部分。这些网罩可以是固定的，也可以在开启或拆卸操作时自动滑入其位。

(4) 电气间隙和爬电距离

电气间距与爬电距离均属绝缘配合的问题。在外壳和遮栏防护的完全防护中也必须考虑。

不同带电部分之间，带电部分与大地(包括接地的外露可导电部分和外部可导电部分)之间，当空气间隙(空间距离)小到一定值时，在电场的作用下，空气介质将被击穿，绝缘将失效或暂时失效。

因此在不同带电部分之间、带电部分与大地、外壳、遮栏之间，至少应当保持不会发生空气击穿的安全距离，这个距离在电气技术中就是电气间隙。

电气工程技术中还有一个与电气间隙值有关的参数，这就是安全距离。这是保证安装、操作、维修安全不可缺少的技术参数，后面将专门阐述。安全距离和电气间隙在工程设计规范中统称为净距。

爬电距离又称漏电距离，它是在两个导电部分之间沿着绝缘材料表面的最短距离要求，爬电距离过小就会在绝缘材料表面产生闪络，即沿着绝缘材料表面产生击穿现象，从而使固体绝缘失效。

在确定电气间隙和爬电距离时，除了应当考虑诸多通常因素外，还应考虑每类设备和装置的各自应用条件。在先进的设备和装置标准中均有电气间隙和爬电距离的规定。

在设有过电压限制的绝缘配合系统中，在非均匀电场条件下，不同安装类别和不同对地电压的电气设备在海拔 2000m 处的冲击耐受电压值和不同安装类别和不同污染等级下的最小电气间隙值见表 3-16。

最小电气间隙值　　表 3-16

<table>
<tr><td rowspan="3">由额定系统电压确定的相对地电压U(交流有效值和直流值)(V)</td><td rowspan="3" colspan="3">冲击耐压
电气间隙
对污染等级 2,3,4</td><td colspan="4">对于非均匀电场条件相应于安装类别(过电压类别)和相应的最小电气间隙(mm)的冲击耐压</td></tr>
<tr><td colspan="4">安装类别(过电压类别)</td></tr>
<tr><td>Ⅰ</td><td>Ⅱ</td><td>Ⅲ</td><td>Ⅳ</td></tr>
<tr><td rowspan="4">$U \leqslant 50$</td><td colspan="3">冲击耐压(V)</td><td>330</td><td>500</td><td>800</td><td>1 500</td></tr>
<tr><td rowspan="3">电气间隙
mm</td><td rowspan="3">污染等级</td><td>2</td><td>0.2</td><td>0.2</td><td>0.2</td><td>0.5</td></tr>
<tr><td>3</td><td>0.8</td><td>0.8</td><td>0.8</td><td>0.8</td></tr>
<tr><td>4</td><td>1.6</td><td>1.6</td><td>1.6</td><td>1.6</td></tr>
</table>

续表

由额定系统电压确定的相对地电压U(交流有效值和直流值)(V)	冲击耐压 电气间隙 对污染等级2,3,4			对于非均匀电场条件相应于安装类别(过电压类别)和相应的最小电气间隙(mm)的冲击耐压 安装类别(过电压类别) Ⅰ	Ⅱ	Ⅲ	Ⅳ
50＜U≤100	冲击耐压(V)			500	800	1 500	2 500
	电气间隙 mm	污染等级	2	0.2	0.2	0.5	1.5
			3	0.8	0.8	0.8	1.5
			4	1.6	1.6	1.6	1.6
100＜U≤150	冲击耐压(V)			800	1 500	2 500	4 000
	电气间隙 mm	污染等级	2	0.2	0.5	1.5	3.0
			3	0.8	0.8	1.5	3.0
			4	1.6	1.6	1.6	3.0
150＜U≤300	冲击耐压(V)			1 500	2 500	4 000	6 000
	电气间隙 mm	污染等级	2	0.5	1.5	3.0	5.5
			3	0.8	1.5	3.0	5.5
			4	1.6	1.6	3.0	5.5
300＜U≤600	冲击耐压(V)			2 500	4 000	6 000	8 000
	电气间隙 mm	污染等级	2	1.5	3.0	5.5	8
			3	1.5	3.0	5.5	8
			4	1.6	3.0	5.5	8
600＜U≤1 000	冲击耐压(V)			4 000	6 000	8 000	12 000
	电气间隙 mm	污染等级	2	3.0	5.5	8	14
			3	3.0	5.5	8	14
			4	3.0	5.5	8	14

在微观环境中不同污染等级、不同工作电压、不同绝缘材料组别情况下最小爬电距离见表3-17。

最小爬电距离　　　　表 3-17

电器的额定绝缘电压或工作电压（V）交流有效值或直流值④	印刷线路材料爬电距离 mm			电器长期承受电压的爬电距离(mm)										
	污染等级		污染等级				污染等级				污染等级			
	1	2	1	2			3				4			
				材料组别			材料组别				材料组别			
	①	②	①	Ⅰ	Ⅱ	Ⅲa Ⅲb	Ⅰ	Ⅱ	Ⅲa	Ⅲb	Ⅰ	Ⅱ	Ⅲa	Ⅲb
10	0.025	0.04	0.08	0.4	0.4	0.4	1	1	1		1.6	1.6	1.6	
12.5	0.025	0.04	0.09	0.42	0.42	0.42	1.05	1.05	1.05		1.6	1.6	1.6	
16	0.025	0.04	0.1	0.45	0.45	0.45	1.1	1.1	1.1		1.6	1.6	1.6	
20	0.025	0.04	0.11	0.48	0.48	0.48	1.2	1.2	1.2		1.6	1.6	1.6	
25	0.025	0.04	0.125	0.5	0.5	0.5	1.25	1.25	1.25		1.7	1.7	1.7	
32	0.025	0.04	0.14	0.53	0.53	0.53	1.3	1.3	1.3		1.8	1.8	1.8	
40	0.025	0.04	0.16	0.56	0.8	1.1	1.4	1.6	1.8		1.9	2.4	3	
50	0.025	0.04	0.18	0.6	0.85	1.2	1.5	1.7	1.9		2	2.5	3.2	
63	0.04	0.063	0.2	0.63	0.9	1.25	1.6	1.8	2		2.1	2.6	3.4	
80	0.063	0.1	0.22	0.67	0.95	1.3	1.7	1.9	2.1		2.2	2.8	3.6	
100	0.1	0.16	0.25	0.71	1	1.4	1.8	2	2.2		2.4	3.0	3.8	
125(127)	0.16	0.25	0.28	0.75	1.05	1.5	1.9	2.1	2.4		2.5	3.2	4	
160	0.25	0.4	0.32	0.8	1.1	1.6	2	2.2	2.5		3.2	4	5	
200(208)	0.4	0.63	0.42	1	1.4	2	2.5	2.8	3.2		4	5	6.3	
250	0.56	1	0.56	1.25	1.8	2.5	3.2	3.6	4		5	6.3	8	
320	0.75	1.6	0.75	1.6	2.2	3.2	4	4.5	5		6.3	8	10	
400(415)	1	2	1	2	2.8	4	5	5.6	6.3		8	10	12.5	
500	1.3	2.5	1.3	2.5	3.6	5	6.3	7.1	8.0		10	12.5	16	
630(690)	1.8	3.2	1.8	3.2	4.5	6.3	8	9	10		12.5	16	20	
800(830)	2.4	4	2.4	4	5.6	8	10	11	12.5		16	20	25	
1 000	3.2	5	3.2	5	7.1	10	12.5	14	16	③	20	25	32	
1 250			4.2	6.3	9	12.5	16	18	20		25	32	40	③

续表

电器的额定绝缘电压或工作电压(V)交流有效值或直流值④	印刷线路材料爬电距离 mm		电器长期承受电压的爬电距离(mm)												
	污染等级		污染等级	污染等级			污染等级				污染等级			
	1	2	1	2			3				4			
				材料组别			材料组别				材料组别			
	①	②	①	Ⅰ	Ⅱ	Ⅲa Ⅲb	Ⅰ	Ⅱ	Ⅲa	Ⅲb	Ⅰ	Ⅱ	Ⅲa	Ⅲb
1 600			5.6	8	11	16	20	22	25		32	40	50	
2 000			7.5	10	14	20	25	28	32		40	50	63	
2 500			10	12.5	18	25	32	36	40		50	63	80	
3 200			12.5	16	22	32	40	45	50		63	80	100	

① 材料组别Ⅰ、Ⅱ、Ⅲ$_a$、Ⅲ$_b$。

② 材料组别Ⅰ、Ⅱ、Ⅲ$_a$。

③ 此区域内爬电距离尚未规定，材料组别Ⅲ$_b$一般不推荐用于630V以上污染等级3，也不推荐用于污染等级4。

④ 在工作电压为32V及以下的绝缘上不会产生漏电起痕现象，但是必须考虑电解腐蚀的可能性，为此也规定了最小爬电距离。

电器的额定绝缘电压或工作电压值按R10数系选择。

2．利用绝缘的完全防护

这种防护是用绝缘材料将电部分全部包裹起来，从而防止在正常工作条件下与带电部分的任何接触。这种防护，要求绝缘设计必须考虑在运行中长期经受的机械、化学、电气及热应力的影响(例如摩擦、碰撞、拉压、扭曲、高低温及变化、电蚀、大气污染、电解液等产生的应力影响)，因为这些影响均可能是绝缘失败。通常情况下，油漆、瓷漆、普通纸、棉织物、金属氧化膜及类似材料，极易在应用环境和自然环境条件下改变其绝缘性能，因此由它们构成的覆盖层不能作为单独的绝缘防护层。

覆盖的绝缘层应足够牢固，不采用破坏性手段不会被除掉。

任何电气设备和装置，都应根据其环境和应用条件，对带电部分的绝缘防护规定绝缘性能参数。绝缘电阻、泄露电流、介电强度是其中的最主要的参数。对直接触电防护，至少应采取基本绝缘。

3．设置阻挡物的防护

阻挡物用于防止无意的直接接触，但不能阻止有意触及带电部件。

这种防护通常在成套电气设施中采用，例如变配电站、电气试验场所。由于阻挡物的防护功能有限，因此在采用时应附设警告信号灯、警告信号标志等。

为了防止身体无意触及带电部分，可以采用遮栏、栏杆、扶手、链绳、隔板等阻挡物；在正常操作场所则需采用板状、网状、筛状阻挡物。

装设在现场的阻挡物不必采取特殊的固定措施，移动时不必使用工具或钥匙等，但应防止人们无意碰倒或移位。

4．带电部分置于伸臂范围之外的防护

伸臂范围从预计有人的场所的站立面算起、直到人能用手达到的界限为止。置于伸臂范围之外的防护就是严禁在伸臂范围以内存在具有不同电位的能同时被人触及的部分。

图 3-24 示出了极限伸臂范围。这个极限是按人体测量学给出的人体统计尺寸并考虑了适当的安全裕度规定的。这个极限已被身材高大的美国、加拿大及德国、法国等欧洲国家所接受，所以对我国是安全可行的。图中 S 为预计有人站立的面，上半部图为正视剖面，下半部图为俯视剖面。长度 2.5m 通常为站立时的伸臂范围极限，1.25m 和 0.75m 分别为平伸、蹲坐、屈膝、跪、俯卧等操作姿势的伸臂范围极限。

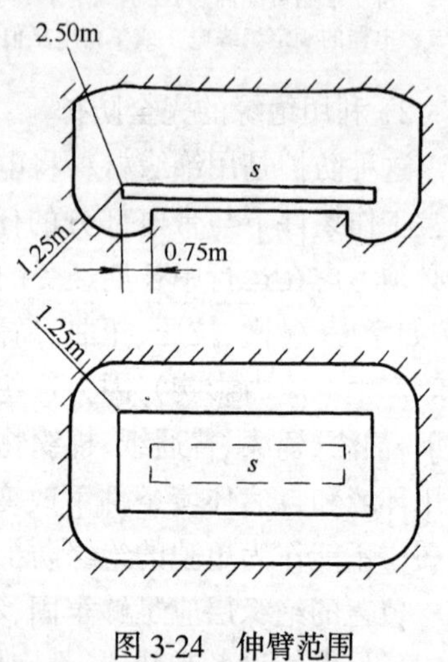

图 3-24　伸臂范围

5．采用漏电电流动作保护器的附加防护

漏电电流动作保护器又称剩余电流动作保护器。它是一种在规定条件下当漏电电流达到或超过给定值时，能自动切断供电的开关电器或组合电器，通常用于故障情况下自动切断供电的防护。

将保护器的动作电流限定在 30mA 以内，是考虑到该电流在正常环境条件下，短时间内通过人体不会造成器官的损害。

应当特别指出，正常工作条件下的直接接触防护不能单独用漏电电流动作保护器替代，这种保护只是为了加强直接接触防护。

6. 安全距离

为了防止在操作和维修中触及带电部分，保证操作维修人员动作的功效或舒适性，在电气设备和部件的安装定位时，在带电部分与人或与所在场所的墙壁之间；在开关、手柄等操纵控制机构与墙壁之间；在相对安置的操纵控制机构之间，都应留有符合安全要求的距离，这个距离就是安全距离。

带电部分到外部围栏的距离见图 3-25。

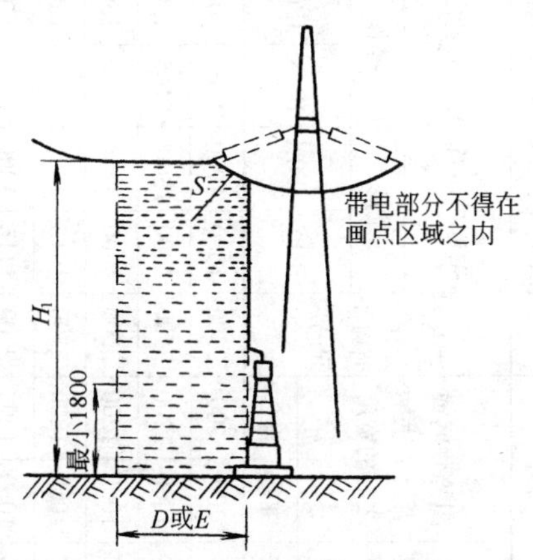

图 3-25 带电部分到外部围栏的距离

H_1—架空动力线对地最小距离；D、E—带电部分到外部栏围的最小距离；S—“带电部分至接地部分之间”的电气间隙

户外设施中在可进入区域的平面上带电部分的最低高度见图 3-26。

户内设施操作和维修通道的最小距离(mm) 表 3-18

额定电压(kV)	完全保护					部分保护或没有保护													
						IP1X 或 IP0X 保护、带电部分在一边							IP1X 或 IP0X 保护、带电部分在两边						
	遮栏或外壳下面的高度	阻挡物或开关手柄和壁间的宽度		阻挡物间或者开关手柄之间的宽度		带电部分在地面以上的高度	壁和带电部分之间的宽度				控制器前的自由通道		带电部分在地面以上的高度	带电部分和导体在两边时的中间宽度				控制器之间的自由通道	
							维修		操作		维修	操作		维修		操作		维修	操作
		维修	操作	维修	操作		IP1X	IP0X	IP1X	IP0X				IP1X	IP0X	IP1X	IP0X		
1	2000	700	700	700	700	2300	1000	1000	1000	1000	700	700	2300	1000	1000	1200	1200	900	1100
3	2000	800	1000	1000	1200	2500	1000	13000	1165	1500	800	1000	2500	1330	2000	1530	2200	1000	1200
6	2000	800	1000	1000	1200	2500	1000	1300	1190	1500	800	1000	2500	1380	2000	1580	2200	1000	1200
10	2000	800	1000	1000	1200	2500	1015	1300	1215	1500	800	1000	2500	1430	2000	1630	2200	1000	1200
20	2000	800	1000	1000	1200	2500	1115	1300	1315	1500	800	1000	2500	1630	2000	1830	2200	1000	1200
35	2000	800	1000	1000	2550	1225	1325	1425	1525	800	1000	2550	1850	2050	2050	2250	1000	1200	
63	2000	800	1000	1000	1200	2800	1600	1700	1800	1900	800	1000	2800	2600	2800	2800	3000	1000	1200
110	2000	800	1000	1000	1200	3250	2000	2100	2200	2300	800	1000	3250	3400	3600	3600	3800	1000	1200

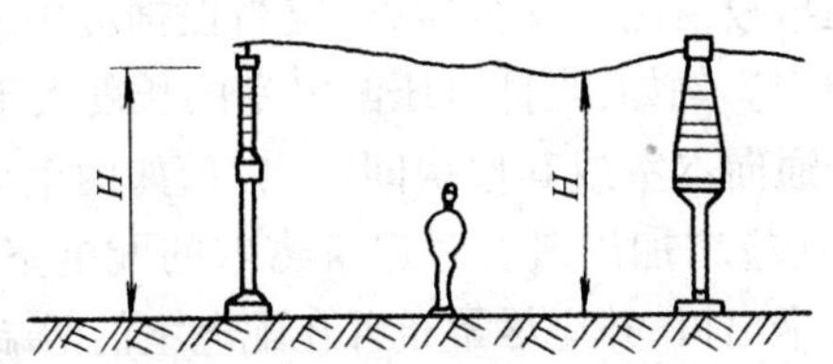

图 3-26　户外设施中在可进入区域的平面上带电部分的最低高度

H—在可进入区域的平面上带电部分的最小距离

带电部分包含架空线，因此在设计选择安全距离时必须预先考虑保证使最小距离不致由于导线下垂、风力、短路时电动力等原因而减小。

户内设施操作和维修通道的最小距离见表 3-18。

户外设施操作场地裸露的带电部分的最小距离见表 3-19。

户外设施操作场地裸露的带电部分的最小距离(mm)　　**表 3-19**

1	2	3	4	5	6	7
额定电压 U_n(kV)	在可进入区域，带电部分的最低高度 H	在设施内从带电部分到遮栏的水平距离			从带电部分到外部围栏的水平距离	
		A	B	C	D	E
		板状遮栏，最低高度为 1 800mm	筛或网状遮栏，最低高度为 1 800	第 3、4 列所述型式高度低于 1 800 的遮栏或有扶手、链、绳的遮栏，最低高度都是 1 100	板状围栏，最低高度1 800	筛或网状围栏最低高度 1 800
	$H=S+2300$ $H_{min}=2600$	$A=S$	$B=S+100$	$C=S+300$ $C_{min}=600$	$D=S+1000$	$E=S+1500$
1～10	2 600	200	300	500	1 200	1 700
15～20	2 600	300	400	600	1 300	1 800
35	2 600	400	500	700	1 400	1 900
63	2 950	650	750	950	1 650	2 150
110	3 300	1 000	1 100	1 300	2 000	2 500
220	4 100	1 800	1 900	2 100	2 800	3 300

1. S 为“带电部分至接地部分之间”的电气间隙。
2. 对板状遮栏和围栏，水平距离应从离带电部分最近的面测量。
3. 对链或绳，水平距离必须加上下垂。

为保证在事故情况下安全撤离，应当根据应用条件对通道出口做适当的规定。例如：当低电压配电室的长度大于 6m 时，其屏后应设置两个通向本室或其他房间的出口，如两个出口间的距离超过 15m 时，还应增加出口。对建筑物内的配电室，当长度超过 8m 时，应设两个出口，并应尽量布置在配电室的两端。当楼上、楼下均为配电室时，位于楼上的配电室至少应设一个出口通向室外。

额定电压为 30kV 及以下的户外设施的带电部分的距离要求见图 3-27。

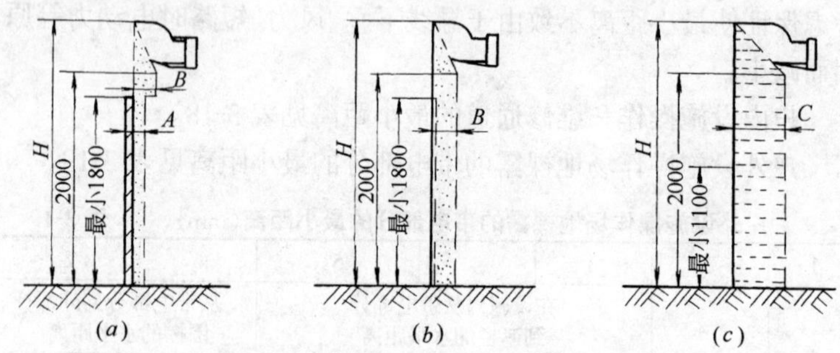

图 3-27　额定电压 30kV(包括 30kV)以下的户外设施的带电部分的距离

(a)板状遮栏；(b)筛或网状遮栏；(c)含有扶手、链或绳的遮栏

H——在可进入区域的平面上带电部分的最小距离；A、B 和 C——在设施内从带电部分到遮栏的水平距离的最小距离

注：带电部分不得在画点区域之内。

额定电压在 30kV 以上的户外设施与带电部分的距离要求，见图 3-28。

额定电压 1kV 及以下的户外电气装置，当通道长度超过 20m 时，必须留有两个进出口；长度短于 20m、但超过 6m 时，也可留有两个进出口。额定电压 1kV 以上的户外电气装置、长度超过 6m 就必须留有两个进出口，对很长的通道建议多设些进出口。

通道出口处的门通常应当向外开；两个相邻配电室之间如果有门，则应能向两个方向开；不用手就可以开；门内外要留有空地，面积至少等于 1.5m^2，长宽大致相等。

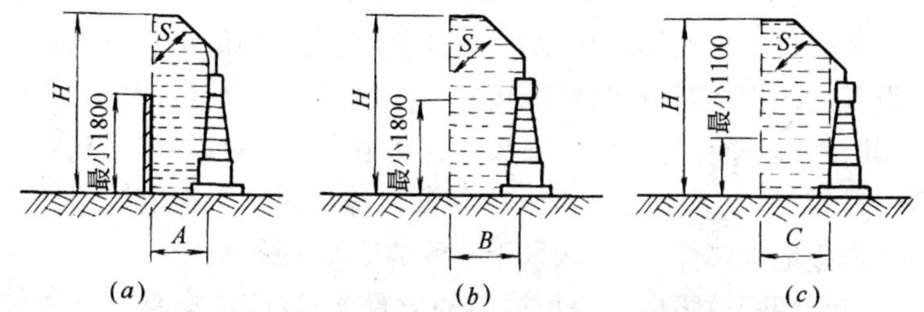

图 3-28 额定电压 30kV 以上的户外设施与带电部分的距离

(*a*)板状遮栏;(*b*)筛或网状遮栏;(*c*)含有扶手、链或绳的遮栏

H——可进入区域的平面上带电部分的最小距离(见表 3-22 第 2 列);

A、*B*、*C*——在设施内从带电部分到遮栏水平距离的最小距离;*S*——"带电部分至接地部分之间"的电气间隙

注:带电部分不得在画点区域之内。

(二) 故障条件下的触电防护

1. 根据电气设备防电击方式的不同,电气设备分为四类:

(1) 0 类设备　具有可导电的外壳只有单一的基本绝缘,且无保护线端子,当基本绝缘损坏时,外壳呈现故障电压。0 类设备只能在对地绝缘的环境中使用,或用隔离变压器等安全电源供电。

(2) Ⅰ类设备。和 0 类设备相同,但其外露导电部分上配置有连接保护线的端子。在工程设计中对此类设备需用保护线与它作接地连接,并在电源线路装设保护电器,使其在规定时间内切断故障电路。

(3) Ⅱ类设备。除基本绝缘外,还增设附加绝缘以组成双重绝缘,或设置相当于双重绝缘的加强绝缘,或在设备结构上作相当于双重绝缘的等效处理,使这类设备不会因绝缘损坏而发生接地故障。因此在工程设计中不需再采取防护措施。

(4) Ⅲ类设备。额定电压采用 50V 及以下的特低电压,此电压与人体的接触不致造成伤害。在工程设计中常用一次为 380V 或 220V 的隔离变压器供电。

2. 基本要求

(1) 接触电压限值和切断故障电路时间的要求

Ⅰ类设备自动切断故障电路防间接电击措施的保护原理在于当设备绝缘损坏时,尽量降低接触电压值,并限制此电压对人体的作用时间,以避免导致电击事故。为防电击,正常环境中当接触电压超过 50V 时,应在规定时间内切断故障电路。在配电线路保护中称作接地故障保护,以区别于一般的单相短路保护。

自动切断故障电路保护措施的设置要求,应注意与下述条件相适应:

① 电气装置的系统接地型式(TN、TT 或 IT 系统);

② 电气回路中保护线的截面;

③ 电气设备的使用状况(固定式、手握式或移动式)。

(2) 接地和总等电位联结

接地和总等电位联结都是降低建筑物电气装置接触电压的基本措施。外露导电部分应通过 PE 线接地,其作用已为人所熟知。总等电位联结的作用在于使各导电部分以及地面的电位趋于接近,从而降低接触电压。总等电位联结还具有另一重要作用,即它能消除或降低自外部窜入建筑物电气装置内的危险电压。如果建筑物或装置内未作总等电位联结,或位于总等电位联结作用区以外,则应补充其他保护措施。

在电气装置或建筑物内,不论采用何种接地系统,应将下列导电部分互相联结,以实施总等电位联结。

① 进线配电箱的保护母线或端子;

② 接往接地极的接地线;

③ 金属给、排水干管;

④ 煤气干管;

⑤ 暖通和空调立管;

⑥ 建筑物金属构件。

建筑物金属构件和各种金属管道有多点自然接触,如有具体困难,视情况也可不联结。一般在进线处或进线配电箱近旁设接地母排(端子板),将上述联结线汇接于此母排上,见图 3-29。

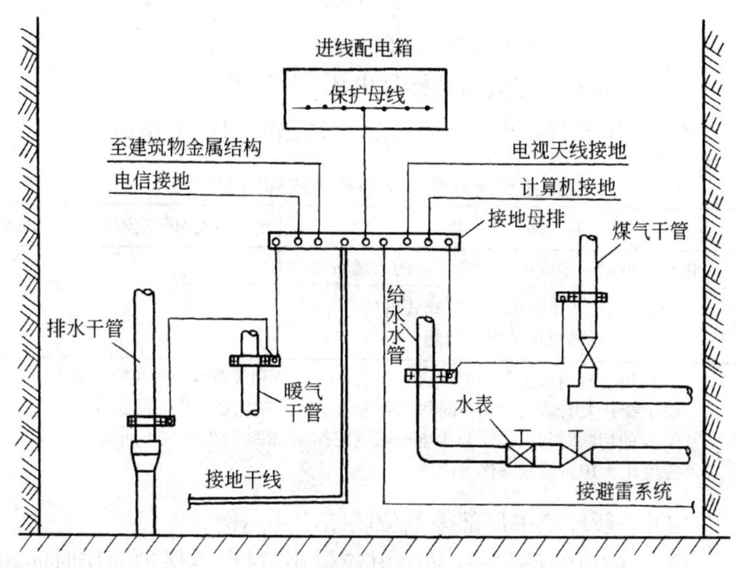

图 3-29　总等电位联结

(3) 局部等电位联结

作总等电位联结后,如果电气装置或其一部分在发生接地故障时,其接地故障保护不能满足前述接触电压限值或切断故障电路时间要求时,应在局部范围内作局部等电位联结,即将该范围内上述相同部分互相联结。其联结方法可用等电位联结母线汇接,也可在伸臂范围内将可同时触及的导电部分互相直接联结。

3. TN 系统

(1) 对保护电器动作特性的要求

TN 系统的接地故障为金属性短路时,其保护电器的动作特性应符合下式:

$$Z_s I_{op} \leqslant U_0$$

式中　Z_s——接地故障回路阻抗(Ω),它包括故障电流所流经的相线、保护线和变压器的阻抗,故障处因被熔焊,故不计其阻抗;

I_{op}——保证保护电器在规定的时间内自动切断故障电路的动作电流(A);

U_0——相线对地标称电压,为220V。

TN系统允许最大切断接地故障回路时间见表3-20。

TN系统允许最大切断接地故障回路时间　　表3-20

回　路　类　别	允许最大切断故障回路时间(s)
配电线路或给固定式电气设备供电的末端回路	5①
插座回路或给手握式或移动式电气设备供电的末端回路	0.4②

① 5s的切断时间考虑了防电气火灾以及电气设备和线路绝缘的热稳定要求,也考虑了躲开大电动机启动时间和故障电流小时保护电器动作时间长等因素。

② 0.4s的切断时间考虑了总等电位联结的作用、相线与保护线不同截面比以及电源电压±10%偏差变化等因素。

(2)一般环境中局部等电位联结应用示例

1)当配电线路较长,故障电流较小,过电流保护动作时间超

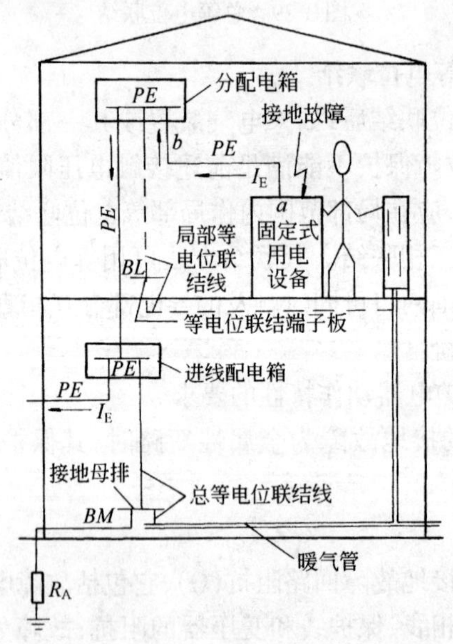

图3-30　局部等电位联结降低接触电压(一)

过规定值时,可不放大线路截面以缩短动作时间,而以作局部等电位联结代之。

局部等电位联结降低接触电压见图 3-30 和图 3-31。

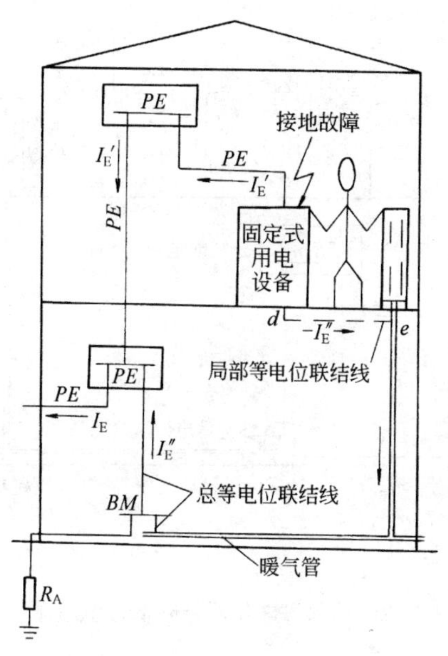

图 3-31　局部等电位联结降低接触电压(二)

2) 如果同一配电盘既供电给固定式设备,又供电给手握式或移动式设备。当前者发生接地故障时,引起的危险故障电压将通过保护线蔓延到后者的金属外壳,而前者的切断故障时间可达 5s,这可能给后者的使用者带来危险。

其局部等电位联结降低接触电压见图 3-32。

(3) 相线与大地短路危害的防止

当相线与大地间发生直接短路故障时,由于故障点阻抗较大,故障电流 I_E 较小,线路首端的过流保护电器往往不能动作,使 I_E 持续存在。I_E 在电源的接地极上将产生电压降 I_ER_B,此电压即电源中性点对地的故障电压。此故障电压将沿保护线蔓延至用电

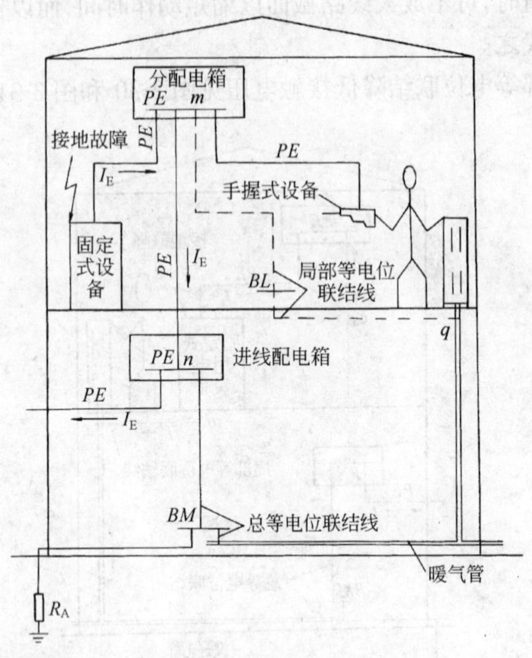

图 3-32　局部等电位联结降低接触电压(三)

设备的外壳上。

相线对大地短路引起的对地故障电压见图 3-33。

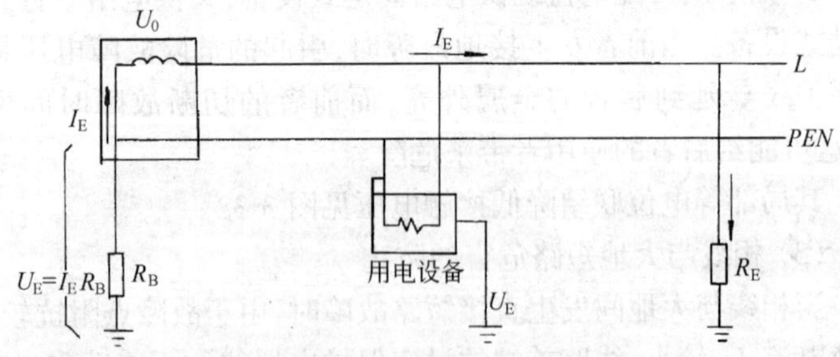

图 3-33　相线对大地短路引起对地故障电压

(4) 保护电器的选用

TN 系统的接地故障多为金属性短路,故障电流较大,可利用原来作过负荷保护和短路保护的过电流保护电器(熔断器、低压断路器)兼作接地故障保护,这是 TN 系统的优点。但在某些情况下,如线路长、导线截面小的情况,过电流保护电器常不能满足规定的切断故障电路时间要求,则采用漏电保护器作专门的接地故障保护最为有效,此时必须设置专门的 *PE* 线。

(5) 重复接地的设置

在 TN 系统中,宜将保护线与附近接地良好的金属导体相连接,使保护线的电位尽量接近地电位,降低发生接地故障和 *PEN* 线断线时外露导电部分和保护线的对地故障电压。

基本以上要求,在电源线进入建筑物内电气装置处宜尽量利用自然接地体作重复接地。通常自进线配电箱的 *PE*(*PEN*)母线引出保护线至配电箱近旁的接地母排上,再自此母排引出接地线至接地极。

4. TT 系统

(1) 对保护电器动作特性的要求

TT 系统发生接地故障时,故障电路内包含有外露导电部分接地极和电源接地极的接地电阻。与 TN 系统相比,TT 系统故障电路阻抗大,故障电流小,故障点未被熔焊而呈现接触电阻,其阻值难以估算。因此用预期接触电压值来规定对保护电器动作特性的要求,如当预期接触电压等于或大于 50V 时,保护电器应在规定时间内切断故障电路。计算时未计故障点接触电阻,使计算所得的预期接触电压偏大,从而留有一定的裕量。

$$I_{OP}R_A \leqslant 50V$$

式中 R_A——电气装置外露导电部分接地极和 *PE* 线电阻之和,(Ω);

I_a——使保护电器在规定时间内可靠动作的电流,(A),此规定时间对固定式设备为 5S。

(2) 接地极的设置

在 TT 系统内,原则上各保护电器所保护的外露导电部分应分别接至各自的接地极上，以免故障电压的互窜。但实际上难以实现，这时可采用共同的接地极。对于分级装设的漏电保护器，由于各级的延时不同，宜尽量分设接地极，以避免保护线的互相连通。

5. IT系统

(1) 第一次接地故障时对保护电器动作特性的要求

IT系统发生第一次一相接地故障时，故障电流为另两相对地电容电流的相量和，故障电流很小，外露导电部分的故障电压限制在50V及以下，不构成对人体的危害，不需中断供电，这是IT系统的主要优点。发生第一次接地故障后应由绝缘监察器发出信号，以便及时排除故障，避免另两相再发生接地故障形成相间短路使过电流保护动作，引起供电中断。

(2) 第二次接地故障(异相)时对保护电器动作特性的要求

当IT系统的外露导电部分单独地或成组地用各自的接地极接地时，如发生第二次接地故障(异相)，故障电流流经两个接地极电阻，其防电击要求和TT系统相同。

IT系统内外露导电部分用各自的接地极接地的方法见图3-34。

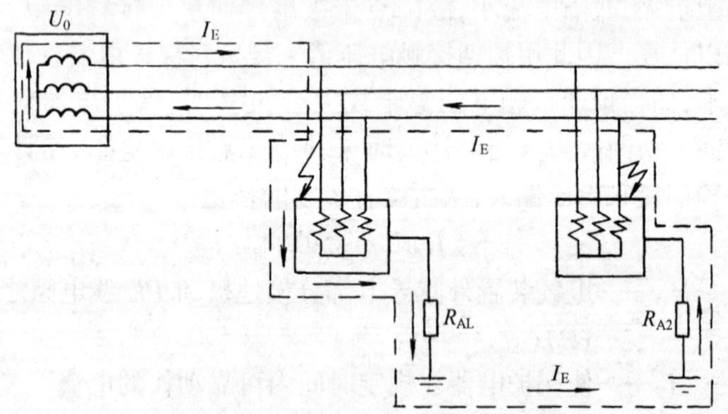

图 3-34　IT系统内外露导电部分用各自的接地极接地

IT系统内外露导电部分用共同的接地极接地的方法见图3-35。

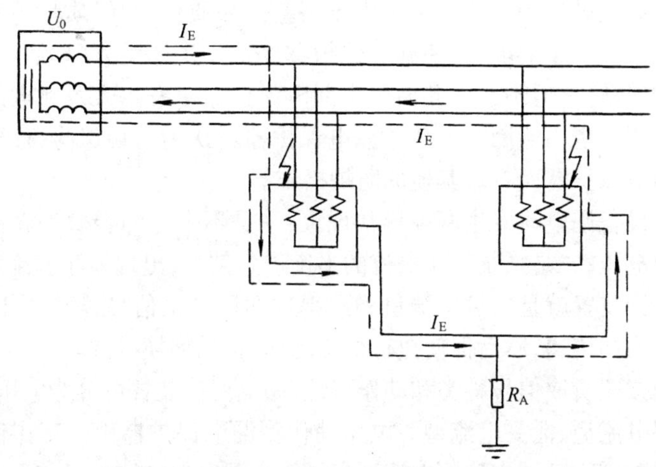

图 3-35　IT 系统内外露导电部分用共同的接地极接地

(3) IT 系统不宜配出中性线

IT 系统配出中性线后可取得照明、控制等用的 220V 电源电压。但配出中性线后，如果它因绝缘损坏对地短路，因中性线接近地电位，绝缘监察器不能检测出故障而发出信号，中性线接地故障将持续存在，此 IT 系统将按 TT 系统运行。

中性线发生接地故障后 IT 系统按 TT 系统运行的方式见图3-36。

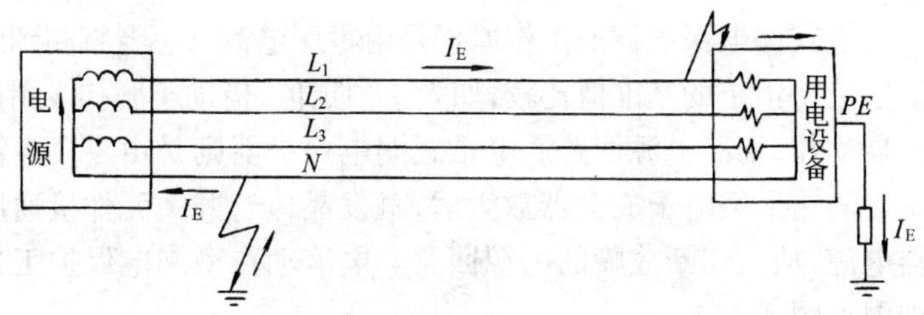

图 3-36　中性线发生接地故障后 IT 系统按 TT 系统运行

(三) 漏电保护器及其选用

漏电保护器又称为漏电保安器或漏电开关。是一种防止人身触电有效的保护装置。尽管由于某些产品质量、导线质量不良或使用长久发生漏电,致使漏电保护器经常发生非因人身触电而发生的误动作,但不能因此而否定漏电保护器对发生人身触电的保护作用。也不能因为安装了漏电保护器就认为一切保险,过分依赖漏电保护器而忽略其他的防护措施。

设备漏电时发生两种异常现象:一是不带电的金属外壳出现对地电压;二是系统三相电流的平衡遭到破坏,出现零序电流。漏电保护装置就是通过检测机构取得这两种异常信号,经过中间机构转换和传递,然后促使执行机构动作,自动切换电源。

按照所取信号种类和动作特性,漏电保护装置可分为电压型、零序电流型、泄露电流型。电压动作型漏电保护器由于工作性能差,精度低,已被淘汰。电流型高灵敏度漏电保护器是目前最为常用的一种类型,选择时应根据需要适当考虑灵敏度。为了避免误动作,保护装置的不动作电流不宜低于动作电流的二分之一。动作时间主要决定于保护装置的延时特性,根据延时的长短可分为:快速型(不超过 0.01s)、定时型(0.1～2s)、反时限型(动作时间不超过 1s,4.4 倍动作电流时不超过 0.05s)。防止触电的漏电保护装置,宜采用高灵敏度、快速型的装置,其动作电流和动作时间的乘积不应超过 30mA·s。

1. 电流型漏电保护器

电流型按结构不同分为电磁式漏电保护器和电子式漏电保护器。电磁式漏电保护器的工作原理是由零序电流互感器将测到的漏泄电流与预定的基准值比较,如大于预定值,借助于脱扣线圈使脱扣器动作,切断电源回路。电子式漏电保护器则是由零序电流互感器的输出经电子放大器放大后,触发晶体管开关元件接通脱扣器电源,从而切断故障的电源回路。电流动作型漏电保护工作原理图见图 3-37。

2. 漏电保护器的技术数据

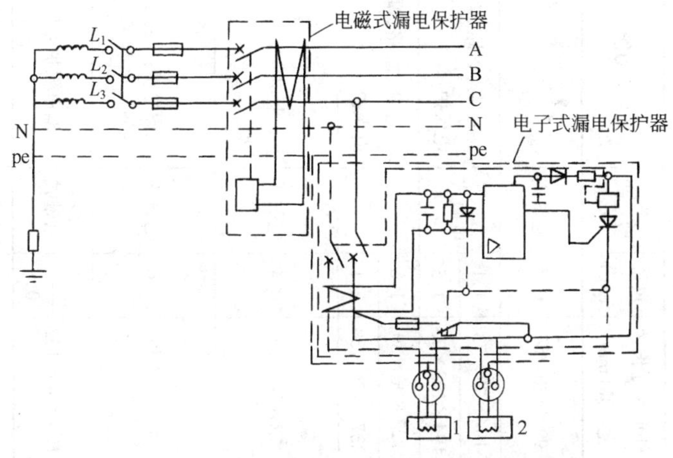

图 3-37　电流动作型漏电保护器工作原理图

漏电保护器的主要技术性能指标有:额定电压、额定电流、漏电动作电流、漏电动作时间、极限分断能力等。常见的漏电保护器的技术数据见表 3-21。

3. 漏电保护方式的确定

在新建的高层建筑中,常采用二级保护方式。

二级保护方式中的第一级宜设在主干线,这一级漏电保护装置的动作电流可选取稍微大些,对 150A 以下的主干线,动作电流可选 100mA;150A 以上的主干线,动作电流可选 300mA,动作时间为 0.1~0.3s 的延时。第二级保护安装在线路的末端或分支回路的漏电保护装置,漏电动作电流选择在 30mA 以下。采用分级保护方式可以缩小故障停电范围,便于维修。分级保护示意图见图 3-38。

4. 漏电保护装置的选择

(1) 按低压网络基本参数选择。

1) 漏电保护装置的工作电压必须与电网电压相符。

2) 按照线路的相数选择漏电保护装置的极数。

3) 漏电保护装置的额定电流必须人于回路的最大工作电流。

常用漏电保护器的技术数据 **表 3-21**

型号	极数	额定电压(V)	额定电流(A)	额定漏电动作电流(mA)	漏电动作时间(s)	极限分断能力	外形尺寸长×宽×高(mm)	重量(kg)	型式	保护功能
DZ5—20L	3	380	3、4、5、10、15、20	30、50、75、100	<0.1	380V 1 500A	99×120×87	0.7	电磁式	过载、短路、漏电保护
DZ15L—40	3	380	6、10、15、20、30、40	30、50、75、100	<0.1	380V 2 500A	194×78×73	1.1	电磁式	过载、短路、漏电保护
	4						194×103×73	1.5		
DZ15L—60	3	380	6、10、20、30、40、60	30、50、75、100	<0.1	380V 5 000A	227×96×80	1.8	电磁式	过载、短路、漏电保护
	4						227×126×30	2.1		
DZL—16	2	220	6、10、16、25、40	15	<0.1	耐短路距力	72×76×80	0.4	电磁式	漏电保护
	3	380		36	<0.1	220V 3000A				
	4									
JG	2	220	6、10、16、25、24	30	<0.1	–	78×71×36	0.6	电磁式	漏电保护专用
	3	380								
	4									
JD—100	贯穿孔 φ30	380(500)	100	100、200、300、500	<0.1		100×64×132	1	电磁式	漏电保护专用
								0.8		

续表

型　号	极数	额定电压(V)	额定电流(A)	额定漏电动作电流(mA)	漏电动作时间(s)	极限分断能力	外形尺寸长×宽×高(mm)	重量(kg)	型　式	保护功能
JD－200	贯穿孔 ϕ40	380(500)	200	200、300、500	<0.1		100×64×132	0.8	电磁式	漏电保护专用
DZL18—20	2	220	20	30	<0.1	220V 500A	85×65×42		电子式	过载、短路、漏电保护
				10						
JCB—31.5	2	220	31.5	500、100 10、15、30	<0.1	220V 1 500A	85×64×57		电子式	过载短路漏电保护
LDB—1	2	220	10	30	<0.1	220V 300A	80×70×61		电子式	漏电保护
HG—BA5A/D	2	220	5	8	<0.08		120×82×60		电子式	漏电保护
HG—BA15A/D	2	220	15	10	<0.08		283×100×66		电子式	漏电保护
HG—BA15A/S	3	380	15	10	<0.08				电子式	
DZL—20	2	220	20	15	<0.1	220V 500A	85×65×60		电子式	漏电保护
				6						

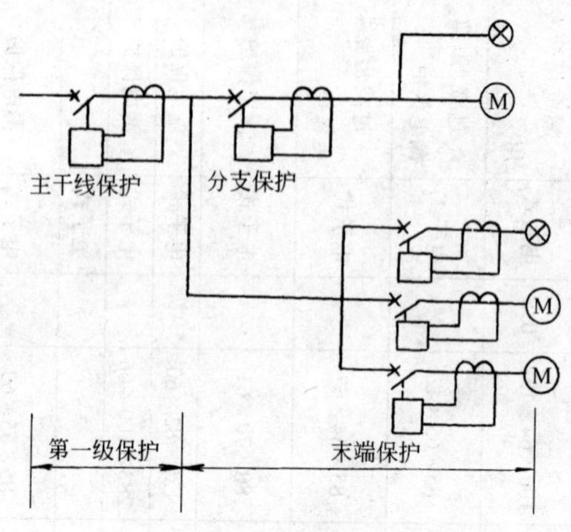

图 3-38　分级保护示意图

4）短路保护的漏电保护装置的分断能力应大于回路短路时可能产生的最大短路电流。对于不带短路保护的漏电保护装置，在电路中应有短路保护装置，如熔断器作为后备保护。

(2) 正确选择漏电保护装置的动作电流。如果漏电保护装置的动作电流选择过小，固然可以提高保护的灵敏度，但是任何供电网络和用电设备的绝缘电阻都不可能无穷大，都有一定数量的泄露电流存在，当漏电保护装置的动作电流选用低于回路正常泄露电流时漏电保护就无法正常工作。

(3) 在 TN 和 TT 系统中，漏电保护器所保护电气设备的泄漏电流应不大于其额定动作电流 $I_{OP(0)}$ 的 30%。

(四) 加强绝缘和安全电压

1. 加强绝缘

绝缘有工作绝缘、保护绝缘、双重绝缘、加强绝缘之分。各种绝缘的特点和性能主要如下：

工作绝缘——有称基本绝缘，是带电体与不可触及金属件之间的绝缘，是保证电气设备正常工作和防止触电的基本绝缘。

保护绝缘——又称附加绝缘，是不可触及金属件与可触及金属件之间的绝缘，是用于工作绝缘损坏后防止触电的独立绝缘。

双重绝缘——是兼有工作绝缘和保护绝缘的绝缘。

加强绝缘——是增强了绝缘性能和机械强度的具有与双重绝缘同等防触电能力的单一绝缘。

加强绝缘包括双重绝缘、加强绝缘以及附加总体绝缘等三种结构形式。典型的双重绝缘和加强绝缘见图 3-39。

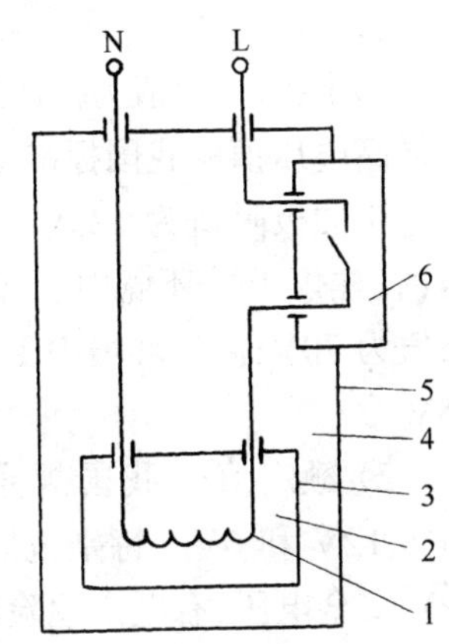

图 3-39 双重绝缘和加强绝缘
1—带电体；2—工作绝缘；3—不可触及的金属件；4—保护绝缘；5—可触及的金属件；6—加强绝缘

对于加强绝缘要求有一定的电气强度，并对绝缘电阻有要求，如双重绝缘的绝缘电阻和交流耐压试验电压，其试验标准见表 3-22。

双重绝缘试验标准　　表 3-22

项　目	工作绝缘	保护绝缘	加强绝缘
绝缘电阻(MΩ)	2	5	7
交流耐压试验电压(V)	1250	2500	3750

对于电气装置的外壳应有足够的机械强度；打开门盖和拆除可拆卸部件时，其结构应能保证人体不能触及仅用工作绝缘与带电体隔离的金属件；外壳上不得有易触及上述部件的小孔。

电源连接线应按加强绝缘考虑，电源连接线截面积的要求见表 3-23。

电源连接线截面积　　表 3-23

额定电流 I_N(A)	电源线截面积(mm^2)	额定电流 I_N(A)	电源线截面积(mm^2)
$I_N \leqslant 10$	0.75	$25 < I_N \leqslant 32$	4
$10 < I_N \leqslant 13.5$	1	$32 < I_N \leqslant 40$	6
$13.5 < I_N \leqslant 16$	1.5	$40 < I_N \leqslant 63$	10
$16 < I_N \leqslant 25$	2.5		

2. 安全电压

(1) 安全电压的限值和额定值

1) 限值　限值为任何运动情况下，任何两根导体间可能出现的最高电压值。我国标准规定工频电压有效值的限值为50V，直流电压的极限值为120V。当接触面积大于1cm^2，接触时间超过1s时，建议干燥环境中工频电压有效值的限制为33V，直流电压限值为70V；潮湿环境中工频电压有效值为16V，直流电压限值为35V。

2) 额定值　我国规定工频有效值的额定值有42V、36V、24V、12V和6V。特别危险环境中使用的手持电动工具应采用42V安全电压；有电击危险环境中使用的手持照明灯和局部照明灯应采用36V或24V安全电压；金属容器内、特别潮湿处等特别危险环境中使用的手持照明灯采用12V安全电压；水下作业等场所应采用6V安全电压。

(2) 安全电压电源和回路配置

1) 安全电源　安全电压应采用具有加强绝缘的隔离电源。可以采用隔离变压器、发电机、蓄电池或电子装置作为安全电压的电源。

2) 回路配置　安全电压回路必须与较高电压的回路保持电气隔离，并不得与大地、保护导体或其他电气回路连接，但变压器一次与二次之间的屏蔽隔离层应按规定接地或接零。安全电压的配线应与其他电压的配线分开敷设。

3) 插座　安全电压的插座应与其他电压的插座有明显区别，或采用其他措施防止插销插错。

4) 短路保护　电源变压器的一次边和二次边均应装设熔断器作短路保护。

(3) 功能特低电压

由于功能上的原因，电源或回路配置不完全符合安全电压的要求，数值与安全电压相符的电压称为功能特低电压。采用功能特低电压时，应根据需要补充防直接接触电击和防间接接触电击的措施。

(4) 电气隔离

电气隔离是采用电压比为 1:1 的隔离变压器实现工作回路与其他电气回路电气上的隔离。应用电气隔离须满足以下安全条件:

1) 隔离变压器具有加强绝缘的结构;

2) 二次边保持独立,即不接大地、不接保护导体、不接其他电气回路。

3) 二次回路电压不得超过 500V,长度不应超过 200m;

4) 根据需要,二次边装设绝缘监视装置;采用间距、屏护措施或进行等电位连接。

(五) 电气工作的安全措施

电气工作的安全措施有组织与管理措施和技术措施两大类。

1. 保证安全工作的组织措施

在电气设备上工作,保证安全的组织措施有:工作票制度、工作许可制度,工作监护制度、工作间断、转移和终结制度等。

2. 保证安全工作的技术措施

在保证安全工作的组织措施的同时,为确保电气工作安全,还必须实施有效的技术措施,如在全部停电或部分停电的电气设备上工作必须完成停电、验电、装设接地线、悬挂标示牌和装设遮栏等技术措施。

3. 低压带电工作的安全措施

在低压电气设备和线路上触电的比例相当大,所以必须做好各种安全工作,例如:

① 低压带电工作应有专人监护,使用有绝缘柄的工具,并站在干燥的绝缘物上进行工作。

② 对于高、低压同杆架设的线路,假如要在低压线路上工作时,应先检查与高压线的距离,采取防止误碰高压线的措施。

③ 工作人员必须穿长袖工作服、工作裤,严禁穿汗背心、短裤进行带电工作。要穿戴好绝缘鞋、绝缘手套和安全帽,高处作业时还应系好安全带。

④ 在工作中要认清相线、零线，要严格按顺序拆搭。断开导线时应先断相线，后断零线；搭接导线时顺序应相反，人体在工作中不允许同时接触任何两根导线。

⑤ 工作中不允许用钢卷尺或夹有金属丝的皮卷尺、线尺进行测量工作。也不得使用锉刀及金属物制成的毛刷等工具。

⑥ 在带电的电流互感器二次回路上工作时，应有人监护，并站在绝缘垫上工作。电流互感器二次严禁开路，电压互感器二次严禁短路。

在低压电气设备和线路上工作，应尽可能停电进行，以确保工作安全。

4. 保证变配电所安全运行的组织措施

变配电所的安全运行直接关系到电力系统的安全运行和用户的可靠供电。因此，变配电所的安全运行是电气工作的重要任务。

为了保证变配电所安全可靠运行，在变配电所内有一系列规章制度，这些制度都是保证电气设备安全运行和保证变配电所安全运行所必须的，是长期运行工作的总结，必须严格认真执行。

执行工作票，操作票制度和执行交接班制度、巡回检查制度、定期试验、切换制度。还有倒闸操作制、运行分析制、检检验收制、技术培训制、资料和设备管理制度等都是保证安全的重要措施。

5. 正确使用电气安全用具

电气安全用具是用来防止电气工作人员在工作中发生触电、电弧灼伤、高空摔跌等事故的重要工具。电气安全用具分绝缘安全用具和防护安全用具两大类。绝缘安全用具有：绝缘棒、绝缘夹钳、验电器、绝缘手套、绝缘靴、绝缘鞋、绝缘垫、绝缘站台等。其中绝缘棒、绝缘夹钳、验电器的绝缘强度能长期承受工作电压，并能在该电压等级产生的内过电压时保证人身安全。而绝缘手套、绝缘靴、绝缘鞋、绝缘垫、绝缘站台等安全用具的绝缘强度不能承受电气设备和线路的工作电压，只能加强基本安全用具的保护作用，可用来防止接触电压、跨步电压对工作人员的危害，并不能直接接触高压电气设备的带电部分。

一般防护安全用具还有:携带型接地线、临时遮栏、标示牌、警告牌、安全带、防护目镜等。这些安全用具是用来防止工作人员触电、电弧灼伤或高空坠落,它与上述绝缘安全用具不同的是,它们不起绝缘作用,而起防护作用,以保证安全。

(六)触电急救

触电急救,事关人命。预防是最重要的,万一发生触电事故后,急救更重要。所以,电气工作人员和有关人员必须熟练掌握触电急救的方法。

人触电后,常出现神经麻痹、呼吸中断、心跳停止等现象,呈现昏迷不醒的症状。常见的是“心跳、呼吸停止,瞳孔放大,血管硬化,身上出现尸斑或者尸僵。迅速进行现场救护,采取正确的救护方法,正确的触电急救程序是:解脱电源、迅速诊断、心肺复苏、抢救过程中的再判断、抢救过程中触电伤员的移动与转院、触电伤员好转后的处理。以及杆上或高处的触电急救、外伤处理。还有触电者生还好转后的心理治疗等步骤。

首先使触电者迅速脱离电源,而且方法正确,更应防止急救人员的再触电,造成事故的扩大。

① 脱离低压电源:应迅速拉开电源开关、刀开关、拔除电源插头等;或是使用绝缘工具、干燥的木棒、木板、绳索等绝缘物设法解脱触电者;也可抓住触电者干燥而不贴身的衣服,将触电者拖开电源,切不能碰到金属等导电物体和触电者的裸露身躯;也可戴绝缘手套、用干衣服绝缘后解脱触电人员;也可站在绝缘的木板或绝缘垫等绝缘物上,救护者在可靠的绝缘情况下进行救护,用干木板等绝缘材料垫到触电者身下也是解脱电源的方法;若用绝缘可靠的斧、刀、钳等将电源线一相一相地剪断也是解脱电源的方法,有时还用干木棍将电源线挑开或断开。但这些方法,其目的是以最快的速度使触电者脱离电源,并保证了救护人员的安全。发生触电的情况千变万化,救护者必须冷静、有序的因地置宜进行处置。

② 脱离高压电源:触电者触及高压电源,或过近的接近高压电源而造成触电的情况,因为电压高,所以一般的绝缘物对救护人

员不能保证安全，救护人员应用各种电气知识迅速判断一下电压等级，是6kV、10kV、35kV或更高的电压，从高压线绝缘子的数目可估计出电压等级，绝缘子节数越多，电压越高。而高压电源的电源开关距离远，切断电源的难度大。所以，这时应立即快速通知有关部门停电；戴上绝缘手套、穿上绝缘靴、拉开高压断路器或用相应电压等级的绝缘工具拉开跌落式熔断器，切断电源线。救护人员在抢救过程中应特别注意保持自身与周围带高压导电体足够的安全距离，高压电触电，因为抢救不当，经常造成事故的扩大，甚至造成多人死亡。非专业人员确实很难做到。所以高压触电应强调采取强有力的措施来进行预防，尤其是下雨雷电季节，应经常告诫人们，最好远离高压带电线、高压带电装置或设备，并有严格的规章制度来保证。

③ 在抢救触电者脱离电源的注意事项如下：救护人员不允许采用金属和其他潮湿的或绝缘不良的物品作为救护工具；未采取任何绝缘措施，救护人员不允许直接触及触电者的皮肤和潮湿衣服；在使触电者脱离电源的过程中，救护人员应用单手操作，以防自身触电；当触电者站立或位于高处时，应采取防止触电者在脱离电源而摔跌的措施；当夜间发生触电事故时，应考虑切断电源后的临时照明，以利救护。应严防触电事故的扩大，救护人员的触电，特别是非电气专业人员，因为缺乏电气知识和没有操作经验，使后果更为严重。电气专业人员、甚至是有操作经验和有救护经验的人员，也不可麻痹大意、慌张，应该沉着、冷静、胆大心细，强有力的责任心，采取有效的、正确的、适用于现场情况的措施，使救护工作顺利进行。在救护工作进行中，应防止乱指挥、瞎出主意，应该即时产生一名现场的有权威的指挥者，大家互相配合、有条不紊地进行抢救，并具备一个良好的氛围，使抢救工作进行得更好。

触电者脱离电源后，应立即将其抬到空气流通、温度适宜的地方；并根据触电伤害的情况进行紧急救护，同时请医生前往抢救。

当触电者的伤害不太严重，未失去知觉、神智清醒，能感到心慌、乏力、肢体发麻时，应使触电人休息，保持安静、平和，并严密注视触电者有无异常变化。

当触电者还能呼吸，心脏尚在跳动但失去知觉时，应使其休息、保持平静、松开衣服以便呼吸通畅，进行通畅气道、口对口或口对鼻的人工呼吸和胸外按压，是心肺复苏法支持生命的三项基本措施，同时加强观察。

若触电者已停止呼吸，心脏微有跳动但已失去知觉时，应立即进行人工呼吸。若触电者停止呼吸，心脏也停止跳动且完全失去知觉时立即进行口对口(鼻)的人工呼吸及胸外心脏挤压人工呼吸或用两者相结合的方法进行现场救护。

常用的人工呼吸法有口对口(鼻)人工呼吸法、牵手人工呼吸法、仰卧压胸法、俯卧压背法等。进行人工呼吸时应注意：

① 迅速解开触电者领扣及裤带，清除口腔内的杂物及假牙等，解除一切妨碍触电者呼吸的障碍。

② 人工呼吸的动作要有节奏，两人替换时也要注意节奏，并保持稳定的压力。

③ 严禁给触电者注射强心剂。

④ 要保持触电者的体温并保持空气流通。

⑤ 坚持人工呼吸不能中断，直到触电者恢复自然呼吸为止。

⑥ 如触电者开始均匀呼吸时，应暂停人工呼吸。

人工胸外按压法是采用人工机械方法按压心脏，代替心脏跳动，以达到血液循环的目的。其操作步骤如下：

① 使触电者朝天仰卧，后背着地接触面较大。

② 救护者位于触电者一侧或骑跨在触电者腰部，两手交叠，手掌根部放在正确的压点上，即心口窝稍高，两乳头间略低、胸骨下 1/3 处。

③ 救护人员两臂伸直，掌根略带冲击地用力垂直下压，压陷深度 3～5cm(儿童和瘦弱者酌减)。

④ 压到要求程度后，立即全部放松，但放松时救护人员的掌根不得离开胸壁。按压必须有效，有效的标志是按压过程中可触及触电者颈动脉跳动为准。

⑤ 应以均匀速度进行按压,80 次/min 左右,每次按压和放松的时间应保持相等。

⑥ 胸外按压与口对口(鼻)人工呼吸同时进行时,应有节奏,其节奏为:单人抢救时,每按压 15 次后吹气 2 次(即 15:2),重复均匀地进行;双人抢救时,每按压 5 次后由另一人吹气 1 次(即 5:1),重复均匀地进行。凡触电者心脏停止跳动或不规则的颤动情况下,可立即采用人工胸外按压法进行抢救。

现场抢救是触电急救的重要手段,在抢救过程中,每隔几分钟应判定一次,每次判定时间不应超过 5～7s。现场抢救人员要坚持不懈,在未得到更好的条件,如专业医务人员到现场前,现场急救人员不应轻易的放弃人工呼吸和胸外按压等现场抢救。

抢救过程中触电伤员的移动与转院时应注意的事项如下:

① 心肺复苏应在现场就地坚持进行,不得随意移动伤员,确需移动时,抢救中断时间不得超过 30s。

② 移动触电伤员或将伤员送医院时,应使伤员卧躺,如平躺在担架上,并在伤员背部垫以平整硬的阔木板。在移动或转院过程中,抢救仍不中断;心跳、呼吸停止的要继续采取心肺复苏法进行抢救,或遵照医生的意见进行救护。

③ 创造条件,用塑料袋装入碎冰屑做成帽状包绕在触电伤员头部,露出眼睛,使胸部温度降低,促使心、肺、脑的完全复苏。

触电伤员好转后应注意的事项如下:

① 如果触电伤员的心跳和呼吸经抢救后都已恢复,可以暂停心肺复苏法的操作,但心跳、呼吸恢复的短期内还有可能再次出现骤停现象,应严密监护,决不能麻痹大意,当再次骤停时,仍应再次抢救。

② 初期恢复后,有可能神志不清、精神恍惚、躁动、情绪反常等,应设法使触电伤员平静,并安排安静的环境,得到亲人、同事和朋友精心照料,或者请医生服用必要的药物。

杆上或高处触电急救应注意的事项如下:

① 发现杆上或高处有人触电,应争取时间及早在杆上或高处

开始抢救,采取紧急呼救措施。为了保证救护人员的安全,以免事故扩大,救护人员登高时,应该随身携带必要的工具和绝缘物品及牢固的绳索等。

② 救护人员应在确认触电人员已解脱电源,且救护人员所涉及的环境与危险电源有足够的距离,或者说在安全距离内无危险电源,这时,才能去接触触电人员进行触电抢救。特别要注意防止触电和救护人员发生高空坠落的可能性。

③ 触电人员解脱电源后,应将伤员扶卧在救护人员的安全带上,并注意保持伤员气道的通畅。

④ 救护人员应迅速给触电者进行诊断与判定,如触电者的神经反应、呼吸和心脏的跳动情况,观察左右手的脉博情况。

⑤ 如触电伤员呼吸和心跳停止,应立即进行口对口(或鼻)吹气 2 次,再测试颈动脉,如有博动,则每 5s 吹气一次,连续多次,如颈动脉无博动时,可用空心拳头叩击心前区 2 次,促使心脏复跳。

⑥ 高处发生触电,为使抢救更为有效,应尽早设法将触电伤员在有安全措施的情况下移至地面(如在将伤员移动至地面前,再口对口(鼻)吹气 4 次)。

⑦ 伤员移至地面后,应立即采取心肺复苏法继续坚持人工抢救。

对于现场触电抢救,除上述的不允许注射强心针外,对肾上腺素之类的药物也要慎用,药物治疗或其他医疗措拖,应由医生经过医疗诊断后再应进行处置,医院对触电伤员应按急诊处理,医务工作者应发扬高度的人道主义和救死扶伤的精神,以极其负责任的态度,和积极的有效措施来抢救触电伤员,让触电者妙手回春。

对于电伤和摔跌造成外伤时,应防止细菌侵入引起感染,移动时特别注意防止摔跌骨折而刺破皮肤、血管、周围组织,甚至损伤神经,以免引起伤情加重。如伤口出血不严重,可用消毒纱布盖住伤口、压紧止血,外伤表面,可用无菌盐或清洁的温开水冲洗后,有条件时用消毒纱布、防腐绷带进行包扎处理,无条件时只能用干净的布带、或扯下干净衣服进行包扎,也是止血的有效措施,然后转医院治疗。伤口出血严重时,立即压迫止血,并及时紧急送医院治疗。

高压触电时,可能会造成大面积的严重电弧灼伤,有时深达骨骼,处理难度很大,若现场没有医务人员,则可用无菌生理盐水或清洁的温开水冲洗,再用酒精消毒,然后用消毒布单包扎,并迅速送医院治疗。

对于因触电摔跌四肢骨折的触电者,应首先止血、包扎,然后用木板、竹板等临时将骨折肢体临时固定,决不用冒然推拿复位,然后迅速送医院治疗。

触电伤员、特别是较重的触电伤员恢复健康后,心理上因触电而产生了严重的伤害,虽然身体已经康复,但精神上和思想上会产生和以前不一样的念头,特别是对"电"会产生种种不正确的看法,甚至再也不愿意去从事电气工作,特别是带电工作。也有的完全相反,电一下没什么,结果胆大了而心不细,甚至有的因为女友或爱人是从事电气工作的,也增加了对"电"的恐惧感,增加了几分担心和忧虑。所有这些,是我们电工界的人士不愿意见到的结果。对于触电者康复以后的心理状态,以往电工界很少关心,随着物质生活的提高、精神生活的丰富,电气技术的发展,用电量的增加,电器具、电装置、电设备的增加,对触电的认识也要深入,触电伤员康复后的心理治疗问题也得到了电工界的重视,进而更有利于触电伤员的身心健康,更有利于电气事业的发展,更有利于电气技术水平的提高。

(七) 静电的危害

在带电导体周围有电场产生,在高压输电线路和变电所设备周围,就存在高压电场。根据静电感应原理,在周围的物体上会有电荷积累。有时还因为其他原因,如摩擦起电等,物体上就带有静电,甚至衣物和纸张上带有静电,给人有很强的刺激,黑暗中还能看到许多火花,并发出噼叭的声响。带静电的纸张还像一把锋利的刀子,将人体特别是手指割破。人体接触带静电荷的物体,电荷向人体移动,有时像一个电容器对电阻放电,有时像一个电容器向另一个电容器充电,对人体产生电击的感觉。

静电产生的原因很多。如固体材料的起电通常由于接触、分离起电,物理效应起电,感应起电等。压电效应、热电效应、感应带电都属于物理效应起电。液体流动带电、液体——气体界面起电——即雷纳效应。气体如在管道内加压流动时接触、分离的机会将大大增加,同时气体加压后流动速度非常快,这样就会带有很高的静电;加之在气体内部存在大量的灰尘、金属粉末、液滴、水锈等微小颗粒,就更增大带电的可能性。

静电放电的形式有电晕放电、刷形放电、堆积粉尘的放电、火花放电等。

静电的一次放电能量,可按下式进行计算:

$$W=\frac{1}{2}CU^2=\frac{1}{2}QU=\frac{Q^2}{2C}$$

式中 W——一次放电能量;

C——物体的静电电容;

U——物体放电时的电位与放电后剩余电位之差;

Q——物体一次放电的电量。

静电在静电喷涂、静电除尘、静电选矿、静电纺纱、静电复印等诸多方面得到广泛应用。但随着石油化工、塑料等高分子聚合物的发展,生产规模和自动化程度的不断提高,通信、网络和无线电技术的发展,城市环境,特别是电磁场环境发生巨大的变化,经济、科技发展,生活水平提高的同时,静电产生的几率越来越高,静电积聚和放电的能量越来越大。若再不对静电的认识加以提高,不采取有效的控制措施,静电危害的现象越来越多,越来越严重,甚至引起人身触电、静电放电引起火灾和爆炸事故。静电灾害目前已占整个事故的10%左右,个别领域可高达34%之多,这是一个不可忽视的数字。

静电危害包括四个方面:①呈现静电力作用或高压击穿作用,主要是使产品质量下降或造成生产故障。②呈现高压静电对人体的作用,产生“人体电击”。在一般场合,虽然尚未发现静电电击危及人的生命安全，但近年静电发生频繁，且伤害程度有加剧的趋势，值得人们重视。③静电放电过程是将电场能转换成声、光、热能的形式，热能可作为火源，可能使易燃气体、可燃液体或爆炸性粉尘发生火灾或爆炸事故。静电和导体中的电流都有可能产生危害，而静电的发生比起电流更难预料和控制，也可以说静电产生的离散性比电流大得多。这样也就使一旦产生的灾害就更具难预料性，从而使得灾害更加难以控制。④静电放电过程所产生的电磁场是射频辐射源，对广播、电视、通信是干扰源，甚至会引起计算机误动作，引起更大的电磁危害。

第三节　特殊环境内的用电保护

有些场所，例如特别潮湿或浸水的场所、无法作总等电位联结的地方、狭窄而多金属导体的作业地段等，发生电气事故的危险性较大，被称作特殊环境。这种环境对电气安全提出了一些更高的要求。

一、浴室

浴室内既积水又溅水，人体阻抗因皮肤浸湿而显著降低，而人体又易接触带不同电位的金属管道和构件，电击危险大大增加。

1. 浴室内的区域划分

按电击危险程度、浴室内划分为四个区；

0 区——澡盆或淋浴盆内部；

1 区——围绕澡盆或淋浴盆外边缘的垂直面内，或距淋浴喷头 0.60m 的垂直面内，其高度止于离地面 2.25m 处；

2 区——1 区至离 1 区 0.60m 的平行垂直面内，其高度止于离地面 2.25m 处；

3 区——2 区至离 2 区 2.40m 的平行垂直面内，其高度止于离地面 2.25m 处。

2. 防电击措施

(1) 在 0 区内只允许用 12V 及以下的隔离特低电压供电，其电源应设置在 0 区以外。

(2) 0 区及 1 区内不允许装设插座，在 2 区内装设插座应符合下列条件之一：

1) 由隔离变压器供电；

2) 由隔离特低电压供电；

3) 用额定动作电流 $I_{OP(0)}$ 不大于 30mA 的漏电保护器作接地故障保护。

(3) 在 0、1 及 2 区内应作局部等电位联结。

(4) 如用特低电压供电，仍需采取防直接电击措施，即应符合下列要求之一：

1) 设置防护等级不低于 IP2X 的遮栏或外护物；

2) 采用能耐受持续 1min 的 500V 电压的绝缘。

3．电气设备和线路的选用和安装

(1) 电气设备和线路至少应具备以下的防水等级：

0 区为 IPX7 级；

1 区为 IPX5 级；

2 区为 IPX4 级；

3 区为 IPX1 级。

(2) 浴室内的明敷线路和埋墙深度不超过 50mm 的暗敷线路应符合以下要求：

1) 应采用无金属外皮的双重绝缘线路，例如套绝缘管的绝缘电线或具有非金属护套的多芯电缆；

2) 在 0、1 及 2 区内不应通过与该区内用电设备无关的线路；

3) 在 0、1 及 2 区内不允许安装接线盒。

(3) 开关和附件的安装要求如下：

1) 在 0、1 及 2 区内严禁安装开关和附件，但在 1 及 2 区内允许安装拉线开关的绝缘拉线。

2) 在 3 区内允许安装插座，但必须符合规定的要求。

3) 当浴室内有成品组装式淋浴小间时，开关和插座的安装位置应至少离淋浴间的门口 0.60m。

(4) 用电设备的安装要求如下：

1）在 0 区内只允许装设专用于澡盆内的用电设备。

2）在 1 区内只可装设防护等级不低于 IPX4 的电热水器。

3）在 2 区内只可装设电热水器和Ⅱ类防电击类别的照明器。

桑那浴室比一般浴室温度高，因此在电气安全上还应增加耐高温的要求。

① 桑那浴室的区域划分

按耐高温水平，桑那浴室内划分为四个区：

1 区——离加热器边缘 0.50m 的垂直面内，其高度止于离顶板 0.30m 处；

2 区——1 区以外离地面 0.50m 水平面以下的区域；

3 区——1 区以外离地面 0.5m 水平面和离顶板 0.3m 水平面之间的区域；

4 区——顶板至离顶板 0.3m 水平面之间的区域。

② 防电击措施

桑那浴室内如用隔离特低电压供电，应设置不低于 1P2X 防护等级的遮栏等外护物，或采用能耐受持续 1min 的 500V 电压的绝缘。

③ 电气设备和线路的选用和安装

电气设备和线路应至少具备 IP24 防护等级的遮栏和外护物。

各区对设备和线路的安装和性能要求如下：

1 区——除加热器外不应装设无关的设备和线路；

2 区——对设备和线路的耐热性能无特殊要求；

3 区——电气设备应至少耐 125℃ 高温，线路的绝缘应至少耐 170℃ 的高温；

4 区——只能装设加热器的调温器和过热保护器以及与其有关的线路。

线路的敷设应采用非金属护套或非金属套管的双重绝缘的电线电缆，例如套绝缘管的绝缘电线或具有非金属护套的多芯电缆。

开关和附件的安装：

除加热器带的开关外，其他开关应安装在桑那浴室之外。在桑那浴室内不得安装插座应在4区内装设限温器。当4区内温度超过140℃时应能切断桑那浴加热器的电源。

二、游泳池

就电气安全而言,游泳池的某些环境条件与浴室类似,但其分区和采取的措施不尽相同。

1. 游泳池的区域划分

按电气危险程度,游泳池划分为三个区:

0区——水池内部;

1区——离水池边缘2m的垂直面内,其高度止于距地面或人能达到的水平面的2.5m处。对于跳台或滑槽,该区的范围包括离其边缘1.5m的垂直面内,其高度止于人能达到的最高水平面的2.5m处;

2区——1区至离1区1.5m的平行垂直面内,其高度止于离地面或人能达到的水平面的2.5m处。

2. 防电击措施

(1) 在0区内只允许用12V及以下的隔离特低电压供电,其电源(例如隔离特低电压变压器)应设置在0区以外。

(2) 0区及1区内不允许装设插座,在2区内装设插座时应由隔离供电,并用额定动作电流不大于30mA的漏电保护器作接地故障保护。

(3) 在0、1及2区内应作局部等电位联结。

(4) 如用隔离特低电压供电,应设置不低于IP2X防护等级的遮栏或外护物;或采用能耐受持续1min的500V电压的绝缘。

3. 电气设备和线路的选用和安装

(1) 电气设备和线路至少应具备以下的防水等级:

0区内为IPX8级;

1区内为IPX4级;

2区内:户内游泳池为IPX2级;户外游泳池为IPX4级。

(2) 上述各区的明敷线路和埋墙深度不超过50mm的暗敷线路应符合以下要求:

1) 应采用非金属护套或非金属套管的双重绝缘线路,例如套绝缘管的绝缘电线或具有非金属护套的多芯电缆;

2) 在0及1区内不应通过与该区内用电设备无关的线路;

3) 在0及1区内不允许安装接线盒。

(3) 开关和附件的安装要求为在0及1区内严禁安装开关和附件;在2区内允许安装插座。

(4) 用电设备的安装要求如下:

1) 在0区内只能安装不超过12V隔离特低电压的用电设备和灯具,例如潜水泵、水下灯具等;

2) 在1区内只能安装隔离特低电压设备,当为固定式设备时也可采用Ⅱ类防电击类别的设备;

3) 在2区内如非隔离特低电压供电,应采用Ⅱ类防电击类别的设备,若采用Ⅰ类防电击类别的设备时,应采用动作电流小于300mA的漏电保安器作保护,并应采用隔离变压器供电。

三、医院

医院对不间断供电和对防电击都有很高要求。医疗电气设备不仅与人体表面接触,有时也与人的内脏(包括心脏)接触。医院中的一些病人在发生灾祸时(包括电气火灾)无逃脱能力,有些病人无法摆脱电击。这些特殊情况都增加了对人身的危险,为此应更予以高度重视。

1. 医院内场所的分组和分级

医院内的场所可按医疗电气设备与人体接触的状况分组和按允许间断供电的时间分级。

(1) 按医疗电气设备与人体接触状况的场所分组:

0组场所——在此场所内不使用由市电供电的有与人体接触的作用部分的医疗电气设备;

1组场所——在此场所内使用除心脏手术外的医疗电气设备;

2组场所——在此场所内使用作心脏手术的医疗电气设备。

(2) 按允许间断供电时间的场所分级:

0.5s 级场所——此场所要求在 0.5s 内恢复供电；

15s 级场所——此场所要求在 15s 内恢复供电；

>15s 级场所——此场所允许恢复供电时间超过 15s。

2. 1 组和 2 组场所内的防电击措施

(1) 采用隔离特低电压或保护特低电压时，用电设备的标称电压不应大于 AC25V 或无波纹 DC60V；应为带电部分设置遮栏或外护物，或将带电部分包以绝缘；手术台灯之类电气设备的外露导电部分应作局部等电位联结。

(2) 功能特低电压不得在 1 组和 2 组场所采用。

(3) 采用自动切断故障电路保护措施时应满足以下要求：

1) 在医疗场所和与其电气上有联系的场所不允许采用 TN－C 系统；

2)采用 TN－S 系统时，在 1 组和 2 组场所内凡电气设备的外露导电部分在伸臂范围内者，其供电线路应装设漏电保护器。漏电保护器的额定动作电流当线路过流保护电器额定电流为 63A 及以下时取 0.03A，大于 63A 时取 0.3A。

3) 采用 TT 系统时应满足下式要求：

$$I_{op}R_{A} \leqslant 25\ \mathrm{V}$$

式中 R_A——保护线和接地极电阻之和，Ω；

I_{op}——保护电器可靠动作电流，A。

4) 采用 IT 系统时绝缘监察器的交流内阻不应小于 100kΩ，试验电压不应大于 25V，试验电流（包括故障情况下的试验电流）不应大于 1mA。当绝缘电阻最终降至 50kΩ 时应发出信号。

在 2 组场所内，应为经过隔离变压器引出的 IT 系统。

应将 IT 系统的绝缘监察的声光信号安装在合适的位置，使医务人员在手术过程中便于监视。应以不同颜色的灯光显示系统不同的绝缘状况。

(4) 局部等电位联结的设置应满足以下要求：

1) 联结范围应包括 PE 母线、装置外导电部分、防电气干扰的金属屏蔽层、导电地板的金属屏蔽网格、未与 PE 线连接的固定式非电手术台，特低电压设备（例如特低电压手术台灯）的外露导电部分等；

2）等电位联结的端子板与插座的保护线端子或任一装置外导电部分间的连接线的电阻，包括连接点的电阻，不应大于0.2Ω。

3）在配电箱内或其近旁设置等电位联结端子板，以便连接等电位联结线，它应易于观察并便于将联结线分别拆卸。

4）在2组场所内，如装有由局部医疗用IT系统供电的安装高度不超过2.5m的电气设备，当正常工作时或发生第一次接地故障时，装置外导电部分、插座接地端子和等电位联结端子板间的电位差不应超过20mV。

3. 线路敷设

医院内有众多难以行动的病人，因此防止线路短路，避免停电和线路火灾的发生具有特殊的重要性。医院的敷线对以下几个问题应予特别注意：

（1）备用柴油发电机与其配电柜间的敷线以及蓄电池与其充电器之间的敷线，由于此段线路无保护，应重视防止短路和接地故障的发生。

（2）在2组场所应避免其他无关的电气线路通过。

（3）线路的位置应尽量避免靠近易燃物质。

（4）视具体条件采取措施，防止短路和接地故障的发生。

4. 过电流保护

在2组场所内的线路宜装设低压断路器作过电流保护，当发生故障时，能同时切断断路器各级。断路器的电流整定应使各级间的短路保护具有选择性。

5. 2组场所的医用IT系统内装设插座的要求

（1）每一病人治疗处应自同一相线引来至少两路插座回路；

（2）当同一场所尚有自TN－S或TT系统供电的插座时，医用IT系统的插座应为：

1）其他系统用的插头无法插入；

2）具有明显的可资区别的标志。

6. 安全电源

医院的正常电源中断供电时，一些需继续用电的设备应由安全电源继续供电一定的时间。不同电气设备对倒换电源允许的间断时间和其后维持供电的持续时间有不同的要求。

7．安全照明

医院内安全照明的要求如下：

(1) 疏散通道中心线离地 0.2m 高度处的照度不低于 1lx；

(2) 安全电源发电机组的开关柜、控制盘处的照度和正常电源、安全电源的配电盘处的照度不低于 15lx；

(3) 公用设施维护操作间至少有一盏灯系由安全电源供电；

(4) 1 组场所每一房间内至少有一盏灯能由安全电源供电；

(5) 2 组场所全房间的照明灯都能由安全电源供电。

四、数据处理设备的电气装置

为抑制高频无线电干扰，数据处理设备常配置有大电容量的滤波器，因此正常工作时就存在较大的对地泄漏电流。当此电流大于人体摆脱电流阈值 10mA 时，如果设备的保护线中断，接地失效，即使未发生接地故障，人体如触及设备外露导电部分也将承受危险的接触电压。由于这类设备的接地具有特殊的要求，应注意采取相应的有效措施。

数据处理设备过大的正常泄漏电流和接通电源时大电容的充电电流能引起漏电保护器的误动，常难以装设漏电保护器。为减少电击危险，数据处理设备应尽量采用固定式的。

1．正常泄漏电流超过 10mA 时防止保护线中断危险的措施

(1) 提高保护线的机械强度，其措施如下：

1) 当采用单独的保护线时(即保护线非多芯电缆的芯线)，单保护线的截面不应小于 $10mm^2$，双保护线的每根线截面不应小于 $4mm^2$。

2) 当保护线为多芯电缆中的芯线时，电缆中芯线截面的总和不应小于 $10mm^2$。

3) 当采用电线、电缆套金属管的敷设方式，且保护线与金属管并联时，芯线截面不应小于 $2.5mm^2$。

4) 利用能保证导电连续性,且具有足够电导的金属套管、母线槽、槽盒、电缆蔽屏层及铠装作保护线。

5) 设备和电源的连接不用插头、插座,而用固定线路的连接方式。

(2) 装设保护线导电连续性的监察器,当保护线中断时自动切断电源。

(3) 利用双绕组变压器限制电容泄漏电流的流经范围。

2. 对 TT、IT 系统的补充要求

(1) 采用 TT 系统时在供电回路上如设置漏电保护,漏电保护器的额定动作电流应符合下式要求:

$$I_1 \leqslant \frac{I_{op(0)}}{2} \leqslant \frac{U_t}{2R_E}$$

式中 I_1——总泄漏电流(A);

R_E——接地极电阻(Ω);

$I_{op(0)}$——漏电保护器额定动作电流(A);

U_t——接触电压限值(V)。

如不能满足上式要求,应采取前述利用双绕组变压器的措施。

(2) 采用 IT 系统时补充要求如下:

1) 当因过大的泄漏电流,不能满足上式要求时,不宜将大泄漏电流的设备直接接入 IT 系统中。如果可能,可经一双绕阻变压器在次级转换为 TN 系统给设备供电,以便在发生接地故障时迅速切断故障电路。

2) 当满足上式要求,且设备制造厂明确该设备可直接接于 IT 系统内时,设备可直接由 IT 系统供电。当此 IT 系统的电源经阻抗接地时,设备的外露导电部分应通过保护线接至电源的接地极来实现接地。

3. 低干扰水平接地设施的防电击措施

(1) 数据处理设备的外露导电部分应直接接至建筑物进线处的总接地端子作一点接地。需作功能接地的Ⅱ类和Ⅲ类防电击类别的设备的外露导电部分的接地,以及功能特低电压回路的接地也应直接接至总接地端子。严禁能同时接触的各设备外露导电部分接至不同的接地极。个别情况下,如总接地端子上的干扰水平过高,不能满足设备要求时,应另采取降低干扰水平的措施。

(2) 低干扰水平的安全接地应注意满足下述一般安全接地的要求:

1) 保证用作接地保护的过电流保护器对过电流保护的有效性;

2) 防止设备的外露导电部分出现过高的接触电压,并保证设备和邻近金属物体和其他设备之间,在正常情况和故障情况下的等电位;

3) 防止过大对地泄漏电流带来的危险。

五、旅游车及其停车场

就电气安全而言,旅游车及其停车场不同于一般建筑物。旅游车有受振动、受风雨侵蚀和水的冲溅以及本身是金属导电体等不利于电气安全的条件;而停车场则因位于户外,有受风雨侵袭,无法设置等电位联结以及易受机械损伤等不安全因素。因此旅游车及其停车场对电气安全有特殊的要求。

旅游车及其停车场的电气装置由三部分组成:停车场的电源设施、电源连接电缆和旅游车本身的电气装置。下面将依次叙述这三部分的电气安全要求。

1. 停车场的电源设施

(1) 防电击措施

停车场给旅游车供电的插座回路上应安装漏电保护器,其额定动作电流不应大于 30mA。每个漏电保护器最多可保护 6 个插座。

(2) 线路敷设

1) 宜采用埋地电缆给停车场配电箱或配电柜供电。电缆路径应避开旅游车的车位。

2) 采用架空线路供电时应用绝缘电线。线路边缘应离车位边线至少 2m。杆位应选择在不易受车辆碰撞的地方。在最大计算弧垂时导线与地面的最小距离不应小于 6m。

(3) 配电箱和插座的装用

1) 给旅游车供电的配电箱应靠近车位,它与旅游车电源进线接口间的距离不应超过 20m。

2) 在配电箱内应安装具有锁扣的户外型插座,以备旅游车连接电源。插座在安装和选用时,插座的下边缘应距地面 0.80～1.50m,插座额定电流值不应小于 16A,插座数量不宜少于配电箱供电范围内的车位数,每个插座应有各自的短路保护和过负荷保护。

2. 电源连接电缆

(1) 电源连接电缆应采用户外用移动式橡皮绝缘橡皮护套电力电缆,其长度不应小于 25m;

(2) 电缆接向配电箱插座一端的插头应为具有锁扣的户外型的工业用电源插头,它应与配电箱的插座配套。

(3) 电缆接向旅游车电源接口一端的连接器应为具有锁扣的户外型工业用插座连接器。

3. 旅游车电气装置

(1) 防电击措施

旅游车内应作等电位联结,即将车上的装置外导电部分与保护线以及外露导电部分相连接。如旅游车的结构不能保证导电连续性时,可作多处连接,连接线截面不应小于 $4mm^2$。

如果旅游车基本用绝缘材料制成,则发生接地故障时不带电的金属部分不包括在等电位联结范围内。

(2) 线路敷设

旅游车上的线路敷设时所有电缆、电线应为铜芯,其截面不应小于 $1.5mm^2$,可采用单芯软电线或最少为 7 股的硬绞线芯电线套非金属管,或采用有聚氯乙烯护套的软电缆,不得采用聚乙烯套管,单芯保护线应包以绝缘,应采取措施避免旅游车振动引起的机械损伤,例如线路穿过金属构件时应套保护管或垫衬圈,低压线路与特低电压线路应分开敷设,不套管的线路应用绝缘线夹固定,线夹间最大距离垂直敷设时为 0.4m,水平敷设时为 0.25m,人不能接近的电缆线路应无中间接头。电缆的连接和接头应放置在用作机械保护的接线盒中,如接线盒不需工具就可打开,则电缆芯的接头应加绝缘,不应在存放燃气罐的小间内敷设线路。

(3) 进线接口

进线接口应采用户外型工业用电源插头,它与电源连接电缆的户外型工业用插座连接器配套,并配备有保护触头。安装时安装位置应尽量高,但不高于地面 1.8m;安装位置宜较隐蔽,但应易于接近和方便检修,并应罩以保护盖。

(4) 总开关

装设在电源进线上的总开关应能切断相线和中性线,安装位置应便于操作,以便紧急切断电源。

(5) 过流保护

每个末端回路都应由可同时切断相线和中性线的过流保护器作过流保护,但旅游车内只有一个额定电流不超过 16A 的末端回路的过流保护除外。

(6) 电气附件

旅游车内的附件,如开关、灯座之类的电气附件的金属部分不应被人体所接触,低压插座应具有保护线插孔,但由隔离变压器供电的插座除外,安装在易受潮气侵蚀处的插座其防护等级不应低于 IP55。

(7) 灯具

灯具宜直接固定在车架结构上或衬垫上,吊灯的固定应采取措施防止车的振动损伤电源软线或灯具,安装灯具的有关附件应能承受吊灯的重量及动应力。

第四节 电气防火

由于电气本身的原因,如短路、漏电、电弧、电火花和过载等,产生火源而引起的火灾,称为电气火灾。

为了防止电气火源的产生而采取的各种措施,如技术措施、安全管理措施或其他安全紧急和有效措施，以达到防止和消灭电气火灾的目的，称为电气防火。

电气防火是研究电气火灾形成的原因和机理，以及电气安全、安全防火设施和手段，防止电气火灾事故发生的一门科学。它是"安全工程学"门类中的一个分支学科。它与电气的设计、安装、施工、运行、维护和修理等工程问题不可分割，涉及的问题非常广泛，研究的内容十分丰富。如有电气防火技术、消防电源及其供配电的可靠性、电气火灾原因分析和事故性质鉴别、电气火灾报警和控制等。电气防火也属于多学科性质，涉及电工学、电机学、电器学、绝缘学、高压工程学、工业电子学等，还涉及其他有关火灾的许多特殊的知识。电气防火因为要有效的实际实施，所以它是一门工程技术，它事关广大人民的生命财产、国家的巨大经济利益，是解决抑制电气火灾的实际问题，广大电气防火工作者一定要亲临现场救险，取得电气防火的经验。

电气防火与电气安全有密切的关系，但又有区别。电气安全包括电气防火，而电气防火又是电气安全的重要内容，原来电气安全的书籍中谈到电气防火的内容较少，随着国民经济的发展，电气防火越来越被人们重视，特别是电气防火的知识涉及面广，理论性也很强，安全防火的工程内容很多，所要研究的内容和所要采取的手段非常复杂，已不是一项用盆水去救救火的问题，所以电气防火越来越被电工科技工作者重视，电工界已经深刻认识到这是一项与国民经济与人民生命财产密切相关的系统工程。电气防火是以防火为基本出发点，研究如何防止火灾的发生以保证生命财产的安全，以及如何使火灾损失减到最低限度，更重要的是研究如何去防范。防止电气火灾的发生，涉及科研部门、设计部门、生产部门、施工部门和使用部门，所以电气防火是一个全民的问题，应引起全民重视。

一、电气火灾的原因和常规电气防火措施

(一) 电气火灾的原因

电气火灾的直接原因有短路、过载、接触点接触不良、接触电

阻大而发热，严重时变为火源，电弧火花、漏电、雷电等，甚至静电及摩擦也将引起火灾的事也时有发生。有的电气火灾是人为的，例如思想麻痹，疏忽大意，不遵守防火法规，违反操作规程和缺乏电气防火安全知识等。从电气防火的机理看，电气设备的质量低劣，安装使用不当，维护保养不良，检修不及时，电气设备和电器元件的错误连接和处理不当，以及雷击、静电等是造成电气火灾的重要原因。

过载使导体中的电能转变成热能，热量 $Q=0.24I^2 \cdot R \cdot t$（式中 I 为电流；R 为电阻；t 为时间）。从式中可以看出热量 Q 和电流 I 的平方成正比，可见电流和发热的关系。当导体和绝缘物局部过热，达到一定温度时，就会引起火灾。

短路是电气设备最严重的一种故障状态。无论是两相相间短路、三相相间短路或是对地短路，短路时，在短路点或导线连接松弛的电气接头处，均会产生电弧或火花，电弧温度很高，可达 6000℃以上，甚至即刻产生大火球。不但能引燃导线本身的绝缘材料，还能使铜导线化为灰尽直至汽化，甚至将附近的可燃材料、易燃品引燃产生爆炸。

导线的连接处发生接触不良，因为接触电阻增大而引起局部过热，过热的触头接触处接触电阻又迅速增大，产生火花，造成点火源。

电炉、电取暖器、电熨斗等电热设备和电热器具，甚至是一个灯泡，在正常通电的状态下，就是一个高温热源，相当于一个火源，当其产品质量低劣、安装使用不当，长期通电无人监护管理时，且周围有可燃物、易燃品时，受到高温烘烤而起火。

近代的设备常常是高速旋转和运行的物体，“高速度”象征着时代的步伐，但是从另一个角度看，“高速度”，如发电机、电动机的高速旋转，干枯润滑不良的轴瓦和轴承，其摩擦的能量是原始人的钻木所不能比拟的，那引起火灾的机理就很容易理解了。

雷电是害，除直击雷外，还有感应雷，雷电反击，雷电波的侵入和球雷等。防雷是电气安全的重要内容；而防雷也是电气防火的重要内容。因为,雷电危害的共同特点是放电时总要伴随机械力、高温和强大的火花产生,使建筑物遭受破坏,使输电线或电气设备损坏,甚至引起如油罐爆炸、堆场着火,造成火灾事故。因为,雷电是在大气中产生的,雷云是大气电荷的载体,当雷云与地面构筑物接近到一定距离后,高电位的雷云就会击穿空气而放电,产生闪电,并伴随雷鸣。雷云电位可达 $10^4 \sim 10^5$kV,雷电流可达 50kA,若以$\frac{1}{10^5}$s 的时间放电,其放电能量约为 10^7J(W·S),这个大能量能使人致死,并为易燃易爆物质点火能量的 100 万倍,这就是雷电引起火灾的机理。

静电起火问题越来越引起人们的重视,随着现代化工业的发展,特别是石油化工、塑料、橡胶、化纤工业、造纸、印刷和金属磨粉等工业的发展,随着现代化的生活,各种各样能产生静电的电气、电子设备和器具的增加,各种静电对金属的放电,静电产生的电击,甚至产生静电火花,点燃周围的可燃物、易燃品以及爆炸混合物,时有静电火灾事故的发生。

(二) 常规电气防火措施

1. 提高导体长期运行允许电流

提高导体长期运行允许电流,是减少导体的发热,使导体发热温度控制在允许温度之内,对导电体,如电线、电缆防火有很大的意义。

提高导体长期运行允许电流的方法很多,经常采用的方法有:减小导体电阻、增大导体的散热面积、提高散热系数等。实质上是两种方法,即是减少发热和增加散热,这是符合发热和散热平衡原理的。若不平衡时,发热越来越多,散热越来越差,则导致火灾的危险性就越大。

减小导体电阻的有效方法是:采用电阻率小的导体(电阻率 $\rho = R \cdot \frac{s}{l}$,则电阻率 ρ 越大,电阻 R 就越大,又由 $Q = 0.24I^2 \cdot R \cdot t$ 式中得知,当电流 I 和时间 t,一定时,电阻 R 越大,发热量 Q 就越大)。另外减小导体的接触电阻,显然可提高导体允许温度,还有适当增加导体的截面,也是对防火有利的。因为截面增大,导体的电阻减小,发热量下降,但是随着截面积的增加,集肤效应也增加,这是对有效控制发热不利的。

导体的散热面积和导体的几何形状有关,在截面积相同时,圆柱形外表面最小,所以母线很少使用圆柱形,因为散热面积越大,无论是对流、传导和辐射,越有利于散热,对降低温度(升)有利,从而有利于防火。

提高散热系数有利于散热,提高散热系数的方法很多,常用的方法有:改善冷却方式,如采用强迫冷却;合理布置导体,以提高自然对流放热率。导体表面涂漆,可提高辐射散热能力。导线明敷时应加强自然通风,不应覆盖,处理不当均将使导体升温,诱发火灾事故。采用耐热绝缘材料,提高导体绝缘的耐热性能,自然是防火的有效措施。绝缘材料耐热性能的提高,标志着绝缘生产水平,还标志着科技发展的水平。

2. 高低压电器采取灭弧措施

电弧是引起火灾的重要因素,设计高低压电器时历来非常重视灭弧问题。

电弧燃烧时,弧隙在高温作用下,形成新带电质点的游离过程,和带电质点的不断复合与扩散,使带电质点减少的去游离过程是同时进行的。当游离速度大于去游离速度时,电弧稳定燃烧;若去游离速度大于游离速度时,则电弧熄灭。只要设法削弱游离作用,加强去游离作用,就能使电弧熄灭。去游离的方式有复合和扩散两大类。

高低压电器常采用的灭弧基本方法有:气吹灭弧、油吹灭弧、电磁灭弧、狭缝灭弧、将长弧分成若干短弧、提高触头的分离速度、利用多断口灭弧等。

3. 变配电所(室)的电容器室的防火措施

电容器在变配电所用来作为提高功率因数用,常称功率因数(cosφ)补偿,还有供高压开关试验用。由于电容器数量较多,尤其是高压电容器,其芯子装在油箱内,充以电容器油,一旦发生火灾引起爆炸，救险工作难度很大，造成的损失大，后果严重。一定要采取防火措施，以保证安全。

电容器常发生渗漏油、鼓肚和喷油等故障现象，这是导致火灾的原因。所以运行时应防止过电压（运行电压 $U<1.1U_N$，运行电流 $I<1.3I_N$）。运行时通风应良好，室内温度 $t<40℃$。加强维护，接地线牢固、接触良好。设备应有可靠的保护装置，电容器室应设置固定灭火器。

4. 电缆竖井的防火措施

竖井是电缆敷设和综合布线的垂直通道，为现代楼宇和高层建筑必不可少；另外发电厂的主控室和锅炉房等也有竖井设计。竖井常采用砖和混凝土砌筑而成。在现代楼宇和高层建筑中竖井常位于电梯井道两侧和楼梯走道附近，由每层的配电小间连接而成。有的是强弱电都在一起，常常是强电、弱电电缆和布线在竖井用墙作隔离。

竖井有烟囱效应，若一旦发生火灾，容易使火势扩大，造成严重后果，所以电缆竖井也必须采取有效的防火措施。

竖井内不允许有明火，采用的电器要有良好的灭弧装置，强电电缆和弱电布线最好分开并有隔离。

竖井在地面或每层楼板处，应设有防火门，宜做成封闭式，底部与隧道或沟相连，竖井中每层楼板均应隔开，穿行管线或电缆孔洞，必须采用防火材料封堵。

5. 蓄电池室的防火措施

蓄电池室是蓄电池组充放电工作的专门场所，在供配电系统常设有专门的蓄电池室，由蓄电池组作为操作回路、信号回路和保护回路提供直流电源。蓄电池组在通信系统的程控交换机房等地方也作为直流电源，也有采用专用的 UPS 电源，以保证在市电停电时，通信系统仍然正常工作。这对于智能建筑等现代楼宇都是非常重要的。

蓄电池是电能与化学能互相转化的装置。充电时，将电能转变为化学能储存起来；放电时，它又将化学能转变为电能，供用电设备使用。周而复始,反复工作。

充、放电过程化学反应是可逆的,化学反应方程式为:PbO_2 + $2H_2SO_4 + Pb \underset{充电}{\overset{放电}{\rightleftharpoons}} PbSO_4 + 2H_2O + PbSO_4$,由此反应式看出,蓄电池充电终期,正负极板上的 $PbSO_4$ 已大部转变为 PbO_2 和 Pb(绒状铅)。若再继续充电,充电电流只起分解水的作用,结果在负极便有氢气逸出,在正极便有氧气释出,化学反应方程式为:$2H_2SO_4 + 2H_2O \rightarrow 2H_2SO_4 + 2H_2\uparrow + O_2\uparrow$。这样,电解液中的硫酸并未减少,仅是水被分解成氢(H_2)和氧(O_2)逸出,产生严重的冒气现象。结果是使板极活性物质脱落损坏,消耗水分,既浪费蒸馏水和电能,又潜在有火灾甚至爆炸危险。虽然蓄电池的爆炸不经常发生,但是,尤其是变配电所,蓄电池爆炸事故是非常惊人的。

防止氢、氧气体产生气泡的有效办法是适当减小充电电流。

蓄电池室的防火措施很多,主要是建筑设计有严格的要求、通风有严格的要求、对室内温度进行严格控制、对电气防爆采取措施等。

蓄电池必须放在专用不燃的房间内,并分别用耐火极限不低于2.5h的非燃烧体墙、耐火极限不小于1.5h非燃烧体楼板与其他部位隔开。为防止室内形成通风不良的死角,顶棚应作成平顶,不宜采用折板屋盖和槽形屋面板。室内地坪要求能耐酸。墙壁、顶棚板和台架宜涂耐酸漆。门窗宜向外打开并涂以耐酸油漆。入口处应经过套间,大蓄电池室应设有贮藏酸及配制电解液的专门套间。

蓄电池室内应有良好的通风装置:采用自然通风和抽风设备,以保证室内含氢量和含酸量分别控制在0.7%和$2mg/m^3$以下。通风设备的空气流量 $V = 0.07 \times I \cdot n$ (m^3/h)(式中 I——最大充电电流;n—蓄电池组的电池只数)。

蓄电池室和调酸室的温度不应低于10℃,否则宜采用采暖措施(又宜用蒸汽和热水装置采暖)。管道要严防漏汽和漏水。

通风机和照明灯应采用防爆式,电源开关箱宜安装在蓄电池室外。供配电线路应采用钢管布线,蓄电池连接的导线明线宜使用裸导线。电炉等器具应慎用。选用密封式或防酸隔爆式蓄电池或采用碱性镉镍密封蓄电池等,都是有效的防火防爆措施。

二、电气消防系统

消防系统能够保证人民生命和财产的安全。所以必须根据国家有关消防规范设置火灾自动报警与消防控制设备。火灾自动报警与消防控制系统的功能是通过火灾探测器自动探测,监视区域内火灾发生时产生的烟雾或热气、火光,发出声光报警信号,同时联动有关消防设备,控制自动灭火系统。接通紧急广播、事故照明等设施,实现监测报警、控制灭火的自动化,从而提高消防系统的整体性能和水平。

(一) 消防子系统的软硬件设计

1. 系统结构

本系统由火灾报警控制器和各类火灾探测器及编址单元组成。火灾报警控制器是本系统的核心,只要少量软件上的变化,就能充当区域报警器或集中报警控制器。系统方框图见图 3-40。

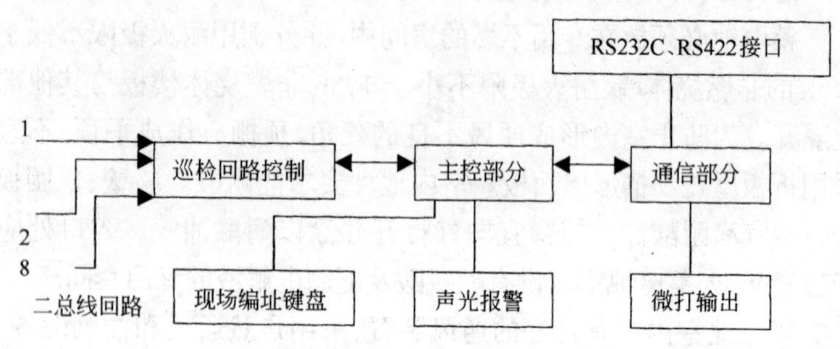

图 3-40　系统构成

巡检回路控制部分对八个二总线回路以编码地址顺序轮流查询故障和火警信息,返回的应答信息中,监视过程的动态历程,给出准确的火警和故障信息,这个过程是持续不变的,每个总线回路上可方便地挂接各类编址单元,最多达 128 个,因此,系统能挂接总数不超过 1024 个编址单元,总线距离可达 1500m。

主控部分接受和处理来自巡检回路控制部分的故障和报警信息,并分别给出火警和故障的声光报警信号,显示报警和故障的具体部位(楼层号、房间号……),点亮告警指示灯,启动音响报警,并由“消音”、“自检”、“暂停显示”、“故障隔离”、“复位”、“确认”等功能,使本系统报警和故障处理功能十分完善。主控部分还具备现场编址能力,通过键盘可输入系统配置和时钟校对,使系统能适应各种不同的应用场合。

通信部分有三个串行通信口,分别来自8031的串行口和可编程通信接口8251,作为区域控制器时,只用两个串行口。一个用于和集中控制器通信,另一个和楼层显示器通信。最后一个用于和图形显示终端(消防中心)通信。通信传输方式采用RS232C接口。在本部分还控制微型打印机输出。在火警和故障出现时,能自动打印其发生部位和事件作为拷贝。在平时,还能随时打印系统配置表以供检查。

系统中的CPU选用Intel公司的80C31芯片。它是我们熟悉的一种低价格、高性能的8位单片微机,内部包含8位CPU,16线并行I/O口,128字节的数据存储器、一个全双工串行I//O口,可寻址外部程序存储器和数据存储器各64K字节。

在系统控制中我们大量运用了中断技术。下面先简单介绍8031单片机系统的中断处理过程基本系统中的中断连接。

8031单片机提供5个中断源,有两级优先级,同级中断则按优先顺序查询。每个中断源都可以通过对中断优先级寄存器IP中的相应位设置为高(1)或低(0)优先级。8031单片机中断向量表见表3-24。

8031单片机中断向量表 **表3-24**

中　断　源	中断向量地址	优先级(高→低)
外部中断INTO	0003H	↓
定时器0溢出中断	000BH	
外部中断INT1	0013H	
定时器1溢出中断	001BH	
串行口中断	0023H	

由于本系统属于较复杂的测量与控制系统，有众多的外部中断源要求服务，而8031单片机只有两个外部中断源，不能同时容纳多种信息，因而出现了中断系统需要扩展的问题。解决中断系统局限性常用的方法是在片外接硬件电路。电路中主要器件一般选用美国Intel公司生产的可编程中断控制器芯片8259。8259的中断操作功能很强，包括中断的请求、屏蔽、结束、排队、级连，以及提供类型号等操作，我们熟悉8259的结构和工作原理，现在可进一步掌握它在系统中的使用方法。

在本系统中，我们用8259扩展主控CPU的外部中断0。

扩展后的8031单片机中断系统具有以下特点：

(1) 由于8259是一种可用软件编程的器件，用它来扩展中断源时，线路简单，只需很少的外围芯片与之配合，因而硬件结构十分紧凑，大大增强了系统可靠性。

(2) 硬件功能和软件功能相互支持协调，可以使系统运行于多种工作方式，为软件设计和调试带来了很大的灵活性。

2. 主控模块

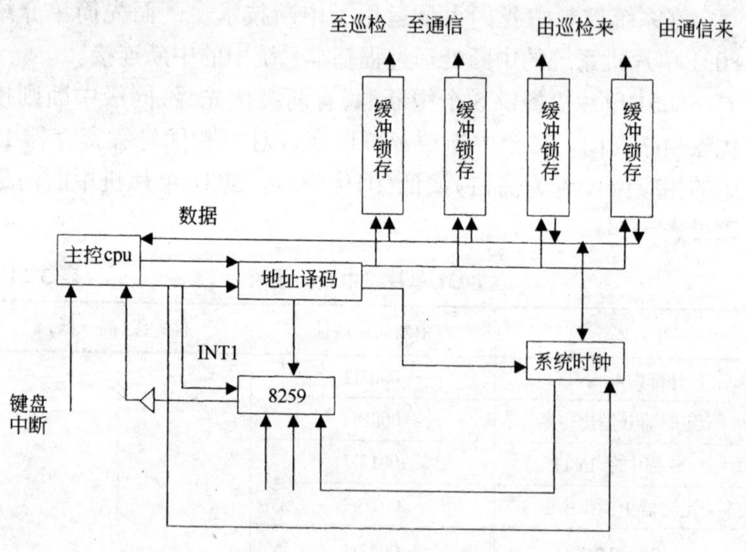

图3-41　主控模块框图

主控模块的方框图见图 3-41。

图中译码电路主要由 GAL 芯片实现。系统时钟我们采用 Motorola 公司生产的 MC146818 实时日历/时钟芯片。MC146818 芯片内部由专门的接口电路,该电路降低了芯片的时序要求,使之与各微处理器的接口大为简化。

MC146818 可产生秒、分、时、星期、日、月、年等七个时标。程序能通过读写获得和修改这些时标,并能编程任意设定产生时隔为 30.517us 至一天的中断申请。它可提供 100 年日历,可广泛用于需要实时时钟/日历的测量仪器和各种微处理器提供精确的日历/时钟。它的主要特点是:

(1) 带有 14 个寄存器和 50byte 供用户使用的静态 RAM,微处理器可以通过读 MC146818 的内部时标寄存器得到时间和日历,也通过写初始化芯片内容。10 个时标寄存器可以选择二进制码或 BCD 码表示;50byte 静态 RAM 可供用户使用,在主机掉电时保存一些重要数据。MC146818 片内地址分配如图 3-3 所示。

(2) 可选择三种时钟频率 4.194304MHZ、1.08576MHZ 和 32.768KHZ。我们在系统中采用 32.768KHZ,此频率的选择由寄存器 A 控制。

(3) 时标可选择二进制或 BCD 码表示。

(4) 可编程方波输出。

(5) 独立的可编程中断:每天的报警中断;从 1 次/秒至 1 次/天;周期中断(周期从 30.5μs 至 500ms);更新周期中断。本系统需要 1s 显示一次跳动时钟,故采用 1s 中断一次的更新周期中断。

MC146818 的地址分配见表 3-25。

MC146818 处于正常工作状态时,每秒产生一个更新周期,更新周期的基本功能是秒时标寄存器内容加 1,同时检查是否有溢出,如有溢出则相应位进位,并自动辨认月、年的结束。其另一功能是检查 3 个报警时标寄存器的内容是否与相应的时标寄存器内容相符,若相符则 AE 位置“1”。

MC146818 的地址分配 　　　　**表 3-25**

地址范围		地址	内容
		0	秒
		1	秒报警
		2	分
0	00H	3	分报警
	0DH	4	时
		5	时报警
13	0EH	6	星期
		7	日
		8	月
		9	年
63	3FH	10	A 寄存器
		11	B 寄存器
		12	C 寄存器
		13	D 寄存器

在更新周期内读时标寄存器将得到不确定数据，可以用下面两种方法来获得有效数据：

1．利用更新周期结束发出的中断。MC146818 专设一项功能，可以编程允许在每次更新周期结束后产生中断申请，提醒微处理器可由 998ms 的时间去获取有效的数据，程序可先将时标数据读到芯片内部的静态 RAM 中，因为芯片内部的静态 RAM 和状态寄存器是随时可读写的。在离开中断服务子程序前应清除寄存器 C 中的 IRQF 位。

2．利用寄存器 A 中的 UIP 位来指示芯片是否处于更新周期。当检测到 UIP 为低电平时，则用户至少有 244μs 时间去获取信息。

在我们的程序中，就是采用读 A 寄存器内容的方法来判断能否修改时间的。

（1）地址空间与内存分配

8031 单片机可寻址的存储器空间为 64KB。在我们的系统

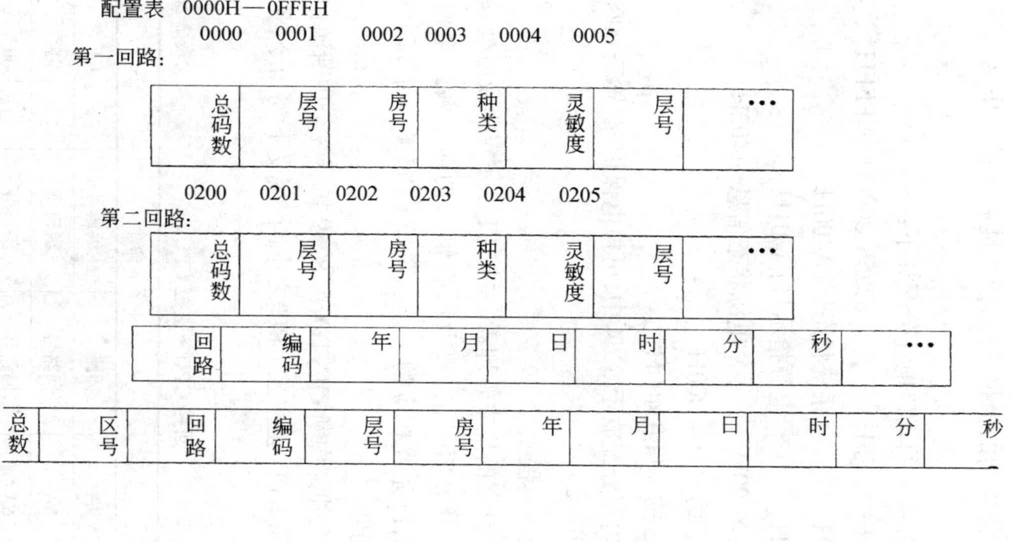

图 3-42 主控CPU内存分配

中,采用 EPROM27256 作为程序存储器,RAM62256 作为数据存储器。另外,主控 CPU 配有一片由蓄电池供配的 6264,用于存储编码信息及已经接受到的警报信息,使之能在系统掉电情况下不会丢失。

主控 CPU 各部分的入口地址分配如下:

6264:0000H—1FFFH　　62256:2000H—9FFFH

8259:A800H　　系统状态灯:A400H

8279:A000H　　电源指示灯:A401H

MC146818:AC00H　　电源状态信息:A402H

与回路 CPU 的并口:C000H

与通信 CPU 的并口:C400H

区域 CPU 内存分配放于 6264 中,可掉电保护(配置表 0000H－OFFFH),见图 3-42。

(2) 程序处理流程

作为整个控制器的集中管理者,主控 CPU 不仅需及时处理接收到的故障、火警等信息,也要及时将输入的命令转发至回路 CPU、通信 CPU,以完成相应的工作。主控 CPU 响应下列中断,其优先级从高到低。

主控 CPU 之外部中断 OINTO,由 8259 扩展 3 个中断源:

① IR0:回路 CPU 至主控 CPU 之中断,接受下列命令,见表 3-26。

回路 CPU→主控 CPU　　**表 3-26**

消息类型	4 字节命令			
火　警	9A	回路号	编码号	OF
故　障	6A	回路号	编码号	FF
故障消除	6A	回路号	编码号	00
零点保存	F5	回路号	编码号	零点值

中断处理程序首先把四字节信息读入存储区,判断信息类型,在响应地调用故障处理子程序,火灾处理子程序或存放零点子程

序，完成对区控CPU内存分配区的相应修改。

②IR1：通信CPU至主控CPU之中断，完成对集控复位命令的处理。受到"FA"复位命令，等待Watchdog复位。

③IR2：MC146818秒中断，根据系统状态分别显示火警、故障时间，并循环显示。系统状态见表3-27。

系统状态图 **表3-27**

时间态	空闲台80H，数字台81H
配置态	空闲台00H，数字台01H， 回路已设置台02H，编码已设置态03H， 层号已设置台04H，房号已设置态05H， 种类已设置台06H
故障态	07H
火警态	08H

如果处于火警态，则显示火警个数、发生部位与首次火警时间；故障态，显示故障总数、部位及时间；否则只需要显示时间。

定时器0中断子程序TIME－INT0，完成产生火警巡检灯，故障巡检灯交替显示时序的功能。

定时器1中断子程序TIME－INT1，完成采集电源监控信号、充电断路信号的功能。只有连续八次采集到的信号均为断路信号，才判为断路。

外部中断1 INT1子程序，键盘中断，接收来自键盘输入的命令并作相应处理。键盘中断包括打印键处理、自检键处理、配置设置（增加或删除）处理、消声键处理、确认键处理、复位键处理等。

由于上述中断子程序已完成了主控CPU的基本功能，主控CPU之主程序主要完成开机后的初始化工作，然后进入主程序的大循环部分，随时等待执行中断处理。在初始化工作里完成了：8259、8279、RAM、MC146818等器件及寄存器的初始化，配置表传送给回路CPU与通信CPU，并设置中断允许、中断优先级等。主程序之大循环部分主要做下列工作：面板灯位的处理及显示，火灾、故障的记录即将响应信息通知通信 CPU,复位键、自检键的处理等。判断的优先级依次是火警、部位故障、电源故障。

3. 通信模块

系统中采用通用同步/以不全双工收发器 8251,它可由 CPU 编程而采用目前常用的任何一种串行数据传输技术工作。8251 接收来自 CPU 的并行数据字符,然后将其转换为连续的串行数据发送出去,也可接收串行数据流,并将其转换为并行数据字符提供给 CPU。每当 8251 能接收要发送出去的新字符,或已接收了可提供给 CPU 的一个新字符时,都会向 CPU 发出信号;CPU 也可在任何时候读出 8251 全部状态,因此,8251 与 CPU 的联络可采用中断方式,也可采用查询方式。同步传送时可传送 5~8 位的字符,由内部或外部字符同步,可自动扫入同步字符,波特率为 0~64K 波特;异步传送可传送 5～8 位字符,波特率为 0～19.2K 波特。我们选用的是中断方式,异步传送。

(1) 控制字和状态字

工作命令控制字,为

EH	IR	RTS	ER	SBRK	RxE	DTR	TxEN

其中:

ER—外部搜索方式

IR—内部复位

RTS—请求发送

ER—错误标志符位

SBRK—发送断点字符

DTR—是引脚 DTR 输出 0

TxEN—发送允许

(2) 状态字,为

DSR	SYN	FE	OE	PE	TxE	RxRDY	TxRDY

(3) 初始化的程序

因为方式字和命令字都无特征标志位，且都是送到统一命令口地址，在向 8251 写入方式字和命令字时需要按一定顺序，即：复位--->〉 方式字—〉〉命令字 1 --->〉命令字 2...，程序中 8251 的口地址是 9400H，采用异步方式 9600 波特率，8 数据位 1 停止位，无奇/偶校验，波特率因子为 16。初始化的程序为

```
MOV DX,9400H
MOV AL,40H          ;复位
OUT DX,AL
NOP
MOV AL,04EH         ;方式字
OUT DX,AL
MOV AL,37H          ;命令字 RTS ER TxE DTR TxE 置位
MOV DX,AL
```

两处 EIA/TTL 电平变换分别采用 ICI232 芯片实现与微机的 RS232 接口，采用 MC3486/MC3487 实现集控与区控的 RS422 接口

通信 CPU 各部分的入口地址分配如下：

62256：　0000H---7FFFH

8251：　9400H

8253：　9800H

与主控 CPU 的并口：　8000H

通信 CPU 的内存分配与主控 CPU 的相同。

对于区域控制而言，通信 CPU 完成与集中控制器的信息交换，区域控制器接受集中控制器的查询，向集中控制器汇报本服务区的情况。对于集中控制器而言，不但要完成本控制器所管辖范围内的火警信息的收集，还要和大厦的消防中心或信息控制中心通信，以便切入到集成系统中。交互的信息有配置信息、历史火警信息以及现场的故障和火警信息。集中控制器和区域控制器自身均带微型打印机，当主控 CPU 接收键盘输入要求打印时，输入的命令传给通信 CPU，由通信 CPU 将存储区的内容输出到微型打

印机进行打印。

通信 CPU 的主程序,在开始执行时初始化,从主控 CPU 读区配置表和历史火警信息,放入自己的存储区,并设置接收主控 CPU 信息缓冲指针和接收区控信息缓冲指针。通信是通过两个中断源实现的。在 INT0 中断处理子程序中处理来自主控 CPU 的信息。对于集中控制器,在 INT1 中断处理子程序中处理来自图示中心的信息,对于区域控制器,在 SIO 中断中处理来自集中控制器的信息。

4. 巡检回路控制模块

巡检回路控制模块中,回路 CPU 各部分的入口地址分别如下:62256 的地址变化范围是 0000H---7FFFH 与主控 CPU 的并口:A000H

回路 1 至回路 8: 8000H,8400H,8800H...9C00H

回路 CPU 的主程序在执行开始初始化主控 CPU 出读入配置表,其主程序大循环部分主要进行从配置表中轮流读入已装载的配置地址,并依次发信号接收反馈信号查询。由于采用轮询方式,且作为火灾报警系统必须具有实效性,即在最短时间内发现火情报告给 CPU,故轮询采用八回路同时发码查询的方式。

(二) 目前的火灾自动报警与消防控制系统

火灾自动报警系统(简称消防系统)中的探测器根据其逻辑电路的设计,目前可分为“开关量”和“模拟量”两种。

采用开关电路原理的火灾探测器(或称传统式火灾探测器),火灾报警信号由各个探测器发出。每个探测器都有自己的报警阈值(如一、二、三级等)。环境的变化达到设定阈值时,开关电路动作,发出火灾报警信号。控制器收到此信号后进行确认,发出声光报警并显示报警部位。这种系统工作原理相对简单、造价较低,但存在先天性缺陷,如固定的报警阈值不能随着自然环境的变化而自动调整,遇高温、潮湿环境时误报率增高,用户无法掌握探测器技术状态的变化即环境适应能力差。为了解决“开关量”存在的问题,应运而生的是模拟量火灾探测器。

模拟量火灾自动报警系统，探测器无报警阈值。探测器把检测到的烟雾密度或温度转化成数据，传输给控制器。控制器分析、处理存贮在计算机内的由探测器发回的烟量或热量发展状态的大量数据，根据烟雾的浓度、烟雾浓度的变化量、烟雾浓度的变化速率等判定是否发出相应的信号(如预报警信号、火灾报警信号及故障信号等)。因此，火灾发生时，值班人员不仅能及时得知火灾的发生，而且能指出其准确的位置和报警前后的火灾蔓延情况。模拟量火灾探测器可设置成不同的灵敏度等级以适应不同的监测点和环境的需要。

一般来说环境的变化速率是缓慢的，而火灾发生时，无论是物理的还是化学的变化速率是急剧的。换言之，也就是火灾时发生的变化要比环境自然的变化快得多，因此火灾报警控制器内的计算机，根据环境的自然变化，自动调整监视灵敏度，对自然变化进行补偿，这一点是常规的火灾报警系统不可比拟的。

报警分为"预备报警"与"火灾报警"两个阶段。环境变化达到一定程度(根据消防规范与实验决定)发出"预警"。如烟浓度或温度不再发展就停止报警，要是继续发展达到一定程度，变化速率高，就转入"火警"。

随时检查每个探测器的地址、状态和所处环境变化。

如上所述，模拟量火灾自动报警系统能够大大降低环境温度、湿度等因素的干扰，大大提高了系统的可靠性与稳定性，降低了误报率，方便使用，降低维修成本。

1. 消防系统的器件和装置

消防系统的器件主要有探测器、接口部件、各种喷头。消防系统的主要装置有：报警及联动控制器、通风、空调、防排烟设备、电动防火阀控制系统、火灾事故广播与警报系统、灭火控制系统及防火卷帘门、防火门控制系统等。

(1) 探测器

1) 二总线模拟量超薄离子感烟探测器

这种探测器是烟雾传感器，它周期地把所检测到的烟雾浓度信息转换成数字传送到火灾报警控制器,火灾报警控制器搜集并将数据存贮在存贮器内。火灾的判断不是由探测器用简单的门限比较方法实现的,而是由计算机进行复杂的计算分析处理存贮在存贮器内的烟浓度数据,根据烟雾的浓度、烟雾浓度的变化量、烟雾浓度的变化速率等判定火灾。因此有效地减少了由于环境干扰所产生的影响,大大降低误报率,提高了系统的可靠性与稳定性。

探测器内含编码电路,编码电路直接安装于探测器内,探测器本身可直接编码。

火灾报警控制器访问某一个探测器时,光发出一系列地址脉冲与控制脉冲;如果探测器内的编码电路接收到的地址码和事先设定的探测器号码相符时探测器响应,把所检测到的烟雾浓度转换成数字,以脉冲形式发送到火灾报警控制器。由于探测器内的编码电路具有一定的纠错能力及脉冲传输方法,不仅大大提高了编码可靠性,而且有效地消除了总线电流和总线电压所带来的干扰。

2）二总线模拟量超薄电子感温火灾探测器

这种探测器是一种温度传感器,它周期地把所检测到的温度信息转换成数字传送到火灾报警控制器,火灾报警控制器内的计算机分析、处理搜集并存贮在存贮器内的温度数据,根据温度和温度变化速率判断出火灾,大幅度提高了系统的可靠性与稳定性。

这种探测器也内含编码电路,编码电路直接安装于探测器内,探测器本身可直接编码。

当火灾报警控制器防问某一个探测器时,光发出一系列地址脉冲与控制脉冲,如果探测器内的编码电路接收到的地址码与事先设定的探测器号码相符时探测器响应,把所检测到的温度物理量转换成数字,以脉冲形式发送到火灾报警控制器。由于探测器内的编码集成电路具有一定的纠错能力,和采用了脉冲传输方法,不仅大大提高了编码可靠性,而且有效地消除了总线电流和总线电压所带来的干扰。

3）其他感烟探测器

目前市场上还有模拟量光电感烟探测器、智能光电感烟探测器(表面贴装结合单片计算机技术,有智能化特点)及智能离子感烟探测器。

4) 其他感温探测器

目前市场上还有模拟量定温感温探测器、模拟量电子差定温感温探测器、智能定温感温探测器,以及智能电子差定温感温探测器。

(2) 接口部件

1) 手动报警按钮

拔插式结构设计,压下后可手动恢复,安装方便可靠。

2) 编码消火栓报警按钮

设有泵运行指示灯,压下后可手动恢复。

3) 编码输入模块

拔插式结构设计,可直接用于连接各类无源触点信号。

4) 编码输入/输出模块

完成对设备的控制,实现对被控设备动作确认。

5) 扩流(转换)模块

用于实现对大容量触点的转换控制。

6) 总线隔离器

采用自恢复型设计,线路修复后自动重新工作。

7) 编码消防电话插孔模块

可直接安装消防电话分机,实现总线制消防电话通讯。

8) 编码消防广播模块

具有消防广播及正常广播输入端子,方便实现广播切换功能。

9) 编码二输入/二输出模块

完成对设备启、停的双动作控制,特别适合于控制疏散通道上的防火卷帘门。

10) 其他开关及接口器件等

下面对有关开关、接口器件及显示器等作进一步说明:

① 二总线手动报警器

手动报警器安装于公共场所，人工确认火灾后手动操作，向消防控制室发出火灾报警信号(它相当于一个火灾探测器)。

这种报警器可接到探测器总线上，也可接到专用总线(如人工报警总线)上，不分极性，占用一个地址号。

手动报警器的编码可由其内部的二进制地址编码开关进行现场编程。手动推进玻璃片后，内部开关动作，把火警信号传输到火灾报警控制器或人工报警控制器等。

② 二总线消火栓报警开关

消火栓报警开关安装于消火栓箱内，当发生火灾而动用消火栓灭火时，手动操作向消防控制室发出火灾报警信号，同时启动有关消防设备。

这种开关可接到探测器总线上，也可接到人工报警总线上，不分极性。

消火栓报警开关的编码可由其内部的二进制地址编码开关进行现场编程。手动推进玻璃片后，内部开关动作，把火警信号传输到火灾报警控制器或人工报警控制器等。有一组常开接点可接现场报警设备，并具有信号灯接口，把所有消火栓报警开关的信号灯全部并联，接到消防泵启动设备的常开接点，消防泵一启动信号灯全亮。

③ 常规探测器接口

这种接口是用于接收各种常规探测器的开关量信号，如常规感烟探测器、常规感温探测器、煤气探测器等器件的开关量信号，该接口是把常规探测器的警戒、故障、报警信号转换成串行码，并通过探测器总线传输到报警器中，起到报警或控制的目的。

④ 红外光束探测器接口

这种接口是接红外光束探测器的专用接口，可接收红外光束探测器的警戒、故障、报警等信号，并通过探测器总线传输到报警器中，起到极警或控制的目的。

⑤ 短路隔离器

短路隔离器内有电子开关，用于与总线接通或断开；还有短路监测电路。在系统内,部分发生短路时,它将发生短路的部分与总线隔离,保证其他部分正常工作。

⑥ 重复显示器

当用一台报警控制器警戒数个楼层或防火分区时,设置在每个楼层或防火分区代区域报警器使用。

重复显示器采用 HCMOS 集成电路,体积小、稳定性能好。可直接连接在探测器总线上(占用一个地址号),要求单独供电。显示号码可现场编程。

(3) 水喷淋器件

水喷淋器件采用感温玻璃球,具有良好的反应性能和可靠性,要求各类喷头造型美观,具有良好的装饰效果。玻璃球反应温度规格较多,如 59℃、68℃、79℃、93℃、141℃、182℃等。常用的喷头型号有:ZSTZ15 型直立式喷头、ZSTP15 型普通式喷头(Ⅰ)、ZSTP15 型普通式喷头(Ⅱ)、ZSTX15 型下垂式喷头、ZSTB 型边墙式喷头(Ⅰ)、ZSTB15 型边墙式喷头(Ⅱ)。

2. 火灾自动报警控制器

火灾自动报警控制器是消防系统的关键设备,种类繁多,功能各异,接线方式也各不相同。

火灾报警控制器按其用途可分为区域火灾报警控制器、集中火灾报警控制器和通用火灾报警控制器。按其容量可分为单路火灾报警控制器和多路火灾报警控制器。按其使用环境可分为陆用型火灾报警控制器和船用型火灾报警控制器。按其结构可分为壁挂式火灾报警控制器、柜式火灾报警控制器和台式火灾报警控制器。按其防爆性能可分为防爆型火灾报警控制器和非防爆型火灾报警控制器等。

火灾自动报警系统按其接线方式分为辐射式火灾自动报警系统、总线式火灾自动报警系统、链式火灾自动报警系统等。区域报警装置按其功能分为区域报警显示装置和区域报警控制装置两大类。火灾自动报警控制器的功能有显示功能、测试功能和联动功能等。

典型的控制器产品很多，国产化程度很高，特别是近几年国产化进程非常快。如 JB—QB—100—Ⅲ型二总线模拟量火灾自动报警控制器、JB—TB—2000—ZN905 型二总线模拟量通用火灾自动报警控制器等是国产化的产品，而且许多产品具有系统容量大，大屏幕液晶显示、现场编程、接口与 PC 机连接、打印、语言报警、对讲、自动拨打 119、采用总线连接等特点。

（1）JB—QB—100—Ⅲ型二总线模拟量火灾自动报警控制器

火灾监控系统构成原理框图见图 3-43。

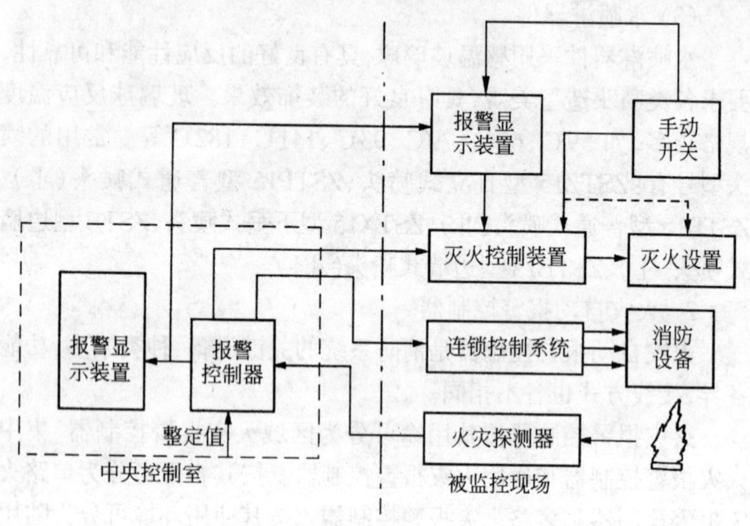

图 3-43　火灾监控系统构成原理框图

由 JB—QB—100—Ⅲ型二总线模拟量火灾自动报警控制器单独组成报警系统时的接线图见图 3-44。

这种火灾自动报警控制器的功能有：

① 火灾报警、故障报警、记忆、显示、音响、火警优先等功能由计算机来完成。

② 软件陷阱：计算机系统难免受到干扰，程序流向受影响而发生误动作。为此控制器设置了软件陷阱，当程序工作不正常时，

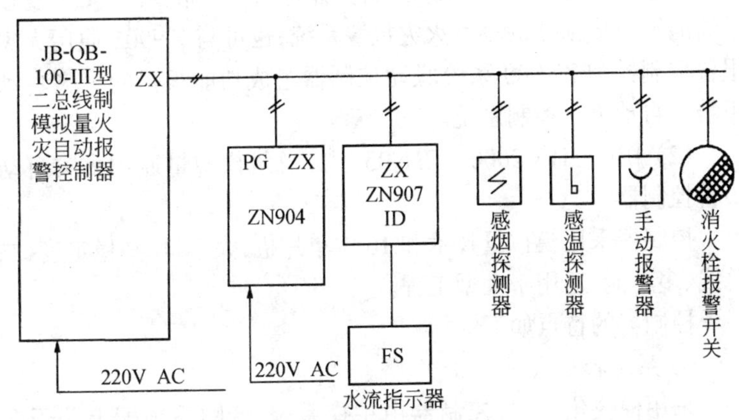

图 3-44 由 JB-QB-100-Ⅲ型二总线模拟量火灾自动报警控制器单独组成报警系统时的接线图

迫使计算机复位再进入正常工作状态,提高了系统的可靠性。

③ 编址:控制器内有 6 位拨动开关。由一台集中控制器和几台区域控制器形成区域集中火灾报警控制系统时,用此编码开关设定每个区域控制器的号码(采用二进制)。

④ 自检:对本身进行自行检查,检查线路、功能、探测器号和探测器发回的数据等。

⑤ 探测器的登记:开机时对总线进行扫描,判断已接于总线上的探测器号、灵敏度等级等信息,并存入内存中,登记结束后进入监视状态。对未登记的探测器不予理睬。采取重新登记的方法切除出故障或不需要的探测器号(重新开机或使用登记键)。

⑥ 语音报警与对讲:控制器与集中控制器配套使用,可实现对火灾地点的语言报警。并在火警状态下与集中控制器进行对讲,无须拿起听筒或话筒。

⑦ 模拟火警:机内有模拟键,按此键就报 00 号探测器的火警,这一功能可用于系统的调试与试机。

JB-QB-100-Ⅲ型火灾自动报警控制器是微机化的二总线模拟量火灾自动报警控制器,工作稳定可靠,误报率很低。该机的单台容量是98个地址编码点,配合各种探测器和ZN904重复显示器能够组成独立的小型火灾报警系统,也可与ZN905通用火灾报警控制器和ZN900系统联动控制器组成功能很强的火灾自动报警与自动灭火控制系统。

(2) JB-TB-2000-ZN905型二总线模拟量通用火灾自动报警控制器

控制器采用模拟量技术和16位单片机,大容量、高稳定度、二总线、多功能,适用于大型工程。

控制器的特点如下:

① 系统容量大

采用模块化结构,控制器由主控系统、音响系统配上若干台ZN925探测器驱动板和电源系统所组成。每台ZN925探测器驱动板拥有四条二总线接口,每条总线可接100只(各占一个地址)模拟量探测器和其他设备,总共400个地址编码点。一台控制器最多可带动5台ZN925探测器驱动板,机内最大容量为20路,最多可接2000只探测器(2000个地址编码点)。

控制器同时可带40台区域控制器或中继器,每台区域控制器或中继器可连接99只探测器,组成区域集中火灾报警控制系统。该系统最多能形成具有6000个监控点的火灾监控网络。

控制器还可控制九台联动控制器,每台联动控制器可控制96个地址编码点的输入输出模块,总共可控制864只输入输出模块。

② 采用大屏幕液晶显示器

除了满足国家标准要求外,还能显示其他有关信息和技术数据:例如显示出首次发出报警点的火警发展曲线和数据、系统连接的有效探测器的地址号码与显示号码、探测器的类型、灵敏度等级、探测器发回的数据、联动表的内容等信息。

③ 现场编程

控制器具有区域联动表的探测器联动表。区域联动表是当某区域发生火灾时所要动作的一组输入输出模块号,探测器联动表是当某区域的某些探测器以某种逻辑关系启动所需联动设备的一组逻辑关系式。这两种联动表用于编制联动控制程序。在调试时,根据工程的具体设计要求,输入和修改区域联动表的输入输出模块号和探测器联动逻辑方程,实现各种各样的联动控制功能。

当某区发生火灾时,主机根据区域联动表发出指令,使该区的区域联动表所指定的所有输入输出模块全部动作,分别启动相关的各联动设备。与此同时,主机检查该区探测器联动表的逻辑关系式的满足与否。当探测器的"逻辑与"或"逻辑或"逻辑关系式满足时,启动有关的联动设备。这两种联动控制方式非常灵活,可做到任一探测器启动任意联动设备。

④ 显示现实部位

用控制器组成的系统的每个探测器具有物理地址和显示地址。物理地址是由总线号和探测器号所组成的真实地址,显示地址是所要显示的房间号码。例如 5 楼 11 号房间安装的是 2 号机器的 32 号探测器,其物理地址为 0232,显示地址可为 0511,在控制器显示火警、预警或故障时,就显示出 0511 号。这种功能的编辑,可以根据具体工程要求可在现场直接编程。

⑤ 通过 RS232 接口与 PC 机衔接,用 CRT 显示所需各种图案,例如:建筑物的平面图、框图、模拟图等。

⑥ 控制器具备打印、语言报警、对讲、自动拨 119 电话等其他功能。

⑦ 控制器与探测器、区域控制器、各种联动控制装置之间采用总线连接。

3. 消防联动控制系统

(1) ZN906 系列输入输出模块

ZN906 系列输入输出模块可设置在楼层或防火分区,用于控制消防联动设备和向消防控制中心返回联动设备动与否的信息。是联动控制器与被控制设备间的桥梁。

1) ZN906 系列输入输出模块的特点

① ZN906 系列输入输出模块通过联动控制总线接受各种联动控制器的控制。模块内含编码电路,用模块中的二进制地址编

码开关可进行现场编码。

② 每个输入输出模块提供一对常闭或一对常开触点(触点容量为200V5A)。

③ ZN906X系列输入输出模块所需反馈信号为开关信号。一旦发生火警而被控联动设备动作时,被控联动设备中的常开输出触点闭合。ZN906X模块将该开关信号转换成串行码,再通过联动控制总线进入相应的联动控制器,在联动控制器上显示被联动设备动作与否的信息。

④ 联动控制总线与模块的24V电源不共地。

⑤ 联动控制总线接口不分极性。

2)系列模块拥有不同品种的输入输出模块

用于不同的场合,其特性和用途如下:

① ZN906A:保持状态输入输出模块

ZN906A保持状态输入输出模块接收接通指令而接通之后一直保持接通状态,当接收关断命令,它又一直保持关断状态。它是双向设备,能把被控设备的动作信号反馈到消防控制中心的联动控制设备。这种输入输出模块可用于控制一直需要由控制信号来保持其动作状态且把被控设备的动作信号反馈到消防控制中心的外部设备。

② ZN906C:延时断开输入输出模块

ZN906C延时断开输入输出模块在接收到接通命令接通3s之后关断,它也是双向设备,能把被控设备的动作信号反馈到消防控制中心的联动控制设备。这种输入输出模块可用于控制具有自锁功能而且需要把被控设备的动作信号反馈到消防控制中心的外部设备。

③ ZN906D:自带反馈输出模块

ZN906D自带反馈输出模块接收到接通指令接通后一直保持接通状态,当接收到关断命令后,它又一直保持关断状态。此模块无反馈信号输入,模块内部具有反馈信号产生电路,在模块动作时产生反馈信号,通过总线送到消防控制中心显示模块动作信息。

这种输出模块可用于控制需要由控制信号来保持其动作状态且被控设备不具备动作信号反馈到消防控制中心的外部设备,但必须在消防控制中心显示其动作信号的场合。

④ ZN906E 无反馈信号输出模块

ZN906E 无反馈信号输出模块又叫寄生模块,以其编号在控制总线上寄生于同样编号的模块或在探测器总线上寄生于同样编号的探测器。把 ZN906E 接在联动控制总线时,如果同一条控制总线上的与此模块同号的模块动作时它也跟着动作。同样,把 ZN906E 接在探测器总线上时,如果该总线上的与此模块同号的探测器报警时它也跟着动作。此模块可用于某些不需要反馈信号的联动设备的控制。

(2) ZN907 输入模块

ZN907 输入模块用于接收各种开关量信号,如水流指器、击碎玻璃按钮和继电器输出的防盗报警器等设备输出的开关信号。该模块将警戒、报警信号转换成串行码,并通过专用总线或探测器总线传输到报警器、喷淋控制器、消火栓控制器等控制设备中,以起到报警或控制的目的。

ZN907 输入模块的特点如下:

① 可与普通探测器一样接到探测器总线上、也可接到喷淋报警总线或消火栓控制总线上,该输入模块的地址号码可由模块内的二进制地址编码开关进行现场编程。

② ZN907 输入模块所需信号为常开开关信号。

③ ZN907 的总线不分极性。

但是信号输入端所输入的信号必须是无源开关信号,不允许接入其他电压或电流信号。

(3) ZN910 湿式自动喷淋灭火控制系统

1) ZN910 湿式自动喷淋灭火控制系统的工作原理

安装有水喷淋灭火系统的建筑物,在每层支路管线上均安装有水流指示器,这些水流指示器必须通过输入模块连接到水喷淋二总线上,再通过二总线联接到湿式自动喷淋灭火控制器上。当某层着火，温度升高，并达到一定温度时，闭式喷头感温元件动作喷水，相应的水流指示器动作。其报警信号经二总线输送到控制器上，发出声、光报警，明确指示报警部位。随着管内水压下降，湿式报警阀动作，带动水力警铃报警，同时压力开关动作，给控制器告警信号。控制器在水流指示器和压力开关信号的作用下，启动喷淋泵，自动供水灭火。

2）湿式自动喷淋灭火控制系统的特性

① 水流指示器信号的采集采用二总线。如果需要给水流指示器加上 24V 直流电源。这一电源可由消防控制中心的系统电源提供。

② 设计和布线简单。

③ 水流指示器的状态可由集中控制显示并打印。

④ 采用琴台式机柜，结构紧凑合理。ZN910 可以作为水流指示器的专用监测设备，把水流指示器和压力开关等报警信号传送到 ZN905，由 ZN905 按照事先编好的联动程序根据情况发出指令，ZN917 等联动控制器根据指令分别驱动喷淋泵。这种控制方式很灵活，特别适用于大型工程，也可与喷淋泵控制盘(多线制)一起装在一个机柜，组成湿式自动喷淋控制系统。在喷淋泵控制盘上可以启、停喷淋泵。

3）湿式自动喷淋控制系统的外部配线

湿式自动喷淋控制有两种方法：

① 分散测控方式　水流指示器的动作信号接入其所在防火区的探测器二总线(可以是区域报警控制器的二总线，也可以是 ZN905 的探测器二总线)。报警信号经输入模块 ZN907 变成串行脉冲，经二总线传输到区域报警器或 ZN905。经判断确认后发往集中控制器(如果是大区域 ZN905 可有掉)，再去控制喷淋泵启动(可手动或自动控制)。这种测控方式可节省 ZN910，但响应较慢，大约需 10～15s。

分散测控方式，其布线图见图 3-45。

② 集中测控方式　所有水流指示器经输入模块 ZN907，再通

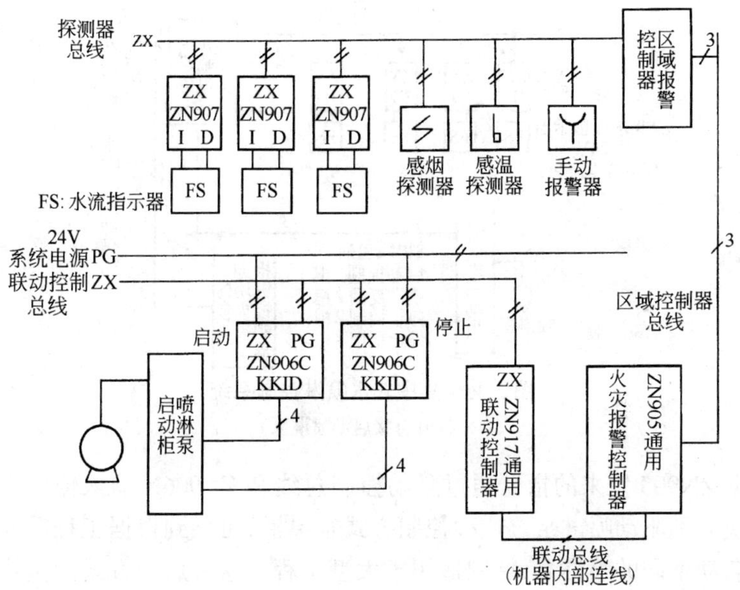

图 3-45 分散式测控系统

注:ZN917 还可控制其他设备。

过专用的信号总线联到水喷淋控制器 ZN910。ZN910 监视所有的水流指示器,一旦报警,即发出启动喷淋泵的指令,同时把报警部位号传送给集中控制器处理。

集中测控方式,其布线图见图 3-46。

③ 喷淋泵的启动方式　在采用集中测控方式时,喷淋泵可由 ZN910 直接启动,也可通过 ZN905 和 ZN917 间接启动。这两种方法各有其特点。

ZN910 直接启动喷淋泵时,响应比较快。但是由于结构的原因根据用户需要只能提供一路多线制(启动 2 根、动作反馈 2 根、停止 2 根、停止反馈 2 根,共 8 根)喷淋泵启动盘。

间接启动时,ZN910 作为水流指示器专用监测设备,把水流指示器和压力开关等报警信号传送到 ZN905,由 ZN905 按照事先编好的联动程序根据情况发出指令,再由 ZN917 等联动控制器根

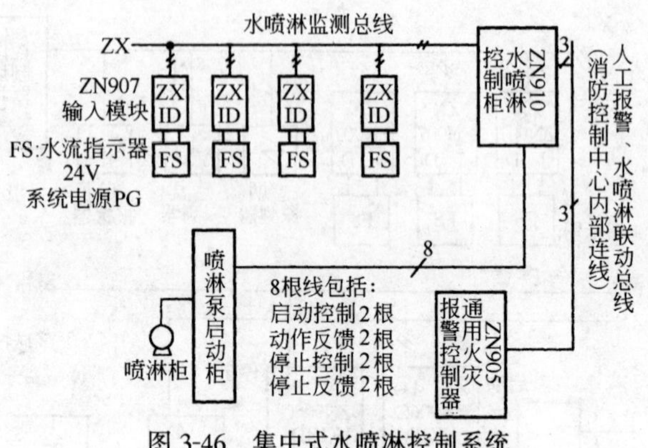

图 3-46 集中式水喷淋控制系统

(ZN910 直接启动喷淋泵)

据 ZN905 发来的指令通过联动控制总线和 ZN906X 输入输出模块分别驱动喷淋泵。这种控制方式很灵活,可做到根据工程需要启动不同的喷淋泵,特别适用于大型工程。这种启动方式的接线图见图 3-47。

(4) ZN911 通风、空调、防排烟设备及电动防火阀控制系统

1) 控制系统的工作原理

当发生火灾时,火灾探测器探测到火警,通过二总线发送给通用火灾报警控制器 ZN905。ZN905 火灾报警控制器查存贮在其内部的事先编好的电子连动表(现场输入的),得出相应的排烟阀或送风阀的编号(输入输出模块号),并向 ZN911 发出指令。ZN911 发出相应的控制脉冲,通过防、排烟控制总线开启或关闭相应的排烟口和送风口。与此同时启动排烟机、送风机。当经过送风口、排烟口的气流达到 280℃时,安装在送风口、排烟口的熔断器熔断,关闭送风口、排烟口。关闭信号通过区域报警控制器送至 ZN905(或 ZN905 直接接收),ZN905 发出相应的指令到 ZN911 防、排烟控制器,关闭相应的排、送风机。同样,在有空调设备时,空调送风管道内的气流温度达到 70℃时,防火熔断器动作,关闭防火阀。此关闭信号送至 ZN905,ZN905 发出相应指令到 ZN911

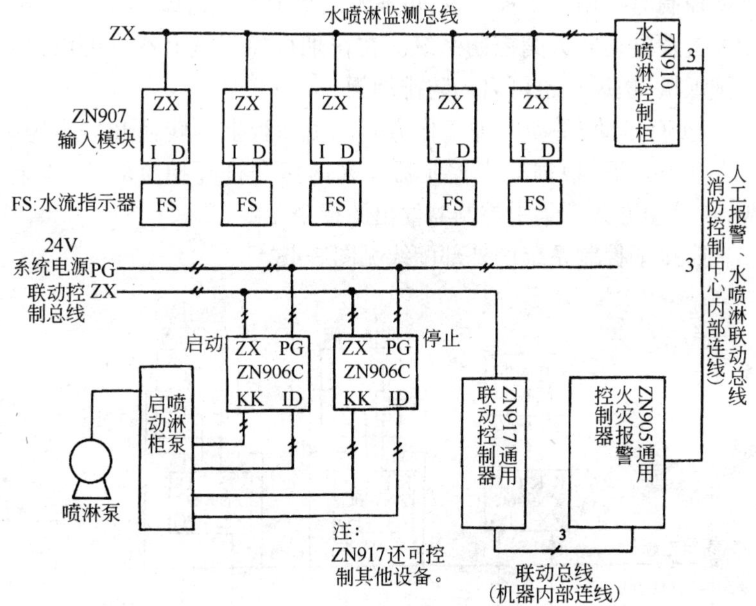

图 3-47 集中式水喷淋系统
(用 ZN917 和输入输出模块控制)

防、排烟控制器,关闭空调机。上述动作也可在 ZN911 上手动操作。送排风机、送排风口、防火阀等运行动作信号均在 ZN911 控制器上显示。

2) 控制系统的主要特性

① 防、排烟阀的控制采用总线输出技术,每个控制点用输入输出模块控制,并通过输入输出模块返回防、排烟阀的动作信息,使得设计与布线大为简化。

② 输入输出模块的地址通过模块内部的二进制编码开关设定,可现场编号。

③ 控制容量大,最多可接 96 个地址的输入输出模块(一个输入输出模块上可并联或串联几个脱扣阀,受一个输入输出模块控制而同时动作)。

④ 采用琴台式机柜,结构紧凑合理。送、排风机控制盘和防、

排烟控制盘共用一个控制盘，可非常灵活地组成通风、空调、防、排烟设备及电动防火阀控制系统。在排烟机控制盘上不仅可以启、停排烟机，送风机也可启动防排烟阀。

⑤ 有自动、手动两种工作方式。由面板上的转换开关设定。在自动方式下，根据集中控制器发来的指令打开相应的防、排烟阀，在手动方式下集中控制器发出的指令无效。

防排烟控制系统的外部配线见图 3-48。

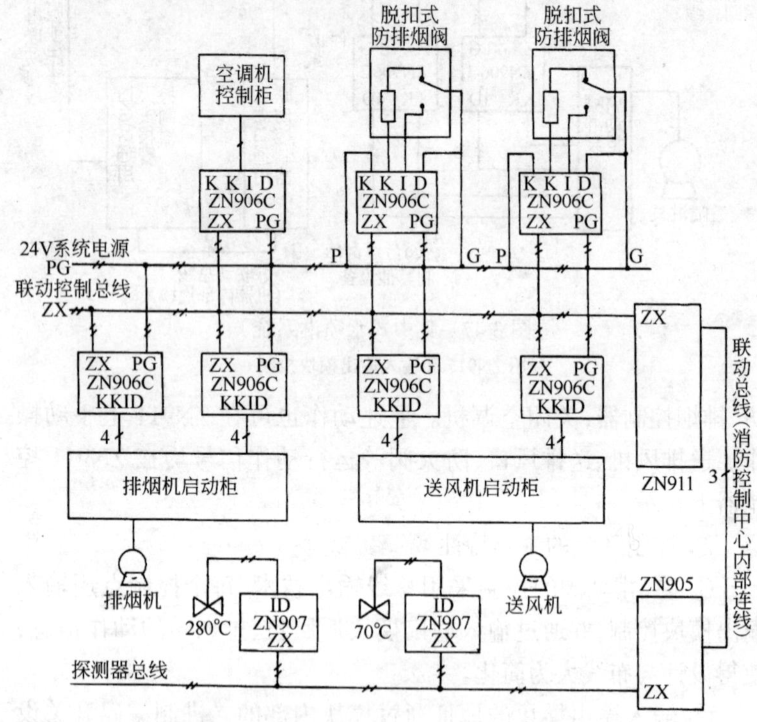

图 3-48　防排烟控制系统的外部配线

注：图中的探测器总线画的是 ZN905 的探测器总线，但也可以是区域控制器的探测器总线。

3）输入输出模块与脱扣式排烟阀、送风阀的连接

一个输入输出模块可控制一个脱扣式送、排烟阀，也可同时控

制几个送、排烟阀。

① 输入输出模块控制多个并联的送、排烟阀

多个送、排烟阀并联的工作方式动作可靠,能动的阀全动作;但动作电流大,是并联防、排烟阀电流之和。返回信号正确并不等于全都动作,只要有一个阀动作正常,就返回动作正常信号,这是这种接法的缺点。考虑到线路压降,并联防、排烟阀最好不要超过6个。

② 多个阀串联动作

这种联接方式动作电流等于一个送、排风阀的工作电流,当全部送、排风阀动作才返回动作正常信号。但是只要有一个阀动作不好,接在其后的阀将不能动作,因此这种接法在采用时要加以注意。

综上所述,一个模块带动一个送、排烟阀最为可靠,但是必然增加所用输入输出模块的数量。因此设计时酌情考虑。

多个送、排烟阀并联的连接方式见图3-49。

多个阀串联的连接方式见图3-50。

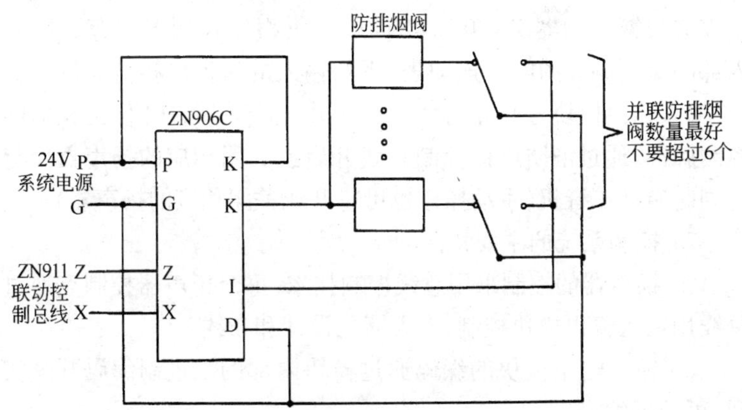

图3-49 输入输出模块与脱扣式排烟阀、送风阀的连接
(输入输出模块控制多个并联的送、排烟阀)

注:在连接防排烟阀时,反馈信号D端必须接地(接G端)。

(5) ZN912火灾事故广播与警报系统

1) 控制系统的工作原理

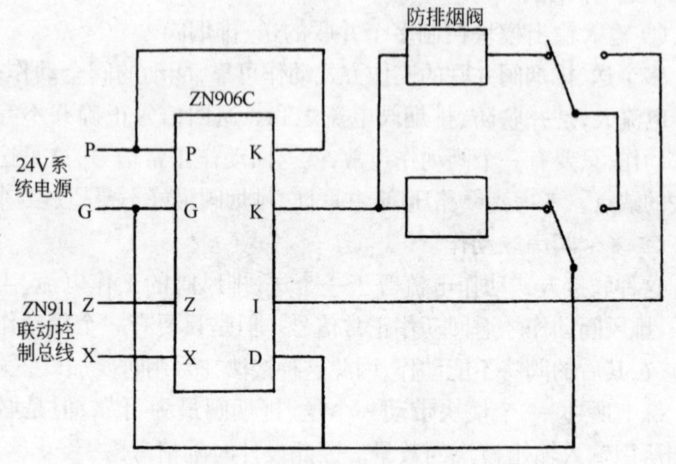

图 3-50　多个阀串联联接方式。

注：在连接防排烟阀时，反馈信号 D 端必须接地（接 G 端）。

当发生火灾时，火灾探测器探测到火警，通过二总线发送给通用火灾报警控制器 ZN905。ZN905 火灾报警控制器查存贮在其内部的事先编好的电子连动表（现场输入的），得出相应的扬声器号（输入输出模块号），并向 ZN912 发出指令。ZN912 发出相应的控制脉冲，通过消防广播控制总线开启或关闭相应的扬声器。与此同时启动扩音机（手动操作也可打开或关闭相应的扬声器）。

2）控制系统的主要特性

① 扬声器的控制采用总线控制技术，每个扬声器控制点通过总线用输入输出模块控制，大大简化设计和布线。

② 输入输出模块的编码通过模块内部的二进制编码开关实现，可现场编号。

③ 控制容量大，最多可接 96 个地址的输入输出模块（一个输入输出模块上可并联或串联几个扬声器，受一个输入输出模块控制而同时动作）。

④ 控制方式有多种控制与交叉控制两种方式，由面板上的开关设定。多路控制指任意开、关扬声器控制输入输出模块。交叉

控制指只要按一个号,可同时打开本层和上、下两个相关层的扬声器输入输出模块,关闭其他扬声器控制输入输出模块。

⑤ 有自动、手动两种工作方式,由面板上的转换开关设定。在自动方式下,根据集中控制器发来的指令打开相应的扬声器控制输入输出模块(在交叉控制方式时,可同时打开本层和上、下两个相关层的扬声器控制输入输出模块,关闭其他扬声器控制输入输出模块)。在手动方式下集中控制器发出的指令无效。

⑥ 采用琴台式机柜,结构紧凑合理。扩音机采用额定输出功率75W或100W。采用120V定电压输出。也可根据用户要求选配。75W或100W的扩音机可装在机内,更大功率的扩音机另行安排。

输入输出模块和扬声器的连接示图见图3-51。

火灾事故广播系统的外部连接示图见图3-52。

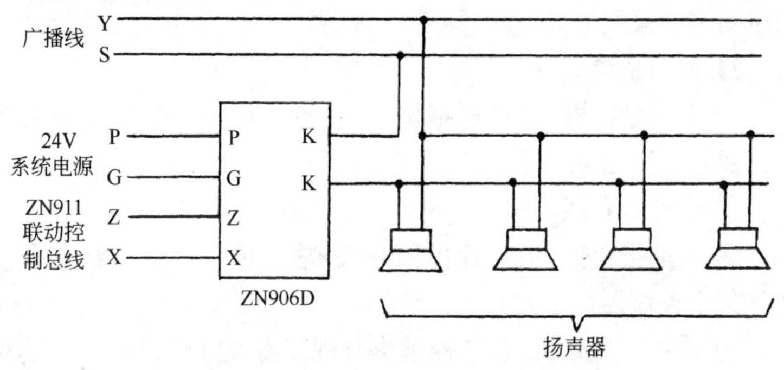

图3-51 输入输出模块和扬声器的连接

(6) ZN913手动火灾报警与水灭火控制系统

1) 控制系统的工作原理

建筑物的每层或每个防火分区都装有手动报警器ZN914,每个消火栓箱都装有消火栓报警开关ZN916,当人发现和确认火警后按手动报警器发出报警信号或按消火栓报警开关启动消防泵时,手动火灾报警与水灭火控制系统用于接收按动手动报警器(ZN914)发出的火灾警信号和按动消火栓报警开关(ZN916)发出

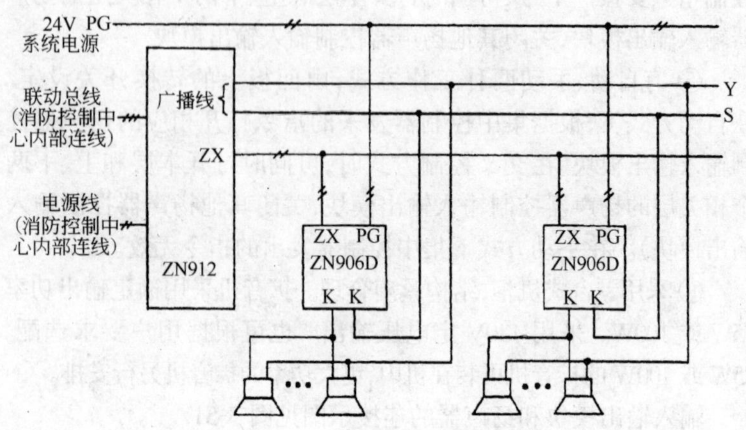

图 3-52 火灾事故广播系统的外部

的启动消防泵信号。

2) 控制系统的特性

① 手动报警器、消火栓报警开关、输入模块的信号采集采用二总线且不分极性。

② 设计和布线简单。

③ 手动报警器、消火栓报警开关、输入模块的动作状态可输送到集中控制器显示并打印。

④ 采用琴台式机柜,结构紧凑合理。ZN913 可以作为手动火灾报警监测设备,把手动报警器、输入模块和消火栓报警开关等的报警号传送到 ZN905,由 ZN905 按照事先编好的联动程序根据情况发出指令,再由 ZN917 等联动控制器根据指令分别驱动消防泵。这种控制方式很灵活,特别适用于大型工程。如果需要也可与消防泵控制盘(多线制)一起装在一个机柜,组成人工报警系统,在消防泵控制盘上可以启、停消防泵。

3) 实现功能的途径和外部配线

① 集中处理和间接启动方式

把手动报警器(ZN914)、输入模块(ZN907),用来接受消火栓箱击碎玻璃按钮信号、消火栓报警开关(ZN916)等接在手动火灾报警控制器的探测总线上,火警信号由手动火灾报警控制器接受和确认后把火警信号与火警部位发送给集中控制器显示和打印。集中控制器接受手动火警信号之后按照事先编好的联动程序(现场可编程)得出消防要求所需的设备号(输入输出模块号),发出指令启动所需的消防泵和其他设备。这种方式非常灵活,如果一个工程有几处消防泵站,可根据消防工程需要启动不同的消防泵和其他设备。

由于采用专用二总线连接所有手动报警器和消火栓报警开关(如果消火栓箱里已有消火栓击碎玻璃按钮可用输入模块输入),设计与布线大为简化,而且有利于现场编制联动程序,特别适用于大型工程。

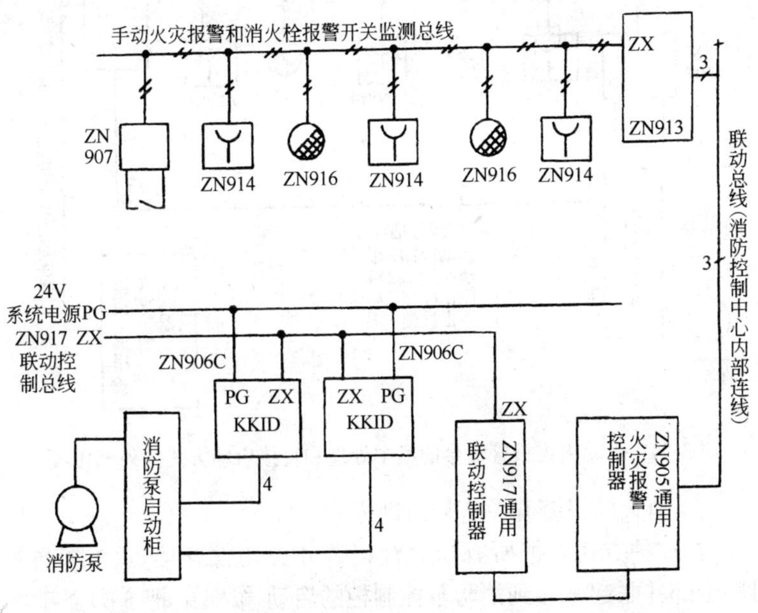

图 3-53 实现功能的途径和外部配线(集中处理和间接启动方式)

注:这种方式用一条二总线连接所有手动报警器和消火栓报警开关并统一编号,总容量为98,可用手动报警器或消火栓报警开关内部的编码开关设定其号码。

采用输入模块输入，实现功能的途径及外部配线方式见图3-53。

② 集中处理和直接启动方式

这种方式信号监测同集中处理间接启动方式，但消防泵是由ZN913通过消防泵控制盘直接启动，因此启动比较快。ZN913直接启动消防泵时，响应比较快。但是由于结构原因只能是多线制(启动2根、动作反馈2根、停止2根、停止反馈2根，共8根)。如果用户需要可设计成一路消防泵启动盘。

手动火灾报警信号的集中处理和直接启动方式的外部接线方式见图3-54。

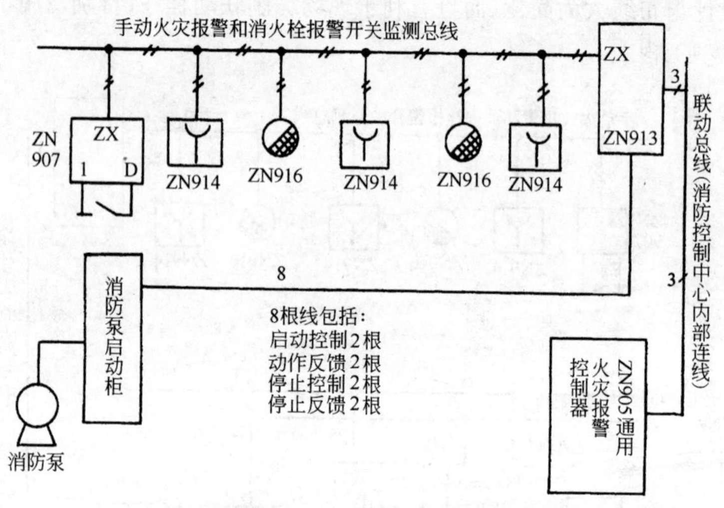

图3-54 手动火灾报警信号的集中处理和直接启动方式的外部接线

③ 消火栓报警开关直接启动方式

在这种方式下把所有消火栓报警开关的常开接点(3脚和6脚)全部并联起来接到消防泵控制柜的启动输入端，把5脚全部并联起来接到系统24电源的负极，把2脚全部并联起来经消防泵启动柜的常开接点接到系统24V电源的正极。

④ 分散处理和间接启动方式

把手动报警器(ZN914)、输入模块(ZN907)、用来接受消火栓箱击碎玻璃按钮信号、消火栓报警开关(ZN916)等接在本区的探测器二总线上,火警信号由本区的火灾报警控制器接受(或ZN905直接接收,视具体工程而定)并确认后把手动火警信号与火警部位发送给集中控制器显示和打印。集中控制器接受火警信号之后按照事先编好的联动程序(现场可编程)得出消防要求所需的设备号(输入输出模块号),再由集中控制器向联动控制器(ZN917等)发出指令启动所需的消防泵和其他设备。这种方式也非常灵活,如果一个工程有几处消防泵站,可根据消防工程需要启动不同的消防泵和其他设备。

由于采用本区的探测器二总线连接本区的所有手动报警器和消火栓报警开关(如果消火栓箱里已有消火栓击碎玻璃按钮可用输入模块输入),使设计与布线大为简化,而且还省掉一台ZN913,成本比较低,适用于大、中、小型工程。

手动火灾报警信号的分散处理和间接启动方式的外部配线方

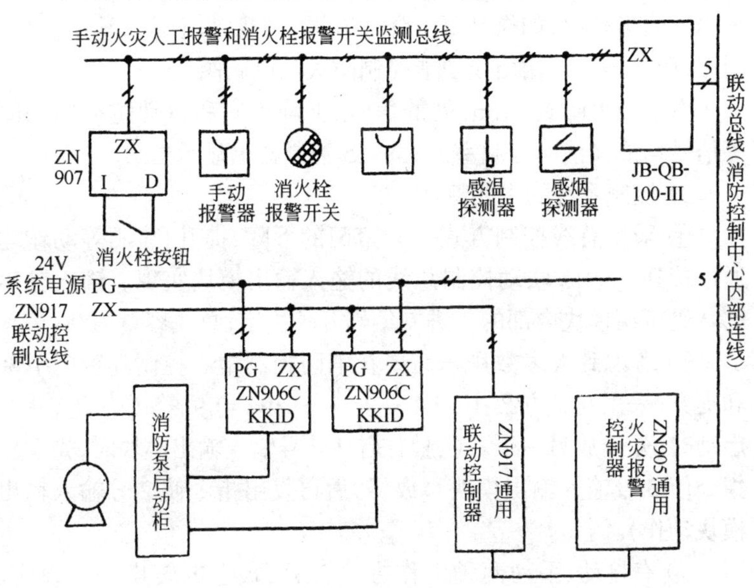

图3-55 手动火灾报警信号的分散处理和间隙启动方式的外部配线

式见图 3-55。

(7) ZN915 防火卷帘门、防火门控制系统

1) 控制系统的工作原理

当发生火灾时,卷帘门控制器接受集中控制器发出的指令(集中控制器由电子联动表标明)发出一系列指令使卷帘门自动下降。卷帘门的控制有两种形式:

① 火警探测器逻辑控制　当指定的感烟探测器报警,使卷帘门降到距地面约 1.5m,当指定的感温探测器也报警时,使卷帘门下降到底。如果工程需要,这时卷帘控制器发出指令开始喷洒。

② 延时控制　当有火警时,卷帘门开始下降到 1.5m 时,卷帘门控制箱按设定的延时后卷帘门下降到底。

这两种方式如果需要都可加一个输入输出模块使卷帘门提升。一般每一个动作一个输入输出模块。在第一种方式下如果下降到 1.5m、下降到底,需要两个输入输出模块;如果再需要喷洒和提升需要 4 个输入输出模块。在第二种方式下如果只下降需要一个输入输出模块;如果又要下降又能提升需要两个输入输出模块。同理,用一个输入输出模块能控制防火门电磁阀。

卷帘门下降到 1.5m 处的信号、下降到底和自动防火门关闭等信号均能在消防控制室的 ZN915 控制器上显示出来。

2) 控制系统的主要特性

① 采用总线控制方式　卷帘门的下降、提升、喷洒等动作均通过接到 ZN915 联动控制总线的输入输出模块实现。输入输出的号码可用模块内部的二进制编码开关决定,总线容量为 96。

② 考虑到大多数用户需要在消防控制中心控制卷帘门下降和提升,采用互锁方案:0 与 1、2 与 3……94 与 95 各为一组,一个启动时,先释放另一个。(例如:启动 2 号输入输出模块时,先发出指令使 3 号输入输出模块释放,然后再发出指令使 2 号输入输出模块动作)。

③ 有自动、手动两种工作方式,由面板上的转换开关设定。在自动方式下,根据集中控制器发来的指令,启动相应的卷帘门下

降或防火门关闭,在自动方式下手动操作有效。在手动方式工作时,集中控制器的指令无效。

④ 卷帘门的上升、下降等动作也可在 ZN915 控制器上手动实现,但不喷水。

系统中并设计有输入动作的反馈信号。

输入输出模块与卷帘门的接线方式见图 3-56。

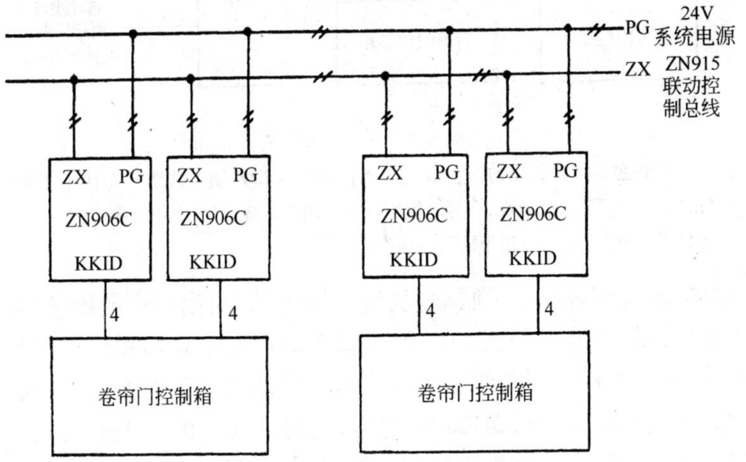

图 3-56 输入输出模块与卷帘门的接线

注:1. 接到卷帘门控制箱的两个输入输出模块在逻辑控制方式下用于卷帘门下到离地 1.5m,另一个用于下降到地面,在延时控制方式下一个用于下降,另一个用于提升;

2. KK 用于启动,ID 用于输入该动作的反馈信号。

防火卷帘门控制系统的外部配线方式见图 3-57。

(8) ZN917 通用联动控制器

1) 控制系统的工作原理

ZN917 是集 ZN911、ZN912、ZN915 等功能为一身的通用联动控制器。特别适用于联动控制点不很多的中、小型工程。

当发生火灾时,火灾探测器探测到火警,通过二总线发送给通用火灾报警控制器 ZN905。ZN905 火灾报警控制器查存贮在其

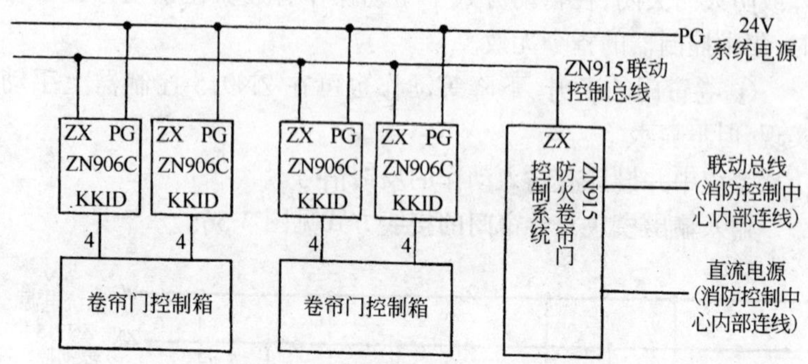

图 3-57 防火卷帘门控制系统的外部配线

注:(1)接到卷帘门控制箱的两个输入输出模块在逻辑控制方式下一个用于下到1.5m,另一个用于下降到底,在延时控制方式下用于下降,另一个用于提升;

(2) KK 用于启动,ID 用于输入该动作的反馈信号。

内部的事先编好的电子联动表(现场输入的)得出相应的设备(输入输出模块号),并向 ZN917 发出指令。ZN917 发出相应的控制脉冲,通过联动控制总线驱动输入输出模块启动消防泵、喷淋泵、开启或关闭相应的排烟口和送风口、启动排烟机和送风机、开启扩音机和相应的火灾事故广播扬声器、相应的卷帘下降。当经过送风口、排烟口的气流达到 280℃时,安装在送风口、排烟口的熔断器熔断,关闭送风口、排烟口。关闭信号通过输入模块和区域报警控制器送至 ZN905(或 ZN905 直接接收),ZN905 发出相应的指令到 ZN917 关闭相应的排、送风机。同样,在有空调设备时,空调送风管道内的气流温度达到 70℃时,防火熔断器熔断,关闭防火阀,此关闭信号送至 ZN905,ZN905 发出相应指令到 ZN917 关闭空调机。上述的所有动作也可在 ZN917 上手动操作。消防泵、喷淋泵、送排风机、送排风口、防火阀、事故广播扬声器等设备的运行动作信号均在 ZN917 通用联动控制器上显示。

2) 控制系统的主要特性

① 采用总线控制方式　消防泵、喷淋泵、送风机、排烟机的启动与停止、卷帘门的下降、提升与喷洒、扩音机开机与关闭、事故广

播扬声器的开启与关闭,防、排烟阀开启或关闭等动作均通过接到ZN917联动控制总线的输入输出模块实现。输入输出模块的号码可用模块内部的二进制编码开关决定,总线容量为96。

② 考虑到大多数用户需要在消防控制中心控制卷帘门下降和提升、各种设备的启动与停止,采用可编程的互锁方案:0与1、2与3 ……各为一组,一个启动时,先释放另一个(例如:启动2号输入输出模块时,先发出指令使3号输入输出模块释放,然后再发出指令使2号输入输出模块动作)。互锁范围可从0~0、0~16、0~32、0~48选择,以满足不同工程的需要。

③有自动、手动两种工作方式,由面板上的转换开关设定。在自动方式下,根据集中控制器发来的指令,启动或关闭相应的联动设备,在自动方式下手动操作有效。在手动方式下集中控制器的指令无效。

ZN917的外部配线方式见图3-58。

三、消防中心和主机的操作

(一) 消防中心

1. 消防中心的设置

根据防火要求,凡设有火灾自动报警和自动灭火系统,或设有自动报警和机械防排烟设施的楼宇(例如旅馆、酒店和其他公共建筑物),都应设有消防中心(消防控制室和消防值班室),负责整座大楼火灾的监控与消防工作的指挥。消防控制室既是防火活动的管理中心,又是火灾发现并发出警告、引导疏散、扑灭初期火灾及其他原因发生事故的处理中心,也是消防部门设在本大楼实施灭火救灾的指挥中心,它的地位极为重要,因此,消防控制室应至少设置一个集中报警控制器和必要的消防控制设备。设在消防控制室外的集中报警控制器,均应将火灾报警信号和消防联动控制信号送至消防控制室。

消防控制室对保护建筑物重点部位、消防通道和消防器材放置位置要全面掌握,可以绘图列表,也可以用模拟盘显示及电视屏幕显示,采用什么方法显示上述情况,可根据消防控制设备的具体情况来确定。

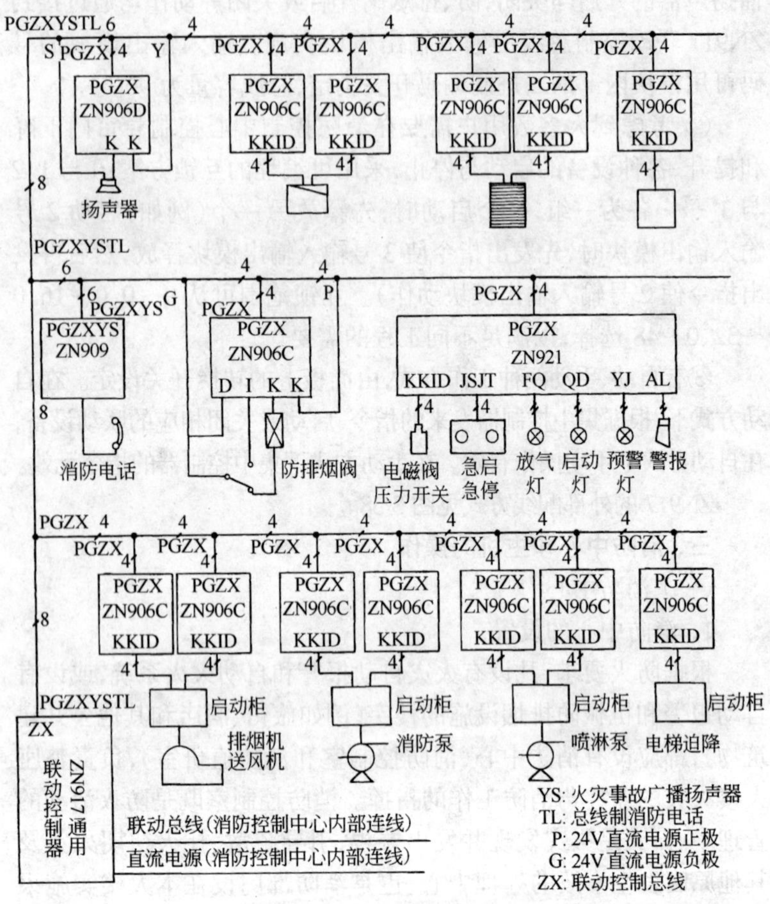

图 3-58 ZN917 的外部配线

注：ZN917 和被控设备，如防排烟阀、事故广播扬声器、卷帘门、消防电话消防泵、喷淋泵、排烟机、送风机的连接参见 ZN911、ZN912、ZN915 等联动控制器的说明中相应的部分。

在智能建筑物中，一般消防中心是与建筑物自动化的监控中心设置在一起的。

2. 消防中心控制装置的组成

消防控制室设备根据需要可由以下部分或全部控制装置组成:①集中报警控制器;②室内消火栓系统的控制装置;③自动喷水灭火系统的控制装置;④泡沫、干粉灭火系统的控制装置;⑤卤代烷、二氧化碳等管网灭火系统的控制装置;⑥电动防火门、防火卷帘的控制装置;⑦通风空调、防烟排烟设备及电动防火阀的控制装置;⑧电梯控制装置;⑨火灾事故广播设备控制装置;⑩消防通讯设备等。

3. 消防中心的作用和控制方式

消防中心的控制功能有:

(1) 灭火系统的控制。包括各种介质,如液体、气体、干粉的喷洒装置的控制;

(2) 灭火辅助系统的控制。包括防止火灾扩大的各种设备,如防火门、防火卷帘以及防排烟设备的控制;

(3) 火灾报警系统、人员疏散指示系统和消防指挥系统的控制;

(4) 消防专用通讯设备的控制。

消防控制室的控制方式有以下三类:

(1) 自动控制方式。火灾发生时,火灾探测器将探测到的信号自动送到消防控制室,自动发生报警信号,并自动控制灭火系统,如自动喷水灭火系统、卤代烷灭火系统动作,同时向控制器发回信号,告知当前设备所处状态。

(2) 联动控制方式。消防系统中某种装置或设备动作后而使其相关的设备动作的控制方式。例如,排烟口或排烟阀动作后,连锁启动排烟风机,并停止相应的通风和空调设备。

(3) 手动控制方式。这是消防设备中常用的一种控制方式,有些消防设备既可手动控制也可由控制室控制。例如,消防水泵、防火卷帘门等。

(二) 主机的操作

主机的规格品种很多,操作方法也有所不同,但有其共同的特点。现以 JB-TB-2000 ZN905 型二总线制模拟量通用火灾报警控制器为例进行简要的说明。

1. 功能键的使用

(1) 火灾报警。JB－TB－2000－ZN905 型二总线制模拟量通用火灾报警控制器中的主 CPU 不断访问各个探测器接口板和区域报警控制器,被选中的探测器接口板或区域报警控制器返回包括火警信号和故障信号在内的各种状态信息。如有火警信息则显示首火警号、首火警时间、续火警号,并打印出火警号和火警时间,火警灯闪亮,发出火警变调音。与此同时查区联动表和探测器联动表,得出所要联动的设备号,并通过联动总线发出联动命令。火警发生后,如果按有关菜单功能键可显示出首火警的发展曲线。如果发生大面积火灾,报警探测器的数量多于 48 个时,按↑键或↓键可上下滚动一行,按 PGUP 键或 PGDN 键可上下滚动一页显示出其余的火警探测器号。

(2) 探测器故障报警。在警戒状态下,主机接收到探测器故障信息,系统显示出故障号并打印出故障号和故障发生时间,与此同时发出故障音和故障灯闪亮。如果发生大面积故障时,故障探测器数多于 56 个,在一个屏幕显示不下时,按↑键或↓键可上下滚动一行,按 PGUP 键可 PGDN 键可上下滚动一页,显示出其余的故障探测器号。

(3) 分机故障报警。如果某个探测器接口板或区域报警控制器发生故障或连线发生故障,主机与分机通信失败,显示出故障分机号、打印出故障分机号和故障发生时间、发出故障音和故障灯闪亮。

(4) 消音功能键。当发生火灾或系统发生故障而发出火警音或故障音时按消除报警音。

(5) 对讲功能键。当发生火警时按此键可进入对讲状态,此时本机可与区域控制器或对讲分机进行全双工对讲。平时按此键不起作用。

(6) 自检功能键。在警戒状态下按此键,系统执行自检程序,并显示和打印出感烟火灾探测器的数量、感温火灾探测器的数量、手动报警器的数量和输入模块的数量。然后对液晶显示器、火警灯、预警灯、音响系统等进行检查。

(7) 主菜单命令(需输入密码后执行)。菜单键用来进入主菜单功能。按菜单键,按屏幕提示要求输入密码后,执行主菜单命令管理程序,在显示屏上显示出:

0. 显示火警	1. 显示预警
2. 显示故障探测器	3. 显示故障区域
4. 显示火警曲线	5. 进入状态菜单
6. 进入打印菜单	7. 显示过去记录

显示出的数字是要选择的命令代码,此时按数值键则进入相应的命令状态。

菜单命令的中文内容如下:"0"显示火警探测器号;"1"显示预警探测器号;"2"显示故障探测器号;"3"显示故障区域号;"4"显示探测器火警曲线;"5"进入状态菜单;"6"进入打印菜单;"7"显示过去记录。

在主菜单状态下,按"0"、"1"、"2"、或"3"键进入显示程序,屏幕分别显示出火警探测器号、预警探测器号、故障探测器号和故障区域号。如果显示内容超出 56 时,按↑键或↓键可上下滚动一行,按 PGUP 或 PGDN 键可上下滚动一页,显示出其余的探测器号。按"ESC"键退出显示程序。

在主菜单命令下,按"4"键执行火警曲线显示程序,如果有火警,读入头火警曲线数据,并在显示屏上显示出来;按"ESC"键退出显示火警曲线程序。

在主菜单下,按"7"键可以看到过去的火警记录和联动启动记录。

(8) 在主菜单命令状态下,按"5"键进入状态菜单管理程序,显示屏显示出如下内容:

状 态 菜 单	
0．显示有效区域	1．显示有效探测器
2．修改探测器类型	3．区联动表
4．探测器联动表	5．修改时间

显示的数字是所要选择的命令代码，此时按数值键则进入相应命令状态。

菜单命令的中文内容如下："0"显示有效区域号；"1"显示有效探测器号；"2"显示、修改探测器类型；"3"区联动表管理；"4"探测器联动表管理；"5"修改时间显示。

① 在状态菜单中，按"0"键进入显示有效区域号程序显示所有有效区域号。

② 按"1"键进入显示有效探测器号程序，同时能显示 6 个探测器号，其显示格式为：

VALID	DETECTORS	ZONE:AA
XXXX	YYYY	ZZZZ
XXXX	YYYY	ZZZZ
XXXX	YYYY	ZZZZ
XXXX	YYYY	ZZZZ
XXXX	YYYY	ZZZZ
XXXX	YYYY	ZZZZ

其中 XXXX 是以区域号或总线号为高二位，以探测器号为低二位的四位探测器地址号；YYYY 是根据用户需要所指定的与房间号或其他所要显示的号码相一致的四位显示号；ZZZZ 是探测器所读入的反映环境因素的数据，AA 是区域号。

按↑键或↓键可上下滚动一行，按 PGUP 键或 PGDN 键可上下滚动一页，按 ZDNE UP 键使区域号加一，按 ZONE DN 键使区域号减一。在开机进行登记之后，应利用此功能对每个区域进行检查，判断所有探测器是否全部读入成功，而且探测器的输入值是否在允许范围之内。否则应检查探测器线路和读入失败的探测器。

③按"2"键,进入显示修改探测器类型程序。该功能同时显示7个探测器号,其显示格式为:

DETN	DISPN	VALID	GRADE	TYPE
XXXX	YYYY	Z	G	T
XXXX	YYYY	Z	G	T
XXXX	YYYY	Z	G	T
XXXX	YYYY	Z	G	T
XXXX	YYYY	Z	G	T
XXXX	YYYY	Z	G	T
XXXX	YYYY	Z	G	T

其中XXXX是以区域号或总线号为高二位,以探测器号为低二位的四位探测器地址号;YYYY是用户需要所指定的房间号或与其他所要显示的号码相一致的四位显示号。

Z是探测器的开关:Z为"1"时探测器有效,Z为"0"时探测器无效。修改它可手动切除有故障探测器或增加探测器。

G是探测器的灵敏度等级:G等于"1"时为1级灵敏度,G等于"2"时为2级灵敏度,G等于"3"时为3级灵敏度。初始化时,把灵敏度等级定在2级。若要修改探测器灵敏度等级时,把光标移到"G"位置敲入所需数值即可。

T是探测器类型,T的数值与探测器类型对应关系 见表3-28。

T的数值与探测器类型对照表 **表3-28**

T	探测器类型	2	感温火灾探测器
O	离子感烟火灾探测器	3	手动报警器
1	光电感烟火灾探测器	4	输入模块

初始化时,把探测器类型定为离子感烟火灾探测器,若要修改探测器类型时,把光标移到"T"位置输入所需数值即可。

按←键光标左移,按→键光标右移,按↑键使光标上移,如果光标在显示屏第一行显示屏向下滚动一行,按↓键使光标下移,如果光标在显示屏最后一行显示屏向上滚动一行,按 PGUP 使显示屏向上滚动一页,按 PGDN 使显示屏向下滚动一页,按 ZONE UP 键使区域号加 1,按 ZONE DN 键使区域号减 1。例如:

DETN	DISPN	VALID	GRADE	TYPE
4019	0119	1	2	0
4020	0120	1	1	2
4021	0121	1	2	3
4022	0201	1	2	0
4023	0202	0	2	0
4024	0203	1	2	2
4025	0204	1	2	3

上表中第一行表示探测器 4019 号被显示为 0119(即一楼十九号),该探测器有效,灵敏度等级为二级,是离子感烟探测器;第二行表示探测器 4020 号被显示为 0120(即一楼二十号),该探测器有效,灵敏度等级为一级,是感温火灾探测器;第三行表示探测器 4021 号被显示为 0121(即一楼二十一号),该探测器有效,是手动报警器;第四行表示探测器 4022 号被显示为 0201(即二楼一号),灵敏度等级为二级,是离子感烟火灾探测器,以此类推。

按"ESC"键可退出修改探测器类型程序。

④ 区联动表管理。状态菜单下,按"3"键,进入显示、修改区联动表程序。其显示格式为:

QU	LIAN	DONC	BLAO	QUHAO	YY	INSERT	ON
XXXX	XXXX	XXXX	XXXX	XXXX	XXXX	XXXX	XXXX
XXXX	XXXX						

表中“YY”表示区域号(应是探测器所属的区域,也就是显示号的高二位),XXXX 表示外控模块的地址,其高二位表示联动控制器的号码,其低二位表示输入模块的号码。当发生火灾时,主CPU 把查区域联动表所得到的外控模块号一一通过联动总线输出到联动控制器,联动控制器接收这些外控模块号通过联动控制总线去控制相应的外控模块,外控模块启动联动设备去完成不同的任务。只要把联动设备的控制模块号写入某区域的联动表,当此区域发生火灾时,写入该区域的联动模块全部动作。

输入区联动表时,先按“INS”键使显示器右上角显示“INSERT ON”,然后用数字键输入所需的外控模块号。输入外控模块号时,不能在最后一个外控模块号的后面输入,应在外控模块号的头一个字符前插入下一个外控模块号。

按“INS”键使显示器右上角显示“INSERT OFF”,之后输入外控模块号,新输入的外控模块号取代本来的外控模块号。

按←键光标左移,按→键光标右移,按↑键使光标上移,如果光标在显示屏第一行显示相“与”的结果和 ZZ 探测器相或再去控制外控模块 AAAA 和 BBBB。也就是说 SS 区域的 XX 与 YY 同时报警或 ZZ 探测器报警都去控制外控模块 AAAA 和 BBBB。输入探测器联动表时,一行写一个逻辑关系式,而且一个逻辑关系式不要超过 40 个字符。

在逻辑关系式中的逻辑符号与作用如下:

& 逻辑与;

! 逻辑或,输入时用面板上的 U 键输入;

, 连接符,用于隔开不同的外控模块号或探测器号;

* 行首符;

空格 逻辑关系式终止符,用于连接逻辑关系式与所要驱动的外控模块号表。用面板上的“U 键输入”。

这种逻辑关系式是逆波兰表示法。

按“INS”键使显示器上部显示的“INSERT OFF”,或“INSERT ON”相互转换,“INSERT ON”是插入方式,所输入的字符插入到光标所在位置，本来的字符后移一位。“INSERT OFF”是替换方式，所输入的字符替换光标所在位置的字符。光标操作同区联动表管理，只是按“DEL”键删除光标所在屏向下滚动一行，按↓键使光标下移，如果光标在显示屏最后一行显示屏向上滚动一行，按 PGUP 使显示屏向上滚动一页；按 PGDN 使显示屏向下滚动一页；按 ZONE UP 键使区域号加 1，按 ZONE DN 键使区域号减 1；按“DEL”键可删除光标所在位置的外控模块号。

按“ESC”键可退出区联动表管理程序。

⑤ 探测器联动表管理。状态菜单中，按“4”键，进入显示，修改探测器联动表程序。其显示格式为：

DET	TABLE		INSERT	ON	SS
* XX,	YY&ZZ	AAAA,	BBBB		

探测器联动表里面的 XX、YY、ZZ 代表三个 SS 区域的探测器号，AAAA、BBBB 代表外控模块号，火警为逻辑“1”，警戒状态为逻辑“0”。这一逻辑关系式的意义是 SS 区域的 XX 探测器与 YY 探测器位置的字符。

按“ESC”键可退出探测器联动表管理程序。

⑥ 校时。状态菜单中，按“5”键进入校时程序。其显示格式为：

1999	08	21	10	21	00

校时时，按当时的时间输入时间值即可，按“ESC”键退出校时程序。

（三）操作程序表

为了使操作者方便地操作并便于记忆，从而熟练地操作，节省操作者查阅操作指南和说明书的时间，将操作方法浓缩在一张图中，见图 3-59。

四、火灾自动报警系统的发展

现代火灾自动报警系统发展迅速，很多新型探测器和复合型

消
防
中
控
初次开机调试或重新编辑号码时将存贮器与开关置ON
开机(起始后进入工作状态)
按菜单键
输入密码进入主菜单
0. 显示火警
1. 显示予警
2. 显示故障探头号
3. 显示故障区号
4. 显示火警
5. 进入状态菜单
6. 进入打印菜单
7. 显示过去记录
0 显示火警探头号
1 显示予警探头号
2 显示故障探头号
3 显示故障区域号
4 显示火警曲线数据
6 进入打印菜单
7 显示过去记录
5
0. 显示有效区
1. 显示有效探头
2. 修改探头类型
3. 区联动表
4. 探头联动
5. 修改时间
0 显示所有有效区域号
1
VALID DETECTORS ZONE AA
xxxx yyyy ZZZZ
xxxx yyyy ZZZZ
xxxx yyyy ZZZZ
xxxx yyyy ZZZZ
xxxx yyyy ZZZZ
xxxx yyyy ZZZZ
其中:
xxxx 高二位:总线或区号
低二位:探头地址号
yyyy 房间号或地址号
zzzz 探头环境因数数据
AA 区号
↑↓ 滚动行
PGUP PGDN 翻页
ZONE UP (DN) 区码 ±1 字
开机登记后,对每区检查判断探头是否全读入,探头输入值是否在允许范围之内,否则应查探头线路和读入失败的探头
2
DETN DISPN VALID GRADE TYPE
xxxx yyyy Z G T
xxxx yyyy Z G T
xxxx yyyy Z G T
xxxx yyyy Z G T
xxxx yyyy Z G T
xxxx yyyy Z G T
xxxx 同左
yyyy 同左
Z 探头开关 1 有效 O 无效
G 探头灵敏度等级 1, 2, 3 级
T 探头类型, O — 离子感烟
1 — 光电, 2 — 温感
3 — 手动, 4 — 输入模块
按 ESC 退出
3
QU LIAN DONG QUHAO YY INSERT ON
xxxx xxxx xxxx — —
yy 区号 (探头所属区域)
xxxx — 外控模块地址
高二位 — 联动控制器号
低二位 — 输入模块号
当火灾时,CPU查区联动表,得到外控模块号,通过联动总线输出到联动控制器,联控器收到外控号,通过联动总线控制相应外控模块,并启动联动设备,只要写入联动设备控制模块号到某区联动表,此区火灾,写入该区的联动。
设备全部动作。
按 "INS" 键、"INSERT OFF" 使新输入的外控模块号取代原号。
INSERT ON,原号外移键人新号,(插入之意)
4
DET TABLE INSERT ON SS
* xx, yy & ZZ__ AAAA BBBB
XX、YY、ZZ 代表三个SS区的探头号
AAAA、BBBB代表外控模块号,火警为 "1",警戒状态为 "0",表示SS区的XX探头与YY探头相与,再与ZZ探头相或,再去控制 AAAA 和 BBBB 模块
每行字一个逻辑关系式,不超过40个字符
逻辑符号: & 逻辑与 ! 或(用U字输入)
, 连接符(隔开不同外控模块号或探头号)
* 行首符,空格:终止符
连接关系式与模块号用U输入
按 "INS" 同左
DEL 删除
ESC 退出
5 校时程序

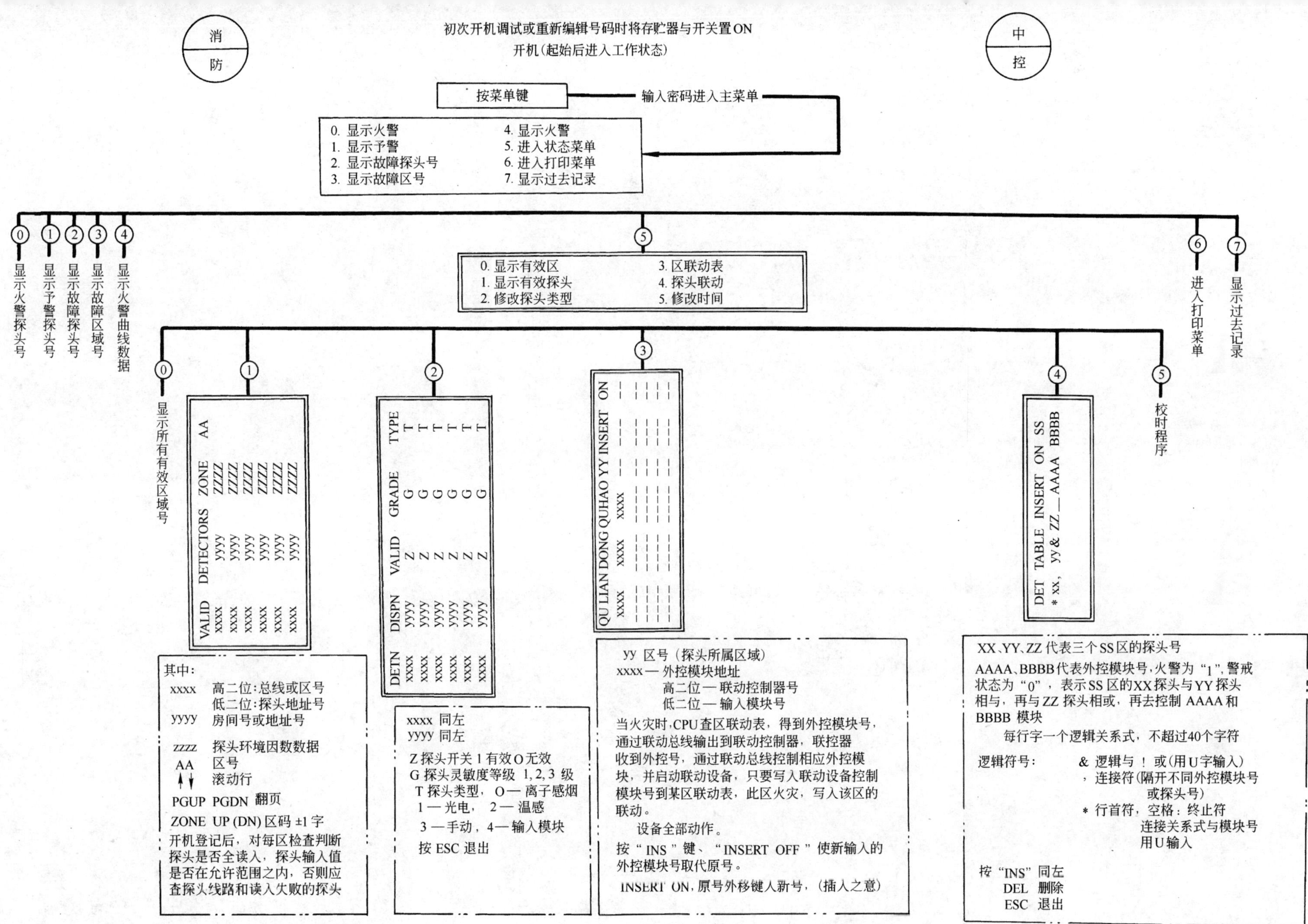

图 3-59 操作程序图

探测器的不断涌现,使探测性能越来越完善,火灾确定准确度大为提高。

(一) 新型探测器的发展

1. 取样分析探测器 采用灵敏度吸气式感烟探测器,采用激光计数分析方法,统计空气中的烟雾颗粒,探测出初期火灾,灵敏度比传统型感烟探测器高出近1000倍。由于其测量室的设计特点加上其激光器件的可靠性,使其工作几乎不受光源老化以及由于测量室长期工作受污染后所产生的背景干扰信号的影响,有效地提高了探测的可靠性。

2. 摄像机监视探测器 以摄像机摄入的图像做的火警依据,通过计算机进行图像处理,将火灾与背景(如各种非火源的照明)区分开来,其系统具有灵敏度可调、抗干扰能力强的特点,并适用于大空间、大面积火灾监测,而且宜组网能兼做防盗报警。

3. 一氧化碳探测器 CO报警器是根据空气中的一氧化碳含量变化早于烟雾和火焰的生成而制成的。它的影响速度快,能测出1～20×10的—6次方的变化,而且对水蒸气和粉尘不敏感。它采用了高分子固体电解质电化学式感应CO浓度,因而灵敏度可达20×10的—6次方,而且耗电少,时效稳定性好、寿命长,还带有氧化还原反应的监视装置,具有自我诊断寿命功能。

(二) 火灾自动报警系统趋向于智能化

传统的火灾自动报警系统与现代火灾自动报警系统之间的区别主要在于探测器本身的性能,由于关量探测器改为模拟量传感器是一个质的飞跃。传感器把现场烟的浓度及上升速率或其他感受参数以模拟信号形式实时地传输给控制器,使系统确定火灾的数据处理能力和智能化程度大大提高,减少了误报率。

区别之二是信号处理方法作了彻底的改进,即把探测器中模拟信号不断地送到控制器中去判断,并采用适当的算法去辨别虚假或真实的火警,判断其火灾漫延的程度和探测器使用中受污染的状况,这种高精度的信号处理技术,使系统具有了较高的"智能化"。

现代和传统的火灾报警系统主要性能比较,见表3-29。

火灾报警系统主要性能比较 **表3-29**

探测器	传动火灾自动报警系统	现代火灾自动报警系统
	开关量	模拟量
火灾探测报警阀值	不随外界环境变化调整	随外界环境变化调整
探测器灵敏度的变化	无零点补偿	"零点"自动补偿
火灾信号分析能力	火灾信号简单延迟分析	火灾信号各种分析算法
系统组诊断	无	有
误报率	20:1	至少降低一个数量级

另外,火灾报警系统按智能的分配方式可分为三种:

1. 探测器的智能化　此系统探测部分为智能型,控制部分为开关量信号接收型。

2. 控制器的智能化　此系统中探测器本身相当于传感器,它将探测的火灾信号参数以模拟信号输出至控制器,由控制器对这些信号进行处理,判断是否发生了火灾。

3. 探测及控制组合智能化　此系统是根据智能作用的不同,由探测器和控制器分别进行各自的信号采集和处理,其可靠性更好,探测器传输信号为数字式,抗干扰性强。

插入到光标所在位置,本来的字符后移一位。"INSERT OFF"是替换方式,所输入的字符替换光标所在位置的字符。光标操作同区联动表管理,只是按"DEL"键删除光标所在屏向下滚动一行,按↓键使光标下移,如果光标在显示屏最后一行显示屏向上滚动一行,按 PGUP 使显示屏向上滚动一页;按 PGDN 使显示屏向下滚动一页;按 ZONE UP 键使区域号加 1,按 ZONE DN 键使区域号减 1;按"DEL"键可删除光标所在位置的外控模块号。

按"ESC"键可退出区联动表管理程序。

⑤ 探测器联动表管理。状态菜单中,按"4"键,进入显示,修改探测器联动表程序。其显示格式为:

DET	TABLE		INSERT	ON	SS
* XX,	YY&ZZ	AAAA,	BBBB		

探测器联动表里面的 XX、YY、ZZ 代表三个 SS 区域的探测器号,AAAA、BBBB 代表外控模块号,火警为逻辑"1",警戒状态为逻辑"0"。这一逻辑关系式的意义是 SS 区域的 XX 探测器与 YY 探测器位置的字符。

按"ESC"键可退出探测器联动表管理程序。

⑥ 校时。状态菜单中,按"5"键进入校时程序。其显示格式为:

1999	08	21	10	21	00

校时时,按当时的时间输入时间值即可,按"ESC"键退出校时程序。

(三) 操作程序表

为了使操作者方便地操作并便于记忆,从而熟练地操作,节省操作者查阅操作指南和说明书的时间,将操作方法浓缩在一张图中,见图 3-59。

四、火灾自动报警系统的发展

现代火灾自动报警系统发展迅速,很多新型探测器和复合型表中“YY”表示区域号(应是探测器所属的区域,也就是显示号的高二位),XXXX表示外控模块的地址,其高二位表示联动控制器的号码,其低二位表示输入模块的号码。当发生火灾时,主CPU把查区域联动表所得到的外控模块号一一通过联动总线输出到联动控制器,联动控制器接收这些外控模块号通过联动控制总线去控制相应的外控模块,外控模块启动联动设备去完成不同的任务。只要把联动设备的控制模块号写入某区域的联动表,当此区域发生火灾时,写入该区域的联动模块全部动作。

输入区联动表时,先按“INS”键使显示器右上角显示“INSERT ON”,然后用数字键输入所需的外控模块号。输入外控模块号时,不能在最后一个外控模块号的后面输入,应在外控模块号的头一个字符前插入下一个外控模块号。

按“INS”键使显示器右上角显示“INSERT OFF”,之后输入外控模块号,新输入的外控模块号取代本来的外控模块号。

按←键光标左移,按→键光标右移,按↑键使光标上移,如果光标在显示屏第一行显示相“与”的结果和ZZ探测器相或再去控制外控模块AAAA和BBBB。也就是说SS区域的XX与YY同时报警或ZZ探测器报警都去控制外控模块AAAA和BBBB。输入探测器联动表时,一行写一个逻辑关系式,而且一个逻辑关系式不要超过40个字符。

在逻辑关系式中的逻辑符号与作用如下:

& 逻辑与;

! 逻辑或,输入时用面板上的U键输入;

, 连接符,用于隔开不同的外控模块号或探测器号;

* 行首符;

空格 逻辑关系式终止符,用于连接逻辑关系式与所要驱动的外控模块号表。用面板上的“U键输入”。

这种逻辑关系式是逆波兰表示法。

按“INS”键使显示器上部显示的“INSERT OFF”,或“INSERT ON”相互转换,“INSERT ON”是插入方式,所输入的字符

参　考　文　献

1. 中国航空工业规划设计研究院等编．工业与民用配电设计手册. 北京:中国电力出版社,1994

2. 刘介才．工厂供电．北京:机械工业出版社,1991

3. 杨有启编著．电气安全工程．北京:北京经济学院出版社,1993

4. 焦留成主编,芮静康主审．供配电设计手册．北京:中国计划出版社,1999

5. 周鸿昌等编．工厂供电．北京:中国建筑工业出版社,1981

6. 刘惠民主编．电力工业标准汇编(电气卷). 北京:中国电力出版社,1996

7. 陈一才等编著．高层建筑电气设计手册．北京:中国建筑工业出版社,1990

8. 周荣光主编．电力系统故障分析．北京:清华大学出版社,1988

9. 胡乃定等编．民用电气技术与设计手册．北京:清华大学出版社,1993

10. 中国建筑工业出版社编．电气设计规范．北京:中国建筑工业出版社,1996

11. 华东建筑设计研究院编著．智能建筑设计技术．上海:同济大学出版社,1996

12. 刘江主编．中国建筑电气设备手册(年刊)2000 年版．北京:中国建筑工业出版社,2000

13. 陆荣华编著．电气安全技术手册．北京:中国建筑工业出版社,1999

14. 中国电器工业协会《输配电设备手册》编辑委员会编．输配电设备手册．北京:机械工业出版社,2000

15. 刘宝林主编．智能建筑技术资料集．北京:中国建筑工业出版社,2000

16. 杨在塘主编．电气防火工程．北京:中国建筑工业出版社,1997

17. 芮静康编．实用电工电路通用图集．北京:中国建筑工业出版社,2000

18. 芮静康主编．供配电实用技术问答．北京:中国电力出版社,2002